故宫午门重檐庑殿九间正立面

故宫太和殿重檐庑殿十一间正立面

故宫太和门重檐歇山九间正立面

故宫左翼门单檐歇山屋顶建筑正立面

故宫歇山十字脊四面横竖重檐抱厦角楼

故宫午门重檐四角攒尖五间立面

故宫御花园万春亭攒尖建筑

北海公园团城重檐歇山加抱厦建筑

北海五龙亭中重檐四角攒尖、天圆地方圆攒尖

香山公园勤政殿（歇山殿）

涿州六祖禅寺重檐歇山七间大雄宝殿

涿州六祖禅寺重檐四角攒尖七间六祖殿

紫竹院码头歇山过垄脊建筑

香山公园中歇山抱厦小敞厅

世博园中歇山敞厅

世博园中二层的四角攒尖阁

世博园中二层勾连搭小楼

世博园中三间悬山建筑

三层檐的八角攒尖阁

天坛公园重檐圆攒尖双环亭

世博园重檐圆攒尖双环亭

重檐圆攒尖碑亭

世博园圆攒尖亭子

重檐八角攒尖碑亭

中山公园鱼园重檐八角攒尖亭子

一层檐的八角攒尖亭子（效果图）

重檐六角攒尖亭子

美人靠六角攒尖亭子

陶然亭重檐四角攒尖加抱厦烟雨亭

紫竹院公园重檐四角攒尖亭子

园林中的套方四角攒尖亭

故宫中的垂花门

景山公园中的垂花门

皇家庙宇中的垂花门

园林庭院中的垂花门

营口青龙山公园四柱七楼带夹杆木牌楼

景山公园中的四柱九楼牌楼

北海公园中的四柱三楼带夹杆木牌楼

北海公园中的四柱三楼小牌楼

英国伦敦唐人街二柱三楼牌楼

北海公园中的四柱三楼正搭斜交燕颈翅带夹杆木牌楼

西单四柱三楼过街牌楼

国子监二柱三楼过街牌楼

# 中国明清建筑木作营造诠释

李永革　郑晓阳　著

科学出版社

北京

# 内 容 简 介

本书以老北京明清时期兴隆木厂子（营造厂）匠作传承的木作内容编写而成，主要内容以明清官式建筑木作为主，其中也包含了传统民居建筑木作，共分为十章。全书首先介绍了明清建筑的形制、等级制度，明代建筑与清代建筑"大式做法""大式小做""小式大做""小式做法"和"文座""武座"等不同做份的变化，以及木作的构造与权衡标准；其次，从古建筑木作传承的角度诠释了明清建筑中各类斗栱、内外檐装修、木雕等木作的做法与应用，解析了明清建筑大木作工艺流程与传统施工技术标准，同时讲解了文物古建筑保护修缮中的传统施工操作方法，并以图解的方式诠释了各式明清建筑大木构造的参考算例；最后，简述了古建筑选择木材材质的要求。书末附录中还收录了古建行内的一些记事与文化传承故事等内容。本书图文并茂，对于研究明清建筑、仿古建筑设计、传统中式建筑设计及古建筑施工具有工具书的作用，对于明清文物建筑修缮具有一定的指导作用。

本书适合建筑历史、文物保护、历史学、艺术设计、风景园林等专业领域的技术人员，以及高等院校相关专业的师生参考阅读。

**图书在版编目（CIP）数据**

---

中国明清建筑木作营造诠释 / 李永革，郑晓阳著. —北京：科学出版社，2018.6

ISBN 978-7-03-057476-3

Ⅰ.①中… Ⅱ.①李… ②郑… Ⅲ.①古建筑 – 木结构 – 建筑艺术 – 中国 – 明清时代 Ⅳ.①TU–092.48

中国版本图书馆 CIP 数据核字（2018）第 103826 号

---

责任编辑：吴书雷 / 责任校对：邹艳卿
责任印制：吴兆东 / 封面设计：北京美光制版设计有限公司

---

科 学 出 版 社 出版

北京东黄城根北街 16 号
邮政编码：100717
http://www.sciencep.com

北京中科印刷有限公司印刷
科学出版社发行　各地新华书店经销

\*

2018 年 6 月第 一 版　开本：889×1194　1/16
2025 年 1 月第四次印刷　印张：22　插页：10
字数：521 000

**定价：198.00 元**
（如有印装质量问题，我社负责调换）

# 序　言

中国古代建筑的木构造结构体系源远流长，经历了先秦、秦汉、隋唐、宋辽金、明清等各个历史时期的演变过程，在这一漫长的发展演变历程中，明、清建筑沉积在了最后。明、清建筑中传统的工艺技术"八大作"（八个专业工种），更是经过古代工匠们辈辈相传延续至今的国粹瑰宝，尤其是八大作中的"木作"在行业中更是重要的领头主"作"。传统而古老的木作工艺技术不仅是历史的积累沉淀，也是中华民族建筑文化历史传承的非物质文化遗产。

《中国明清建筑木作营造诠释》一书内容系统全面，既包含了传统"木作"各种做法的区别，也陈述了"木作"的权衡法则，全面地讲述了大木、斗栱、室内外装修、文物修缮等"做法"的运用方式。书中第九章"大木构造图解与算例"对应建筑类型从平顶灰棚、硬山建筑……歇山建筑、庑殿……垂花门、廊子、木牌楼，共十种建筑算例，详细描述每一种建筑的基本做法模数，涵盖了各种做法的权衡标准。图例平立剖构造明确，文例、表例权衡有序。

从传承的角度上讲，此书既是一部明、清建筑"木作""做法"的教材，也是一部很好的工具书。北京地区有着大量的明、清官式建筑，以故宫为首的皇家宫苑、园林、府邸、宅院很多。北京的民居四合院也是文物建筑和传统文化的保护重点，这些文物建筑具有极其重要的历史与传统文化价值。在我国旅游业的发展中，这些文物建筑作为旅游资源更具有它的综合价值。如今国家加大了对文物建筑的保护力度，特别是加大了对古代文物建筑进行保护修缮的投入。保护与修缮文物建筑，古建筑的传统工艺"做法"技术尤其重要，文物建筑修缮只有使用原材料、原工艺，按照原规矩、原制式、原做法进行施工，才能使文物建筑原汁原味的历史信息价值不走样。

近些年来，国家文物局对文物建筑修缮拨款的力度持续加大，全国到处都在修缮文物建筑。但是，很多施工从业人员业务素质技术水平一般，施工作业人员大部分都是未经培训的"农民工"，设计单位的专业设计人员古建筑专业技术水平也是层次差别很大，因此很多文物工程修缮设计、文物建筑修缮施工图纸设计深度不到位，导致文物建筑修缮后与实际历史原状不符，甚至有些地方在文化遗址上复建、翻建，设计在"做法"上东拼西凑。最后导致文化遗址复建和翻建后"荒腔走板"，失去了原有的历史文物价值，有些修缮施工管理人员古建筑专业技术水平很低，工程上任由未经培训的人员随意施工，把"真文物"修成了"假文物"。

中国古代建筑以砖木结构为主，木结构建筑由于木材材质的天然缺陷，自然环境中极易腐蚀破损，所以在文物古建筑修缮时，除了最小干预保护建筑本体的基本原则，修缮过程中更换糟朽木构件也是一种必不可少的重要修缮手段，文物建筑构件更换必须按照原材质、原工艺、原"做法"进行施工，必须按照原始榫卯节点做法的传统规矩制作，必须保持原始式样、原始做份等细微之处的原真性，只有这样才能保留住古建筑的原始文物历史信息与价值。

作者李永革、郑晓阳二人出自同门，从传承明清官式建筑非物质文化遗产和保护文物古建筑的角度，把师承古建筑技艺"做法"与自身多年工作的实践经验加以总结编著成书。此书从古建筑工匠技艺应知应会的角度出发，对于古建筑设计、文物建筑修缮设计，对于古建筑施工、文物建筑修缮施工，具有重要的指导作用。尽管此书专业技术性很强，但作者使用通俗易懂的语言，使应用者便于学习，易于掌握。

在此我应作者盛情邀请为此书的出版写序，先睹为快，祝贺该书早日出版。希望作者今后从保护与传承非物质文化遗产角度出发，再接再厉向年轻人传授更多古建筑技艺。

2017 年 9 月

# 前　言

　　明、清建筑在中国古代建筑演变发展历史进程中处于末端。北京是明朝、清朝的国都，这两个朝代统治中国长达五百多年。明代在元大都基础上营建了紫禁城和天坛、地坛、日坛、月坛、先农坛等坛庙，完善发展了当时北京皇城与四九城的建设，并且大兴土木勘建帝王陵寝、苑囿。此时私家园林也是攀附其风，因此明中后期便形成了中国建筑历史上一个造园高潮。清朝统治时期，出于满汉民族融合的政治统治需要，营建制度上基本沿袭了明朝的旧规旧制，在明代城市建设的基础上，又进一步完善了皇城内宫苑、园圃的建设，在承德及其他地方城镇又大兴土木，营建行宫、府衙、坛庙、帝陵等，仅承德一地就建有十一座喇嘛庙，一时间蒙、藏、甘肃、青海等地也广建喇嘛庙，这些庙宇规模宏大，制作精美。清朝晚期奢靡成风，大兴土木修建园林，仅北京就有北海和地处西郊的圆明园、颐和园、静明园、静宜园、香山、八大处等多处皇家园林，江南私家小园林、庭园、府邸、祠堂、宅院，也是随风就势遍及全国。

　　此时中国古代建筑已经发展到了一个顶峰阶段，也发展到了最后阶段。明、清两代的历史距今最近，许多建筑佳作都完美地保留到了今天。

　　清代的宫廷、府衙、官邸、园林等，凡是皇家、官府的建设或修缮施工，都是经过清工部统一上折，御批后由内务府下达，最后会转至有一定背景的木厂子承揽施工。那时的建筑施工企业叫作木厂子（民国以后称之为营造厂），清代有资格能做"官活"的木厂子有十二家，字号分别为：兴隆（民国时期更名为恒茂）、广丰（民国时期更名为天顺）、宾兴、德利、东天和、西天和、聚源、德祥，称为八大柜，还有艺和、祥和、来升、盛祥四家，叫作四小柜。这十二家中最大的一家为马家的兴隆木厂子，也是营造行业的会头（老大），当时深得清宫内务府的抬举，特别受到慈禧太后的赏识，垄断着北京大部分皇家营造工程，曾经有着"兴隆造三海"（指北海、圆明园、颐和园）之说。朝廷内务府只给兴隆木厂子发腰牌，准许其出入皇宫、内园修缮施工。宫廷以外大部分官府工程很多都是由兴隆木厂子牵头与其他木厂子分摊。木厂子接活后按照工程内容估工算料，然后按照工期、工序、工种安排作头募工（招募工匠或分包）。

　　当时在营造行业中有八"作"（八个工种）的说法，分别为石作、木作、瓦作、扎踩作（搭架子）、砸（杂）作（灰土、灰浆、泥水等，其中有会调制九浆十八灰的说法）、油画作（油漆彩画）、裱糊匠（室内顶棚装饰性糊纸及红、白事纸活）、抓胎作（泥塑）。这些"作"行平时自有独立门户，只有木厂子承接工程后，其中的活儿有某一作的活茬儿，才会以分包或小包工的承接方式进入工程项目之中，做完活后在木厂子柜上算账结算后即散伙。一般木厂子是以三大"作"为主，即木作、瓦作、石作。行内有一种说法叫作："木匠的作坊""石匠的窝棚"和"瓦匠的锅伙儿"。石匠叫作"随石而来随时而去"，即随着毛坯石料进场，在工地盘好撵錾子的风灶点火，石匠在工地上用苇席临时搭一个遮阳挡风的窝棚就开始干活，制作安装石活完成后，拆了苇席窝棚、填埋灶火、柜上算账后，石作就撤走了。瓦作则是春、夏、秋三季活茬，冬季停工，瓦匠歇工回家，称之为"扣锅歇伙"，过年开春开灶聚伙。有些手工艺好的瓦匠师傅歇工不回家，冬季也会在外面找些活做，这时会为一些宅门大院盘火炕、为酒楼饭馆买卖家盘炉塘灶。木厂子在冬季工程停工时木作不歇工，由柜上的掌作师傅（现在叫项目负责人）点卯，留下木作中手艺较好的师傅，带着徒弟们加工预制大木构件或做装修（打装户），为来年施工做准备，或者冬季在室内做内檐装户。那时每家木厂子的掌作师傅就是木厂子内木作的技术总负责人，甚至是整个工程项目的总负责人。过去施工建房，木作掌作师傅掌控着木作的各种做法规矩、技术标准，并了解其他各个工种做法的基本程序，负责安排协调施工中各个工种之间的工序衔接配合等工作。其他的石作、瓦作都以木作尺度为施工依据，其余各"作"平时基本上是随着工程需要而安排。除了以上八作，木厂子内还有两房：一是料房，负责估工算料、采购备料、管理料场，相当于现代建筑公司中的预算和材料管理以及成本核算管理，旧时一般有实力的木厂子都有自己的料场，存放大量木材、石料、砖瓦等材料；二是账房（财务），相当于现代的会计出纳。这两房都是由掌柜的（老板）直接管控。

民国初期很多国外学者研究中国建筑文化，纷纷搜集中国古建筑资料著书立说，国内却无人问津。有人甚至说国人无能力研究中国的建筑，研究中国建筑历史文化要到国外去找洋人。出于反对这种谬论，1931年以朱启钤先生为代表的一些爱国仁人志士为了保护中国古建筑，发起成立了由中国人自己研究中国民族古建筑的组织，创建了著名的"中国营造学社"。这个时期我国老一辈建筑家梁思成、刘敦桢等人，在营造学社中克服各种困难、带领当时的有识青年学生，对很多具有历史价值、文物价值的建筑进行保护性的测绘留存（共对16省200余县2000余处的建筑进行了调研测绘），并拜当时有名的木厂子掌作师傅为师，以故宫建筑为标本，与清工部《工程做法则例》、宋《营造法式》进行对照研究和相互印证，通过图解、注释等多种形式著书立说，为我们后辈留下了宝贵的历史文化遗产。在这当中还留下了很多佳话故事，成为我们后人学习的楷模。民国时期由于中国军阀混战、抗战、内战及各种人为与自然破坏，致使很多有价值的古代建筑遭到损毁与破坏。中华人民共和国成立以后，国家成立了文物局，对相关文物建筑进行保护性修缮和管理，使得我们的民族传统建筑文化得以发扬光大。

中华人民共和国初期，很多建筑都是由这些老一辈建筑家和他们的学生设计建造的。著名的十大建筑及很多中式大屋顶的建筑就是那时的杰作，当时的有识青年后来都成为我国著名的建筑学家和文物建筑保护专家。原木厂子中有名的木作掌作老师傅们，在中华人民共和国成立初期，也都积极参加社会主义建设，为保护我国文物建筑做出了很大的贡献。清末民国时期建筑行内最著名的木作掌作师傅有五人：马进考（兴隆本家第十三代掌作）、杜伯堂（兴隆第十三代掌作）、路鉴堂（兴隆第十三代掌作）、杨文启（德祥掌作）、张兰亭（广丰掌作），被称颂为五大掌作。这些人中华人民共和国成立后，有的留在了故宫，有的留在了园林局下属的景山和颐和园，有的去了房管局。在这些单位中，他们又培养出了很多技艺高超的有名弟子，这些弟子们继承了师门技艺并使其发扬光大，并在自己的工作岗位上为国家建设，为文物保护事业和传承发扬中国民族传统建筑艺术，也都做出了卓越的贡献。

　　五大掌作再传弟子中比较出名的有张忠和（马进考和杜伯堂的弟子，兴隆木作第十四代传人）、戴季秋（马进考和杜伯堂的弟子，兴隆木作第十四代传人）、张海清（张兰亭之子）、王德臣（房修二名师）、孙永林（房修二名师）。这些老师傅们在古建行业中又传承并培养出很多弟子，这些徒弟后来成为了行业中的技术骨干，他们的徒弟们在后来修缮天安门、故宫、北海、颐和园、天坛、香山、八大处、潭柘寺、戒台寺、十三陵等诸多古代建筑中起到了关键性作用。如今他们的再传弟子中很多也都是业内知名的人物，乃至古建筑行业中的大家，出自兴隆木厂子第十五代的弟子李永革（戴季秋的弟子，故宫博物院研究馆员、国家文物局古建专家、国家级官式古建筑非物质文化遗产传承人）也是行业中知名的专家。兴隆木作第十五代弟子中比较有名的有北京华宇星园林古建设计所的郑晓阳（张忠和、戴季秋、陈维汉的弟子，工程师、古建名师，北京市古代建筑非物质文化遗产传承人），有故宫博物院的付卫东（戴季秋的弟子，高级工程师），还有十三陵管理处的杜建功（戴季秋的弟子，工程师、古建名师），这几个人都是兴隆掌作马进考、杜伯堂的再传弟子，也是现如今古建行业中木作技艺与古建专业技能业务能力比较突出的人物。

　　现今随着我国社会主义建设发展，中华人民共和国成立初期的老艺匠师傅们早已作古，如今健在的徒弟也都是九十多岁甚至百岁的老人，他们的再传弟子现在也都是六十多岁的人了，很多人都相继退休，离开了工作岗位。由于受社会变革及工作环境变化与行业发展变化等诸多因素制约，这些人再也没有像过去那样按照传统匠人的传承模式、依照行里的传统规矩收徒弟。很多年来（1980 年以后），城市中年轻人已经无人再像传统工匠那样学徒从事大木作行业，致使很多由工匠代代传承的应知应会内容失传，古建筑工匠实操技术也严重缺失，尤其是掌作大工匠所掌握的古建技艺更是后继无人。近些年来国家发展正值盛世，拨款大力整修文物建筑，有民族特色的仿古建筑也随之得到发展，搞古建施工的人很多都仅仅是管理与经营，一线干活的工人大部分则都是进城务工的农民工；搞古建专业设计的部门也不少，设计人员基本都是大学毕业后直接进入了设计部门，很多人没有在基层施工一线工作过，也没有接受过古建实操作业应知应会的专业传承，所以对于古建施工操作细节、传统榫卯和各种节点做份、工艺流程不能充分了解，致使很多古建修缮设计不完善，无法全面指导施工，很多传统或仿古建筑设计作品似是而非，达不到设计深度标准。如今行业中真正懂得古建，充分掌握古建技艺精髓的人已经很少，有些从事古建设计和施工的人员，其古建技术水平和专业知识一般。由于经济利益的驱使，社会上假行家也很多，以假乱真，真行家却无能为力，只能是"无可奈何花落去"。行业中"半罐子"似是而非的人很多，导致我们这门古老的民族传统建筑木作技艺中的精髓，趋于濒临于失传的地步。

　　古建行业中的木作技艺是千百年来中华民族建筑技艺的积累，是经过千百年中国古代老艺匠们一辈一辈地传承，才能保留至今的传统民族建筑文化精髓。如果因为我们这一辈人没有传承，导致这一门古老的民族建筑技艺丢失缺损或者变了味道，实在是上对不起祖宗、下对不起子孙。

　　李永革在古建行业工作了 43 年，20 世纪 70 年代到故宫参加工作，师从古建木作大师戴季秋学徒，接受到师傅的古建大木作传承，在这当中还接受到木作赵崇茂老师傅指导。在长期的基层工作中，经过工作实践，使自身的古建木作技艺达到了较高的水准，同时在日常的工作中也虚心向行内各专业的老师傅请教,向故宫其他老师傅、老艺匠学习,对于古建其他各作工艺也都有着充分的了解。在故宫和古建行业内从事 40 多年的专业技术工作经历,以及对于古代建筑不同时期的大木作进行的研究与实践,使自身对于各个历史时期的古建木作发展变化与技艺传承有着充分的理解与认识。

郑晓阳在古建行业工作了 42 年,1974 年 9 月由西城区劳动局分配到园林局修建处参加工作,1975 年单位安排随先师陈维汉学徒(木工),后因家族长辈中与古建木作大师张忠和拜过把子,也是行里的人,且都是衡水老乡有很深的私交,随之拜在大师门下学习古建木作,1981 年在故宫修缮角楼时,随着张忠和师傅前往故宫,看望张忠和师傅的师弟——故宫古建木作大师戴季秋师叔,在张忠和师傅的引荐下,按照门里柜上收徒的老规矩,改师叔称谓叫师傅,从此又拜戴季秋为师傅,因此有幸得到了张忠和、戴季秋两位兴隆木厂子嫡传木作大师的传授和陈维汉师傅的教诲指点。在三位师傅的传教下,系统学习了古建木作的各方面知识和操作技能,从应知到应会,得到了兴隆木厂子古建木作的真传。系统地理解掌握了古建筑各种规矩制式的变化规律。

李永革与郑晓阳两人都在古建行内工作了四十多年,2015 年李永革、郑晓阳二人相继从工作岗位上退休了。通过在古建筑领域四十多年来的工作经历与实践操作,两人对古建筑有着充分的了解和很深的造诣与经验,尤其是对于明清建筑木作中各种木构造的变化、木作节点做份传统规矩的运用,以及古建筑做法、工艺流程有着充分的了解。

基于当今我们民族建筑文化和古老传统建筑技艺传承的需要,师兄弟两人一起对兴隆师承传授的明、清古建木作营造技法进行了系统总结,并把这些师承的木作技艺结合多年的工作实践积累加以整理,以现代通俗的语言和诠释解说的形式,由浅入深编写出这本《中国明清建筑木作营造诠释》,但愿能够使师门的古建传统技艺得到完整的保留传承。希望本书能够在保护、传承及原汁原味保留古建筑技艺“做法”方面发挥出积极作用,也希望能够对今后古建筑的保护修缮起到工具书的辅助作用。为今后文物古建保护修缮,为传承中华民族建筑文化做出一点小小的贡献。

# 目　　录

# 绪　　论

中国古代建筑，是世界上最古老的建筑体系之一，具有悠久的历史、光辉的成就。仅从陕西半坡考古发掘出土的方形或圆形浅穴式房屋基址遗存，就可以看到中国古代建筑已有近7000年可考证的历史。中国古代建筑在数千年的发展过程中，不断融汇各民族建筑的特长，形成了独具特色的建筑文化，成为中华文化的一个重要的组成部分。

在世界建筑体系中，中国古代建筑自成一脉，是独立发展起来具有民族特点的东方建筑体系。该体系在建筑构造上以木构造为主，至迟在3000多年前的殷商时期就已基本形成。经过了千百年的演变，使中国古代建筑构造技巧独特，木构造体系极其完美合理，建筑形式灵巧、造型艺术优雅。在木构造结构体系中，各个时期建筑的"大木作"模式，充分展现出了中国古代建筑木构造技术的发展演变过程，也充分体现中国古代建筑在各个历史时期的艺术风格特征与中国传统建筑文化的发展、变迁，更充分展现了中国古代匠人们的聪明才智与精湛高超的营造技术水平。中国古代建筑中传统木构造的"大木作"技术，从先秦开始经过隋唐、宋辽、明清等各个历史阶段的发展演变不断完善，使建筑形象艺术与构造技术实现有机结合，在建筑上最大程度表现出了木结构的构造之美。"大木作"木结构构造体系适应性很强，基本体系以四柱二梁二枋构成一个称为"间"的基本单元，"间"可以左右相连，也可以前后相接，又可以上下相叠，还可以错落组合。建筑平面布局上呈现出多种形状的变化，有正方形、长方形、八方形、六方形、十字形、不等边的多边形及圆形、三角形、扇形或更复杂的组合形状。建筑构架有抬梁式结构、穿斗式悬挑结构和井干密梁式结构三种形式。抬梁式和穿斗式无论哪一种，都可以在不改变构架体系的情况下，使屋面做出曲线变化，并在屋角做出翘角飞檐，还可以做出多层、重檐、勾连搭、穿插重叠组合等多种样式变化，达到"巧于因借、自由灵活、精在体宜"的完美建筑形式。

中国古代建筑屋顶形式丰富多彩，有庑殿顶、歇山顶、悬山顶、硬山顶、攒尖顶、卷棚顶、盝顶、盔顶、平顶等多种基本固定的屋顶造型。在这些基本屋顶造型上又经过错落有致的多样组合，变化出单层檐、双重檐、勾连搭、十字脊、高低错落等丰富多彩的屋顶形式。中国古代建筑往往采用较大的出檐，屋面凹陷捲櫞曲线飘逸，建筑檐角出冲、起翘就像展翅的鸟翼。单体建筑依靠"间"的灵活搭配和屋顶式样的变化，表现出本体建筑造型特点，每栋单体建筑造型就是一个完整的艺术形象。此外，木结构的构件穿插搭配与门窗装饰、内外装修以及雕梁画栋的雕刻技艺等，又起到了增强建筑自身艺术表现力的作用，使得各类建筑造型自身显得更为典雅庄重或轻盈活泼。

中国古代建筑群的空间艺术效果，一般是通过造型完美的单体建筑相互搭配来达到的：首先每个单体建筑通过形式、体量、高低错落等的变化，形成一个小的建筑群空间单元；然后，再以其为基本单元进行有机结合，形成较大的建筑群空间，在这个较大的建筑群空间中，每个小的建筑空间单元之间进行互相衬托和呼应，使这组较大的建筑群在空间序列和布局上产生秩序感或韵律美的艺术效果。而处在这组建筑空间序列中的一栋或多栋单体建筑，其式样、体量是以自身在该建筑群空间序列中的位置及功能来确定的，其自身造型可能比较简单平淡，但当其作为空间序列中的主体建筑时就可能很高大，而当其作为辅助建筑时就可能很小巧。可见，尽管一栋单体建筑的造型可能是简单的，但因其在建筑群空间序列中的位置与功能的不同，便能显示出各自在建筑群中的独特性，甚至起到画龙点睛的作用，这也是单体建筑之间互相陪衬而产生的空间艺术效果。

在中国古建筑中，由个体建筑组合成为一个群体单元或多组建筑群体时，其重要一点就是中轴对称，要求建筑单元与群体组合布局都应方正严整，大到宫廷殿堂、小到宅院厅房，莫不如此。它的布局形式有严格的方向性，常以南北方向为正，东西方向为侧厢，只有少数建筑群因受地形地势限制采取变通形式，也有由于宗教信仰或受风水思想的影响而变异方向的。方正严整对称的建筑布局，也是中国古建筑主要特点，它源于中国古代易经风水及儒学中庸思想的影响。

儒学在中国几千年古代社会中是精神主轴，佛、道之学始终居于附从地位，在中国人的心目中，儒学才是正统。儒家思想的内涵对中国古代建筑的发展影响是根深蒂固的，大体可以归纳为六个方面：

① 儒学提倡的礼制，是以礼为治国之本和个人立身行事的准则。由于礼制的需要，在人们的日常生活和各行各业中便有了尊卑等级的区别，建筑上由于有诸多使用功能类型要求，以及使用中尊卑等级的划分，也就产生了多种建筑形制和建筑等级划分的标准，在清代《朝庙宫室考》中我们可以看到"学礼而不知古人宫室之制，则其位次与夫升降出入，皆不可得而明，故宫室不可不考"的说法。在《礼记》中我们也能看到"天子之堂九尺，诸侯七尺，大夫五尺，士三尺"堂阶制度的记载。所以古代建筑也是要区分出上尊下卑、分明主次的，如宫殿、府邸、宅院、民居、庙宇、祭坛、陵园等都是要有等级标准的。

② 儒学主张君权至上，皇帝是天子，受命于天，是万民之主，其次以官为受命于皇帝之下的臣子，也是掌管草民之父母官。所以首先要上建有以皇权为中心体现君权至高无上的宫殿都城，其次要下建有管辖草民、官级不等的官宦府衙宅邸，最末为草民百姓的民居草宅。

③ 儒学主张敬天礼神，对天地的祭祀是皇家历朝大祀，因此要为皇家建造祭祀用的天坛、地坛、日坛、月坛，以及社稷、先农诸坛，还要为神建造道观、寺庙、佛堂、神殿等，以供奉神道佛陀教化众生。

④ 儒学主张孝亲法祖，所以必须营建宗庙、祠堂、陵墓，供奉先人祖宗牌位由后人祭奠以示孝道的传承。

⑤ 儒学主张中庸之道，中正有序、大中至正，因此在建筑整体布局中，建筑单体平面布置上，也要以中为主，方整对称，昭穆有序。故而形成都城、宫城及建筑群体、街巷院落格局的中轴对称形制。

⑥ 儒学主张尊卑有序，上下有别，建筑上同样注重体现尊卑礼序，举凡建筑的体量、形制、高低、间数、色彩、门窗装饰、瓦屋面脊饰，都有着等级界定的标准，不得擅自违制僭越。

　　中国古代建筑在几千年的封建社会中早已发展成熟，它以汉族木结构建筑为主体，也包括了中国各个地方和带有少数民族特点的优秀建筑，它除了宏伟的皇家建筑、官式建筑以外，还有很多地方带有民族地域文化特殊风格的建筑艺术变化。

　　明、清时代是中国古代建筑技术艺术最为成熟的阶段，也是中国古建筑发展到顶峰的最后阶段。由于这个时期封建社会的经济、文化发展，古代建筑也达到了最后的发展高潮。建筑上非常注重其功能与建筑造型艺术相结合，注重建筑个体在整体布局中的变化，注重建筑整体布局与环境协调的变化。同时更加重视传统思想、传统文化与建筑的和谐统一，追求天人合一的大空间建筑效果。

# 第一章 明、清建筑"做法"等级制度的划分

明清建筑营造时由于建筑位置、功能的不同，必须按照等级制度选择出适合自身建筑的等级标准，同时也要考虑在建筑外观造型上的严格等级划分。在建筑外观造型上，一般以重檐庑殿顶的建筑为一等，重檐歇山顶建筑为二等，单层檐庑殿顶建筑为三等，单层檐歇山顶建筑为四等，硬山顶建筑为五等，悬山出梢顶建筑为六等（悬山建筑一般不作为主位正座建筑，多用于大门或库房），凡是起脊建筑等级都高于平顶建筑，平顶灰棚建筑等级为末。单体建筑随着建筑群体中的位置、功能等需要，应搭配运用得体。在传统建筑中还有很多不同形式的攒尖建筑，以及形状各异、造型组合变化的建筑，重檐建筑总是要比单檐建筑高一个等级，各式各样造型的建筑要随着建筑群体中的位置及使用功能确定其自身的等级标准。

清雍正十二年（1734年）清工部颁布了"清工部《工程做法则例》"。全书共七十四卷，前二十七卷为二十七种不同之建筑物：大殿、厅堂、箭楼、角楼、仓库、凉亭等木构造建筑的大木用材"口份"尺寸叙述。卷二十八至卷四十为斗栱构造做法及尺寸（共计十一等）。卷四十一至卷四十七为门窗格扇、石作、瓦作、土作等做法。后二十七卷则为各作工料估算计法。

清时期的建筑依照"清工部《工程做法则例》"中的规范准则，从建筑的功能、体量、形制上划分了各种严格的等级制度标准。各式各样的单体建筑及建筑组群布局到做法变化上，都要充分体现出了"工程做法"中的等级标准。

明、清建筑一般分为官式做法与普通民居做法，按照等级标准对建筑形式变化的要求，"工程做法"划分出"大式做法"与"小式做法"两种基本"做法"。由于"清工部《工程做法则例》"的编著内容只是指导营造的基本法则及部分实例，在众多的实际营造施工中，建筑还有很多不同形式变化和体量大小变通，这些变化、变通未能全部编入"工程做法"中，所以在实际营造中除了"大式做法""小式做法"，还有两种变通的辅助"做法"，工匠们称之为"大式小做"和"小式大做"。在梁思成先生所著的《清式营造则例》中把这两种辅助"做法"统称为"杂式做法"。

明、清建筑功能用途与等级制度划分得非常明确，当营建官式府邸、衙署、城楼或特定军事用途的建筑时，还要按照使用对象及其建筑自身功用特点区分"文座"与"武座"。两种形制中外姓藩王府邸多为武座，其他一般基本上是以"官作"城门、衙署建筑的使用功能来区别划分的（比如：明长城上各关口的城门楼子，北京城内外城门等，再如：永定门、德胜门、内城的钟鼓楼，北京市东城区马神庙街和硕公主府，以及很多地方上的武都统衙署，总督、提督府衙中演武用的厅堂，一些街口的过街牌楼等都属于"武座"），两种形式"做法"权衡尺度并无多少区别，只是在建筑局部造型或尺度与做份的变化上有微小差别，如：歇山建筑与悬山建筑木作中博风板上的博风钉，中间横三为文钉，中间竖三为

武钉。穿插枋、抱头梁大进小出榫卯节点上出将军头（头出 2.5 斗口或 1.5 椽径）。檐角柱头上箍头做份加出栖等（栖出 1.5 斗口或 0.8 椽径）。瓦作也相应有不同的变化，如文座正脊两端用吻兽，武座正脊两端使用望兽（式样如同截兽）等。这些做份与形制的变化便是文座与武座的区别。

# 一、大式做法

官式建筑物上采用斗栱，且以斗栱坐斗的刻口为尺度，即以斗口计量建筑物体量，以斗口衡量建筑物上所有构件尺寸，这种权衡方式被称之为"大式做法"的斗口"口份"制度。在"大式做法"中，大木构造很多特定的节点式样造型是固定不变的，它体现出"大式"皇家官府建筑的等级特征。

"大式"建筑的体量是根据等级、功能上的需要确定了制式、式样、间数，然后选择"口份"尺度，制定出大木屋架构造层次、斗栱的式样、斗栱里外拽的踩数及斗栱形制。在此基础上依照已经确定的"口份"标准，计算出建筑各部尺寸及构件尺寸。在计算中必须根据建筑体量，结合所使用木材种类特性，考虑构件跨度长细比例，使之达到满足建筑结构荷载要求。同时还要考虑大木构造与瓦作、石作等其他工种在构造中符合传统建筑等级特征及模数比例关系，达到建筑整体美观协调。相反也要根据建筑自身构造特点选择使用木材及各种建筑材料的种类。与此同时按照等级标准、功能的需要制定出内外门窗、装修的形式，确定出墙体、瓦屋面的形制、颜色、样号大小，制定出台基的形制、尺度，选择石材的种类和石作的功法式样，使整栋建筑构造中所有部位的构件模数比例关系适当，使木、石、瓦、油画各工种在建筑中形制协调统一，达到建筑等级标准的要求和使用功能要求。

# 二、小式做法

建筑物无斗栱，使用丈尺事先拟定好建筑物的体量，确定出通面阔间数与通进深步架尺寸，拟定出开间与檐柱径尺寸，以檐柱径作为衡量建筑物上所有构件尺寸的模数，这种做法叫作"小式"做法。"小式"做法大木构造与"大式"做法大木构造中很多相同位置的节点式样造型不同，特定的"小式"节点造型式样基本固定不变，体现出"小式"庶民民居等级特征（参见本书图 2-8）。

"小式"建筑一般是根据功能确定式样，然后按照建筑明间面宽折算出檐柱高、檐柱径、上下檐出。以檐柱径尺寸调整步架的比例关系，依据确定的建筑式样制定出大木屋架构造层次。依照檐柱径比例关系计算出建筑各部尺寸及构件尺寸，计算中必须考虑构件跨度长细比例符合建筑结构荷载要求。普通民居由于材质多样性的变化，构件权衡尺度上时常会有很大差异，这也是"小式"做法中经常变通的特点。普通民居一般较小，多采用五檩四步梁架，较大民居有廊、厦时，也是在五檩四步梁架基础上再加抱头廊步和抱厦，与此同时制定出适合本体建筑风格的内外檐门窗、装修的式样，定出墙体、瓦屋面做法，制定出台基、石作及油饰标准，使建筑整体适度、符合小式建筑自身特点。

# 三、大 式 小 做

在皇家园林中有很多园林建筑物体量较小，但等级标准要求较高，建筑外观要求达到"大式标准"，大木架上做斗栱，出于建筑体量小等因素，大木构件尺寸需要小于斗口计量标准且不以斗口"口份"计量，建筑物体量及各部构件均按照小式建筑的权衡标准计算，建筑物上所有构件节点式样依照"大式"做法式样制作，与"大式"做法的大木构造特定节点式样相同，使建筑体量小巧精致，又体现出了与大式相同的等级特征。这种做法叫作"大式小做"，且不管建筑体量构件尺寸有多微小变化，斗栱的取材固定为一寸半"口份"。

"大式小做"建筑多建于寺庙、道观、祠堂、园林、庭院、府邸中，建筑体量较小，但等级较高，这类建筑一般根据功能特点确定式样，按照自身式样特点并依照"小式做法"计量方式折算出檐柱高、檐柱径、上下檐出，制定出大木架构造层次。然后确定出斗栱式样做法，如采用昂翘斗栱有出踩，上下檐出则按踩数增加出跳尺寸，以檐柱径比例关系计算出建筑各部位尺寸及构件尺寸。计算中要考虑构件跨度长细比例符合建筑结构荷载要求，同时也要适合传统模数比例关系，达到建筑外观整体协调美观。另外，按照功能标准等级要求，制定出使用琉璃瓦或使用布瓦，确定出瓦屋面的做法、瓦的型号，制定出石材种类、石活的尺寸及功法要求，使整栋建筑构造中所有的构件比例关系协调美观。

# 四、小 式 大 做

建筑物体量适中或较大，且建筑大木架上无斗栱，外观等级标准要求较高，建筑物体量及各部构件均以小式建筑的权衡方法计算，建筑物上所有构件节点式样又都依照"大式"做法的式样制作，与"大式"做法的大木构造特定节点式样相同，这种做法叫作"小式大做"，建筑外观体现出低于"大式"等级标准，却又高于"小式"等级标准，这类建筑外观介于"大式"与"小式"之间，具有双重做法中的某些特征。

"小式大做"建筑根据功能上的需要确定了式样，定出建筑体量间数与面阔、进深。以明间面宽折算出檐柱高、檐柱径、上下檐出，制定出大木屋架构造层次，依照檐柱径比例关系计算出建筑各部位尺寸及构件尺寸。必须根据建筑体量，结合所使用木材种类特性，考虑构件跨度长细比例达到建筑结构荷载要求。同时要考虑构件在构造中符合传统模数比例关系，使建筑整体协调美观。根据建筑自身构造特点来考虑选择使用木材种类，并按照功能标准，制定出使用琉璃瓦还是使用布瓦（青瓦），确定出瓦屋面的做法及瓦的型号，制定出石材种类、石活的尺寸及功法要求，使整栋建筑构造中所有的构件比例关系协调适当。

# 第二章  明、清建筑权衡与"做法"应用通则

清代建筑基本沿袭了明代建筑的做法制度，清代建筑在构造与做份上与明代建筑略微有些变化，尽管在一些节点式样、榫卯以及局部构造做法上有着很多不同之处，但是在大体形制上基本相同，权衡尺寸基本相同。清工部《工程做法则例》在沿用了明朝建筑权衡模数的基础上，进一步明确规定了建筑等级、权衡模数标准。规定了清官式建筑中"大式做法"的斗口"口份"制度及用材标准，即以斗栱的斗口"口份"作为大式建筑权衡的标准模数，并把用材的标准划分为十一个等级的斗口"口份"标准。

## 一、材、分°：标准"斗口（口份）"

大式木作中，屋架的体量大小及一切构件尺寸权衡都以斗口模数"口份"作为度量计算的基本标准，使用斗口"口份"在清工部《工程做法则例》卷二十八《斗科各项尺寸做法》中明确规定："凡算斗科上升、斗、栱、翘等件长短、高厚尺寸，俱以平身科迎面安翘昂斗口宽尺寸为法核算"。

斗栱用材有"足材"与"单材"之分，"足材""口份"高 2 斗口分为 20 分°、宽 1 斗口分为 10 分°，"单材""口份"高 1.4 斗口分为 14 分°、宽 1 斗口分为 10 分°。

斗口"口份"共分为十一个材的等级标准：一等材斗口"口份"六寸（192mm），二等材斗口"口份"五点五寸（176mm），三等材斗口"口份"五寸（160mm），四等材斗口"口份"四点五寸（144mm），五等材斗口"口份"四寸（128mm），六等材斗口"口份"三点五寸（112mm），七等材斗口"口份"三寸（96mm），八等材斗口"口份"二点五寸（80mm），九等材斗口"口份"二寸（64mm），十等材斗口"口份"一点五寸（48mm），十一等材斗口"口份"一寸（32mm）（图 2-1）。

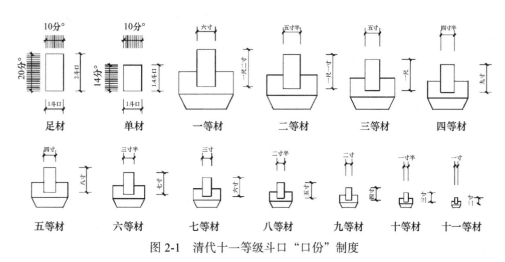

图 2-1  清代十一等级斗口"口份"制度

# 二、明、清建筑"大式做法"大木作与斗栱斗口 "口份"权衡通则

"大式做法"建筑上都必须采用斗栱，清代建筑上斗栱斗口"口份"的使用标准要依照"清工部《工程做法则例》"中等级衡量制度为标准，一般大型殿堂建筑采用斗口"口份"多为三点五寸以下，而四寸以上斗口"口份"在明、清建筑中基本不采用。使用三点五寸斗口"口份"在现有的明、清建筑中也几乎未曾见到。我们通常见到采用的斗口"口份"多为三寸、二点五寸、二寸、一点五寸，较大型宫殿斗栱采用三寸斗口或二点五寸斗口"口份"，斗栱形式一般五踩或七踩昂翘斗栱，殿堂上重檐斗栱最多至九踩。中型殿堂、楼阁斗栱多采用二点五寸斗口或二寸斗口"口份"，斗栱形式一般三踩或五踩昂翘斗栱，重檐斗栱最多至七踩，中小型殿堂、楼阁、屋宇斗栱一般多采用二寸斗口"口份"或一点五寸斗口"口份"，斗栱形式一般三踩或五踩昂翘斗栱，或采用不出踩的斗二升交麻、一斗三升品字斗栱。一栋建筑在选用斗栱形制和斗口"口份"时，要根据建筑的使用功能和等级标准以及建筑个体在群体建筑中所处的位置关系，因势选制、灵活运用。斗栱的形式也要根据自身的建筑特点及使用的位置选择式样。大式建筑外檐斗栱斗口规定"口份"最小不得小于一寸半。一寸斗口"口份"的斗栱规定不使在建筑外檐，一般只用在内檐装修罩龛装饰或藻井之上。

## （一）面宽与进深及斗栱应用规则

首先以功能要求与等级标准确定出建筑形制及体量间数，按照等极标准选择确定斗栱斗口"口份"，设定出开间、进深的柱网柱位。在通面阔中按间分配斗栱攒档，明间面宽以平身科斗栱的攒档坐中，一般明间七个攒档、不小于五攒档，特殊情况下明间安排到九个攒档，次间面宽小于明间时适当调整攒档或递减一攒斗栱，除了明间必须斗栱攒档坐中以外，其他以下次间、梢间、尽间攒档可坐中，亦可不坐中，以此类推，根据需要，开间面宽和攒档亦可相同。廊间最少设置两个攒档，中间放置一攒斗栱，尽间、廊间受面宽斗栱攒档调整的影响出现攒档过大时，廊间、尽间外檐角的角科斗栱可根据需要增加一组闹头昂、翘，利用增加闹头昂、翘调整攒档间距。进深攒档要根据进深间数、梁架形制、步架的步数确定攒档斗栱数量，攒档标准尺寸为 11 斗口。可根据面宽、进深尺寸，对斗栱攒档尺寸进行适当调整，攒档调整不得小于 10 斗口，也不应大于 12 斗口。当攒档调整小于 11 斗口时，瓜栱长短可适当缩减 0.2～0.4 斗口，万栱随瓜栱同时缩短后，万栱自身还可再缩减 0.2～0.4 斗口（斗栱缩减变量常规只缩瓜栱、万栱的长短，不缩搜架，不缩斗栱截面大小尺寸）。

重檐上下檐采用斗栱踩数可相同，也可上檐采用斗栱出搜踩数多出下檐一层。平座层斗栱则应依据平座出挑尺度设置搜架层数。一般平座层斗栱踩数不大于上檐斗栱踩数，内檐隔架科斗栱运用，要依据外檐选用的斗栱类别及建筑内的构造变化对应选择，其斗栱形制要达到内外口份协调一致。在明、清建筑中大式宫殿与较大的殿堂多会采用五踩斗栱或七踩斗栱，重檐建筑多会采用下檐五踩上檐七踩斗栱，或采用下檐七踩上檐九踩斗栱，亦可上下檐都是用五踩，或下檐五踩上檐九踩斗栱。设定建筑上使用斗栱出挑踩数，要根据

建筑所处的位置、体量大小、等级标准而定。明代建筑与清早期建筑中，较大的殿堂中或重檐建筑檐步斗栱多会采用溜金斗栱做法，建筑内檐构造中多设隔架斗栱。

### （二）柱高、柱径与收溜、掰升

檐柱高从台明至大额枋上皮不低于 60 斗口，如大额枋下设有由额垫板、由额枋时，檐柱高在 60 斗口基础上增加由额垫板、由额枋尺寸得檐柱净高尺寸，一般设定为 70 斗口。清代"大式做法"以 60 斗口即定为檐柱最低时的高度（明代檐柱高约 70 斗口），檐柱径 6 斗口，金柱径不应小于 6.6 斗口，应根据自身净高的 1/11～1/10 折算斗口后确定，高大的重檐金柱、攒金柱、里围金柱、山柱等柱子的柱径则应以自身高的 1/13～1/11 折算斗口后确定，此类粗大柱径调整时，要考虑满足结构承载和建筑模数比例需要，柱径不应小于高的 1/13，柱头上收溜 7/1000～1/100（明代柱头做卷杀），清代建筑外檐柱脚向外掰升（侧脚）

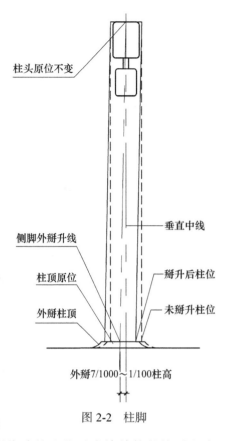

图 2-2 柱脚

7/1000～1/100，内檐的金柱以里的其他柱子不掰升。明代建筑金柱及内檐其他的柱子也有掰升（图 2-2）。

### （三）上、下檐出、步架、举架

① 上檐出从挑檐桁中线向外至檐口水平出 21 斗口，斗栱拽架出踩尺寸另计，其中老檐出 14 斗口加斗栱拽架，飞檐出 7 斗口（图 2-3）。

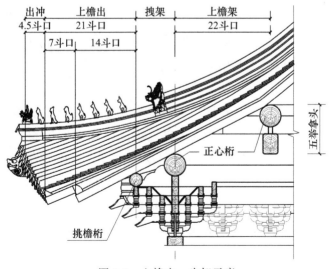

图 2-3 上檐出、步架示意

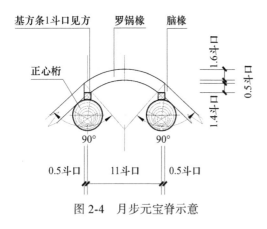

图 2-4　月步元宝脊示意

重檐使用斗栱踩数多于下层檐口斗栱踩数时，重檐上出在下层檐出 21 斗口的基础上可适当缩减 2 斗口（老檐、飞檐各缩 1 斗口）。上下层檐铺设斗栱踩数相同，则水平檐出 21 斗口不变。廊步架二攒档时 22 斗口，三攒档时 33 斗口（酌情而定），廊步架最小距离不应小于四尺，金步架及檐内其他步架均为 22 斗口，元宝脊月步 11 斗口（图 2-4），硬山、悬山建筑根据通进深步架分配应酌情而定，硬山、悬山步架尺寸不应大于 22 斗口。通进深 11 架时 220 斗口分十步，通进深九架时 176 斗口分八步，通进深七架时 132 斗口分六步，通进深六架时 99 斗口分四步加一月步，通进深五架 88 斗口时分四步，通进深四架 55 斗口时分二步加一月步。

② 清式举架之法是从下至上，由檐步（廊步）开始至脊步逐步升起，通过每层步架起举的调整使屋面坡度形成一个带有弧度的缓曲屋面。通常最下面檐步（廊步）起举为"五举拿头"，举高尺寸为步架的十分之五。特殊情况如重檐檐步或攒尖亭子、牌楼亦可根据需要改用"五五举拿头"，举高尺寸为十分之五点五步架，檐步以内要根据进深步架数设定举高，脊步最高举架尺寸不应超过九五举加一平水（平水尺寸为一桁径 4.5 斗口）。举架尺寸高矮运用取决于大木下架檐高与屋脊的比例关系，当进深过大时举架应适当压低，进深较小时举架应适当抬高，举架调整还应考虑到屋面曲线坡度（櫖度）圆弧缓曲适度，经常采用的举架调整系数如下：

通进深十一架时以檐步起始五举，金步以上六举、七举、八举、九举（或九五举），也可以檐步起始五举，金步以六五举、七五举、八五举、九五举（或九五举加一平水）。

通进深九架时以檐步起始五举，金步以上六举、七举、八五举（或九举），也可以檐步起始五举，金步以上六五举、七五举、九五举（或九五举加一平水）。

通进深八架、七架时以檐步起始五举，金步以上六举、八举，或檐步起始五举、六五举、八五举，也可以采用檐步起始五举，金步以上七举、九举（或九五举）。

通进深六架、五架时以檐步起始五举，金步以上六五举或金步以上七举或七五举或八举（图 2-5）。

③ 清代举架之法与明代有所不同，明代叫作举折摔櫖之法，其举折是以通进深前后撩檐桁（挑檐桁）中至中总尺寸的 1/3 定总举高，在撩檐桁至脊中总举高的斜直线上，按照步架从上至下摔櫖，依次以 1/10、1/20、1/40、1/80 成倍数的递减摔櫖至檐口（图 2-6）。

我国广大乡村与城市中，普通老百姓盖房屋面起脊较缓，把坡屋面找曲线坡度叫作二五举，简称摔櫖，与明代举折摔櫖方法近似。是以前后檐檩中至中的 1/4 定总举高，在檐檩至脊中总举高的斜直线上，按照步架从上至下，依次以 1/10、1/20 成倍数的递减至檐口（图 2-7）。

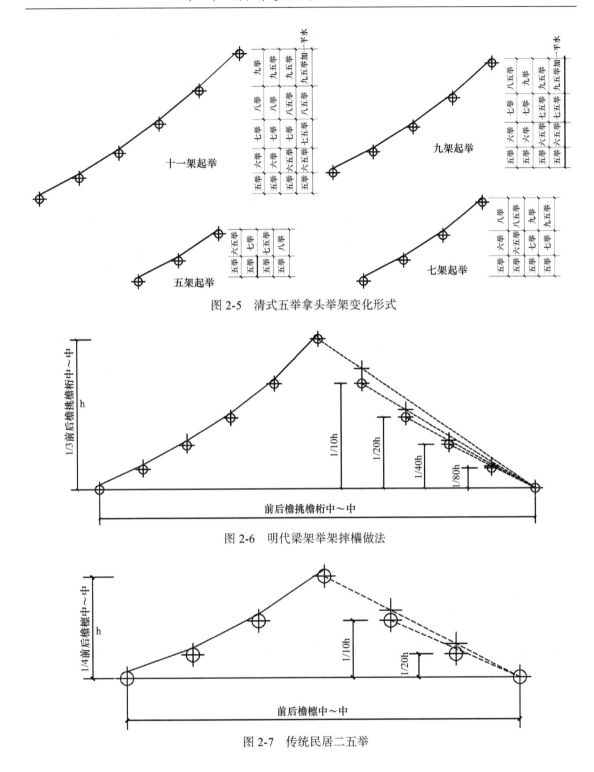

图 2-5　清式五举拿头举架变化形式

图 2-6　明代梁架举架摔檩做法

图 2-7　传统民居二五举

# 三、明、清建筑"小式做法"大木作权衡通则

"小式做法"建筑上不用斗栱，"瓦作"通常采用筒瓦屋面过垄脊，垂脊劈水山上不使用吻兽小跑。民居多采用合瓦屋面劈水山马鞍子脊，正房主座和门楼一般会使用皮条蝎子尾脊。建筑多以明间面宽尺寸确定檐柱径大小，以檐柱径尺寸作为计算该建筑物体量的标

准，以檐柱径为基数衡量折算控制建筑物各个部位的比例关系，计算构件的长短截面尺寸等。通常檐柱直径分成三份，一份是椽径尺寸。椽径在"小式"做法权衡计算中，也是某些部位构件的度量标准。在大木构造特定节点部位上，式样做法均与大式做法不同（图2-8）。普通民居在筹备建筑材料时，常常是因地制宜、就地取材，木材的材质会有多样性的变化，所以在权衡大木构件尺度时通常会出现很多调整，这也是"小式做法"在民居建筑中经常变通的特点。不管材料如何变化调整，建筑衡量标准尺度不可改变。

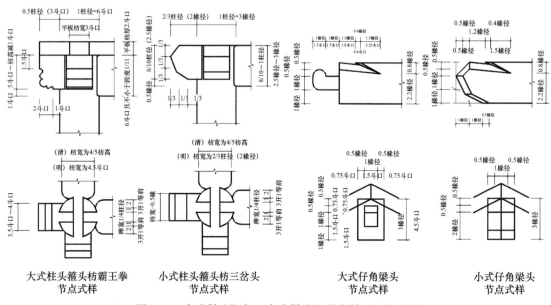

大式柱头箍头枋霸王拳节点式样　　小式柱头箍头枋三岔头节点式样　　大式仔角梁头节点式样　　小式仔角梁头节点式样

图 2-8　"大式做法"与"小式做法"节点做法规定式样

## （一）面宽、柱高、柱径

一栋"小式"单体建筑首先要制定出通面阔、通进深，确定出间数，以通面阔中的明间面宽为一个整数（假定一丈），开间较大时选择檐柱高的尺寸一般不超过明间面宽，檐柱高控制在明间面宽8/10～9.5/10适宜。但是在开间面宽较小时，檐柱高的尺寸不得小于七尺五寸（即2400mm），檐柱径为檐柱高的1/11，在因地制宜使用材质强度较高的硬杂木料情况下，柱径适当调整时不得小于柱高的1/13，要确保建筑构架构件的模数比例关系适当。金柱径在檐柱径的基础上加大1寸（32mm）～1/5檐柱径，重檐金柱、里围金柱、山柱等柱子的柱径则应以自身高的1/13～1/11折算柱径，并且不小于金柱径，柱头上收溜7/1000，檐柱脚外掰升7/1000（图2-2）。

## （二）上、下檐出、进深、步架、举架

有飞檐的上檐出（平出）为檐柱高的3/10或1/3，无飞檐的上檐出（平出）为檐柱高的2.5/10，下檐出为檐柱高的2/10，上檐出一般不应大于檐步架（檐不过步），特殊情况下上檐出大于檐步架时，应考虑必要的老檐椽尾加固措施，防止撅檐。重檐上檐出与首层上檐出尺寸相同。

进深廊步五柱径，当檐柱径小于八寸（256mm）时廊步不应小于四尺（1280mm）。金

步以上至脊步每步四柱径，圆宝脊月步两柱径，步架在此基础上可作适当调整，调整时应考虑木构件对建筑屋面的结构荷载需要，步架不应大于以上规定的标准。

小式屋面举架举折之法与大式举折之法基本相同，普通传统民居一般多采用二五举摔檬法（图 2-7）。

## 四、明、清建筑中常用的两种辅助"做法"权衡通则

### （一）"大式小做"

在明、清皇家园林及私家园圃宅邸中，有很多较小的亭、廊、厅、阁、榭等景观建筑，这些建筑多种多样、体量小巧精致，尤其是皇家园林宅邸中此类景观建筑更是式样变化繁多，很多小型建筑外形等级与大式建筑相仿，建筑上采用斗栱形式，布瓦屋面有跑兽（一般不用琉璃瓦），但是因为建筑体量小，建筑模数不能以大式做法权衡标准去度量，大木架是以小式权衡度量方法为计算依据，大木构造的节点装饰式样做法与大式做法相同。采用斗栱只是作为建筑等级式样的一个补充条件，此类建筑被称为"大式小做"。

**1. 面宽、柱高、柱径及斗栱**

开间面宽尺度以一寸半斗口的"口份"攒档计算。采用斗栱的"口份"固定为一寸半（且只可以使用一寸半的口份），斗栱在五踩以下，常用三踩斗栱或采用不出踩的斗二升交麻、一斗三升品字斗科栱。

柱高按照小式方法计算，但不得小于七尺五寸（2400mm）。

柱径及其他大木构架尺寸只能以"小式做法"衡量计算（大木架、构件尺寸均不以斗口"口份"尺寸进行核算）。

**2. 上、下檐出、进深、步架、举架**

上下出檐按照"小式做法"方法计算，有挑檐桁时，上下檐出加出挑檐搜架尺寸。

廊步、金步、脊步按照"小式做法"方法计算，进深山面有出檐时则以斗栱攒档安排进深，廊步不应小于四尺，斗栱攒档可适当调整。

### （二）"小式大做"

建筑体量相对较大，屋顶形式多为五脊殿堂、歇山厅堂、硬山、悬山屋库等，大木作屋架因等级标准上的限制不准许使用斗栱，建筑等级标准高于小式做法，屋面采用布瓦带有跑兽的大式瓦屋面（有特殊功用的建筑或寺庙建筑可部分使用琉璃瓦），大木构造的节点装饰式样做法与大式做法相仿。建筑度量衡的模数标准与计算方法基本与"小式做法"相同。

**1. 面宽、柱高、柱径**

面宽、柱高、柱径均按照"小式"方法计算。柱高不得小于七尺五寸（2400mm），柱径为柱高的 1/11～1/10，有的柱子甚至调整到 1/13。

**2. 上、下檐出、进深、步架、举架**

上、下檐出、进深、步架、举架尺寸权衡均以"小式"衡量方法计算。

# 五、清式庑殿推山之法

庑殿（五脊殿）屋面四坡顶中，前后两坡屋面与两侧山坡屋面缓曲不同，为了使庑殿正脊向两山加长，两山屋架脊步要从金步至脊步向外做推山，在清工部《工程做法则例》《营造算例》中明文规定："庑殿推山除檐步方角不推，自金步至脊步，每步递减一成。"即檐步方角尺寸不变，保证檐角90°正方。由金步开始以自身原始步架尺寸为基数缩减 1/10，推出第一步，以缩减后的第一步尺寸为第二步架基数再继续缩减 1/10，推出第二步，即每向上一步架的步架尺寸是以前面相邻的下步架尺寸为基数缩减 1/10，按照此法以此类推递减至脊步，取得推山步架尺寸（图2-9）。

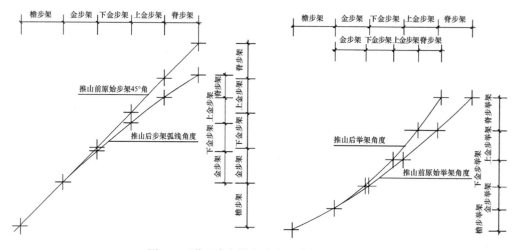

图 2-9　明、清庑殿金步之上步架推山法则

# 六、明、清歇山殿堂"收山"之法

清式歇山建筑的"收山"之法，"大式做法"与"小式大做"是以山面正心桁的中向里收一檐柱径，"小式做法"与"大式小做"同样以山面檐檩的中向里收一檐柱径，在园林建筑中檐出较小的建筑，有的为了加大上面檐出的视觉效果，收山1.5檐柱径，其收山的尺寸为山花板的外皮，向外安装博风板，向内安装踏脚木、山花板和草架柱子及横向草穿（图2-10）。

明式歇山建筑收山，"大式做法"与"小式大做"一般以山面正心桁的中向里最少收1.5檐柱径至半步架，"小式做法"与"大式小做"一般以山面檐檩的中向里收2檐柱径至半步架，小型园林建筑有时甚至会向里收一个步架为山花板的外皮，向外安装博风板，向内安装踏脚木、山花板和草架柱子及横向草穿。明代早期寺庙中的歇山建筑有不用山花板封山的做法，只封堵象眼板，博风山头挂木悬鱼，博风板桁（檩）头的位置悬挂惹草。

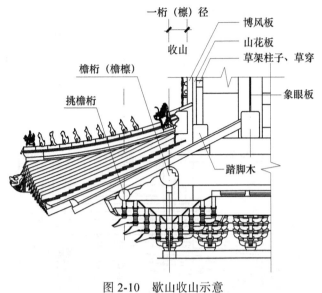

图 2-10　歇山收山示意

# 七、明、清悬山房屋、廊子出梢之法

悬山房屋出梢是以山面柱中向外延伸，使山头像出檐一样悬出。"大式做法"出梢 13 斗口为博风板的外皮，"小式做法""大式小做""小式大做"则以四椽四档加半档为博风板的外皮（图 2-11）。

明早期悬山建筑出梢博风山头挂悬鱼，博风板桁（檩）头的位置挂惹草。

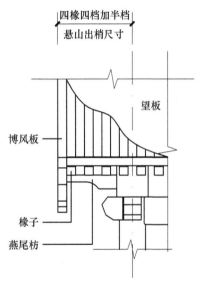

图 2-11　悬山出梢示意

# 八、明、清建筑角梁、翼角、翘飞与檐角冲翘之法

根据构造变化，明、清建筑角梁做法有扣金、插金、压金三种做法：在仔角梁老角梁后尾开桁、檩椀，使角梁与金桁、金檩合槽相扣叫扣金做法（图 2-13、图 2-15）。

仔角梁老角梁后尾开榫插在金柱之上叫插金做法。把老角梁后尾下面开桁、檩椀压在金桁、金檩之上叫压金做法（图 2-16、图 2-17）。

老角梁、仔角梁："大式做法"宽 3 斗口，厚 4.5 斗口；"小式做法"宽 2 椽径，高 3 椽径。

## （一）直角角梁"冲三翘四"

清式建筑中矩形直角檐角做老角梁、仔角梁、翼角椽、翘飞檐，必须严格按照"冲三翘四"的四方角出冲之法制作。"冲三翘四"就是以上檐出向外平行水平出三椽径，与檐角角度中线相交为冲三，出冲后的檐角斜长水平尺寸后面 2/3 为老角梁头的位置，前面 1/3 为仔角梁头的位置（不含大式套兽榫，不含小式三岔头出峰头），仔角梁头向外增加两椽径为套兽榫尺寸，增加一椽径为"小式"仔角梁三岔头出峰尺寸，以老角梁上皮线延长与仔角梁头垂线相交，由此点向上起 4 椽是翘区大连檐的下皮，即为翘四（图 2-12、图 2-13 ）。

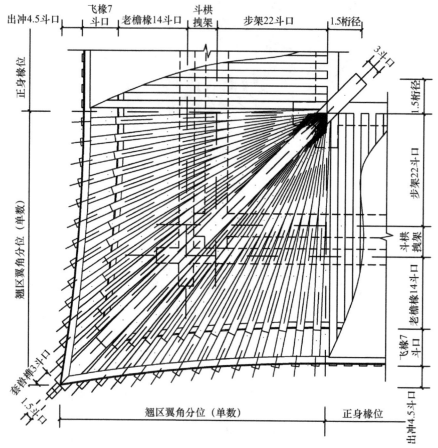

图 2-12　直角檐角出冲、翼角分位

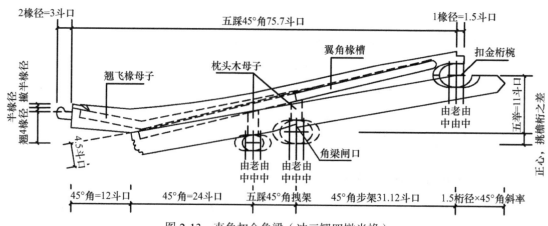

图 2-13　直角扣金角梁（冲三翘四撇半椽）

## （二）六方、八方角角梁"冲三翘二五"

清式建筑中六方、八方檐角做老角梁、仔角梁、翼角椽、翘飞檐，必须严格按照六方角、八方角"冲三翘二五"出冲之法制作。就是以上檐出向外水平出三椽径，与檐角角度中线相交为冲三，出冲后的檐角水平尺寸后 2/3 为老角梁，前面 1/3 为仔角梁（不含大式套兽榫，不含小式三岔头出峰头），仔角梁头向外增加两椽径为套兽榫尺寸，增加一椽径为"小式"仔角梁三岔头出峰尺寸，以老角梁上皮线延长与仔角梁头垂线相交，此点向上起二椽半是翘区大连檐的下皮，即为翘二五。由于建筑体量与檐出的变化，翘二五仔角梁头有时会低于水平度，这时的仔角梁头可适当调整抬高到水平程度，但不宜抬头过高，以防翘区大连檐出现硬弯折损和鸡窝囊（图 2-14、图 2-15）。

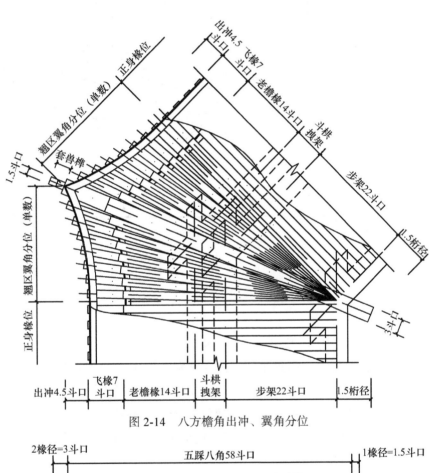

图 2-14　八方檐角出冲、翼角分位

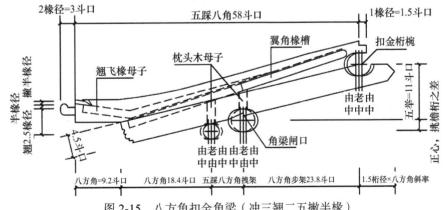

图 2-15　八方角扣金角梁（冲三翘二五撇半椽）

## （三）压金角梁

压金角梁有两种做法，老角梁与仔角梁连做叫作刀把角梁，老角梁与仔角梁分开做叫作飞头角梁（即仔角梁像个大飞头一样压在老角梁上），压金做法的老角梁后尾压在交金桁（檩）之上，由于老角梁后尾抬高，导致老角梁檐外梁头下沉较低，仔角梁头翘起则不能以"冲三翘四、冲三翘二五"之法推之，一般90°直角上的仔角梁头水平抬头0.5椽径即可，六方、八方的仔角梁头抬至水平程度即可。选择使用刀把梁或飞头角梁，应根据檐角步架大小及构造的变化确定（图2-16）。

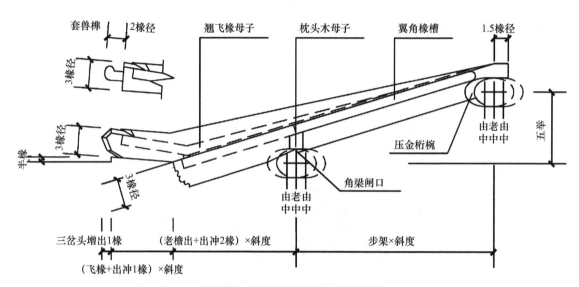

图 2-16 压金飞头角梁、刀把角梁

## （四）窝（凹）角梁

檐步转角处于阴凹角位置的角梁叫作窝角梁，在清工部《工程做法则例》中叫作"里角梁"和"里披角梁"。做法与阳角角梁不同，老窝角梁不出冲不起翘，梁下后尾做金桁（檩）椀，窝角檐桁处开闸口。老窝角梁上皮与交角檐椽（蜈蚣椽）上皮平。窝角仔角梁（大飞头仔角梁）头不出冲不起翘，梁头上皮要与飞椽头上皮平，所以飞头仔角梁尾子后端应延长至搭交金桁（檩）中线位置，这样可导致窝角仔梁头下压与飞椽头找平（图2-17、图2-18）。

窝角老角梁、仔角梁："大式做法"宽3斗口，厚3斗口；"小式做法"宽2椽径，高2椽径。

## （五）明式檐角出冲

明式建筑檐角出冲是以上檐出飞檐平出尺寸为出冲尺寸，即出冲加飞檐头长一份。翼角起翘与清式做法基本相同。

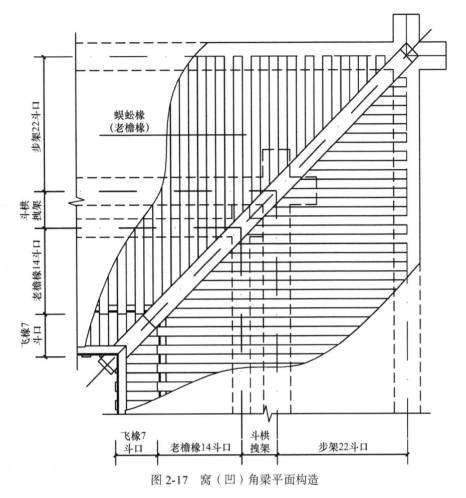

图 2-17 窝（凹）角梁平面构造

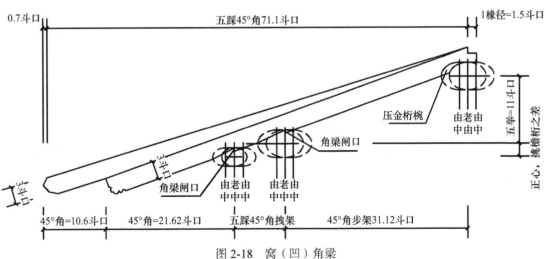

图 2-18 窝（凹）角梁

## （六）翼角椽、翘飞椽

明清建筑的檐角出冲与翼角椽、翘飞椽的制安是密不可分的，每一个檐角，都是以角梁两侧左右翼角椽、翘飞椽单数对应成角，翼角椽后尾由第一翘开始按照8/10椽径拔梢直到正身椽为止，翼角椽后尾钉于角梁后尾椽槽之内和金桁（檩）之上，檐口铺钉在枕头木之上，第一翘翼角椽头与角梁间距半椽档，第二翘翼角椽头以后的椽头与椽头之间的椽档应控制在一椽左右，椽头的撇度是按照"冲三翘四、撇半椽或冲三翘二五、撇半椽"之法，确定紧贴角梁的第一翘的撇度为4/10椽径即半椽，依次按翼角椽根数缩减退之，直至退到正身老檐椽为止（图2-19）。

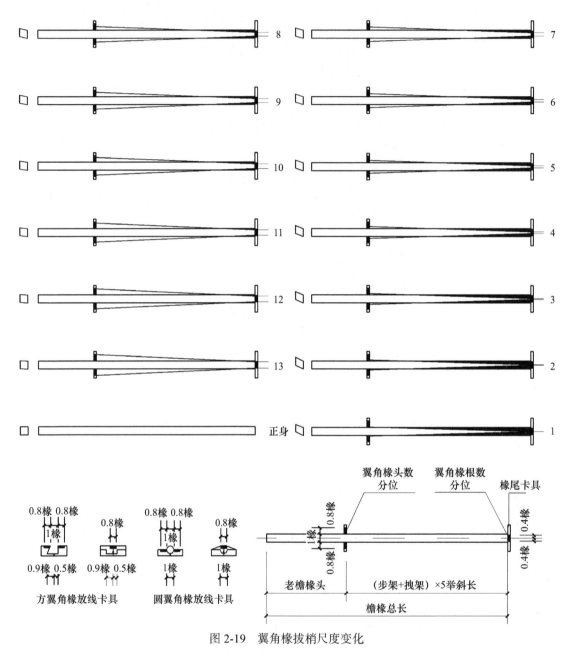

图 2-19　翼角椽拔梢尺度变化

翘飞椽撇半椽之法与翼角椽相同，翘飞椽的翘度是以仔角梁头大连檐下皮确定出第一翘飞椽翘度，依次按翘飞椽根数缩小退之，直至退到正身飞椽为止。翘飞椽头的档距分配与翼角椽相同，第一根翘飞椽头与椽尾子处按照椽径8/10斜度做扭脖，扭脖斜度根据翘飞椽的根数逐渐缩减直到正身飞椽为止（图2-20）。

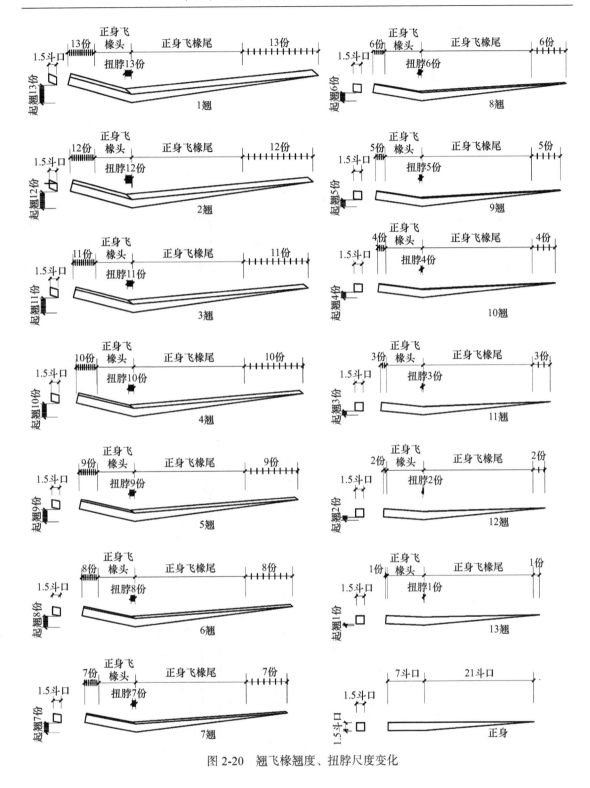

图 2-20　翘飞椽翘度、扭脖尺度变化

# 九、明、清建筑中楼阁与"平座层"

在古代的楼、阁、木塔等多层多檐式的建筑中，上下层木结构的柱子、梁枋通过一个结构层区间"平座层"进行过渡，在这个结构层区间内接续向上延伸的柱子，利用水平梁枋等构件与垂直构件之间衔接扣锁，结合支戗加固等大木构造措施及传统铁箍加固等措施，使下层大木架柱子通过平座层内的构造铺设衔接加固延伸至上层，使上下两层大木结构经过平座层内构造加固形成一个完整安全稳固的大木结构体系。

平座层铺设的高矮体量，是通过建筑自身的体量层次大小来确定。在这种多层楼、阁、塔式的建筑中有两种铺设形式：一种是"小式做法"童柱通过墩斗坐落在抱头梁或单、双步梁之上，通过承重梁、枋出栖挑搭挂檐板，承重梁、枋之上铺设毛地板楼板，贯通的金柱接续与铺设承重梁枋结合采用榫卯交插等方式与梁、枋锁扣在一起。另一种是"大式做法"童柱通过墩斗坐落在挑尖梁或单、双步梁之上，童柱之上通过平坐斗栱拽架出挑，安装檐边木、挂檐板或滴珠板。平座层要随着大木构造变化的需要，设定其斗栱踩数、拽架层数，平座层以上屋架的上檐出滴水不得尿檐，当铺设探出的层次与廊台较大时，外檐需增设擎檐柱或擎檐廊柱，擎檐步架五举拿头。当铺设探出层次较小不使用童柱时，平座层斗栱柱头科可结合承重梁出挑采用缠柱造方式。平座层以内夹层空间较大，在楼、阁、木塔等多层建筑中，上层柱网铺设及上下柱贯通接续都应在夹层内进行，采取半数间隔式错层接驳，不可把接头设在一个水平层内，其他变位柱子生根与童柱做法相同，采用墩斗坐在夹层内的梁上，夹层内的各类柱子与承重梁、枋相互衔接锁扣，根据需要柱子之间可用剪刀戗、斜戗进行加固，满足建筑结构安全的需要（图2-21、图2-22）。

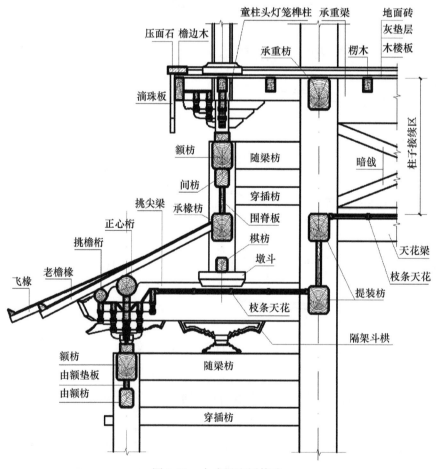

图 2-21　大式平座层构造

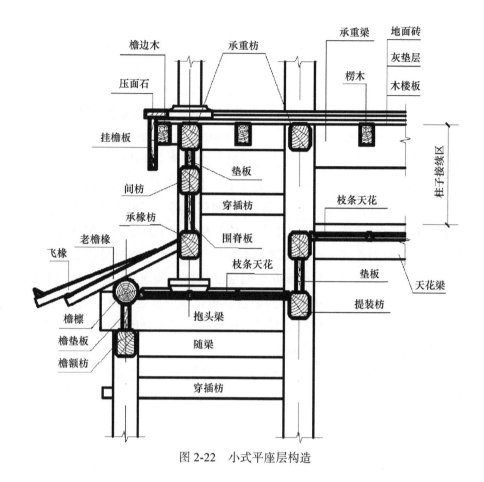

图 2-22　小式平座层构造

# 十、榫卯构造形制特点及权衡尺度做法通则

　　中国古代建筑多是以木材作为主材的大木榫卯框架柔性结构,木材是具有一定的弹性和柔软性的材料。古建筑平面柱网的布置基本上多是采用均衡对称的格局,大木框架构造具有较好的均衡整体性,同时构造中的所有节点普遍是榫卯结合,榫卯具有一定的柔性作用,在外力的作用下大木构造整体是很容易变形的,由于木材材质是具有弹性特质的材料,木构造中的榫卯可起到柔性作用,大木构造在变形的一定程度中会通过柔性反弹得以恢复原状,起到缓解受力增强结构安全稳定作用。

　　在古建筑"大木作"中,各式各样的构件通过大木构造上的节点衔接、榫卯咬合锁扣,组合成了一个完整的大木结构体系。在这个大木架结构体系中,各种构件根据自身所处的位置起到不同的拉接、承载等受力作用:有竖向支撑柱类构件,有横向水平拉接的各种枋类构件,有承托荷载的梁、枋类构件,有拉接分隔内外上下层次及装饰性的各种辅助性构件。大木结构通过构造上各个节点的变化,利用节点榫卯的咬合、衔接、锁扣,充分发挥出木材材质自身特点,体现出大木弹性结构的特征。在外力的影响下,木构架通过榫卯节点拉拽扣锁和自身的柔性弹性变化起到缓冲作用,减缓了外力对建筑结构的冲击破坏,相应地起到了抗震作用,这也是我国古代建筑历经千百年传承,而仍然留存至今的重要因素之一。

在中国古代建筑中大木架是主要承重结构，大部分墙体只起维护和功能上的作用，传统木结构抗震性能十分优越，在外力的作用中只要木构架不拔榫、折榫，大木构架通过自身结构的柔性、弹性特点，在地震挤压、摩擦等外力破坏时会产生很好的抵抗力，从而消除一部分地震能量对大木构造结构的破坏，达到了墙倒屋不塌的抗震效果。

在古代建筑传统"小木作"装修中，有着各种要事先预制的槛框、内外门、窗、格扇、花罩、藻井、天花枝条等诸多成品、半成品装饰装修构件，这些构件在制作安装中都要通过传统榫卯插接锚固成型。很多门、窗、格扇、装修的边框、抹（帽）头、棂条等构件，都是有特定的式样标准和形制做法的，所以每种构件榫卯节点的做法，也要随着构件形制变化特点进行选择，这样才能从质量上保证装修构件榫卯节点牢固，保证装修构件制式形态特征完整。装修构件对榫卯的形态尺度要求非常严格，榫卯要充分满足装修成品与半成品节点衔接的受力特点，同时榫卯要满足装修成品构件在长期使用中（如门窗开启）不松散、不变形，所以选择和使用装修榫卯的做法是否合理，也是装修质量的一个重要环节，在装修中按照传统做法规矩使用榫卯就是质量的保障，否则会因为榫卯选择使用不当影响到装修质量，也达不到预先设定的装修外观效果。

文物古建筑中榫卯做法形制在各个历史时期有着不同的变化和特点，"木作"中的榫卯的演变过程，也反映了当时历史时期木作的发展变化。明、清建筑中榫卯变化是有区别的，例如：建筑上桁檩对头扣搭时的榫卯，明代使用螳螂头榫，清代使用燕尾榫；明代柱头与额枋榫卯使用螳螂头榫和带有袖肩的燕尾榫，清代早期建筑柱头与额枋榫卯使用带有袖肩的燕尾榫上大下小带收分，清代中晚期建筑柱头与额枋榫卯使用无袖肩的燕尾榫。当我们修缮文物建筑时，应严格按照不同时期的样式做法修复或复制榫卯。

榫卯在古建中对于建筑构造结构、门窗装饰装修构造至关重要，是保障工程质量的关键因素。建筑构造中各种构件常常变通运用，榫卯也会随着构件的运用有着相应的选择性变化，因此在本章中，按照传统大木作与小木作榫卯的特点，分别讲述传统大木构造中常用的榫卯做法和传统门窗装饰装修构造中常用榫卯的做法。

## （一）传统大木作构造中的榫卯

一栋建筑中的所有构件，都要按照自身的位置作用，结合构造特点匹配相应榫卯。合理适宜的榫卯连接，是大木构造结构安全稳固的保证。

### 1. 馒头榫

多用于柱头、瓜柱之上交于梁底海眼之内，榫见方 1/4 柱径，长，宽、厚为柱径的 1/4～3/10，榫头上收分 1/10 成梯形，榫头上角压楞（图 2-23）。

### 2. 管脚榫

使用于柱根之下交于柱顶海眼之内，圆柱形榫，长为柱径的 1/3 榫，直径为柱径的 1/3（图 2-23）。

**3. 套顶榫**

使用在柱根之下，穿过柱顶透眼与基础磉墩，交于衬垫石上，榫四棱见方，为柱径的 1/2，榫长为柱高的 1/5～1/3，要根据基础埋深酌情而定（图 2-23）。

**4. 瓜柱双半榫**

金瓜柱上端按截面厚度 1/3 见方做馒头榫，脊瓜柱上端挖桁（檩）椀，下端按照角背 1/2 高开出与角背相插的卯口做出刻袖，角背卯口以下瓜柱根部两侧做双直半榫垂直对应插于梁架雄背之上，瓜柱双直半榫长 1.5～2 寸（48～65mm）之间，宽随自身瓜柱，榫厚应根据瓜柱大小控制在 1～1.2 寸（32～40mm）之间，瓜柱榫的肩应随梁架上雄背弧度对应讨退做抱肩（图 2-24）。

**5. 梁头象鼻子檩椀**

用于梁的端头，梁头长由柱中向外 1 檐柱径，梁头高 1.3～1.5 桁（檩）径，其中平水 0.8～1 檩径。桁（檩）椀 0.5 桁（檩）径，梁宽为 1.1 柱径，一缝梁架上下之间通过瓜柱叠落组装，最上层梁宽不应小于 1.1 檩径，象鼻子不应小于 2/4 桁（檩）径，剩余两侧为桁（檩）椀尺寸（图 2-24、图 2-26）。

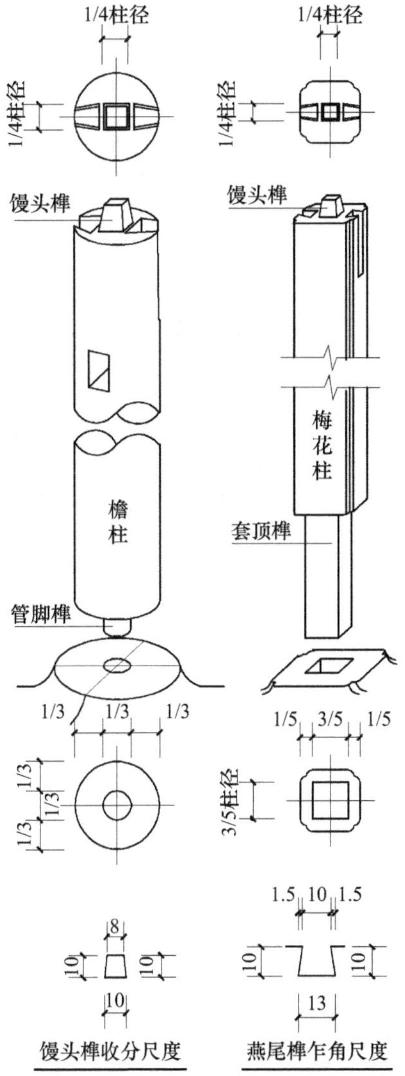

**6. 桁（檩）象鼻子刻半燕尾榫**

桁（檩）头落于梁架端头桁（檩）椀之内，梁头有桁（檩）椀象鼻子卯口，桁（檩）头刻半与梁头象鼻子合槽，梁头象鼻子上留出的半桁（檩）做燕尾榫卯，燕尾榫抢中卯口退中，燕尾榫长、宽为桁（檩）自身直径的 3/10，榫高半檩径，按榫长的 1/10～1.5/10 向榫根部收乍（图 2-26）。

**7. 随梁、额枋燕尾榫**

随梁、额枋燕尾榫有带袖肩和无袖肩两种，袖肩燕尾榫常见于明代和清早期的大式建筑之上，两种榫都是用于随梁、额枋端头与柱子衔接处，榫头对应相交于柱头燕尾卯口之内，榫肩与柱子圆弧相互对应，榫肩分成三份，清式做法为一份做抱肩与柱子相衔，两份做圆角回肩，大木口诀为"三开一等肩"。明式做法与清式做法正相反，叫作三开二等肩（图 2-26）。

①无袖肩燕尾榫长、宽为 3/10 檐柱径，榫高为额枋自身尺寸，燕尾榫按榫长的 1/10～1.5/10 向榫根收乍。从榫上面向榫下面按榫宽 1/10 收溜（图 2-26）。

图 2-23 馒头榫、管脚榫、套顶榫

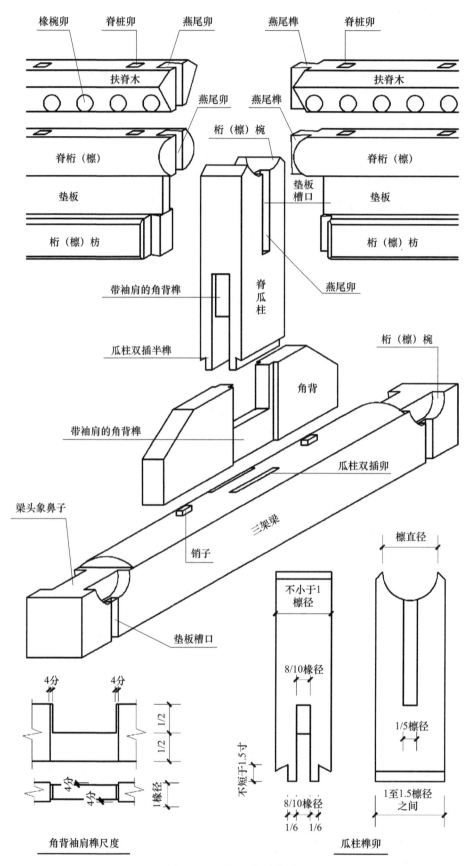

图 2-24 瓜柱、角背榫卯

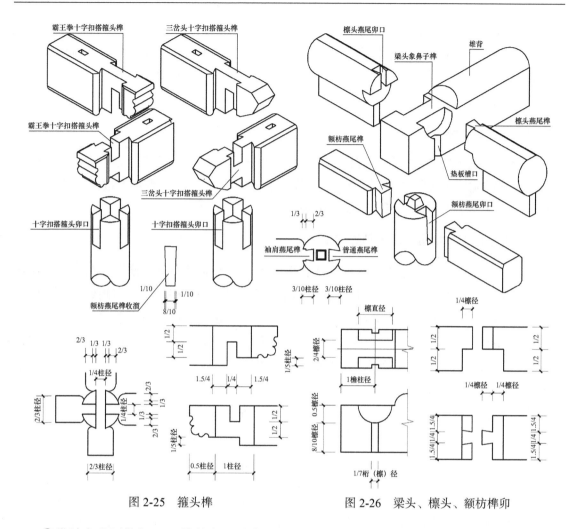

图 2-25　箍头榫　　　　　　图 2-26　梁头、檩头、额枋榫卯

②带袖肩燕尾榫长 3/10 檐柱径，袖肩长为榫长的 2/5，燕尾榫为榫长的 3/5，燕尾榫按燕尾榫长的 1/10～1.5/10 向榫根收乍。从榫上面向榫下面按榫宽 1/10 收溜，袖肩无收溜。

### 8. 螳螂头榫

螳螂头榫常见于明代大式建筑之上，用于桁檩头对接、坐斗枋对头连接，用于随梁、额枋端头与柱子衔接处。螳螂头榫对应相交于柱头卯口之内。明代柱头做卷杀，柱头为圆楞，螳螂头榫总长 3/10 檐柱径、榫宽 1/4 檐柱径，螳螂头与后脖长短尺寸各占榫头长的 1/2。

### 9. 额枋箍头榫

用于额枋端头与檐角柱衔接处，横、纵向搭角额枋十字搭交榫落插在角柱头之上，相交于角柱十子卯口之内，榫前留出箍头锁住角柱头（图 2-25）。

箍头长短、高、厚应根据制式而定，"大式"箍头长由柱中至外端 6 斗口（有出栖时加长 1.5 斗口），高 5 斗口，厚 4 斗口，"小式"箍头由柱中至外端 1 檐柱径（出栖时加 1 椽径或 0.8 椽径），高 2.5 椽径，厚 2 椽径，六方或八方建筑箍头斜钝角不得含在角云以内，所以箍头钝角以角云为始向外增加 1/5 柱径出栖。大式箍头前端做霸王拳，小式箍头前端做三岔头（图 2-25）。

箍头以内十字搭交榫（包括单面箍头榫）长1檐柱径，厚1/4檐柱径，榫高分为两部分，以榫十字搭交为界，前端榫高同箍头高，后端榫高同额枋高，榫肩与柱子圆弧相互对应做抱肩，箍头榫十字搭交按照传统山压檐的方式锁扣，依照大木口诀"三开一等肩"做箍头榫的回肩（图2-25）。

### 10. 随檩枋、燕尾榫

随檩枋与燕尾枋的端头做燕尾榫与梁头桁（檩）椀下平水上的卯口对应衔接，一般随檩枋与燕尾枋宽为1椽径高1.5椽径，燕尾榫长、宽为枋宽的4/5，燕尾榫按榫长的1/10向榫根收乍。从榫上面向榫下面按榫宽1/10收溜。

### 11. 桁（檩）十字卡腰榫（马蜂腰）

用于桁（檩）端头十字搭交榫卯，横、纵向桁（檩）通过十字卡腰搭交在一起卧在桁（檩）椀内，卡腰榫长1桁（檩）径，其中刻半腰榫占2/4桁（檩）径，两侧剔除的卡肩各占1/4桁（檩）径，卡腰榫十字扣搭按照传统山压檐的方式锁扣。当十字搭交桁（檩）用于檐角老角梁下与其相交时，搭角桁（檩）上面对应角梁开闸口，则卡腰榫刻半腰下移1～1.2寸（38mm），预留角梁闸口的做份，横、纵十字搭角桁（檩）出头，以十字搭角桁（檩）中线向外至端头1.5檐柱径。六方或八方建筑搭角桁（檩）头斜钝角不得含在角云以内，当出现搭角桁（檩）头钝角含在角云内或角云外端桁（檩）头短于1/5柱径时，搭角桁（檩）以角云为始向外出栖增至1/5柱径（图2-27）。

### 12. 平板枋十字卡腰榫

用于平板枋端头十字搭交榫卯，横、纵向平板枋通过十字卡腰搭交在一起，卡腰榫出头长与额枋箍头长相同，平板枋通常宽3斗口，高2斗口，其中刻半的腰榫（马蜂腰）占枋宽的3/5（且不得小于坐斗底尺寸），两侧卡肩各占1/5，卡腰榫十字扣搭应按照传统山压檐的方式锁扣（图2-27）。

### 13. 平板枋对接榫与搭扣榫

通面阔中平板枋以间为单位对接时，有齐头对接和上下搭扣对接两种方式。

① 清代中晚期建筑一般采取齐头对接方式，柱头留坐斗暗榫，平板枋对头缝偏中与坐斗底外边齐，对应柱头坐斗暗榫留卯口，用燕尾榫卯上下扣搭连接，平板枋之上做销子，上与平身科坐斗销接，下面与额枋销接（图2-27）。

② 明代和清早期建筑平板枋端头多采用上下搭扣对接方式，上下搭扣榫长4斗口，柱头留坐斗暗榫，平板枋上下搭扣，中间留做通透暗榫卯口，柱头坐斗暗榫与平板枋销在一起。平板枋之上做销子，上与平身科坐斗销接，下面与额枋销接（图2-27）。

### 14. 趴梁踏步榫

趴梁端头交于桁（檩）之上，根据桁（檩）径的粗细做出2～3步阶梯式踏步榫，扣搭在桁（檩）上对应的踏步卯口中，梁端头扣附在桁（檩）上皮与金盘线外齐，上角与椽上皮角度抹平随椽位开槽，趴梁踏步榫长为桁（檩）径3/5，宽随梁宽（图2-27）。

### 15. 井字趴梁燕尾踏步袖肩榫

井字趴梁端头交于主梁之上,根据主梁自身宽的1/2定榫长(包括袖肩),其中燕尾榫长、宽为井字趴梁自身宽的1/4,燕尾榫高为梁自身1/4,袖肩6~8分(20~25mm),按照井字梁自身高的尺寸均分,做出阶梯式踏步榫,扣搭在主梁上对应的卯口中(图2-27)。

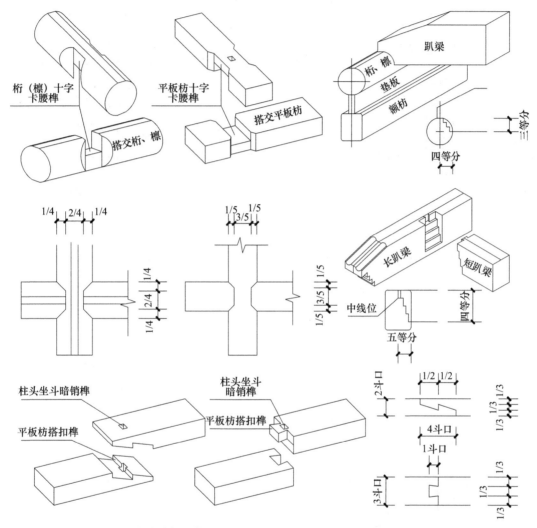

图2-27 十字搭交桁(檩)榫、平板枋十字卡腰榫与对接榫、趴梁踏步榫卯

### 16. 大进小出榫

用于抱头梁后尾和穿插枋之上,相交于对应的柱子卯口之内,榫长1柱径,出将军头时增长1.5椽径,榫宽为1/4~3/10檐柱径,大进榫高为梁、枋的自身高,小出榫高为檐柱径的1/2或3/5。榫肩与柱子圆弧相互对应,榫肩分三份,一份做回肩。大木口诀为"三开一等肩"(图2-28)。

### 17. 梁、枋贯通扒腮榫

多用于承重梁、垂花门穿插枋等构件上,梁、枋通过贯通金柱后插入檐柱,或穿过檐柱后悬挑挂檐或悬挑垂头柱等。这种贯通扒腮榫,在榫卯贯通交合后,将两腮被扒掉的腮板

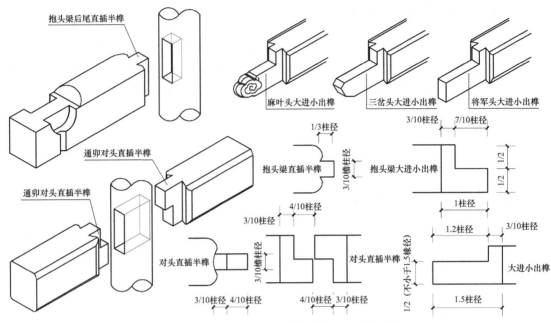

图 2-28　直插半榫、对头直插半榫、大进小出榫

原位贴补，使其梁、枋恢复原状，并采用铁箍加固补强，榫厚为檐柱径的 1/4，榫高同梁、枋自身，檐外有悬挑挂檐时，檐外榫高为梁、枋自身高的 8/10。悬挑垂头柱时榫端做成大进小出榫（图 2-29）。

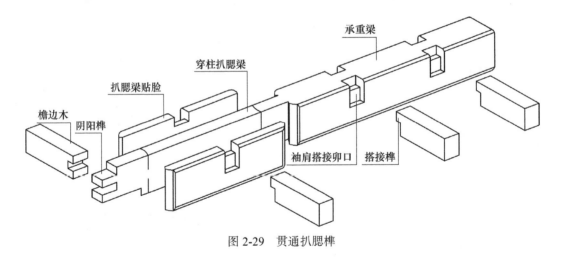

图 2-29　贯通扒腮榫

### 18. 老角梁闸口榫

老角梁与所有檐步搭角正心桁、搭角挑檐桁、搭角檐檩的搭交都应采用闸口榫制安，为预防老角梁出现下弯变形而不应采用挖檩椀的方式制安，以搭角桁（檩）上皮角梁老中向下开闸口，要根据桁（檩）径粗细调整桁（檩）十字卡腰上下厚度，一般桁（檩）十字卡腰上面加厚 1～1.2 寸预留闸口做份，老角梁闸口榫深一般控制在 1～1.2 寸之间（图 2-30）。

### 19. 仔角梁、由戗闸接榫

在扣金角梁做法中老角梁与仔角梁后尾做桁（檩）椀将搭交金桁（檩）锁扣中间，仔角梁尾端做闸接榫，榫长为老中至里由中尺寸，榫厚1.2椽径，其上端为闸肩，由戗下端对应仔角梁后尾闸接榫做出相对应的闸接榫（图2-30）。

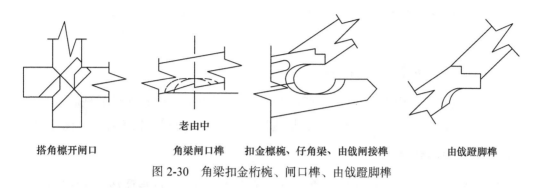

搭角檩开闸口　　　角梁闸口榫　扣金檩椀、仔角梁、由戗闸接榫　　　由戗蹬脚榫

图2-30　角梁扣金桁椀、闸口榫、由戗蹬脚榫

### 20. 裁口缝、启口缝、龙凤榫

① 龙凤榫多用于博风板对头接口与挂檐板的接头，也常用于山花板、走马板、门板对缝接口，用于博风板，挂檐板时榫厚是板厚的1/3且不小于1/4，榫长6～8分（20～25mm），从板上皮向下榫宽为板宽的9/10。用于比较薄的山花板、走马板、门板对缝接口时，榫厚为板厚1/3，榫长3分（10mm）。

② 企口缝（裁口缝）多用于象眼板、山花板、走马板等对缝接口，榫厚为板厚1/2，榫长3～4分（10～1/2mm）（图2-31）。

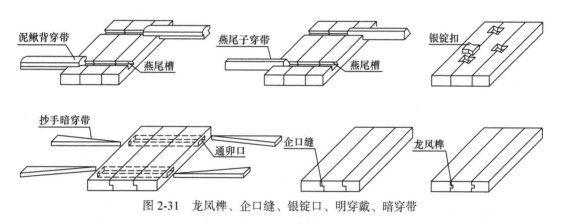

泥鳅背穿带　　　　燕尾槽　　　燕尾子穿带　　　燕尾槽　　　银锭扣

抄手暗穿带　　　通卯口　　　企口缝　　　龙凤榫

图2-31　龙凤榫、企口缝、银锭口、明穿戴、暗穿带

### 21. 银锭扣

多用于博风板、挂檐板、山花板、接缝锁扣用，银锭扣外形为对称燕尾型，外形比例与燕尾榫收乍做法相同，银锭扣厚为板厚1/3～2/5（图2-31）。

### 22. 明穿带（泥鳅背带、燕尾子带）

多用于博风板、挂檐板、窗榻板、门板、天花板等很多粘合与拼攒板类，根据构件的不同变化有穿硬带、穿软带的区别，穿硬带板面穿带高起留梗，穿软带板面平齐，穿带多采用大小头抄手对穿做法，这种穿法板缝严紧不易开裂，一般穿带宽、厚及燕尾槽进口是根据板宽的1/15～1/14定宽，小头燕尾槽出口为1/16～1/15定宽，燕尾槽深度一般为板厚的2/5～1/2（不得超过1/2），两侧燕尾乍角为槽深的1/10（图2-31）。

### 23. 暗穿带

多用于实榻门等很多拼攒板类，暗穿带多采用大小头抄手对穿做法，一般穿带宽为板宽的 1/11，厚为板厚的 1/3 且不大于板厚的 2/5，宽对头暗穿带抄手大头 3/5 小头 2/5（图 2-31）。

### 24. 柱子十字插接榫、四瓣插接榫

多用于楼阁平座层内不适用墩斗分割的上下柱子续接，一般包镶柱的柱芯接驳也用此法，四瓣插接榫长一般为 2 倍自身柱径，插接榫使胶两端还可采用铁箍加固（图 2-32）。

### 25. 柱子一字插接榫

多用于修缮墩接槽朽柱根接续柱身，通常插接榫长为 2 倍自身柱径，插接榫用胶两端还应采用铁箍进行加固（图 2-32）。

### 26. 柱子接续巴掌榫

多用于修缮墩接槽朽柱根，墩接巴掌一般长 1.5～2 倍自身柱径，巴掌厚为柱径 1/2，巴掌榫两端插接榫长 1～1.2 寸（32～40mm），榫厚为柱径的 1/8，巴掌榫两端还应采用铁箍加固（图 2-32）。

### 27. 柱子对接榫、暗销榫

使用暗销对接也是柱子接续的一种方式，装修中本色清油不受力的装饰柱子接续可用此法。柱子对接时榫与肩使胶，暗销榫宽厚 1/3 见方，长 0.5～1 倍自身柱径（图 2-32）。

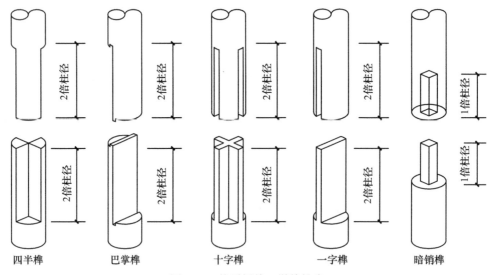

图 2-32　柱子插接、墩接榫卯

## （二）传统小木作门、窗、格扇、装修构造中的榫卯

在传统内外门窗制作和装修过程中榫卯结合是非常重要的一个环节，尤其是制作门窗时的节点榫卯做法更为重要，门窗节点榫卯做法的选择直接关系到门窗质量的好坏，所以

在装修与门窗制作中我们应当严格按照传统节点榫卯规矩尺度和形制要求去做。在传统门窗节点榫卯选择使用中，应根据门窗的形制和门窗边、抹（帽）的厚度确定使用单榫或双榫，一般常规传统做法边抹（帽）厚度小于1.2寸（4mm）时可使用单榫，边抹（帽）厚度大于1.5寸（5mm）以上的厚度都应采用双榫做法。

**1. 槛框常用榫卯**

① 倒退穴榫卯：用于水平横向提装枋与槛框（上槛、腰槛、风槛、下槛）对应插在柱子卯口上，槛的一端出单榫两侧随柱子的圆弧做抱肩，另一端在槛的两侧做双榫，榫中预留出做倒退穴的涨眼，单榫长1寸（32mm），双榫长1.8寸（60mm），榫厚则根据槛框厚度选择5～6分（15～20mm）（图2-33）。

② 飘肩榫卯：用于抱框、间柱上下两端，根据八字楞线角的宽、厚看面角度做飘肩，中间直榫长6～8分（20～25mm），榫厚根据槛框厚度选择4～5分（12～16mm），里侧槛框平肩相碰（图2-33）。

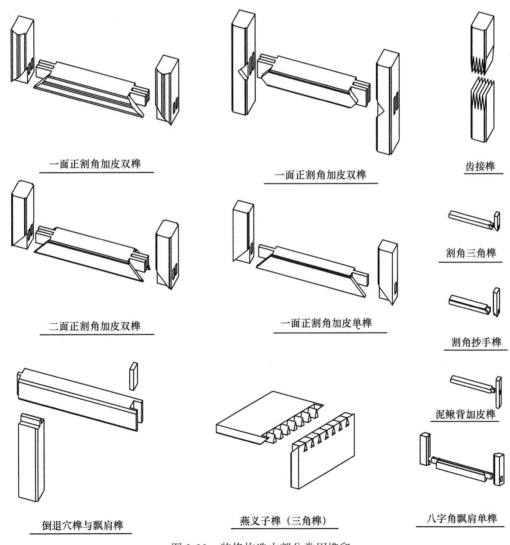

图 2-33  装修构造中部分常用榫卯

**2. 格扇、槛窗、帘架边、抹头（帽头）及挂落大边等常用榫卯**

① 两面正割角加皮双榫：用于厚 1.5 寸（50mm）以上的格扇、槛窗、帘架、挂落大边及抹头之上，抹头两端榫长、宽同边宽，以抹头的厚减去双榫厚度，榫厚一般根据边料厚度以 3 分（10mm）凿或 4 分（12mm）凿的尺寸确定，边料厚度较大时可选用 5 分（15mm）凿，剩余则均分 3 份，两侧割角加皮肩占半份，两侧夹肩占半份，两榫中的夹肩1 份。两面正割角加皮双榫用于上、下抹头时，榫宽要留出天地肩，保证大边端头榫卯不豁嘴，留肩大小要根据抹头看面大小选择，一般留天地肩为看面的 2/5 或 1/2。余之为榫宽，两面正割角加皮双榫均按此法分之（图 2-33）。

② 一面正割角加皮双榫：用于厚 1.5 寸（50mm）以上的格扇、槛窗、帘架、挂落大边及抹头之上，抹头两端榫长、宽同边宽，以抹头的厚减去双榫厚度，榫厚一般根据边料厚度以 3 分（10mm）凿或 4 分（12mm）凿的尺寸确定，剩余则均分 3 份，外侧割角加皮肩占半份，外侧夹肩占半份，两榫中夹肩 1 份，里侧平肩 1 份。用于上、下抹头时，榫宽留做天地肩，留肩尺寸与两面正割角加皮双榫相同，一面正割角加皮双榫均按此法分之（图 2-33）。

**3. 门、窗扇、吊挂、芯屉构件中边、抹头（帽头）、棂条等常用榫卯**

① 两面正割角加皮单、双榫：用于厚 1.2 寸（40mm）以下的吊挂、窗扇的边、抹头之上，榫长、宽同边、抹头宽，以抹头的厚减去榫厚度，榫厚一般以 4 分（12mm）凿的尺寸确定，如边料厚小于 1 寸时则使用 3 分（10mm）凿或二分半（8mm）凿，剩余则均分 2 份，两侧加皮肩占半份，两侧夹肩半份。用于上、下抹头时，榫宽要留出天地肩保证大边两端头卯口不豁嘴，留肩一般为看面的 2/5 或 1/2。余之为榫宽，两面正割角加皮单榫均按此法分之（图 2-33）。

② 一面正割角加皮单、双榫：用于厚 1.2 寸（40mm）以下吊挂、窗扇的边、抹头之上，榫长、宽同边、抹头宽，以抹头的厚减去榫厚度，榫厚一般以 4 分（12mm）凿的尺寸确定，当料厚小于 1 寸时则使用 3 分（10mm）凿或二分半（8mm）凿，剩余则均分 2 份，外侧加皮肩占半份，外侧夹肩半份。里侧平肩 1 份。用于上、下抹头时，榫宽留做天地肩，留肩尺寸与两面正割角加皮单榫相同，一面正割角加皮单榫均按此法分之（图 2-33）。

③ 八字角飘肩单榫：用于玻璃窗扇、纱扇的边、抹头之上，榫长、宽同边、抹头宽，以抹头的厚减去榫厚度，榫厚一般以 4 分（12mm）凿的尺寸确定，当料厚小于 1 寸时则使用 3 分（10mm）凿，剩余则均分 2 份，外侧飘肩 1 份，里侧平肩 1 份。用于上、下抹头时，榫宽留做天地肩，留肩尺寸与两面正割角加皮单榫同，玻璃窗扇八字角飘肩榫均按此法分之（图 2-33）。

④ 风门八字角飘肩榫：用于风门大边、抹头之上，榫长、宽同大边宽，以抹头的厚减去榫厚度，榫厚一般为 4 分(12mm)凿，风门较厚时使用 5 分(16mm)凿，剩余则均分 2 份，门大边外面有倒棱八字角，抹头外面按照门大边八字角尺寸做飘肩，里侧做硬肩相交大边之上，上抹头按照榫宽的 2/5 留做天地肩，榫宽 3/5。风门八字角飘肩榫均按此法。风门下部通常装填门芯板，下抹头是两面硬肩做法，榫卯留天地肩的比例与上抹头相同（见图 2-34）。

⑤ 玻璃门窗八字角棂子十字马蜂腰榫：用于玻璃门窗上棂子十字搭接的榫，榫的搭

接要求看面竖压横，此类棂子看面一般为 30mm，厚随边、抹头，横竖相交的棂子马蜂腰 10mm，腰榫正反扣各占边厚的 1/2，腰榫两侧八字角肩 45°相交（图 2-34）。

⑥ 割角三角榫、燕义子榫：割角三角榫是用于门窗芯屉、玻璃屉中棂子交角碰头的榫，榫长与棂子宽的尺寸相同，榫宽为棂子厚的 1/2，乍角为厚度的 1/4。燕义子榫多用于板式箱体构件中，根据构件的需要有平肩、硬肩、割角肩、加皮肩等多种结合形式。榫长与被插入对应板框厚度一致，榫厚同自身厚度，榫宽为板厚的 1/2，乍角为厚度的 1/4。燕义子榫并列排开，榫的宽度还可根据需要拉宽调整成梯形榫（见图 2-33）。

⑦ 泥鳅背棂子软飘肩榫、凹弧棂子硬肩榫：泥鳅背棂子只在泥鳅背的范围内飘肩，插接时飘肩压在被插棂的泥鳅背上。然后用扁铲修角，凹弧棂子硬肩相互插接时被插棂对应刻槽割角肩咬合。棂子榫长、宽同自身，榫厚根据棂子的厚度选择 2.5～3 分（8～10mm）凿厚（见图 2-33）。

⑧ 菱花棂子三卡腰榫：三交六椀菱花的三根枝条棂子成 60°角上中下咬合在一起，通常三卡腰的竖棂在背后为通棂，交叉的横棂为看面的外棂，随角度三根棂子的卡腰刻口均分 3 层，叠交在一起后用一圆木扣把缝压严即可。

⑨ 齿接榫：是接续加长较小木制型材的一种锯齿形榫，齿接榫是现代出现的新型榫卯，对于修缮中修整接续构件非常实用，齿接榫长不应短于型材宽、厚相加的 1/2，齿底宽为齿尖至齿底长的 1/6 最为适宜（见图 2-33）。

⑩ 溜销：用于室内可活动拆装的栏杆罩或碧纱橱等装修之中，一般溜销固定在槛框之上，在装修构件的侧面做溜槽。溜销厚一般为 3～4 分（10～12mm），考虑装修稳固构件、便于装卸，溜销宽窄根据构件大小、侧面薄厚酌情而定，一般在 3～4～5 分（10～12～15mm）之间选择即可。

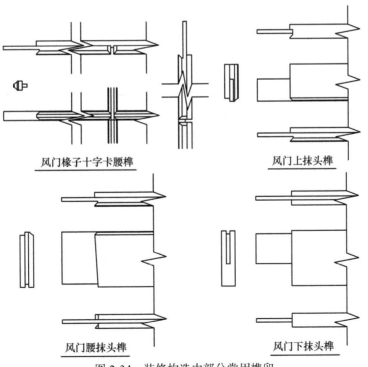

风门椽子十字卡腰榫      风门上抹头榫

风门腰抹头榫      风门下抹头榫

图 2-34 装修构造中部分常用榫卯

⑪ 暗销与活销（插销）：常用于门、窗、装修芯屉之上，这些芯屉为更换窗纱、玻璃的需要，必须可以摘装，安装芯屉通过销子固定，起出销子芯屉摘出，传统做法为上销下插。暗销一般厚2.5～3分（8～10mm），出头3～4分（10～12mm）。活销一般厚2.5～3分（8～10mm），长为仔边加出头的尺寸，一般销子宽为6～8分（20～25mm），或与棂条看面尺寸相同。

⑫ 楔子：榫卯咬合后通过加楔子使榫卯严实牢固，是构件组装中必不可少的工序做法，制作楔子的木料材质一般硬于榫子，要木筋顺尖立使。楔子随榫宽，厚为楔子长的1/8比较适合。

# 十一、大木作口诀"知了歌"与口头禅"小口诀"

在明、清各式各样的建筑构造形制中，"大木作"从权衡尺度到加工制作所采用的"做法"规矩、技术标准，都是古代木作工匠祖先们通过历代施工实践、总结经验、传承积累而形成的。施工操作中很多做法、样式、节点、榫卯、技术措施都有着一套完整的规矩模式，这些规矩模式在清工部《工程做法则例》中并未进行详细表述，这些营造施工中详细具体的细部做法样式、尺度、节点、榫卯等技术措施，都是历代匠师们以师承的方式传承的，在古建筑各作中都有自己的传承方式，有些技艺是通过口头禅、口诀形式进行传承的。大木作行内掌作师傅们口传心授的《知了歌（支拉歌）》（出自兴隆木厂子张忠和、戴季秋两位师傅的传承），就是以口诀的方式传承记述了传统"大木作"中各种做法制度、式样、尺度、节点、榫卯等，以及在施工制作中的一些规矩要点。

为了便于更好地记住这些方方面面的规矩和技术要点，在施工制作中更方便使用，前辈祖先工匠们还创造出很多口头禅式的小口诀如："木匠不离三""瓦匠不离二"等，这些口头禅很多都是日常施工操作中常用的规矩、尺寸、做法、比例（出自于木作名师张忠和师傅与瓦作名师孙祖培师傅二人在戒台寺修缮工程中盘道时所述）。

作为一个技术全面的优秀掌作师傅，不光是要掌握本专业应知应会的技术，还要了解掌握一些相关工种的规矩尺寸做法知识，便于在施工中各工种之间互相协调配合，圆满完成建筑作品。

## （一）大木"知了歌"（支拉歌）

> 学算房屋非易轻，大木做法度量衡，殿堂楼阁房廊亭。
> 城廓衙署文武座，府邸宅院三四进，门脸铺面变化多。
> 官作大式选材楔，明间斗栱档坐中，大木尺寸口份定。
> 大式小作寸半斗，小式大作没斗栱，民居小式算柱径。
>
> 大式明间找口份，斗口十一派攒档，明间宜放五七攒。
> 次间梢间减着走，廊间四尺为最小，边角闹头把零找。

进深大小攒数定，元宝卷棚档一攒，金步脊步随架走。
檐出斗口二十一，廊步口份二十二，五举拿头九五收。
庑脊殿堂有推山，每步折减少一成，方角不变金脊推。
歇山收山退山头，里收一桁博风外，山花草架向里收。
悬山出梢挂博风，四椽四档增半档，挂搭博风半椽梢。
檐柱粗细六斗口，高矬六至七十斗，折算斗栱到檐口。
金柱山柱里围柱，柱高十一径一份，减隔加举得全高。
内外额枋随梁枋，穿插由额跨空枋，三五四六定薄厚。
挑尖梁头四口份，尖高口份五份半，梁后口份六份宽。
七架梁厚七口份，梁高跨长十取一，增减雄背看长短。
五架大梁六份厚，七份高矬不应少，同样雄背有增减。
太平梁架单双步，厚五高六折雄背，取材大小须排队。
桁条超长要增径，挑檐桁细三口份，正心桁粗四份半。
飞椽檐椽花架椽，椽径斗口一份半，檐大增粗十取三。
大小连檐里口木，椽子定高分四份，十份取八是薄宽。

小式厅堂与房廊，三五七九十一间，取材用料柱径算。
明间面宽为一丈，一丈分成十三份，次梢间中减一份。
进深廊步五柱径，中步卷棚两柱径，金步脊步四柱径。
上出檐柱十取三，举折五六七八九，五举拿头九五全。
柱高折径十一份，檐柱定高不过丈，柱短不小七尺五。
檐里金柱与山柱，分层加粗增尺寸，随步加举得柱高。
瓜柱平水定长短，举架减桲得净尺，宽随檐柱厚随桲。
内外檐枋随梁枋，二椽半厚三椽高，箍头添榫取枋长。
七架大梁厚与宽，需按柱头五九算，梁高随跨要增减。
五架大梁厚与宽，还以柱头算底边，增减雄背看长短。
抱头双步太平梁，高厚须随主梁算，取材大小一二三。
每步梁架五六换，要得此梁厚与宽，五九柱子加一肩。
角梁由戗如何算，扣金压金柱插金，加斜加冲加榫全。
方五斜七加举架，冲三翘四撇半椽，檐闸金椀腰不弯。
六角八方算角梁，梁头冲三翘二五，步架加斜加举量，
若问檩径取大小，十份柱径八份算，面阔长短径增减。
再问平水如何算，柱径十份取八份，垫板薄厚椽减半。
檐椽脑椽花架椽，柱头三分一份算，按步加举算长短。
老檐出二飞檐一，一头三尾压得实，檐不过步不掘檐。
大小连檐里口木，椽头定高八份宽，十份取高四份算。
博风板高两檩半，厚按椽头寸不减，博风头外霸王拳。

花梁峰头四份收，柱头加肩得底宽，头高柱径一份半，
大三份里分三份，三弯九转两边画，小小三份连成线。

前檐出廊后无廊，柁架要用接尾梁，脊正檐齐盖正房。
柁架不用接尾梁，前后矬檐端正脊，半步借架在中央。
大木榫卯讨退活，指东说西上清下白，三勾五撇肩抱严。
柱头十份馒头三，柱下管脚施一橡，升线盘头留撬眼。
燕尾榫卯银锭扣，一寸长短分半乍，柱头大小十取三。
大进小出三七五，厚四高矬分二一，留有涨眼榫卯严。
梁枋三开一等肩，十取一份倒楞线，回肩抱肩裹楞圆。
斗子匾额横竖分，字头大小额头算，口诀记在心里面，
里一半来外一半，一半一半又一半，里面腌线外撒线。
霸王拳头分六份，余腮两端阴阳勾，混元太极挂中间。
蚂蚱头上分七份，头一脸二底连三，回峰退脸腮梆尖。
三岔头高三份分，上下交叉线相连，小式端头身自然。
起二回三奔拉十，雀台昂嘴各八份，瓜四万三厢五瓣。
大木放线翻转料，木轮厚薄有阴阳，阴面外使阳朝上。
梢子上使头朝西，左手晒公不晒母，大木屋架寿延年。

## （二）"木作不离三"和一些小口头禅

四梁八柱房三间，柱高十份檐出三。三分柱头橡一份，犄角旮旯档半橡。
软硬横披分三五，窗台高矮十取三。门窗抹头三面肩，五分榫头两份天。
房子大小随意变，橡子双数不能变，单数橡子绝户活，空档坐中合家欢。
一盘柁头二盘檩，三盘柱子站得稳，方五斜七找方角，内四外六分八方。

在很多木作中，比例关系都与三有关系，其中从大木"知了歌"中也可以看到三这个数字的重要性。三不离口对于帮助木作工匠们在施工操作中掌握规矩技术，是非常重要的一种记忆方法。

## （三）"瓦作不离二"和一些小口头禅

下檐出二再出二，台明金边退花碱，大小台阶尺寸全。
下出减二明台高，阶条四寸为最薄，陡板台阶两不少。
垂带宽窄一尺二，二二相加往上算，一尺七寸不一般。
踏跺如意宽一尺，六寸踏步高抬腿，四寸五寸最适脚。
雕花盘子素盘子，三五七、五七九，七九十一随瓦走。
墀头腿子有多宽，檐柱尺寸加一倍，抢中一寸往外算。
担子勾、狗子咬，马莲对、三破中，定了墙厚把砖找。

下碱高矮如何算，柱高三分取一份，分成单层砍样砖。

　　这些瓦作小口头禅不仅是瓦作工匠们掌握的规矩做法尺寸，同样也是一个木作掌作师傅应当知道的相关建筑常识，只有掌握了这些相关瓦石作的基本知识，才能在古建施工中配合相关工种预留做份，做好各作之间的协调配合，成为一个好的木作大掌作。

# 第三章　斗栱形制构造及构件的权衡

斗栱在我国古代建筑中是一种很常见建筑构造，也是建筑制式等级标准的特征。建筑中大木构造通过斗栱的特殊处理方式，使大木架上下之间通过斗栱产生一个构造结构过渡层，在建筑上由于斗栱层的独特构造变化使大木结构受力更加完善合理，通过斗栱使屋檐进一步延伸，建筑形体更加美观。斗栱随着建筑等级、标准及自身在建筑中的使用位置不同，其式样、造型、构造也会发生不同程度的变化。

建筑中斗栱是通过单体构件组合形成一个以"攒"为单位的单元，这个单元被称之为一攒斗栱。建筑中斗栱上大下小，构件通过自身的榫卯结合层层相扣，使每攒斗栱自身相当于一个铰支座，在建筑的一个层面上所有以攒为单位的斗栱通过正心枋、里外拽枋相互拉结串联，形成了一个以斗栱构造为层次的柔性与弹性结构过渡层，承上启下使大木结构下架柱子、额枋与上架梁、枋、檩之间，在受到外力的影响下得到柔性与弹性的缓冲，抵抗减缓了外力对于建筑结构的冲击破坏，起到了抗震作用。中国古代建筑在经受了历史上多次地震的洗礼，历经千百年传承而仍然能够留存至今，斗栱是其中的重要因素之一。

明、清建筑中斗栱的形制有很多种，在清工部《工程做法则例》中共列出近30种不同形式的斗栱，在建筑实例中斗栱的变化形式更是丰富多样，明、清斗栱从形制上基本可分为"麻叶斗栱"、"昂翘斗栱"、"溜金斗栱"、"品字斗栱"（包括一斗三升斗栱）、"如意斗栱"、"平座品字斗栱"、内檐"搁架雀替斗栱"、正搭斜交"燕颏翅斗栱"（明代常用，多出现在地方建筑中）。在建筑上由于斗栱所处的位置不同，斗栱又划分出"平身科"、"柱头科"、"角科"，所以各种斗栱和各科斗栱在式样上构造上变化差异很大。在斗栱上既有共性相同的构件，又有不同式样的特有构件。同样斗栱在建筑上铺设层次不同时，斗栱出挑的拽架踩数也是不同的。

建筑中斗栱多设在柱头、额枋与梁架桁（檩）之间，一攒斗栱中有横向构件、纵向构件，还有各种大小不一的升、斗。

横向构件称之为栱，其中用在正中心的栱，有正心瓜栱、正心万栱；用在正中心外侧的栱，有外拽瓜栱、外拽万栱、外拽厢栱；用在正中心里侧的栱，有内拽瓜栱、内拽万栱、内拽厢栱。在有些建筑中还会有麻叶云栱，有的厢栱会雕刻成三幅云栱。

纵向构件根据层次的不同有昂、翘、耍头、撑头木、桁椀之分，以檐口正中心区分昂翘内外做法式样，会根据层次需要发生相应的变化，其中有外昂内翘、外昂后带菊花头、外昂后带替木头（柱头科）等多种不同做法的变化。

角科斗栱中多为横、纵向构件与斜向构件三卡腰搭角相交，所以构件一般从搭角处分成前部分为纵向构件式样做法，后半部分为横向构件式样做法。用在斜角上的构件，有斜昂、斜翘、斜耍头、斜撑头木、斜桁椀之分。用在外檐横、纵搭角构件，有正头翘或昂后带正心瓜栱、正头翘后带正心万栱、正头翘后带外拽瓜栱、正头翘后带外拽万栱、外连头搭角厢栱。用在内檐横、纵向窝角构件，有里连头合角瓜栱、里连头合角万栱、合角厢栱。

斗栱中每层构件穿插叠合是通过升、斗过渡组合成一攒整体，其中用在正中心的有平身科坐斗、柱头科坐斗、角科坐斗、角科闹头坐斗、槽升子，用在内外横向栱子端头的叫作三才升，用在内外横向构件与纵向构件十字交接处的有十八斗、筒子十八斗（柱头科）。用在角科承托角梁的宝瓶，以及斜昂、翘上的斗盘与各种贴耳升、斗等。

清代斗栱模数根据清工部《工程做法则例》卷二十八《斗科各项尺寸做法》中规定："凡斗科上升、斗、栱、翘等件长短、高厚尺寸，俱以平身科迎面安翘昂斗口宽尺寸为法核算""斗口有头等材、二等材以至十一等材之分。头等材迎面安翘昂斗口宽六寸、二等材斗口宽五寸五分；自三等材以至十一等材各递减五分，即得斗口尺寸"。规定中斗栱各类构件的截面、长短做份等比例尺寸非常明确。每攒斗栱之间的攒档尺寸也非常明确："凡斗科分档尺寸，每斗口一寸，应档（攒档）应宽一尺一寸。从两斗底中线算，如斗口二寸五分，每一（攒）档应宽二尺七寸五分"。即 11 斗口为一个攒档，斗栱攒档尺寸的规定，也就规范了建筑开间面宽大小的标准。

在建筑中时常会因地制宜事先拟定了通面阔、通进深及开间的体量尺寸，导致建筑的面宽、进深在开间排列斗栱攒档尺寸时，攒档不够 11 斗口或大于 11 斗口，在这种情况下通常对于攒档会进行略微的调整，一般开间五攒档时调整后的攒档不大于 12 斗口，开间七攒档时调整后的攒档不大于 11.5 斗口，当调整斗栱攒档小于 11 斗口时，通常规定调整攒档最小不应小于 10 斗口，这时斗栱横向构件长短尺寸是需要调整的，一般瓜栱长短缩减 0.2 斗口，瓜栱实际长短变为 6 斗口，在瓜栱长短缩减的同时，万栱也缩减了 0.2 斗口，在此基础上万栱可以再缩减 0.2 斗口，万栱实际长短变为 8.8 斗口，此时两攒斗栱之间实际净空距离为 0.8 斗口。一般规定调整后斗栱之间实际净空距离不得小于 0.8 斗口。

斗栱横向构件尺寸调整后短于规定的正常尺寸，斗栱构件截面尺寸按照原标准执行不得更改。通常瓜栱、万栱、厢栱、翘的端头下做栱瓣卷杀（瓜四、万三、厢五卷杀之），规定瓜栱卷杀分成四瓣（翘头卷杀与瓜栱相同）、万栱卷杀分成三瓣、厢栱卷杀分成五瓣。常规卷杀尺寸高 1 斗口、长 1.4 斗口。由于斗栱横向构件缩短导致瓜栱、万栱端头下的栱瓣卷杀尺寸也需要调整，此时万栱端头卷杀尺寸调整为高 1 斗口、长 1.2 斗口。这样就避免了栱瓣卷杀吃入升、斗刻口之内。

## （一）一斗三升斗栱

### 1. 平身科（图 3-1）

正心瓜栱长 6.2 斗口、高 2 斗口、厚 1.25～1.4 斗口。

正心枋高 2～2.25 斗口，厚 1.25～1.4 斗口，长随开间定尺。

槽升子高 1 斗口，看面宽 1.4 斗口，进深面 1.65～1.8 斗口。

平身科坐斗高 2 斗口，看面宽 3 斗口，进深面 3～3.25 斗口。

垫栱板高 3.2 斗口，厚 0.4 斗口。

平板枋（坐斗枋）高 2 斗口，宽 3～3.25 斗口。

## 2. 柱头科（图3-2）

柱头科正心瓜栱、槽升子、尺寸与平身科相同，正心枋与平身科共用，构件尺寸相同。

方梁头高4.25～4.5斗，头长4.5～5斗口，梁头宽4斗。

柱头翘与方梁头连坐，翘头长3.7斗口（包括斗盘），宽2.4斗口，高2斗口。

筒子十八斗长3.8斗口，高1斗口，进深面1.4斗口（可采用连做斗盘贴耳形式）。

柱头科坐斗高2斗口，看面宽4斗口，进深面3～3.25斗口。

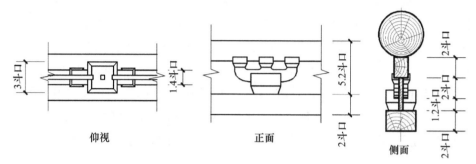

图3-1　一斗三升平身科斗栱

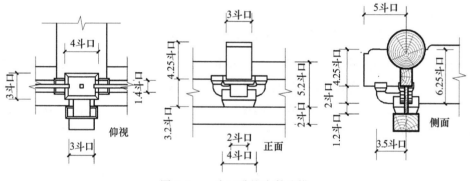

图3-2　一斗三升柱头科斗栱

## 3. 角科（图3-3）

角科槽升子、尺寸与平身科相同，搭交正心枋与平身科共用构件断面尺寸相同。

搭交正头翘后带正心瓜栱长6.6斗口，高2斗口，厚1.25～1.4斗口。

斜头麻叶昂长20.2斗口，高6.25斗口，厚2斗口。

三才升高1斗口，宽1.4斗口，厚1.4斗口。

坐斗宽高2斗口，看面、进深面3～3.25斗口。

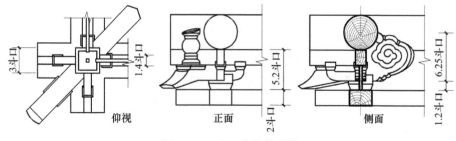

图3-3　一斗三升角科斗栱

宝瓶直径 2 斗口。

## （二）麻叶斗栱

麻叶斗栱有一斗二升交麻叶、十字翘瓜栱三幅云交麻叶和十字翘瓜栱万栱三幅云交麻叶三种形式。

### 1. 平身科（图 3-4～图 3-6）

正心瓜栱长 6.2 斗口，高 2 斗口，厚 1.25～1.4 斗口。

正心万栱长 9.2 斗口，高 2 斗口，厚 1.25～1.4 斗口。

三幅云栱长 7.2 斗口，高 2.4 斗口，厚 1 斗口。

十字翘长 7 斗口，高 2 斗口，厚 1 斗口。

斗二升麻叶高 6.25 斗口，长 13.5 斗口，厚 1 斗口。

一斗二升三幅云麻叶高 4.25 斗口，长 13.5 斗口，厚 1 斗口。

瓜栱万栱三幅云麻叶高 6.25 斗口，长 15.5 斗口，厚 1 斗口。

正心枋高 2 斗口，厚 1.25～1.4 斗口，长随开间定尺。

槽升子高 1 斗口看面宽 1.4 斗口，进深面 1.65～1.8 斗口。

十八斗高 1 斗口，宽 1.8 斗口，厚 1.4 斗口。

平身科坐斗高 2 斗口，看面宽 3 斗口，进深面 3～3.25 斗口。

垫栱板高（正心枋下）斗口，厚 0.4 斗口。

平板枋（坐斗枋）高 2 斗口，宽 3～3.25 斗口。

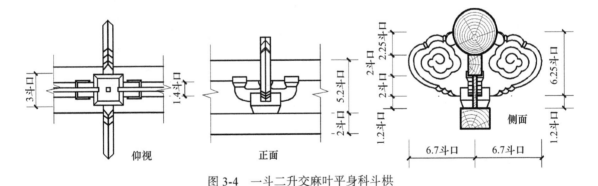

图 3-4 一斗二升交麻叶平身科斗栱

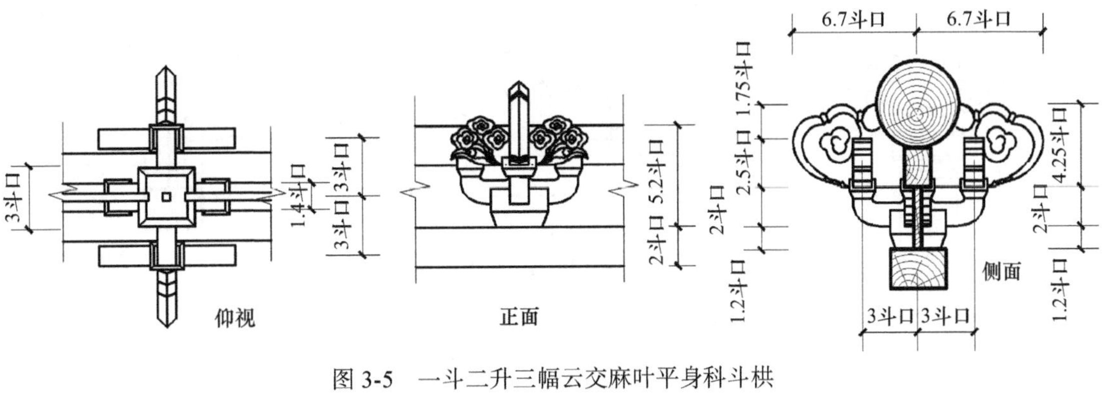

图 3-5 一斗二升三幅云交麻叶平身科斗栱

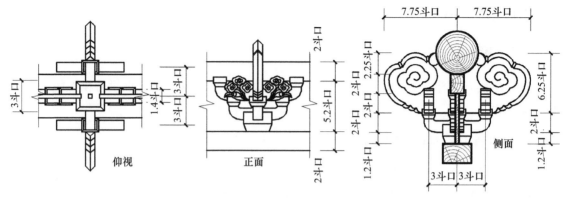

图 3-6　重棋三幅云交麻叶平身科斗棋

### 2. 柱头科（图 3-7～图 3-9）

柱头科正心瓜棋、正心万棋、三幅云棋、槽升子尺寸与平身科同，正心枋与平身科通用构件尺寸相同。

麻叶梁头长 8 斗口，高 6.25 斗口宽 3 斗口。

柱头翘后带替木全长 9.5 斗口，宽 2 斗口，高 2 斗口。

筒子十八斗长 3.8 斗口，高 1 斗口，进深面 1.4 斗口。

柱头科坐斗高 2 斗口，看面宽 4 斗口，进深面 3～3.25 斗口。

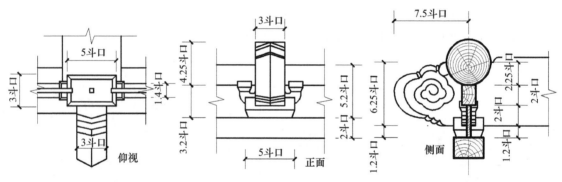

图 3-7　一斗二升交麻叶柱头科斗棋

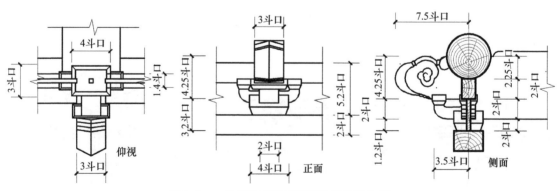

图 3-8　一斗二升三幅云交麻叶柱头科斗棋

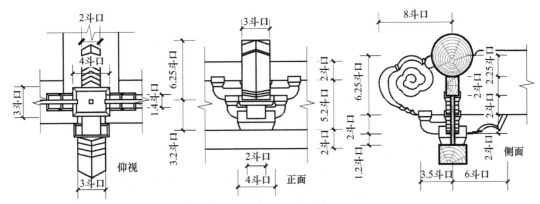

图 3-9　重栱三幅云交麻叶柱头科斗栱

## 3. 角科（图 3-10、图 3-11）

角科槽升子、尺寸与平身科相同。

搭交正心枋与平身科为共用构件，断面尺寸相同。

搭交正头翘后带正心瓜栱长 6.6 斗口，高 2 斗口，厚 1.25～1.4 斗口。

斜头翘长 10.5 斗口，高 2 斗口，宽 2 斗口。

斜头麻叶昂长 21.7 斗口，高 6.25 斗口，厚 2.4 斗口。

三才升高 1 斗口，宽 1.4 斗口，厚 1.4 斗口。

坐斗宽高 2 斗口，看面、进深面 3～3.25 斗口。

宝瓶直径 2 斗口。

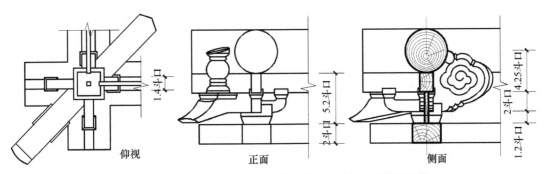

图 3-10　一斗二升交麻叶、一斗二升三幅云交麻叶角科斗栱

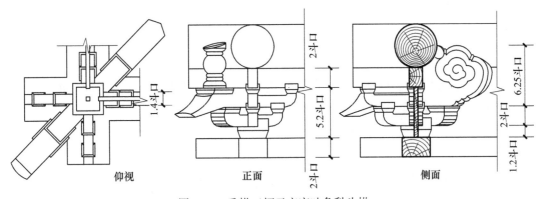

图 3-11　重栱三幅云交麻叶角科斗栱

## （三）三踩昂翘斗栱

### 1. 平身科（图3-12）

正心瓜栱长6.2斗口，高2斗口，厚1.25～1.4斗口。

正心万栱长9.2斗口，高2斗口，厚1.25～1.4斗口。

厢栱长7.2斗口，高1.4斗口，厚1斗口。

头昂后翘全长9.9斗口，厚1斗口。其中昂头长3.4斗口、高3斗口，下垂昂头占1斗口（应按照起二回三奢拉十的口诀制作），昂后翘头高2斗口，每一个搜架3斗口。

耍头全长12斗口，高2斗口、厚1斗口。其中蚂蚱头长3斗口，麻叶头长3斗口，每一个搜架3斗口。

撑头木桁椀全长6斗口（包括榫长），高3斗口，厚1斗口。

正心枋高2斗口，厚1.25～1.4斗口，长随开间定尺。

槽升子高1斗口，看面宽1.4斗口，进深面1.65～1.8斗口。

三才升高1斗口，看面宽1.4斗口，进深面1.4斗口。

十八斗高1斗口，看面宽1.8斗口，进深面1.4斗口。

挑檐枋高2斗口，厚1斗口，长随开间定尺。

井口枋高3斗口，厚1斗口，长随开间定尺。

平身科坐斗高2斗口，看面宽3斗口，进深面3～3.25斗口。

垫栱板高5.2斗口，厚0.4斗口。

平板枋（坐斗枋）高2斗口，宽3～3.25斗口。

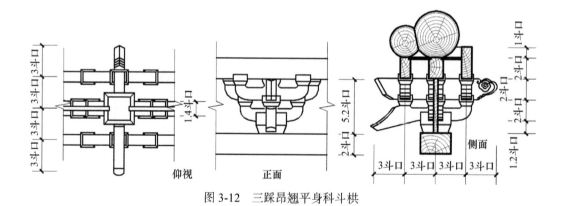

图3-12 三踩昂翘平身科斗栱

### 2. 柱头科（图3-13、图3-14）

柱头科正心瓜栱、正心万栱、厢栱、槽升子、三才升尺寸与平身科相同，正心枋、挑檐枋、井口枋与平身科共用，构件尺寸相同。

挑尖梁做法：头全长8.5斗口，高5.5斗口，梁头宽4斗。其中头长5.5斗口，搜架身长3斗口。

方梁头做法：全长7.5斗口，高5.5斗口，梁头宽4斗。其中头长4.5斗口，搜架身长3斗口。

连头翘头长 3.5 斗口，宽 3 斗口，高 2 斗口。

柱头昂后带替木全长 12.4 斗口，宽 2 斗口，昂头高 3 斗口。后身替木高 2 斗口。

柱头昂后带翘全长 9.9 斗口，宽 2 斗口，昂头高 3 斗口。后身翘高 2 斗口。

梁头下筒子十八斗长 4.8 斗口。高 1 斗口，进深面 1.4 斗口。

柱头科坐斗高 2 斗口，看面宽 4 斗口，进深面 3～3.25 斗口。

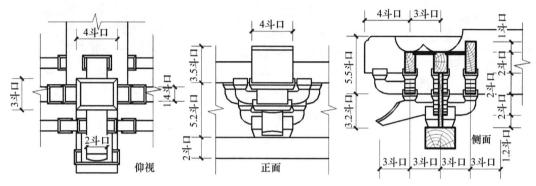

图 3-13　方梁头昂翘三踩柱头科斗栱

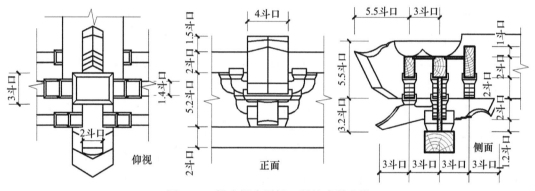

图 3-14　挑尖梁头昂翘三踩柱头科斗栱

### 3. 角科（以 90° 角搭交为例，图 3-15）

搭交正头昂后带正心瓜栱长 9.5 斗口，前昂头高 3 斗口，后带瓜栱高 2 斗口，厚 1.25～1.4 斗口。

搭交耍头后带正心万栱长 10.6 斗口，高 2 斗口，厚 1.25～1.4 斗口。

搭交把臂厢栱长 11.4 斗口，高 1.4 斗口，厚 1 斗口。

搭交撑头木后带正心枋，前端撑头木长 6 斗口，高 2 斗口，厚 1 斗口。后端正心枋长随开间，高 2 斗口，厚 1.25～1.4 斗口。

搭交挑檐枋长为开间加搜架加 4.8 斗口，高 2 斗口，厚 1 斗口。

斜头昂后带斜头翘全长 14.4 斗口（贴耳斗盘），昂头高 3 斗口，后翘高 2 斗口，厚 2 斗口。

斜头重昂带斜麻叶头全长 23.8 斗口（贴耳斗盘），昂头高 3 斗口，后身麻叶头高 2 斗口，厚 2.4 斗口。

斜撑头木桁椀长 8.5 斗口，高 3 斗口，厚 2.4 斗口。

宝瓶直径 2.4 斗口。

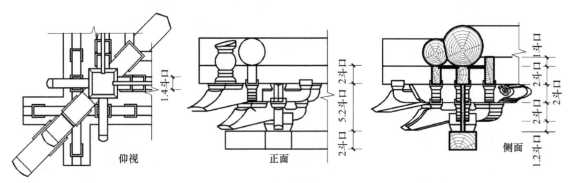

图 3-15　昂翘三踩角科斗栱

## （四）五踩昂翘斗栱

### 1. 平身科（图 3-16、图 3-17）

正心瓜栱长 6.2 斗口，高 2 斗口，厚 1.25～1.4 斗口；里外拽单材瓜栱长 6.2 斗口，高 1.4 斗口，厚 1 斗口。

正心万栱长 9.2 斗口，高 2 斗口，厚 1.25 斗口；里外拽单材万栱长 9.2 斗口，高 1.4 斗口，厚 1 斗口。

厢栱长 7.2 斗口，高 1.4 斗口，厚 1 斗口。

头翘全长 7 斗口，高 2 斗口，厚 1 斗口。

头昂全长 15.4 斗口，厚 1 斗口。昂头高 3 斗口，下垂昂头占 1 斗口（应按照起二回三奉拉十的口诀制作），昂头后身高 2 斗口，昂后端菊花头长 3 斗口。

要头全长 16 斗口，高 2 斗口、厚 1 斗口。蚂蚱头长 3 斗口，六分头 1 斗口，每一个拽架 3 斗口。

撑头木全长 15 斗口（包括榫长），高 2 斗口，厚 1 斗口。麻叶头 3 斗口。

桁椀全长 12 斗口，高 3.65 斗口，厚 1 斗口。

正心枋高 2 斗口，厚 1.25～1.4 斗口，长随开间定尺。

内外拽枋高 2 斗口，厚 1 斗口，长随开间定尺。

井口枋高 3 斗口，厚 1 斗口，长随开间定尺。

槽升子高 1 斗口，看面宽 1.4 斗口，进深面 1.65～1.8 斗口。

三才升高 1 斗口，看面宽 1.4 斗口，进深面 1.4 斗口。

十八斗高 1 斗口，看面宽 1.8 斗口，进深面 1.4 斗口。

平身科坐斗高 2 斗口，看面宽 3 斗口，进深面 3～3.25 斗口。

垫栱板高 5.2 斗口，厚 0.4 斗口。

平板枋（坐斗枋）高 2 斗口，宽 3～3.25 斗口。

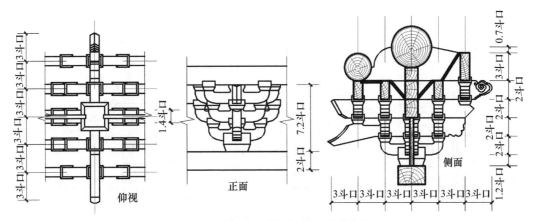

图 3-16　昂翘五踩单翘单昂平身科斗栱

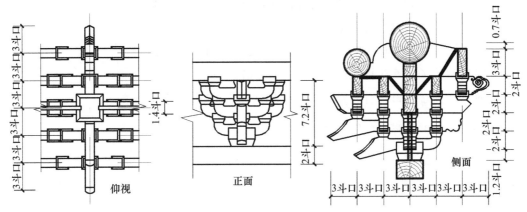

图 3-17　昂翘五踩重昂平身科斗栱

## 2. 柱头科（图 3-18、图 3-19）

柱头科正心瓜栱、里外拽单材瓜栱、正心万栱、里外拽单材万栱、厢栱、槽升子、三才升尺寸与平身科相同，横向枋类共用构件尺寸与平身科相同。

挑尖梁头高 5.5 斗，头全长 11.5 斗口，梁头宽 4 斗。

柱头翘全长 7 斗口，宽 2 斗口，高 2 斗口。

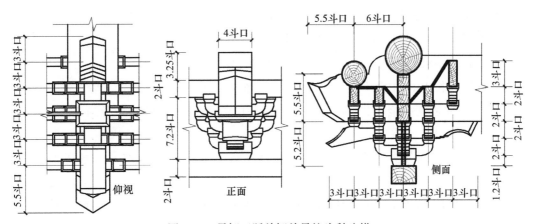

图 3-18　昂翘五踩单翘单昂柱头科斗栱

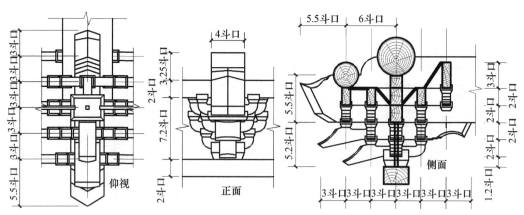

图 3-19 昂翘五踩重昂柱头科斗栱

柱头昂全长 18.4 斗口，宽 3 斗口，昂身高 2 斗口，昂头高 3 斗口。

柱头科坐斗高 2 斗口，看面宽 4 斗口，进深面 3～3.25 斗口。

柱头昂下筒子十八斗长 3.8 斗口，高 1 斗口，进深面 1.4 斗口。

挑尖梁头下筒子十八斗长 4.8 斗口，高 1 斗口，进深面 1.4 斗口。

柱头科坐斗高 2 斗口，看面宽 4 斗口，进深面 3～3.25 斗口。

### 3. 角科（以 90° 角搭交为例，图 3-20）

搭交正头翘后带正心瓜栱长 6.6 斗口，高 2 斗口，厚 1.25～1.4 斗口。

搭交正头昂后带正心万栱长 14 斗口，昂头高 3 斗口，后身高 2 斗口，厚 1.25～1.4 斗口。

搭交正头昂后带单材瓜栱长 12.5 斗口，昂头高 3 斗口，后身高 1.4 斗口，厚 1 斗口。

蚂蚱头后带正心枋，前端蚂蚱头长 9 斗口，高 2 斗口，厚 1 斗口。后端正心枋长随开间，高 2 斗口，厚 1.25～1.4 斗口。

搭交蚂蚱头后带单材万栱长 13.6 斗口，蚂蚱头高 2 斗口、后身高 1.4 斗口，厚 1 斗口。

搭交把臂厢栱长 14.4 斗口，高 1.4 斗口，厚 1 斗口。

搭交撑头木后带正心枋，前端撑头木长 6 斗口，高 2 斗口，厚 1 斗口。后端正心枋长随开间，高 2 斗口，厚 1.25～1.4 斗口。

搭交撑头木后带外拽枋长为开间加 6 斗口，高 2 斗口，厚 1 斗口。

搭交挑檐枋长为开间加 6 斗口，高 2 斗口，厚 1 斗口。

斜头翘长 10.48 斗口（贴耳斗盘），高 2 斗口，厚 2 斗口。

斜头翘换昂长 14.4 斗口（贴耳斗盘），昂头高 3 斗口，翘高 2 斗口，厚 2 斗口。

斜头昂后带菊花头全长 23 斗口（贴耳斗盘），昂头高 3 斗口，昂身高 2 斗口，厚 2.4 斗口。

斜头重昂后带六分头全长 28.9 斗口（贴耳斗盘），昂头高 3 斗口，昂身高 2 斗口，厚 2.4 斗口。

斜头二重昂长 10.4 斗口（贴耳斗盘），昂头高 3 斗口，昂身高 2 斗口，厚 2.4 斗口。

角科坐斗高 2 斗口，看面宽 3～3.25 斗口，进深面 3～3.25 斗口。

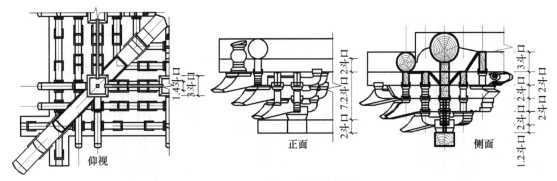

图 3-20　昂翘五踩角科斗栱

## （五）七踩昂翘斗栱

### 1. 平身科（图 3-21）

正心瓜栱长 6.2 斗口，高 2 斗口，厚 1.25～1.4 斗口；里外拽单材瓜栱长 6.2 斗口，高 1.4 斗口，厚 1 斗口。

正心万栱长 9.2 斗口，高 2 斗口，厚 1.25 斗口；里外拽单材万栱长 9.2 斗口，高 1.4 斗口，厚 1 斗口。

厢栱长 7.2 斗口，高 1.4 斗口，厚 1 斗口。

头翘全长 7 斗口，高 2 斗口，厚 1 斗口。

头昂后带翘全长 15.87 斗口，厚 1 斗口。昂头高 3 斗口，下垂昂头占 1 斗口（应按照起二回三叠拉十的口诀制作），昂后身高 2 斗口。

重昂后带菊花头全长 21.37 斗口，厚 1 斗口。昂头高 3 斗口，下垂昂头占 1 斗口（应按照起二回三叠拉十的口诀制作），昂头后身高 2 斗口。

耍头全长 22 斗口，高 2 斗口、厚 1 斗口。其中蚂蚱头长 3 斗口，六分头长 1 斗口，每一个搜架 3 斗口。

撑头木全长 21 斗口（包括榫长），高 2 斗口，厚 1 斗口。其中麻叶头长 3 斗口。

桁椀全长 18 斗口，高 5.1 斗口，厚 1 斗口。

正心枋高 2 斗口，厚 1.25～1.4 斗口，长随开间定尺。

内外拽枋高 2 斗口，厚 1 斗口，长随开间定尺。

井口枋高 3 斗口，厚 1 斗口，长随开间定尺。

槽升子高 1 斗口，看面宽 1.4 斗口，进深面 1.65～1.8 斗口。

三才升高 1 斗口，看面宽 1.4 斗口，进深面 1.4 斗口。

十八斗高 1 斗口，看面宽 1.8 斗口，进深面 1.4 斗口。

平身科坐斗高 2 斗口，看面宽 3 斗口，进深面 3～3.25 斗口。

垫栱板高 5.2 斗口，厚 0.4 斗口。

平板枋（坐斗枋）高 2 斗口，宽 3～3.25 斗口。

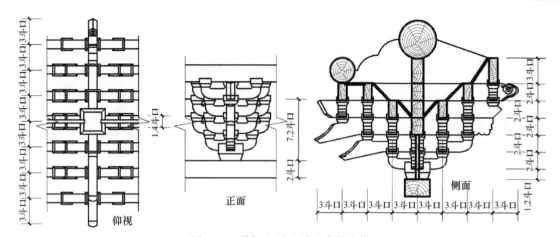

图 3-21　昂翘七踩重昂平身科斗栱

**2. 柱头科（图 3-22）**

柱头科正心瓜栱、里外拽单材瓜栱、正心万栱、里外拽单材万栱、厢栱、槽升子、三才升尺寸与平身科相同，横向枋类共用构件尺寸与平身科相同。

挑尖梁头高 5.5 斗，头全长 14.5 斗口，梁头宽 4 斗。

柱头翘全长 7 斗口，宽 2 斗口，高 2 斗口。

柱头昂全长 15.87 斗口，宽 2.5 斗口，昂身高 2 斗口，昂头高 3 斗口。

柱头重昂后带替木全长 24.4 斗口，宽 3 斗口，昂身高 2 斗口，昂头高 3 斗口。

挑尖梁头下筒子十八斗长 4.8 斗口，高 1 斗口，进深面 1.4 斗口。

柱头重昂下筒子十八斗长 3.8 斗口，高 1 斗口，进深面 1.4 斗口。

柱头昂下筒子十八斗长 3.3 斗口，高 1 斗口，进深面 1.4 斗口。

柱头科坐斗高 2 斗口，看面宽 4 斗口，进深面 3～3.25 斗口。

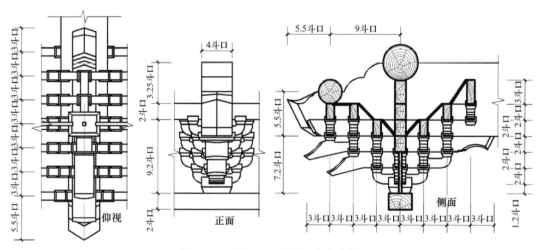

图 3-22　昂翘七踩重昂柱头科斗栱

**3. 角科（以 90°角搭交为例，图 3-23）**

搭交正头翘后带正心瓜栱，长 6.6 斗口，高 2 斗口，厚 1.25～1.4 斗口。

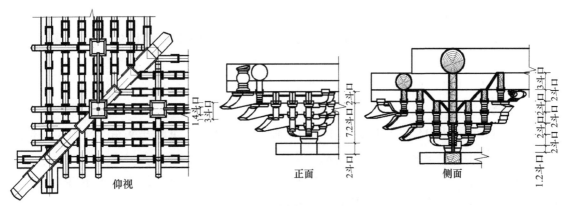

图 3-23　昂翘七踩角科斗栱

搭交正头昂后带正心万栱，长 14 斗口，昂头高 3 斗口、后身高 2 斗口，厚 1.25～1.4 斗口。

搭交正头重昂后带正心枋，昂头长 12.4 斗口，昂头高 3 斗口、后身高 2 斗口，厚 1.25～1.4 斗口。

搭交正头昂后带单材瓜栱长 12.5 斗口，昂头高 3 斗口，后身高 1.4 斗口，厚 1 斗口。

搭交正头重昂后带单材万栱长 17 斗口，昂头高 3 斗口，后身高 1.4 斗口，厚 1 斗口。

搭交正头重昂后带单材瓜栱长 15.5 斗口，昂头高 3 斗口，后身高 1.4 斗口，厚 1 斗口。

蚂蚱头后带正心枋，前端蚂蚱头长 12 斗口，高 2 斗口，厚 1 斗口。后端正心枋长随开间，厚 1.25～1.4 斗口。

搭交蚂蚱头后带外拽枋，前端蚂蚱头长 12 斗口，后端外拽枋长随开间，高 2 斗口，厚 1 斗口。

搭交蚂蚱头后带单材万栱长 16.6 斗口，蚂蚱头高 2 斗口，后身高 1.4 斗口，厚 1 斗口。

搭交把臂厢栱长 17.4 斗口，高 1.4 斗口，厚 1 斗口。

搭交撑头木后带正心枋，前端撑头木长 9 斗口，高 2 斗口，厚 1 斗口。后端正心枋长随开间，高 2 斗口，厚 1.25～1.4 斗口。

搭交撑头木后带外拽枋长为开间加 9 斗口，高 2 斗口，厚 1 斗口。

搭交挑檐枋长为开间加 15 斗口，高 2 斗口，厚 1 斗口。

斜头翘长 10.1 斗口（贴耳斗盘），高 2 斗口，厚 1.6 斗口。

斜头翘换昂长 14.15 斗口（贴耳斗盘），昂头高 3 斗口，翘高 2 斗口，厚 1.6 斗口。

斜头昂长 22.83 斗口（贴耳斗盘），昂头高 3 斗口，翘高 2 斗口，厚 2 斗口。

斜头重昂后带菊花头全长 31.52 斗口（贴耳斗盘），昂头高 3 斗口，昂身高 2 斗口，厚 2.4 斗口。

斜头重昂后带六分头全长 37.4 斗口（贴耳斗盘），昂头高 3 斗口，昂身高 2 斗口，厚 2.4 斗口。

角科坐斗高 2 斗口，看面宽 3～3.25 斗口，进深面 3～3.25 斗口。

## （六）九踩昂翘斗栱

### 1. 平身科（图 3-24）

正心瓜栱长 6.2 斗口，高 2 斗口，厚 1.25～1.4 斗口；里外拽单材瓜栱长 6.2 斗口，高

1.4 斗口，厚 1 斗口。

正心万栱长 9.2 斗口，高 2 斗口，厚 1.25 斗口；里外拽单材万栱长 9.2 斗口，高 1.4 斗口、厚 1 斗口。

厢栱长 7.2 斗口，高 1.4 斗口，厚 1 斗口。

头翘全长 7 斗口，高 2 斗口，厚 1 斗口。

头昂后带翘全长 15.87 斗口，厚 1 斗口。昂头高 3 斗口，下垂昂头占 1 斗口（应按照起二回三奔拉十的口诀制作），昂后身高 2 斗口。

重昂后带翘全长 21.87 斗口，厚 1 斗口。昂头高 3 斗口，下垂昂头占 1 斗口（应按照起二回三奔拉十的口诀制作），昂后身高 2 斗口。

三重昂后带菊花头全长 27.37 斗口，厚 1 斗口。昂头高 3 斗口，下垂昂头占 1 斗口（应按照起二回三奔拉十的口诀制作），昂头后身高 2 斗口。

耍头全长 28 斗口，高 2 斗口，厚 1 斗口。其中蚂蚱头长 3 斗口，六分头长 1 斗口，每一个拽架 3 斗口。

撑头木全长 27 斗口（包括榫长），高 2 斗口，厚 1 斗口。其中麻叶头长 3 斗口。

桁椀全长 24 斗口，高 5.1 斗口，厚 1 斗口。

正心枋高 2 斗口，厚 1.25～1.4 斗口，长随开间定尺。

内外拽枋高 2 斗口，厚 1 斗口，长随开间定尺。

井口枋高 3 斗口，厚 1 斗口，长随开间定尺。

槽升子高 1 斗口，看面宽 1.4 斗口，进深面 1.65～1.8 斗口。

三才升高 1 斗口，看面宽 1.4 斗口，进深面 1.4 斗口。

十八斗高 1 斗口，看面宽 1.8 斗口，进深面 1.4 斗口。

平身科坐斗高 2 斗口，看面宽 3 斗口，进深面 3～3.25 斗口。

垫栱板高 5.2 斗口，厚 0.4 斗口。

平板枋（坐斗枋）高 2 斗口，宽 3～3.25 斗口。

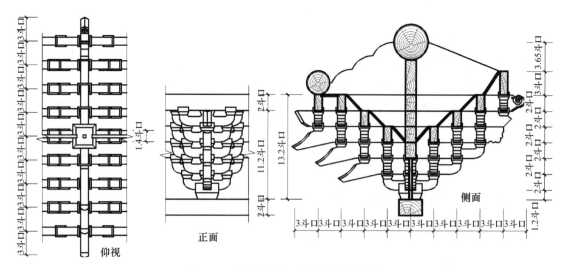

图 3-24　昂翘九踩三重昂平身科斗栱

**2. 柱头科（图 3-25）**

柱头科正心瓜栱、里外拽单材瓜栱、正心万栱、里外拽单材万栱、厢栱、槽升子、三才升尺寸与平身科相同，横向枋类共用构件尺寸与平身科相同。

挑尖梁头高 5.5 斗，头全长 14.5 斗口，梁头宽 4 斗。

柱头翘全长 7 斗口，宽 2 斗口，高 2 斗口。

柱头昂全长 15.87 斗口，宽 2.5 斗口，昂身高 2 斗口，昂头高 3 斗口。

柱头重昂后带替木全长 24.4 斗口，宽 3 斗口，昂身高 2 斗口，昂头高 3 斗口。

挑尖梁头下筒子十八斗长 4.8 斗口，高 1 斗口，进深面 1.4 斗口。

柱头三重昂下筒子十八斗长 4.3 斗口，高 1 斗口，进深面 1.4 斗口。

柱头重昂下筒子十八斗长 3.8 斗口，高 1 斗口，进深面 1.4 斗口。

柱头昂下筒子十八斗长 3.3 斗口，高 1 斗口，进深面 1.4 斗口。

柱头科坐斗高 2 斗口，看面宽 4 斗口，进深面 3～3.25 斗口。

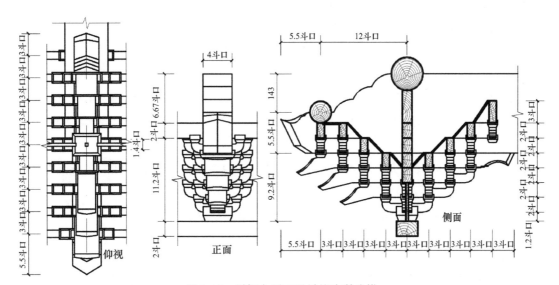

图 3-25　昂翘九踩三重昂柱头科斗栱

**3. 角科（以 90°度角搭交为例，图 3-26）**

搭交正头翘后带正心瓜栱，长 6.6 斗口，高 2 斗口，厚 1.25～1.4 斗口。

搭交正头昂后带正心万栱，长 14 斗口，昂头高 3 斗口，后身高 2 斗口，厚 1.25～1.4 斗口。

搭交正头重昂后带正心枋，昂头长 12.4 斗口，昂头高 3 斗口，后身高 2 斗口，厚 1.25～1.4 斗口。

搭交三重昂后带正心枋，昂头长 15.4 斗口，昂头高 3 斗口，后身高 2 斗口，厚 1.25～1.4 斗口。

蚂蚱头后带正心枋，前端蚂蚱头长 15 斗口，高 2 斗口，厚 1 斗口。后端正心枋长随开间，厚 1.25～1.4 斗口。

搭交拽昂后带单材瓜栱长 12.5 斗口，昂头高 3 斗口，后身高 1.4 斗口，厚 1 斗口。

搭交重拽昂后带单材万栱长 17 斗口，昂头高 3 斗口，后身高 1.4 斗口，厚 1 斗口。

搭交三重拽昂后带外拽枋，昂头长 12.4 斗口，昂头高 3 斗口，厚 1 斗口。后端拽枋高 2 斗口，长随开间加 3 斗口。

搭交正头重拽昂后带单材瓜栱长 15.5 斗口，昂头高 3 斗口，后身高 1.4 斗口，厚 1 斗口。

搭交三重拽昂后带单材万栱长 20 斗口，昂头高 3 斗口，后身高 1.4 斗口，厚 1 斗口。

搭交蚂蚱头后带外拽枋，前端蚂蚱头长 9 斗口，后端外拽枋长随开间加 6 斗口，高 2 斗口，厚 1 斗口。

搭交三重拽昂后带单材瓜栱长 18.1 斗口，昂头高 3 斗口，后身高 1.4 斗口，厚 1 斗口。

搭交蚂蚱头后带单材瓜栱长 19.6 斗口，蚂蚱头高 2 斗口，后身高 1.4 斗口，厚 1 斗口。

撑头木头后带外拽枋，前端长 12 斗口，后端长随开间，高 2 斗口，厚 1 斗口。

搭交把臂厢栱长 20.4 斗口，高 1.4 斗口，厚 1 斗口。

搭交撑头木后带正心枋，前端撑头木长 12 斗口，高 2 斗口，厚 1 斗口。后端正心枋长随开间，高 2 斗口，厚 1.25～1.4 斗口。

搭交挑檐枋长按开间尺寸加 18 斗口，高 2 斗口，厚 1 斗口。

斜头翘长 10.1 斗口（贴耳斗盘），高 2 斗口，厚 1.6 斗口。

斜头昂长 22.83 斗口（贴耳斗盘），昂头高 3 斗口，翘高 2 斗口，厚 2 斗口。

斜头重昂长 31.52 斗口（贴耳斗盘），昂头高 3 斗口，翘高 2 斗口，厚 2.4 斗口。

斜头三重昂后带菊花头全长 40 斗口（贴耳斗盘），昂头高 3 斗口，昂身高 2 斗口，厚 2.4 斗口。

斜头四重昂后带六分头全长 45.87 斗口（贴耳斗盘），昂头高 3 斗口，昂身高 2 斗口，厚 2.4 斗口。

角科坐斗高 2 斗口，看面宽 3～3.25 斗口，进深面 3～3.25 斗口。

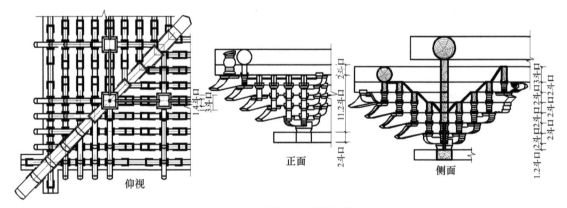

图 3-26　昂翘九踩角科斗栱

## （七）溜金斗栱（琵琶斗栱）

溜金斗栱常用于建筑廊步或檐步，外檐如昂翘斗栱，檐内则采用溜金挑杆等长杆件，与内檐金柱花台枋（或花台梁）之上的内檐斗栱或金柱之上的搁架斗栱连在一起，形成上下两层合二为一的溜金斗栱构造。这种构造有两种做法形式：一种叫作挑金做法，其溜金秤杆、溜金挑杆等杆件后尾不落在任何构件上，而是悬挂在金桁（檩）之下，只起到装饰性的作用（宋代以前杆件起悬挑杠杆作用），这种做法多用于亭子或较小的建筑之上；另一种叫作落金做法，落金做法的溜金斗栱，在明代和清代早期较大的殿、阁之中使用比较普遍，落金做法的溜金斗栱杆、秤杆、菊花头等构件，在建筑中有很好的装饰效果，在构造结构上还起到一定的挑搭拉接作用。

　　溜金斗栱只有平身科做法，柱头科与角科做法与昂翘斗栱做法相同。建筑中梢间或尽间采用递角梁或抹角梁，此间不使用溜金斗栱，而是使用与溜金斗栱相对应的昂翘斗栱。

**1. 五踩挑金溜金斗栱（图 3-27、图 3-28）**

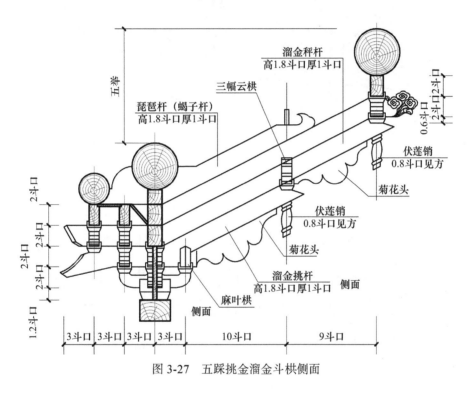

图 3-27　五踩挑金溜金斗栱侧面

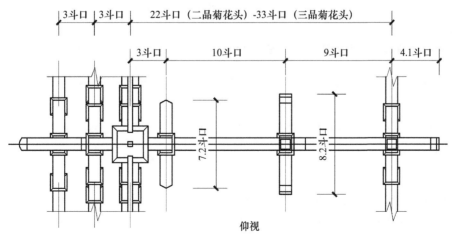

图 3-28　五踩挑金溜金斗栱仰视

**2. 五踩落金溜金斗栱（图3-29、图3-30）**

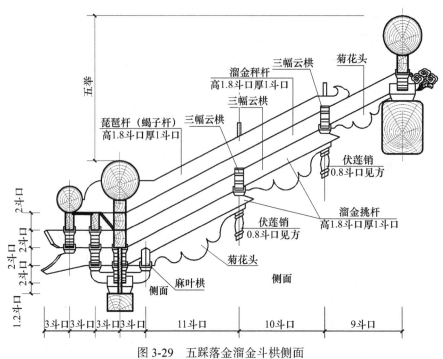

图3-29　五踩落金溜金斗栱侧面

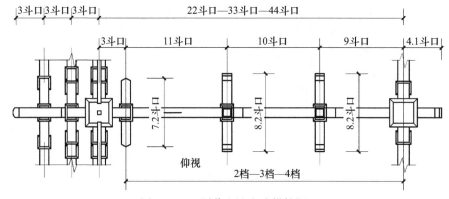

图3-30　五踩落金溜金斗栱仰视

**3. 七踩落金溜金斗栱（图3-31、图3-32）**

正心瓜栱长6.2斗口，高2斗口，厚1.25～1.4斗口；里外拽单材瓜栱长6.2斗口，高1.4斗口，厚1斗口。

正心万栱长9.2斗口，高2斗口，厚1.25斗口；里外拽单材万栱长9.2斗口，高1.4斗口，厚1斗口。

厢栱长7.2斗口，高1.4斗口，厚1斗口。

麻叶栱长7.2斗口，高2斗口，厚1斗口。

三幅云栱长8.2斗口，高2.5斗口，厚1斗口。

正头翘全长7斗口，高2斗口，厚1斗口。

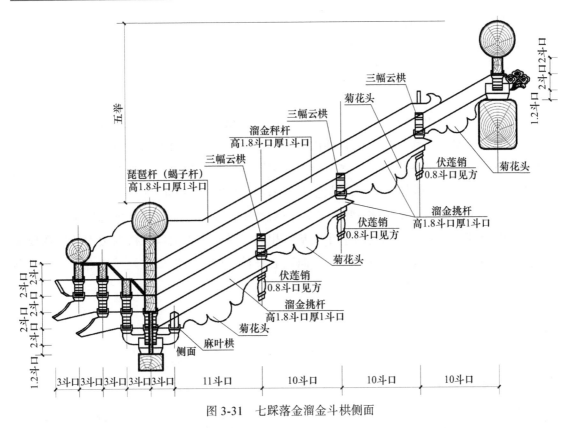

图 3-31　七踩落金溜金斗栱侧面

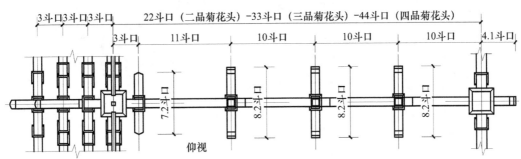

图 3-32　七踩落金溜金斗栱仰视

溜金挑杆、溜金秤杆、琵琶杆：高 1.8 斗口，厚 1 斗口。

菊花头厚 1 斗口，溜边高 0.4 斗口。

伏莲销 0.8 斗口见方，机长约 3.5 斗口，销长约 9 斗口，

桁椀高 3.65 斗口，厚 1 斗口。

正心枋高 2 斗口，厚 1.25～1.4 斗口，长随开间定尺。

外拽枋高 2 斗口，厚 1 斗口，长随开间定尺。

挑檐枋高 2 斗口，厚 1 斗口，长随开间定尺。

槽升子高 1 斗口，看面宽 1.4 斗口，进深面 1.65～1.8 斗口。

三才升高 1 斗口，看面宽 1.4 斗口，进深面 1.4 斗口。

十八斗高 1 斗口，看面宽 1.8 斗口，进深面 1.4 斗口。

坐斗高 2 斗口，看面宽 3 斗口，进深面 3～3.25 斗口。

垫栱板高 5.2 斗口，厚 0.4 斗口。

平板枋（坐斗枋）高 2 斗口，宽 3～3.25 斗口。

## （八）内檐品字科斗栱、搁架雀替斗栱与平座层品字科斗栱

内檐品字斗栱多用于较大的殿、阁，井口枋与天花枝条相交，上置压斗枋。品字柱头科、品字角科斗栱之上设墩斗，上置顶内童柱（枢 shu 柱）架设七架梁或五架梁。内檐品字科斗栱口份应与外檐斗栱口份一致，出挑拽架踩数根据需要可多于外檐。品字科斗栱除了不做昂嘴、霸王拳、蚂蚱头以外，其他做法与昂翘斗栱基本相同。

平座层品字科斗栱只用于楼、阁、木塔外檐平座，根据平座出挑长度选择出挑拽架踩数，斗栱檐外部分的做法与内檐品字斗栱基本相同，平座斗栱檐口挑搭檐边木挂滴珠板或挂檐板。檐内采用偷心做法，只留斗栱纵向正心杆件，向内层层窜挑至楞木之下。通过楞木及以上铺装负荷保持檐口平衡稳定。

### 1. 内檐品字斗栱平身科（图 3-33）

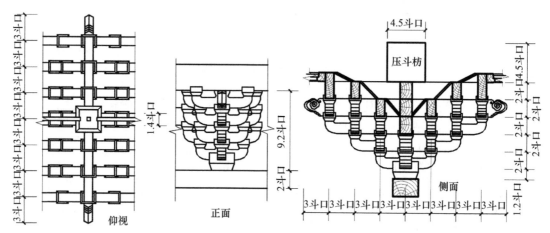

图 3-33　内檐品字斗栱平身科

正心瓜栱长 6.2 斗口，高 2 斗口，厚 1.25～1.4 斗口；里外拽单材瓜栱长 6.2 斗口，高 1.4 斗口，厚 1 斗口。

正心万栱长 9.2 斗口，高 2 斗口，厚 1.25；里外拽单材万栱长 9.2 斗口，高 1.4 斗口，厚 1 斗口。

厢栱长 7.2 斗口，高 1.4 斗口，厚 1 斗口。

头翘全长 7 斗口，高 2 斗口，厚 1 斗口。

二重翘全长 13 斗口，高 2 斗口，厚 1 斗口。

三重翘全长 19 斗口，高 2 斗口，厚 1 斗口。

麻叶耍头全长 24 斗口，高 2 斗口、厚 1 斗口。

撑头木全长 18 斗口（包括榫长），高 2 斗口、厚 1 斗口。

正心枋高 2 斗口，厚 1.25～1.4 斗口，长随开间定尺。

拽枋高 2 斗口，厚 1 斗口，长随开间定尺。

井口枋高 3 斗口，厚 1 斗口，长随开间定尺。

槽升子高 1 斗口，看面宽 1.4 斗口，进深面 1.65～1.8 斗口。

三才升高 1 斗口，看面宽 1.4 斗口，进深面 1.4 斗口。

十八斗高 1 斗口，看面宽 1.8 斗口，进深面 1.4 斗口。

平身科坐斗高 2 斗口，看面宽 3 斗口，进深面 3～3.25 斗口。

平板枋（坐斗枋）高 2 斗口，宽 3～3.25 斗口。

## 2. 内檐品字斗栱柱头科（图 3-34）

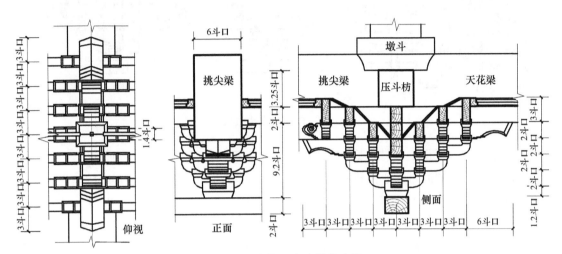

图 3-34　内檐品字斗栱柱头科

正心瓜栱长 6.2 斗口，高 2 斗口，厚 1.25～1.4 斗口；里外拽单材瓜栱长 6.2 斗口，高 1.4 斗口，厚 1 斗口。

正心万栱长 9.2 斗口，高 2 斗口，厚 1.25 斗口；里外拽单材万栱长 9.2 斗口，高 1.4 斗口，厚 1 斗口。

厢栱长 7.2 斗口，高 1.4 斗口，厚 1 斗口。

头翘全长 7 斗口，高 2 斗口，厚 2 斗口。

二重翘全长 13 斗口，高 2 斗口，厚 2.5 斗口。

替木三重翘全长 21.5 斗口，高 2 斗口，厚 3 斗口。

挑尖梁后尾替木（与挑尖梁连做，不包括挑尖梁）全长 15 斗口，高 2 斗口、厚 3 斗口。

正心枋高 2 斗口，厚 1.25～1.4 斗口，长随开间定尺。

拽枋高 2 斗口，厚 1 斗口，长随开间定尺。

井口枋高 3 斗口，厚 1 斗口，长随开间定尺。

槽升子高 1 斗口，看面宽 1.4 斗口，进深面 1.65～1.8 斗口。

三才升高 1 斗口，看面宽 1.4 斗口，进深面 1.4 斗口。

筒子十八斗高 1 斗口，看面宽 3.3 斗口，进深面 1.4 斗口。

二重、三重筒子十八斗高 1 斗口，看面宽 3.8 斗口，进深面 1.4 斗口。

柱头科坐斗高 2 斗口，看面宽 4 斗口，进深面 3～3.25 斗口。

平板枋（坐斗枋）高2斗口，宽3～3.25斗口。

### 3. 内檐品字斗栱角科（图3-35）

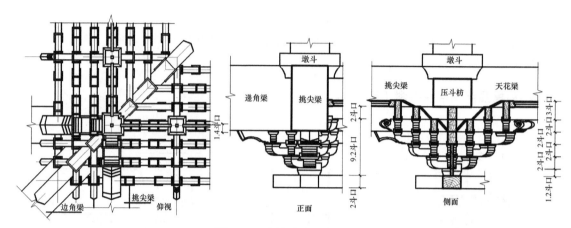

图3-35 内檐品字斗栱角科

搭交正头翘后带正心瓜栱，长6.6斗口，高2斗口，厚1.25～1.4斗口。

搭交正头二重翘后带正心万栱，长11.1斗口，高2斗口，厚1.25～1.4斗口。

搭交正头三重翘后带正心枋，头长9.5斗口，厚1斗口，高2斗口，正心枋厚1.25～1.4斗口。

搭交正头翘后带单材瓜栱长9.6斗口，高2斗口，厚1斗口。

搭交正头二重翘后带单材万栱长14.1斗口，高2斗口，厚1斗口。

搭交正头三重翘后带拽枋，头长9.5斗口，高2斗口，厚1斗口。

搭交正头三重翘后带单材瓜栱长12.6斗口，高2斗口，厚1斗口。

搭交麻叶要头后带单材万栱长16.6斗口，高2斗口，厚1斗口。

搭交撑头木后带拽枋，头长9斗口，高2斗口，厚1斗口。

把臂厢栱长9.6斗口，高1.4斗口，厚1斗口。

搭交撑头木后带正心枋，前端撑头木长9斗口，高2斗口，厚1斗口。后端正心枋长随开间，高2斗口，厚1.25～1.4斗口。

搭交撑头木后带外拽枋长为开间加9斗口，高2斗口，厚1斗口。

井口枋长为开间加6斗口，高2斗口，厚1斗口。

斜头翘长10.1斗口（贴耳斗盘），高2斗口，厚1.6斗口。

斜头二重翘长19斗口（贴耳斗盘），高2斗口，厚2斗口。

斜头替木翘长31.5斗口（贴耳斗盘），高2斗口，厚2.4斗口。

递角梁后尾斜麻叶要头替木翘长13.3斗口（与递角梁连做，不包括递角梁），高2斗口，厚2.4斗口。

角科坐斗高2斗口，看面宽3～3.25斗口，进深面3～3.25斗口。

### 4. 平座层品字斗栱平身科（图3-36）

正心瓜栱长6.2斗口、高2斗口，厚1.25～1.4斗口；里外拽单材瓜栱长6.2斗口，高

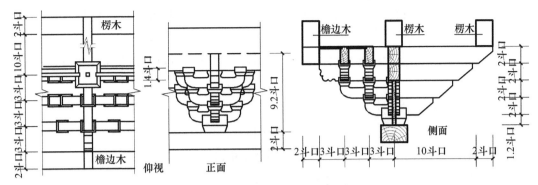

图 3-36　平座品字斗栱平身科

1.4 斗口，厚 1 斗口。

正心万栱长 9.2 斗口，高 2 斗口，厚 1.25 斗口；里外拽单材万栱长 9.2 斗口，高 1.4 斗口，厚 1 斗口。

厢栱长 7.2 斗口，高 1.4 斗口，厚 1 斗口。

偷心头翘全长 8.2 斗口，高 2 斗口，厚 1 斗口。

偷心二重翘全长 13.7 斗口，高 2 斗口，厚 1 斗口。

偷心菊花头全长 18.6 斗口，高 2 斗口，厚 1 斗口。

偷心撑头全长 23 斗口，高 2 斗口，厚 1 斗口。

正心枋高 2 斗口，厚 1.25～1.4 斗口，长随开间定尺。

拽枋高 2 斗口，厚 1 斗口，长随开间定尺。

贴耳升高 1 斗口，看面宽 1.4 斗口，后 0.2 斗口。

三才升高 1 斗口，看面宽 1.4 斗口，进深面 1.4 斗口。

十八斗高 1 斗口，看面宽 1.8 斗口，进深面 1.4 斗口。

平身科坐斗高 2 斗口，看面宽 3 斗口，进深面 3～3.25 斗口。

平板枋（坐斗枋）高 2 斗口，宽 3～3.25 斗口。

### 5. 平座层品字斗栱柱头科（图 3-37）

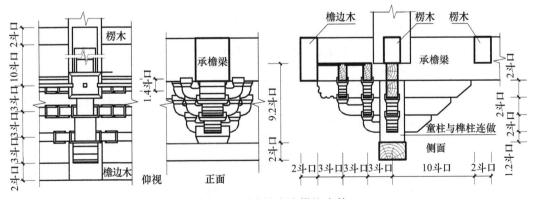

图 3-37　平座品字斗栱柱头科

正心瓜栱长 6.2 斗口，高 2 斗口，厚 1.25～1.4 斗口；里外搜单材瓜栱长 6.2 斗口，高 1.4 斗口，厚 1 斗口。

正心万栱长 9.2 斗口，高 2 斗口，厚 1.25 斗口；里外搜单材万栱长 9.2 斗口，高 1.4 斗口，厚 1 斗口。

厢栱长 7.2 斗口，高 1.4 斗口，厚 1 斗口。

偷心头翘全长 8.2 斗口，高 2 斗口，厚 2 斗口。

偷心二重翘全长 13.7 斗口，高 2 斗口，厚 2.5 斗口。

偷心菊花头全长 18.6 斗口，高 2 斗口，厚 3 斗口。

正心枋高 2 斗口，厚 1.25～1.4 斗口，长随开间定尺。

拽枋高 2 斗口，厚 1 斗口，长随开间定尺。

贴耳升高 1 斗口，看面宽 1.4 斗口，后 0.2 斗口。

三才升高 1 斗口，看面宽 1.4 斗口，进深面 1.4 斗口。

筒子十八斗高 1 斗口，看面宽 3.3 斗口，进深面 1.4 斗口。

二重筒子十八斗高 1 斗口，看面宽 3.8 斗口，进深面 1.4 斗口。

灯笼榫柱看面宽 4 斗口，进深面 3.25 斗口。

平板枋（坐斗枋）高 2 斗口，宽 3.25 斗口。

## 6. 平座层品字斗栱角科（图 3-38）

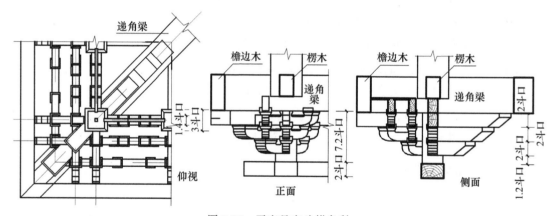

图 3-38 平座品字斗栱角科

搭交正头翘后带正心瓜栱，长 6.6 斗口，高 2 斗口，厚 1.25～1.4 斗口。

搭交正头二重翘后带正心万栱，长 11.1 斗口，高 2 斗口，厚 1.25～1.4 斗口。

搭交菊花头后带正心枋，头长 9 斗口，厚 1 斗口，高 2 斗口，正心枋厚 1.25～1.4 斗口。

搭交正头翘后带单材瓜栱长 9.6 斗口，高 2 斗口，厚 1 斗口。

搭交菊花头翘后带单材万栱长 13.6 斗口，高 2 斗口，厚 1 斗口。

搭交撑头木后带正心枋，头长 11 斗口，厚 1 斗口，高 2 斗口，正心枋厚 1.25～1.4 斗口。

搭交撑头木后带拽枋，头长 11 斗口，高 2 斗口，厚 1 斗口。

把臂合角厢栱长 10.1 斗口，高 1.4 斗口，厚 1 斗口。

合角外拽枋，头长 6.5 斗口，高 2 斗口，厚 1 斗口。

偷心斜头翘长 13 斗口（贴耳斗盘），高 2 斗口，厚 2 斗口。

偷心斜头二重翘长 20.1 斗口（贴耳斗盘），高 2 斗口，厚 2.4 斗口。

偷心菊花头长 30.3 斗口（贴耳斗盘），高 2 斗口，厚 2.4 斗口。

角科坐斗高 2 斗口，看面宽 3.25 斗口，进深面 3.25 斗口。

### 7. 搁架雀替斗栱（图 3-39）

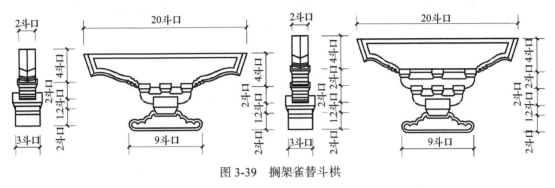

图 3-39　搁架雀替斗栱

搁架雀替斗栱只用于内檐梁架与随梁间隔之间，起到辅助支撑梁架及室内装饰作用。

正心瓜栱长 6.2 斗口，高 2 斗口，厚 2 斗口。

正心万栱长 9.2 斗口，高 2 斗口，厚 2 斗口。

替木长 20 斗口，高 4 斗口，厚 2 斗口。

槽升子高 1 斗口，看面宽 1.4 斗口，进深面 2.4 斗口。

坐斗高 2 斗口，看面宽 3 斗口，进深面 3.6 斗口。

荷叶墩高 2.4 斗口，宽 3 斗口。

## （九）牌楼如意斗栱

牌楼体量形式变化比较繁多，所以牌楼上采用斗栱有五踩、七踩、九踩等多种形制。牌楼上应使用如意斗栱，如意斗栱两面对称装饰性很强，昂翘为如意云头形状，要头要做成三幅云。如意斗栱在牌楼上只存在角科与平身科两种形式，平身科斗栱由于牌楼结构构造上的特点及使用的位置，有两种不同的做法，一种是坐斗平身科（图 3-40～图 3-42），一种是灯笼榫柱平身科，它不使用坐斗，而是使用灯笼榫柱把平身科斗栱装在一起，角科斗栱的构造也是比较特殊，它也是通过灯笼榫柱把两个角组合在一起，形成了牌楼上的灯笼榫柱角科（图 3-43～图 3-45）。由于牌楼结构构造需要斗栱在牌楼上架大木结构中，起到对称悬挑承托挑檐桁、椽望、瓦面基层等重量作用，所以斗栱又是牌楼上主要结构受力的重要组成部分。

清代牌楼斗栱口份固定为 1 寸半，牌楼所有构件基本以此模数作为衡量标准。

明代牌楼一般根据用途体量考量口份大小，斗栱口份在 1 寸半和 2 寸之间选择，牌楼所有构件以确定后的模数作为衡量标准。

### 1. 五踩平身科如意斗栱（图 3-40）

正心瓜栱长 6.2 斗口，高 2 斗口，厚 1.25～1.4 斗口；里外拽单材瓜栱长 6.2 斗口，高

1.4 斗口，厚 1 斗口。

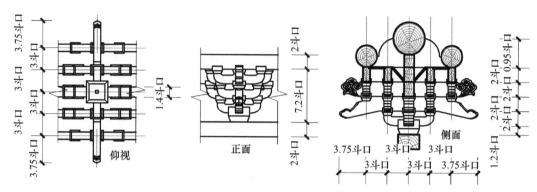

图 3-40　五踩平身科牌楼如意斗栱

正心万栱长 9.2 斗口，高 2 斗口，厚 1.25 斗口；里外拽单材万栱长 9.2 斗口，高 1.4 斗口，厚 1 斗口。

厢栱长 7.2 斗口，高 1.4 斗口，厚 1 斗口。

正头翘全长 7 斗口，高 2 斗口，厚 1 斗口。

如意头昂全长 19.5 斗口，厚 1 斗口，昂头高 3 斗口，昂身高 2 斗口。

三幅云耍头全长 19 斗口，厚 1 斗口，三幅云头高 2.5 斗口，正身高 2 斗口。

撑头木全长 12 斗口（包括榫长），高 2 斗口、厚 1 斗口。

桁椀全长 12 斗口，高 3.95 斗口、厚 1 斗口。

三幅云耍头后带正心枋，三幅云耍头长 9.5 斗口，厚 1 斗口，三幅云头高 2.5 斗口，正心枋随面宽定长，厚 1.25～1.4 斗口，高 2 斗口。

撑头木后带正心枋，撑头木长 6 斗口，厚 1 斗口，高 2 斗口；正心枋随面宽定长，厚 1.25～1.4 斗口。

撑头木后带拽枋厚 1 斗口，高 2 斗口，长随面宽定尺。

挑檐枋高 2 斗口，厚 1 斗口，长随开间定尺加两端。

槽升子高 1 斗口，看面宽 1.4 斗口，进深面 1.65～1.8 斗口。

三才升高 1 斗口，看面宽 1.4 斗口，进深面 1.4 斗口。

十八斗高 1 斗口，看面宽 1.8 斗口，进深面 1.4 斗口。

平身科坐斗高 2 斗口，看面宽 3 斗口，进深面 3～3.25 斗口。

平板枋（坐斗枋）高 2 斗口，宽 3～3.25 斗口。

灯笼榫柱截面见方 3～3.25 斗口。

## 2. 七踩平身科如意斗栱（图 3-41）

正心瓜栱长 6.2 斗口，高 2 斗口，厚 1.25～1.4 斗口；里外拽单材瓜栱长 6.2 斗口，高 1.4 斗口，厚 1 斗口。

正心万栱长 9.2 斗口，高 2 斗口，厚 1.25 斗口；里外拽单材万栱长 9.2 斗口，高 1.4 斗口，厚 1 斗口。

厢栱长 7.2 斗口，高 1.4 斗口，厚 1 斗口。

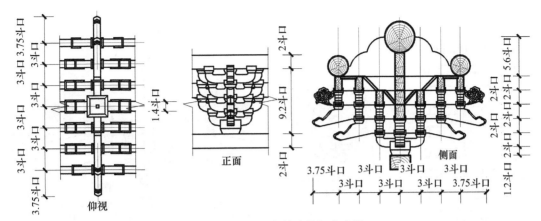

图 3-41　七踩平身科牌楼如意斗栱

正头翘全长 7 斗口，高 2 斗口，厚 1 斗口。

如意头昂全长 19.5 斗口，厚 1 斗口，昂头高 3 斗口，昂身高 2 斗口。

如意头二重昂全长 25.5 斗口，厚 1 斗口，昂头高 3 斗口，昂身高 2 斗口。

三幅云耍头全长 25 斗口，厚 1 斗口，三幅云头高 2.5 斗口，正身高 2 斗口。

撑头木全长 18 斗口（包括榫长），高 2 斗口，厚 1 斗口。

桁椀全长 18 斗口，高 5.6 斗口，厚 1 斗口。

正心枋随面宽定长，厚 1.25～1.4 斗口，高 2 斗口。

外拽枋随面宽定长，厚 1 斗口，高 2 斗口。

挑檐枋高 2 斗口，厚 1 斗口，长随开间定尺加两端。

槽升子高 1 斗口，看面宽 1.4 斗口，进深面 1.65～1.8 斗口。

三才升高 1 斗口，看面宽 1.4 斗口，进深面 1.4 斗口。

十八斗高 1 斗口，看面宽 1.8 斗口，进深面 1.4 斗口。

平身科坐斗高 2 斗口，看面宽 3 斗口，进深面 3～3.25 斗口。

平板枋（坐斗枋）高 2 斗口，宽 3～3.25 斗口。

灯笼榫柱截面见方 3～3.25 斗口。

### 3. 九踩平身科如意斗栱（图 3-42）

正心瓜栱长 6.2 斗口，高 2 斗口，厚 1.25～1.4 斗口；里外拽单材瓜栱长 6.2 斗口，高 1.4 斗口，厚 1 斗口。

正心万栱长 9.2 斗口，高 2 斗口，厚 1.25 斗口；里外拽单材万栱长 9.2 斗口，高 1.4 斗口，厚 1 斗口。

厢栱长 7.2 斗口，高 1.4 斗口，厚 1 斗口。

正头翘全长 7 斗口，高 2 斗口，厚 1 斗口。

如意头昂全长 19.5 斗口，厚 1 斗口，昂头高 3 斗口，昂身高 2 斗口。

如意头二重昂全长 25.5 斗口，厚 1 斗口，昂头高 3 斗口，昂身高 2 斗口。

如意头三重昂全长 31.5 斗口，厚 1 斗口，昂头高 3 斗口，昂身高 2 斗口。

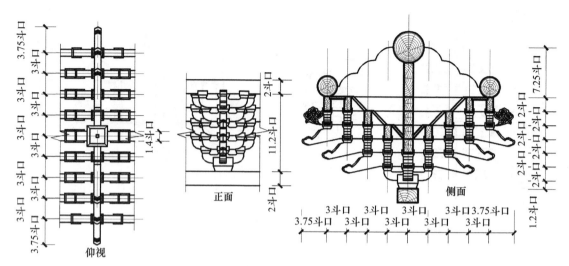

图 3-42 九踩平身科牌楼如意斗栱

三幅云耍头全长 31 斗口，厚 1 斗口，三幅云头高 2.5 斗口，正身高 2 斗口。

撑头木全长 24 斗口（包括榫长），高 2 斗口，厚 1 斗口。

桁椀全长 24 斗口，高 7.25 斗口，厚 1 斗口。

正心枋随面宽定长，厚 1.25～1.4 斗口，高 2 斗口。

外拽枋随面宽定长，厚 1 斗口，高 2 斗口。

挑檐枋高 2 斗口，厚 1 斗口，长随开间定尺加两端。

槽升子高 1 斗口，看面宽 1.4 斗口，进深面 1.65～1.8 斗口。

三才升高 1 斗口，看面宽 1.4 斗口，进深面 1.4 斗口。

十八斗高 1 斗口，看面宽 1.8 斗口，进深面 1.4 斗口。

平身科坐斗高 2 斗口，看面宽 3 斗口，进深面 3～3.25 斗口。

平板枋（坐斗枋）高 2 斗口，宽 3～3.25 斗口。

灯笼榫柱截面见方 3～3.25 斗口。

### 4. 五踩角科如意斗栱（图 3-43）

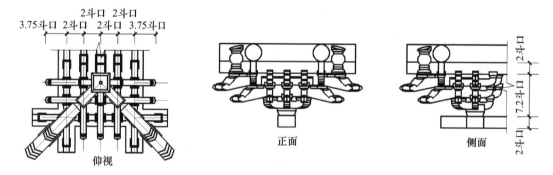

图 3-43 五踩角科牌楼如意斗栱

正头翘后长 7 斗口，高 2 斗口，厚 1 斗口。

正头翘后带正心瓜栱，长 6.6 斗口，高 2 斗口，厚 1.25 斗口。

如意正头昂（搭交如意昂）全长 19.5 斗口，厚 1 斗口，昂头高 3 斗口，昂身高 2 斗口。

如意正头昂后带单材万栱，长 14.36 斗口，厚 1.25 斗口，昂头高 3 斗口，万栱高 2 斗口。

搭交如意昂后带单材瓜栱，长 12.86 斗口，厚 1 斗口，昂头高 3 斗口，单材瓜栱高 1.4 斗口。

三幅云耍头（搭角三幅云耍头）全长 19 斗口，厚 1 斗口，三幅云头高 2.5 斗口，正身高 2 斗口。

搭角三幅云耍头后带单材万栱，长 14.1 斗口，厚 1 斗口，三幅云头高 2.5 斗口，单材万栱高 1.4 斗口。

搭角三幅云耍头后带正心枋，三幅云耍头长 9.5 斗口，厚 1 斗口，三幅云头高 2.5 斗口，正心枋高 2 斗口，厚 1.25 斗口。长随面宽定尺。

搭角对头厢栱长 21.61 斗口，厚 1 斗口，高 1.4 斗口。

搭角厢栱长 14.4 斗口，厚 1 斗口，高 1.4 斗口。

撑头木全长 12 斗口（包括榫长），高 2 斗口、厚 1 斗口。

桁椀全长 12 斗口，高 3.95 斗口、厚 1 斗口。

撑头木后带正心枋，撑头木长 6 斗口，厚 1 斗口，高 2 斗口，正心枋随面宽定长，厚 1.25 斗口。

撑头木后带拽枋撑头木长 6 斗口，厚 1 斗口，高 2 斗口，长随面宽定尺。

挑檐枋高 2 斗口，厚 1 斗口，长随开间定尺加两端。

斜头翘长 5.05 斗口（贴耳斗盘），高 2 斗口，厚 1.6 斗口。

斜头昂长 13.73 斗口（贴耳斗盘），高 2 斗口，厚 2 斗口。

斜头二重昂长 18.07 斗口（贴耳斗盘），高 2 斗口，厚 2.4 斗口。

斜撑头木长 8.48 斗口，高 2 斗口，厚 2.4 斗口。

斜桁椀长 8.48 斗口，高 3.95 斗口，厚 2.4 斗口。

槽升子高 1 斗口，看面宽 1.4 斗口，进深面 1.65～1.8 斗口。

三才升高 1 斗口，看面宽 1.4 斗口，进深面 1.4 斗口。

十八斗高 1 斗口，看面宽 1.8 斗口，进深面 1.4 斗口。

角科灯笼榫柱截面见方 3.25 斗口。

平板枋（坐斗枋）高 2 斗口，宽 3.25 斗口。

### 5. 七踩角科如意斗栱（图 3-44）

正头翘全长 7 斗口，高 2 斗口，厚 1 斗口。

正头翘后带正心瓜栱，长 6.6 斗口，高 2 斗口，厚 1.25 斗口。

如意正头昂（搭交如意昂）全长 19.5 斗口，厚 1 斗口，昂头高 3 斗口，昂身高 2 斗口。

如意正头昂后带单材万栱，长 14.35 斗口，厚 1.25 斗口，昂头高 3 斗口，万栱高 2 斗口。

搭交如意昂后带单材瓜栱，长 12.85 斗口，厚 1 斗口，昂头高 3 斗口，单材瓜栱高 1.4

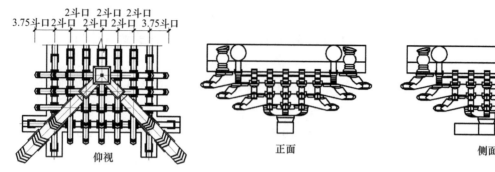

图 3-44 七踩角科牌楼如意斗栱

斗口。

搭交如意昂后带单材瓜栱，长 15.85 斗口，厚 1 斗口，昂头高 3 斗口，单材瓜栱高 1.4 斗口。

搭交如意昂后带单材万栱，长 17.35 斗口，厚 1 斗口，昂头高 3 斗口，单材万栱高 1.4 斗口。

搭交如意昂后带正心枋，昂头长 12.75 斗口，厚 1 斗口，昂头高 3 斗口，正心枋高 2 斗口，厚 1.25 斗口。

三幅云耍头（搭角三幅云耍头）全长 25 斗口，厚 1 斗口，三幅云头高 2.5 斗口，正身高 2 斗口。

搭角三幅云耍头后带单材万栱，长 17.1 斗口，厚 1 斗口，三幅云头高 2.5 斗口，单材万栱高 1.4 斗口。

搭角三幅云耍头后带正心枋，三幅云耍头长 12.5 斗口，厚 1 斗口，三幅云头高 2.5 斗口，正心枋高 2 斗口，厚 1.25 斗口。长随面宽定尺。

搭角三幅云耍头后带外拽枋，三幅云耍头长 12.5 斗口，厚 1 斗口，三幅云头高 2.5 斗口，正心枋高 2 斗口。长随面宽定尺。

搭角对头厢栱长 27.61 斗口，厚 1 斗口，高 1.4 斗口。

搭角厢栱长 17.4 斗口，厚 1 斗口，高 1.4 斗口。

撑头木全长 18 斗口（包括榫长），高 2 斗口、厚 1 斗口。

桁椀全长 18 斗口，高 5.6 斗口、厚 1 斗口。

撑头木后带正心枋，撑头木长 9 斗口，厚 1 斗口，高 2 斗口，正心枋随面宽定长，厚 1.25 斗口。

撑头木后带拽枋撑头木长 9 斗口，厚 1 斗口，高 2 斗口，长随面宽定尺。

挑檐枋高 2 斗口，厚 1 斗口，长随开间定尺加两端。

斜头翘长 5.05 斗口（贴耳斗盘），高 2 斗口，厚 1.6 斗口。

斜头昂长 13.73 斗口（贴耳斗盘），高 2 斗口，厚 2 斗口。

斜头二重昂长 18.05 斗口（贴耳斗盘），高 2 斗口，厚 2.4 斗口。

斜头三重昂长 22.32 斗口（贴耳斗盘），高 2 斗口，厚 2.4 斗口。

斜撑头木长 12.73 斗口，高 2 斗口，厚 2.4 斗口。

斜桁椀长 12.73 斗口，高 5.6 斗口，厚 2.4 斗口。

槽升子高 1 斗口，看面宽 1.4 斗口，进深面 1.65～1.8 斗口。

三才升高 1 斗口，看面宽 1.4 斗口，进深面 1.4 斗口。

十八斗高 1 斗口，看面宽 1.8 斗口，进深面 1.4 斗口。

角科灯笼榫柱截面见方 3.25 斗口。

平板枋（坐斗枋）高 2 斗口，宽 3.25 斗口。

### 6. 九踩角科如意斗栱（图 3-45）

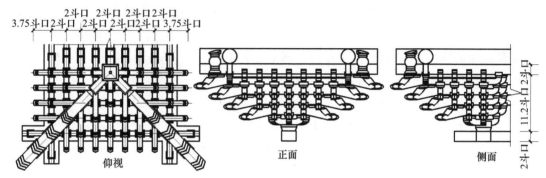

图 3-45　九踩角科牌楼如意斗栱

正头翘全长 7 斗口，高 2 斗口，厚 1 斗口。

正头翘后带正心瓜栱，长 6.6 斗口，高 2 斗口，厚 1.25 斗口。

如意正头昂（搭交如意昂）全长 19.5 斗口，厚 1 斗口，昂头高 3 斗口，昂身高 2 斗口。

如意正头昂后带单材万栱，长 14.35 斗口，厚 1.25 斗口，昂头高 3 斗口，万栱高 2 斗口。

搭交如意昂后带单材瓜栱，长 12.85 斗口，厚 1 斗口，昂头高 3 斗口，单材瓜栱高 1.4 斗口。

搭交如意二重昂后带单材瓜栱，长 15.85 斗口，厚 1 斗口，昂头高 3 斗口，单材瓜栱高 1.4 斗口。

搭交如意二重昂后带单材万栱，长 17.35 斗口，厚 1 斗口，昂头高 3 斗口，单材万栱高 1.4 斗口。

搭交如意二重昂后带正心枋，昂头长 12.75 斗口，厚 1 斗口，昂头高 3 斗口，正心枋高 2 斗口，厚 1.25 斗口。

如意三重昂（搭交如意三重昂）全长 31.5 斗口，厚 1 斗口，昂头高 3 斗口，昂身高 2 斗口。

搭交如意昂后带单材瓜栱，长 18.85 斗口，厚 1 斗口，昂头高 3 斗口，单材万栱高 1.4 斗口。

搭交如意昂后带单材万栱，长 20.35 斗口，厚 1 斗口，昂头高 3 斗口，单材万栱高 1.4 斗口。

搭交如意昂后带正心枋，昂头长 15.75 斗口，厚 1 斗口，昂头高 3 斗口，正心枋高 2 斗口，厚 1.25 斗口。长随面宽定尺。

搭交如意昂后带外拽枋，昂头长 15.75 斗口，厚 1 斗口，昂头高 3 斗口，外拽枋高 2

斗口，厚 1 斗口。长随面宽定尺。

三幅云耍头（搭角三幅云耍头）全长 31 斗口，厚 1 斗口，三幅云头高 2.5 斗口，正身高 2 斗口。

搭角三幅云无根耍头长 13 斗口，厚 1 斗口，三幅云头高 2.5 斗口，单材万栱高 1.4 斗口。

搭角三幅云耍头后带正心枋，三幅云耍头长 15.5 斗口，厚 1 斗口，三幅云头高 2.5 斗口，正心枋高 2 斗口，厚 1.25 斗口。长随面宽定尺。

搭角三幅云耍头后带外拽枋，三幅云耍头长 15.5 斗口，厚 1 斗口，三幅云头高 2.5 斗口，外拽枋长随面宽定尺。

搭角三幅云耍头后带单材万拱，长 20.1 斗口，厚 1 斗口，三幅云头高 2.5 斗口，单才万拱高 1.4 斗口。

搭角对头厢栱长 31 斗口，厚 1 斗口，高 1.4 斗口。

搭角厢栱长 20.4 斗口，厚 1 斗口，高 1.4 斗口。

撑头木全长 24 斗口（包括榫长），高 2 斗口，厚 1 斗口。

桁椀全长 24 斗口，高 7.25 斗口，厚 1 斗口。

撑头木后带正心枋，撑头木长 12 斗口，厚 1 斗口，高 2 斗口，正心枋随面宽定长，厚 1.25 斗口。

撑头木后带拽枋撑头木长 12 斗口，厚 1 斗口，高 2 斗口，长随面宽定尺。

挑檐枋高 2 斗口，厚 1 斗口，长随开间定尺加两端。

斜头翘长 5.05 斗口（贴耳斗盘），高 2 斗口，厚 1.6 斗口。

斜头昂长 13.73 斗口（贴耳斗盘），高 2 斗口，厚 2 斗口。

斜头二重昂长 18.05 斗口（贴耳斗盘），高 2 斗口，厚 2.4 斗口。

斜头三重昂长 22.32 斗口（贴耳斗盘），高 2 斗口，厚 2.4 斗口。

斜头三重昂长 26.75 斗口（贴耳斗盘），高 2 斗口，厚 2.4 斗口。

斜撑头木长 17 斗口，高 2 斗口，厚 2.4 斗口。

斜桁椀长 17 斗口，高 7.25 斗口，厚 2.4 斗口。

槽升子高 1 斗口，看面宽 1.4 斗口，进深面 1.65～1.8 斗口。

三才升高 1 斗口，看面宽 1.4 斗口，进深面 1.4 斗口。

十八斗高 1 斗口，看面宽 1.8 斗口，进深面 1.4 斗口。

角科灯笼榫柱截面见方 3.25 斗口。

平板枋（坐斗枋）高 2 斗口，宽 3.25 斗口。

## （十）正搭斜交"燕颏（bian）翅斗栱"

北京北海东门牌楼上有一种很少见的正搭斜交的昂翘如意斗栱，这种斗栱是沿袭了明代的一种斗栱做法，清代以后北京官式建筑上基本没有再沿用，河北、山西及南方很多地方古代建筑上还保留着这种正搭斜交斗栱的做法，南方的很多牌楼上也能见到此种斗栱做法。如今很多人把这种斗栱混淆叫作如意斗栱，实为张冠李戴。在古建筑斗栱做法中，这种斗栱传统上叫作燕颏翅斗栱。因为牌楼上的斗栱做有如意头亦可叫作燕颏翅如意斗栱。

由于我国地区建筑上存在的做法差异变化，这种斗栱在地方上随着当地的风俗习惯有着很多的细部做份（形状与尺寸）差异，但是斗栱的基本构造正搭斜交不变。

## （十一）斗栱构件的基本构造

斗栱以攒为单位，各种斗栱构件通过榫卯、刻口、刻袖的制作，互相咬合组装成攒。在各科斗栱中都有着相同的共性通用构件，也有着自身个性的独立的专用构件。尽管斗栱的种类较多、构造变化复杂，各种斗栱横竖昂翘栱件十字相交，升斗层层相扣，但是各种构件之间的组合是有着一定的规律的，了解掌握这个规律是斗栱制作技术的关键。

下面通过图解的方式，以麻叶斗栱及五踩昂翘斗栱为例，把各科斗栱构造与构件分解展开，以便充分了解各种斗栱构件榫卯、刻口、刻袖的比例关系，掌握十字搭交各层斗栱层层相扣的构造做法。

### 1. 麻叶斗栱

麻叶斗栱在古代建筑中很普遍，它与一斗三升斗栱一样同属比较简单的斗栱，一般在群体建筑里很少用于中轴建筑上，多用于附属建筑或体量较小的建筑上。麻叶斗栱有两种形制：一种为斗二升交麻叶；一种是内外有三幅云的麻叶斗栱，这种斗栱又有单层瓜栱和双层的瓜栱、万栱两种不同的做法。

（1）平身科

平身科安装于建筑开间额枋平板枋之上，内外不设三幅云栱的麻叶斗栱，最下面第一层是坐斗。其上第二层为横向正心瓜栱两端安槽升子，第三层正心枋，竖向麻叶与正心瓜栱、正心枋十字搭交卡入下面坐斗之中。

内外带有三幅云的麻叶斗栱，第二层横向正心瓜栱两端安槽升子与竖向正头翘十字相交，正头翘端头安装十八斗，第三层正心枋内外横向设三幅云栱与竖向麻叶相交（图3-4～图3-6、图3-46）。

（2）柱头科

柱头科斗栱用于建筑柱头之上，柱头上坐斗看面较长。其上第二层为横向正心瓜栱两端安槽升子，与竖向麻叶梁头十字叠合卡入下面坐斗之中，正心枋端头与麻叶梁头榫卯相交。

外带有三幅云的柱头科麻叶斗栱，第二层横向正心瓜栱两端安槽升子与竖向连做正头翘麻叶梁头十字相交，翘头端头安装筒子十八斗，第三层竖向麻叶梁头与横向正心枋榫卯相交（图3-7～图3-9、图3-47）。

（3）角科

角科斗栱用于建筑檐角柱头之上，角坐斗在十字刻口的基础上还要做出45°度刻口。其上第二层为搭交正头翘外带厢栱头与斜头麻叶昂45°三卡腰卡入下面坐斗之中，其上层正心枋十字搭交（图3-10、图3-11、图3-38、图3-49）。

### 2. 昂翘斗栱

昂翘斗栱广泛运用于大式建筑之上，按照使用的位置划分成平身科、柱头科、角科，由于位置的不同构件做法上也有着不同的变化。

（1）平身科

平身科安装于建筑开间额枋平板枋之上，最下面第一层是坐斗。其上第二层为横向正心瓜栱与竖向翘十字搭交卡入下面坐斗之中，正心瓜栱两端安槽升子，翘的前后两端安十八斗。第三层横向正心万栱、内外拽单材瓜栱与竖向昂十字搭交，叠合在第二层之上，正心万栱两端安槽升，内外拽单材瓜栱两端安三才升，昂的前端安十八斗、后端做菊花头，第四层横向正心枋、内外拽单材万栱、外檐厢栱与竖向要头十字搭交，叠合在第三层之上，内外拽单材万栱、厢栱两端安三才升，要头的前端做七分头（蚂蚱头）斗、后端做六分头。第五层横向正心枋、内外拽枋、内檐厢栱与竖向撑头木十字搭交，叠合在第四层之上，内檐厢栱两端安三才升，撑头木的前端做燕尾榫与挑檐枋相交，斗后端做麻叶头。第六层横向正心枋与竖向桁椀搭交，叠合在第五层之上，桁椀的后端做燕尾榫与井口枋相交。各层构件做法如图（图3-16、图3-17、图3-50、图3-51）。

（2）柱头科

柱头科斗栱用于建筑柱头之上，柱头上坐斗看面较长。其上第二层为横向正心瓜栱与竖向柱头翘十字搭交卡入下面坐斗之中，正心瓜栱两端安槽升子，翘的前后两端安筒子十八斗。第三层横向正心万栱、内外拽单材瓜栱与竖向柱头昂十字搭交，叠合在第二层之上，正心万栱两端安槽升，内外拽单材瓜栱两端安三才升，昂的前端安筒子十八斗、后端做替木头。第四层横向正心枋、内外拽单材万栱、外檐厢栱与竖向挑尖梁头十字搭交，叠合在第三层之上，内外拽单材万栱、厢栱两端安三才升。第五层横向正心枋、内外拽枋、内檐厢栱与竖向挑尖梁头十字搭交，叠合在第四层之上，内檐厢栱头上安三才升。第六层横向正心枋、井口枋与竖向挑尖梁头搭交，叠合在第五层之上。各层构件做法如图（图3-18、图3-19、图3-52、图3-53）。

（3）角科

角科斗栱用于建筑檐角柱头之上，角坐斗在十字刻口的基础上还要做出45°刻口。其上第二层为正头翘后带瓜栱十字搭交与斜头翘45°三卡腰卡入下面坐斗之中，正心瓜栱头安槽升子，翘头安十八斗。斜头翘两端贴耳斗盘。第三层搭交昂后带正心万栱、搭交昂后带单材瓜栱与斜头昂三卡腰，叠合在第二层之上，正心万栱端头安槽升子，单材瓜栱端头安三才升，昂的前端安十八斗，斜头昂前端贴耳斗盘、后端做菊花头。第四层搭交要头后带正心枋、搭交要头后带单材万栱、搭交连头厢栱与斜重昂三卡腰，叠合在第三层之上，单材万栱头、厢栱两端安三才升，要头的前端做七分头（蚂蚱头）。第五层横、竖向挑檐枋、正心枋、内外拽枋、内檐把臂厢栱与斜撑头木三卡腰，叠合在第四层之上，内檐把臂厢栱端头安三才升，斜撑头木的后端做麻叶头。第六层横、竖向正心枋与斜桁椀搭交，叠合在第五层之上，桁椀的后端与井口枋合角相交。在角科斗栱中斜头翘、昂等斜向构件相邻上下层宽窄变换尺寸为0.4斗口，最上层斜构件一般要小于角梁底面0.4～0.6斗口，通常定为2.4斗口或2.6斗口。最下层斜构件一般要不小于1.4斗口。做法如图（图3-20、图3-54～图3-57）。

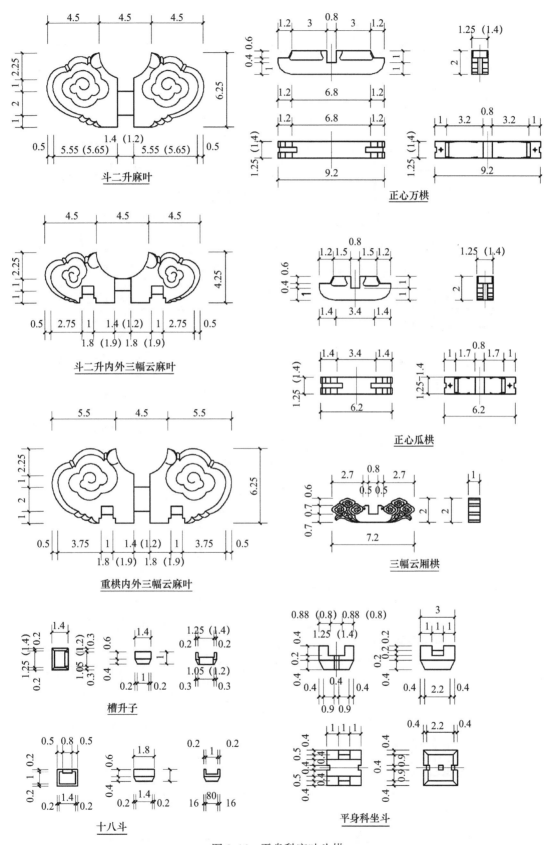

图 3-46　平身科麻叶斗栱

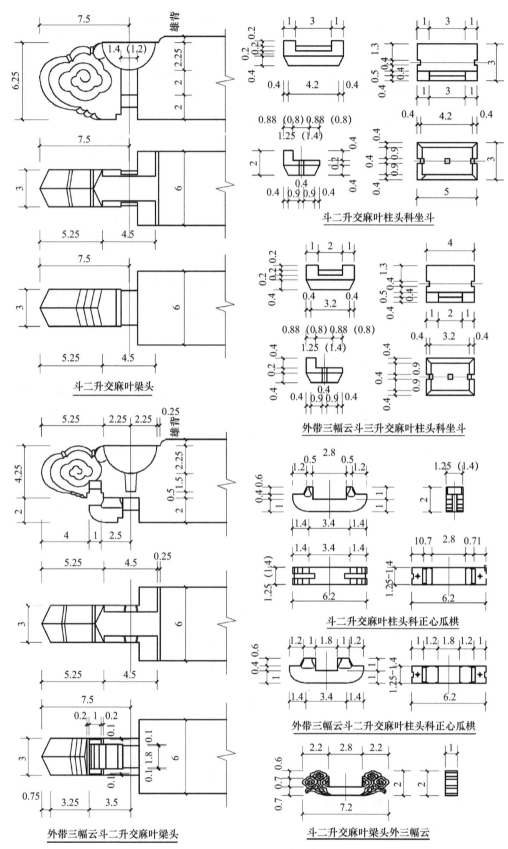

斗二升交麻叶梁头

外带三幅云斗二升交麻叶梁头

斗二升交麻叶柱头科坐斗

外带三幅云斗三升交麻叶柱头科坐斗

斗二升交麻叶柱头科正心瓜栱

外带三幅云斗二升交麻叶柱头科正心瓜栱

斗二升交麻叶梁头外三幅云

图 3-47 柱头科麻叶斗栱

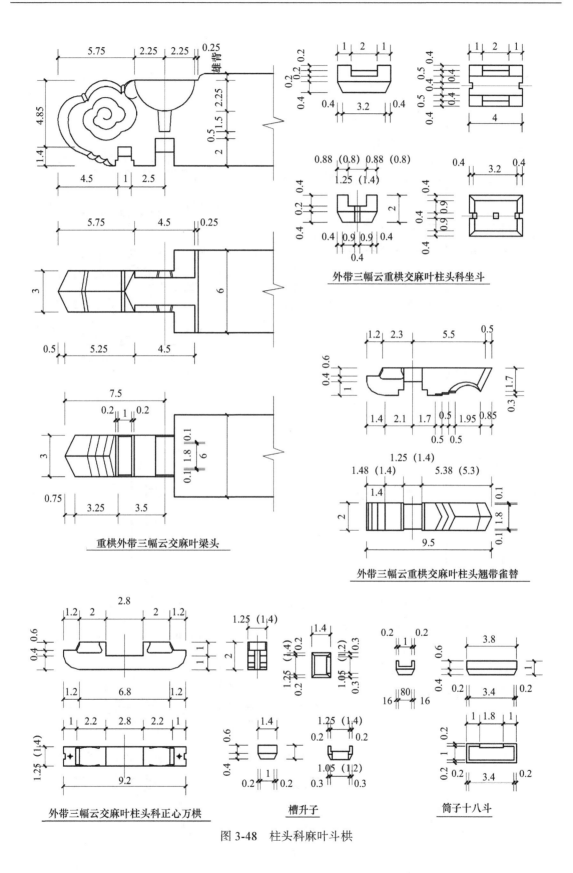

外带三幅云重栱交麻叶柱头科坐斗

重栱外带三幅云交麻叶梁头

外带三幅云重栱交麻叶柱头翘带雀替

外带三幅云交麻叶柱头科正心万栱　　槽升子　　筒子十八斗

图 3-48　柱头科麻叶斗栱

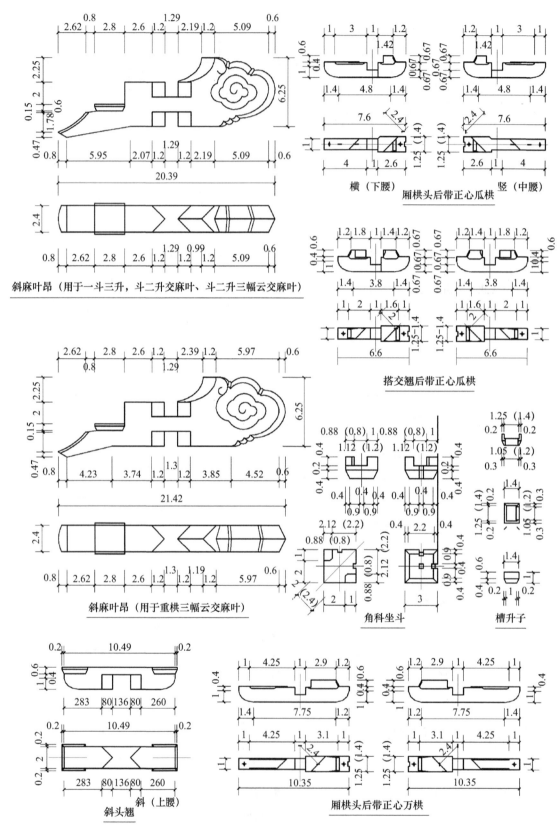

图 3-49　角科麻叶斗栱

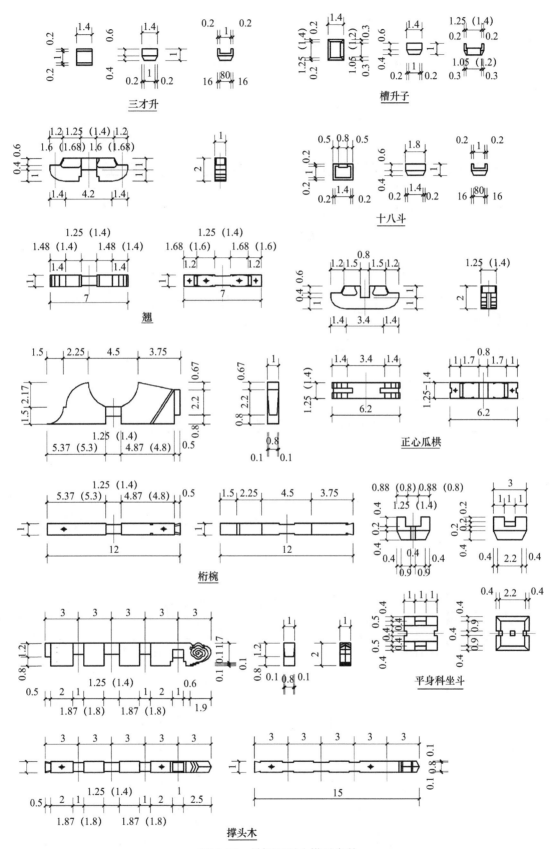

图 3-50　昂翘五踩斗栱平身科

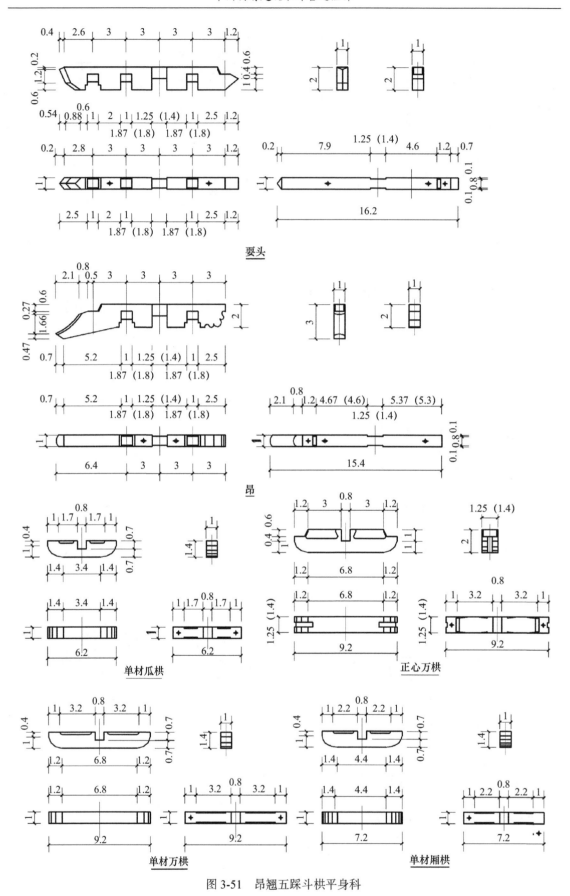

要头

昂

单材瓜栱  正心万栱

单材万栱  单材厢栱

图 3-51　昂翘五踩斗栱平身科

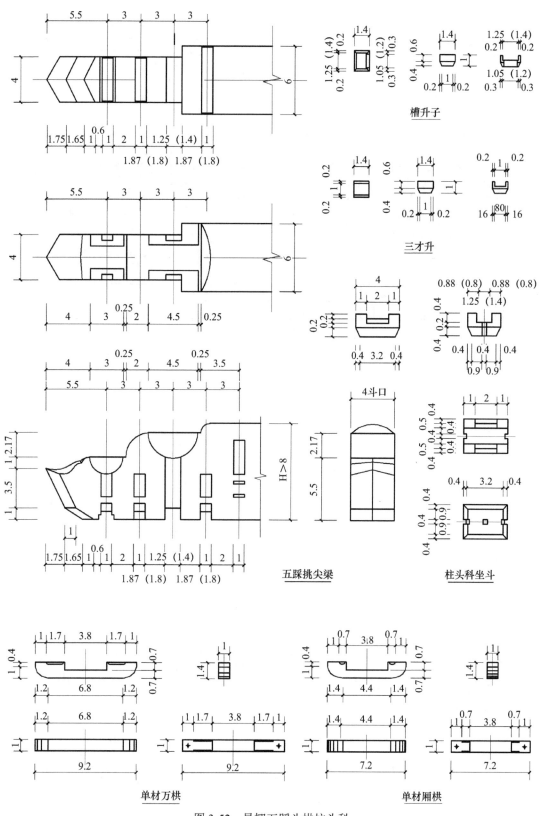

图 3-52　昂翘五踩斗栱柱头科

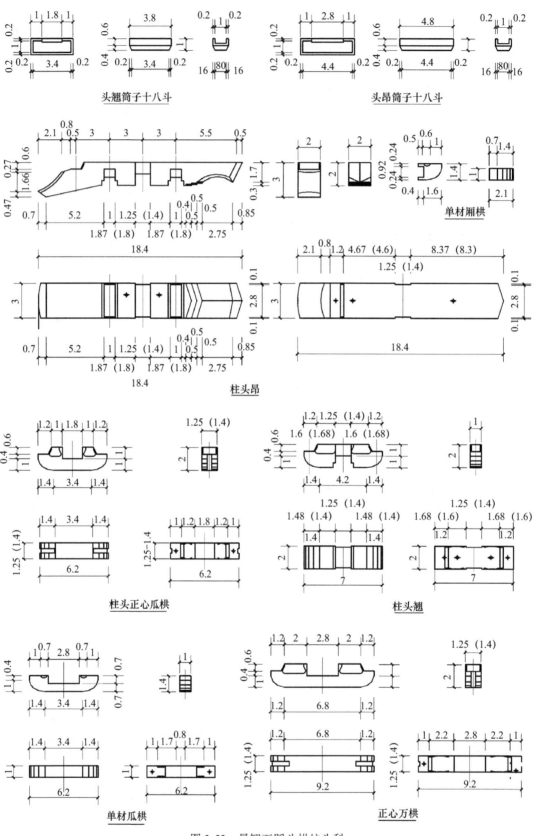

头翘筒子十八斗　　　　　头昂筒子十八斗

单材厢栱

柱头昂

柱头正心瓜栱　　　　　柱头翘

单材瓜栱　　　　　正心万栱

图 3-53　昂翘五踩斗栱柱头科

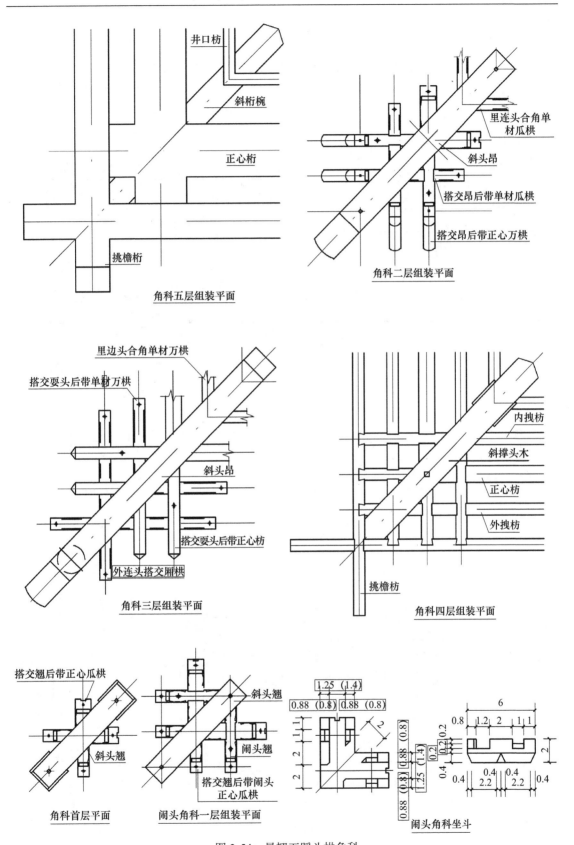

井口枋

斜桁椀

正心桁

挑檐桁

角科五层组装平面

里连头合角单材瓜栱

斜头昂

搭交昂后带单材瓜栱

搭交昂后带正心万栱

角科二层组装平面

里边头合角单材万栱

搭交要头后带单材万栱

斜头昂

搭交要头后带正心枋

外连头搭交厢栱

角科三层组装平面

内拽枋

斜撑头木

正心枋

外拽枋

挑檐枋

角科四层组装平面

搭交翘后带正心瓜栱

斜头翘

斜头翘

角科首层平面

闹头翘

搭交翘后带闹头正心瓜栱

闹头角科一层组装平面

闹头角科坐斗

图 3-54 昂翘五踩斗栱角科

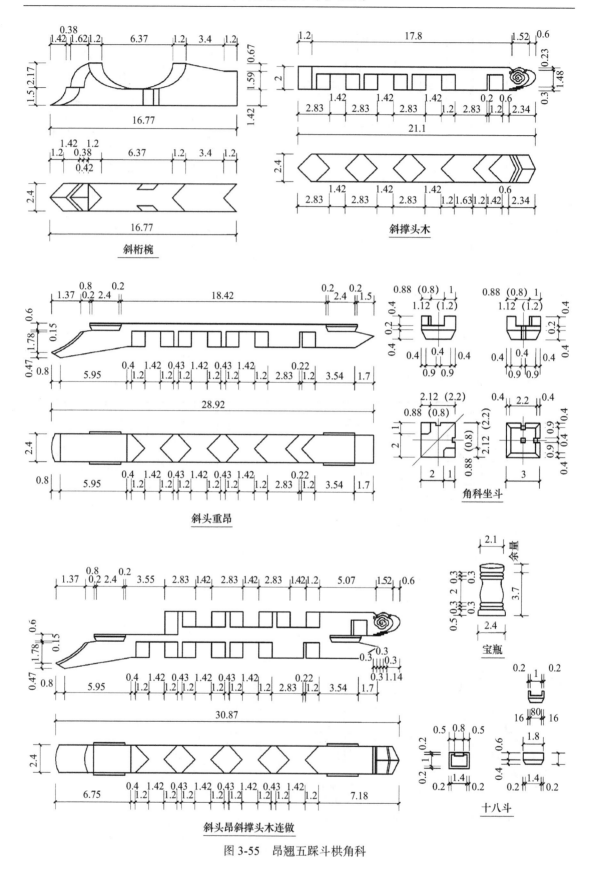

斜桁椀

斜撑头木

斜头重昂

角科坐斗

斜头昂斜撑头木连做

宝瓶

十八斗

图 3-55　昂翘五踩斗栱角科

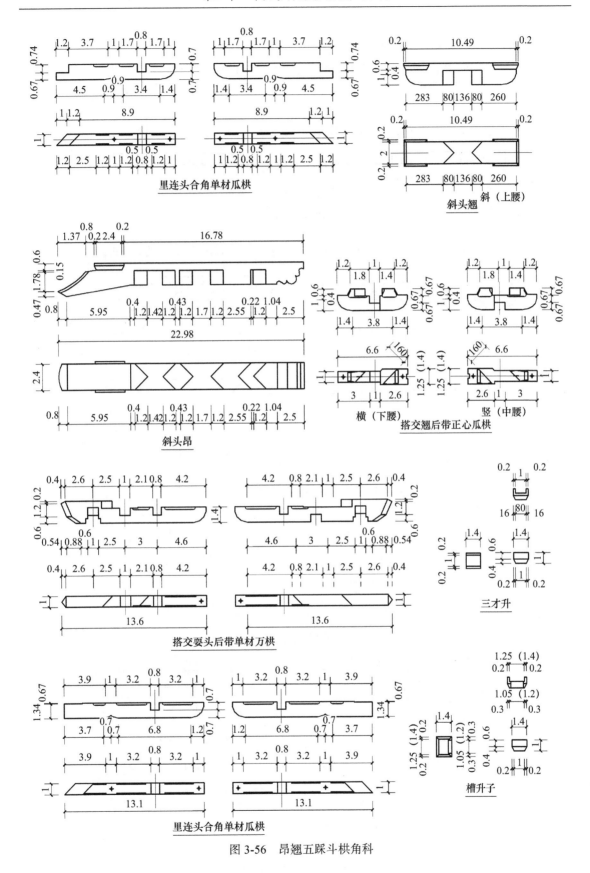

图 3-56　昂翘五踩斗栱角科

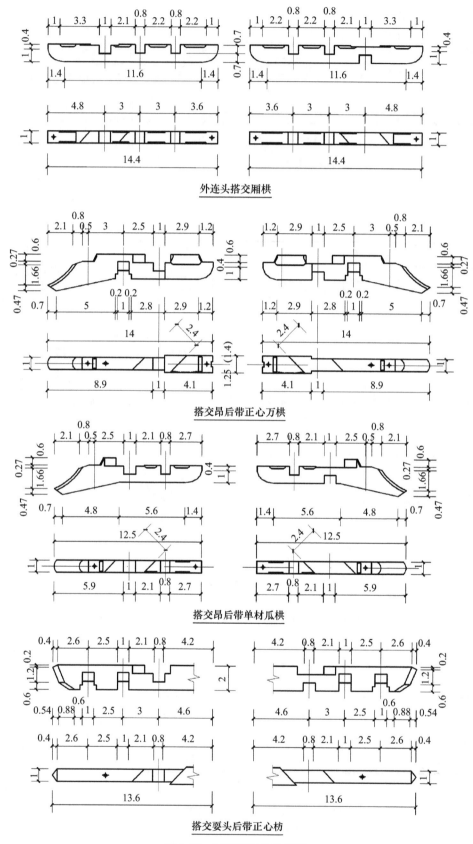

外连头搭交厢栱

搭交昂后带正心万栱

搭交昂后带单材瓜栱

搭交耍头后带正心枋

图 3-57　昂翘五踩斗栱角科

# 第四章 内外檐木装修

## 一、外檐装修形制权衡做法通则

古建筑外檐装修应与建筑外观制式标准协调一致，符合建筑自身等级标准，要随着建筑自身制式标准的条件选择确定其形式做法。采用的各种槛、框、门、窗、格扇等构件必须与建筑自身制式标准、功能特点互相匹配。充分体现出建筑本身的等级标准与功能特点。根据建筑大式、小式的区别，建筑的外檐槛、框、门、窗、格扇以及一些做法式样也都有着一定的制式区别要求与标准，在建筑使用功能上有些形制标准是不可以随便乱用的。同样在一组建筑中，根据建筑位置的主次、功能，在装修式样上也会有所区别（图4-1～图4-3）。

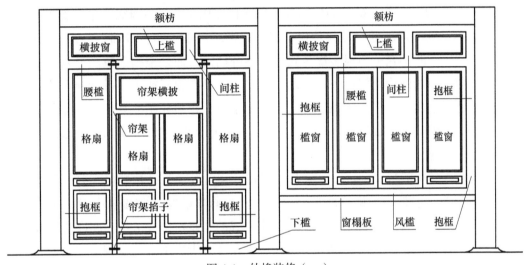

图 4-1 外檐装修（一）

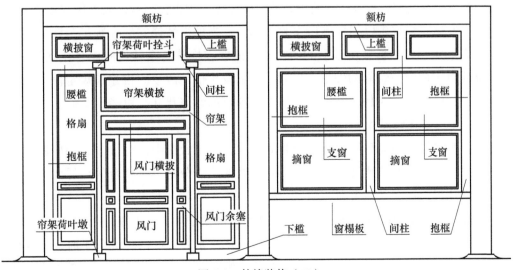

图 4-2 外檐装修（二）

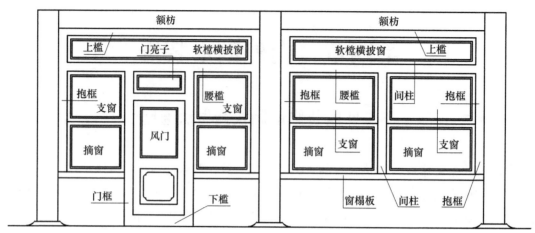

图 4-3　外檐装修（三）

在外檐装修中，格扇、槛窗、硬樘横披都属于等级较高的做法。其中双交四椀、三交六椀等菱花类门窗芯屉式样只能用于宫殿与皇家殿堂或庙堂建筑之上，方网眼（豆腐块）、棋盘芯、马三箭（抹三件）、破子棂等门窗芯屉式样多用于庙堂或府衙之中。支摘窗、软樘横披等做法等级则相对较低。在各种棂条锦类式样芯屉中，如步步锦、龟背锦、灯笼锦、如意棂、冰裂纹、海棠花……很多锦类式样则不分档次，而是根据建筑功能及使用环境的需要选择使用。一般外檐装修棂条芯屉的边档多采用卧拳棂子或工字卧拳棂子，只有内檐装修中棂条芯屉边档才会采用透雕团花、透雕卡子花、花边牙子或其他一些雕花饰件。在特定建筑上特定环境中（如花园中的厅、榭，有特殊意义的会馆），有特殊要求时才会出现内装式样外使的情况。

由于建筑自身功能特征的区分，宗教、祭祀、祠堂等建筑外檐装修与其他建筑装修要有所区别，寺庙、宗教、祭祀、祠堂等建筑外檐装修支摘窗的窗榻板上都必须设槛（风槛），而宅邸、民居等其他建筑中凡采用支摘窗形式的装修窗榻板上都不准许使用风槛。

在建筑中由于功能与制式互相纠结在一起，有时小式建筑需要强调使用功能时，其外檐装修中也会出现等级略高的门窗式样的特征，但是在做法工艺上还是以小式做法为主。同样在一些特殊的宅院（如戏楼、艺馆、花园榭厅等）中也会出现内装外用的形式。

古建筑外檐装修规定以檐柱檐口安装为标准，当外檐装修安装在廊步金柱上时，装修必须保证以后需要时，横披窗以下的门窗装修能够在檐柱与金柱之间内外相互换位挪移，而保证位移时不使门窗装修的外形、尺寸、材料发生任何改变。古建筑规定窗台的高（包括窗榻板）为檐柱高的 3/10，其上至檐枋下皮为窗的装修尺寸。以檐柱装修上槛下皮至金柱额枋下皮为横披装修尺寸。

格扇、槛窗等很多成品构件由于形制的要求，传统做法中也有很多做法规矩，如四六分格扇之法：即格扇要从腰抹头开始按上六下四的比例分之。因窗台的高低变化，外檐格扇与槛窗绦环板须在一条线上时，四六分格扇之法无法满足要求，格扇腰抹头便应就活错位适当调整，窗台高低也可以适当调整（木作行内的说法叫作：规矩是死的，活是活的）。

大式建筑外檐装修格扇、槛窗边、抹头看面大于等于 2.5 寸（80mm）时，绦环板宽根据高低尺寸选择自身抹头看面的 1.5 倍至 2 倍，槛窗边、抹头看面小于等于 2 寸（64mm）

时，绦环板宽定为自身抹头看面的 2 倍。

在各种芯屉中，传统棂条看面 6 分（18～20mm），做法要求棂条之间的档距不小于 3 棂、不大于 4 棂（棂条看面）。在内檐装修中有时棂条看面为 4 分（12mm）时，棂条之间的档距不小于 4 棂、不大于 6 棂（棂条看面）。在冰裂纹棂条中要求："一根棂条两端榫，两侧一卯须错开"，不得使用光棍棂子，冰裂纹空当中不得出现棺材头或正多边形等形状。

### （一）宅院门

在古建筑中，府邸或宅院的大门以及院内区域空间，使用什么样的门是很有讲究的，大门的体量样式是根据府邸、宅院的等级、功能以及所处的不同位置来确定，不同的位置和不同的形制式样有时也代表着这个宅院的档次标准和功能用途。宅院门根据等级变化，有府邸大门（三至五开间），一般坐落府邸院落中间位置；有宅院广亮大门（一开间），一般用于档次比较讲究的四合院；有如意大门与小如意门楼（无廊柱的砖垛门楼），一般用于府邸、宅院的旁门或较小民居院落的大门；还有一些附属性的随墙旁门等。

院内门有分割院落空间的垂花门、月亮门、屏门及区分庭院小空间的各式各样的什锦门（图 4-4、图 4-5）。

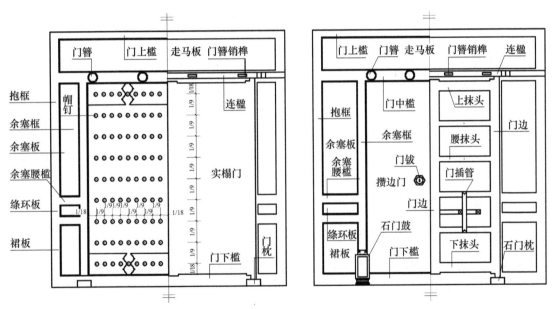

图 4-4　带余塞的大门

在这些府邸或宅院大门中，门口会根据门的形制和门口宽的尺寸设定有余塞或无余塞，根据门的高度尺寸设定有无迎风版（走马板）做法（图 4-4）。门扇也有着不同的做法区别，有穿暗带的实榻门、明穿带的实榻门、两面镶板中空鼓儿门、攒边门、撒带门、屏板门。

在院内的各种门中，垂花门的门口和门的做法会根据垂花门的形制以及院内回廊（抄手廊）的形式来确定，内外宅回廊外设廊墙时垂花门一般会采用攒边门做法，根据门口尺寸设余塞或不设余塞。开放式的回廊垂花门门口没有余塞，一般会采用屏门做法。

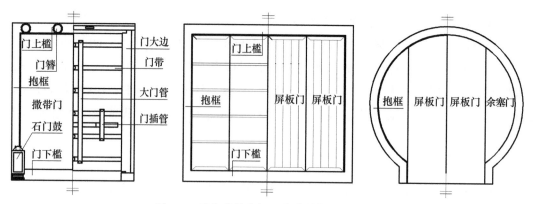

图 4-5　无余塞的大门、院内屏门、月亮门

宅院中其他的屏门、月亮门及各式小什锦门等一般都会采用屏板门或薄板门（撒带门）等做法（哑巴口除外）。

在各种宅院大门中（其中也包括城门、宫门），根据不同的用途档次的标准、式样做法可划分为四类。

第一类实榻门。多用于城门、宫门和较大的重装大门之上，根据等级正位宫门之上还会有门钉装饰。

第二类鼓儿门、攒边门。用途很广，多用于府邸、宅院广亮门、如意门、随墙门等各种大门之上。

第三类撒带门。等级偏低，多用于小式民居宅院的各种如意门之上。

第四类屏门。是一种薄板门，只用于宅院内垂花门、月亮门和一些较小的院内随墙什锦门之上。

在各种古建宅院大门中，其槛框不同于一般建筑上的门窗槛框，宅院大门槛框的截面尺寸比建筑外檐装修槛框尺寸略微偏大。宅院大门槛框尺寸有两种计算方式：一种按照大门檐柱径模数比例计算（广亮门等），另一种没有柱子的门按照门洞口的高度计算（如意门、随墙门等）。

**1. 有檐柱的府邸大门、广亮大门、垂花门槛框**

抱框：看面宽为檐柱径的1/2～3/5，厚为柱径的1/3～抱框看面宽的3/5。

上槛：看面宽为抱框的8/10，厚与抱框同。

门上腰槛：看面宽为抱框的10/8，厚与抱框同。

门下槛：看面宽为抱框的10/8，厚与抱框同。

余塞框、间柱、余塞抹头：截面尺寸同抱框。

**2. 没柱子的如意门、屏门、随墙门槛框**

抱框：看面宽为门洞口高的1/15～1/18之间（根据门口宽窄酌情而定）。厚为看面宽的3/5～1/2酌情而定。

上槛：有门簪的看面宽为抱框的10/8，无门簪同抱框。厚与抱框同。

门下槛：看面宽为抱框的10/8。厚与抱框同。

余塞框、间柱、余塞抹头：看面与厚度同抱框。

### 3. 实榻门

暗带实榻门用实木板做企口缝拼合成型，门厚度与抱框厚度相同且不小于抱框 8/10。两边留门轴及管头的边板看面不小于门宽的 1/10。门板中段分成若干份对头穿抄手暗带（图 4-6）。

明带实榻门用实木板做企口缝拼合成型，门厚度与抱框厚度相同且不小于抱框 8/10。有门轴的边板看面不小于门宽的 1/10。门板中段分成若干份错位对头穿明带（图 4-6）。

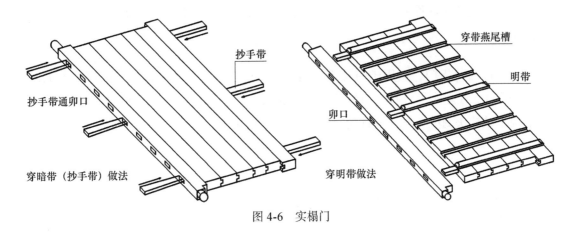

图 4-6　实榻门

### 4. 攒边门

攒边门大边、上下抹头截面与抱框相同。腰抹头与门插关（门插关使用较硬的柏木或硬杂木）看面为大边看面的 3/5。抹头两端做透榫，门面板厚为门边厚的 1/3，企口缝或错口缝拼板，通过腰抹头穿带的方式，与大边、上下抹头装填在一起（图 4-7）。

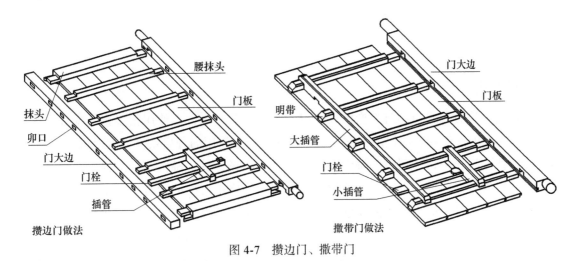

图 4-7　攒边门、撒带门

### 5. 撒带门

撒带门只有门轴大边，没有对称大边和上下抹头，门轴大边截面与抱框相同。腰抹头与大小门插关（门插关使用较硬的柏木或硬杂木）看面为门轴大边看面的 3/5。抹头一端做透榫，门面板厚通常在 1～1.2 寸（32～38mm）左右，企口缝或错口缝拼板，通过腰抹头穿带的方式，与门轴大边及大小门插关拼装在一起（图 4-7）。

**6. 鼓儿门**

鼓儿门（中空敲击如同鼓一样）外表如同实榻门，内外两面都是平面，看不到大门的边框，做法与攒边门相同，上下抹头截面与抱框相同。内外门面板厚 0.6～0.8 寸（20～25mm），企口缝或错口缝拼板，内外门面板腰抹头穿带相互上下错位相交，二合一与上下抹头高矮尺寸相同榫卯一体，与大边、上下抹头装填在一起（图 4-8）。

**7. 屏门**

屏门一般为薄板门，只用于内院垂花门、月亮门、小随墙隔断门等，门厚应根据门的大小控制在 1.2 寸左右，选择企口缝或错口缝拼板，板门中段分成若干份错位对头穿明带，门上下两端拍抹头封头，抹头看面为门宽的 1/10（图 4-8）。

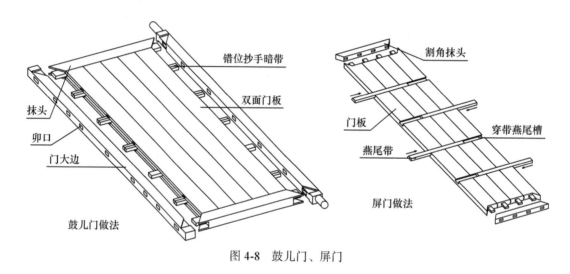

图 4-8　鼓儿门、屏门

**8. 门饰与五金配件**

在古代建筑的大门与建筑外檐格扇、门窗等装饰装修中，会使用很多金属配件，这些配件有功能上的铁件和装饰性的铜饰件，如宅院大门上使用的开启铁件"寿山福海"，大门轴通过加装套箍、护口、踩钉、海窝确保门轴开关顺畅，轴头轴椀不易磨损。屏门、风门使用的开启铁件"鹅项""碰铁""曲屈""海窝"。装修中帘架使用帘架卡子，支摘窗使用挺钩等，这些都是功能上必备的铁件。除了这些功能配件以外，还有很多装饰性的铜配件和饰件，如大门上用的海水江崖门扇包叶、门上下边铜包叶、包铜皮门槛、大帽钉、兽面、门钹以及木装修中格扇、槛窗使用的铜面叶等，还有各式各样的门环、摺吊等很多小配件。这些配件除了具有很强的装饰性外，还具有一定的实用功能。这些配件和饰件一般都是黄铜饰件，有时也会使用红铜饰件，甚至也会使用一些铁皮饰件。要根据建筑等级和装修档次而定（图 4-9）。

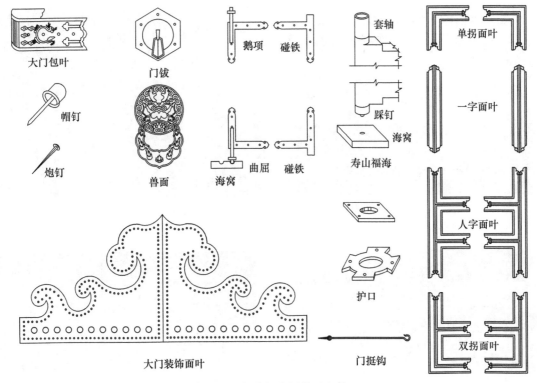

图 4-9　宅院门常用的五金件

## （二）外檐格扇、槛窗、帘架、风门、支摘窗、横披窗、什锦窗、楣子、栏杆、美人靠

具体如图 4-10～图 4-15 所示。

图 4-10　外檐三交六椀格扇、槛窗

### 1. 格扇、槛窗

格扇、槛窗通常根据开间面宽大小按偶数分配，格扇一般为 4～6 扇，廊间 1～2 扇。通常宫殿、坛庙较大的建筑多用六抹头、五抹头格扇对应四抹头、三抹头槛窗，比较小的普通民居建筑柱高较矮，明间时常使用四抹头格扇，风门余塞腿子也是四抹头小格扇，二

图 4-11　外檐菱形双交四椀格扇、十字双交四椀槛窗

图 4-12　外檐马三箭（抹三件）廊栅、豆腐块棂条格扇

图 4-13　内檐带帘架格扇与带帘架碧纱橱

图 4-14　内檐硬樘横披与格扇

图 4-15　内檐软樘横披与格扇

抹头槛窗很少使用，只用于花厅、轩、榭等景观类型建筑之上的漏窗，多为固定窗扇。格扇安装应使用连楹，根据格扇开启需要，下脚可采用单楹或连二楹（图 4-16～图 4-18、图 4-21）。

## 2. 风门

古建筑中风门式样有两种（使用的方式也有两种方式）：一种是传统的格扇式风门，这种风门常用于古建格扇的帘架之上，是附着在格扇外侧的第二道门，格扇开启后外侧风门可起到挡风遮蔽防护的作用。一般做法与五抹头格扇相同；另一种是大腰式风门（也叫洋门子），起始于清中晚期，多用于宅院内外各类房屋建筑中的户门（图 4-17）。

## 3. 帘架

帘架即挂门帘的架子，附着于槛框与格扇之上，可分成格扇帘架和风门帘架两种：格

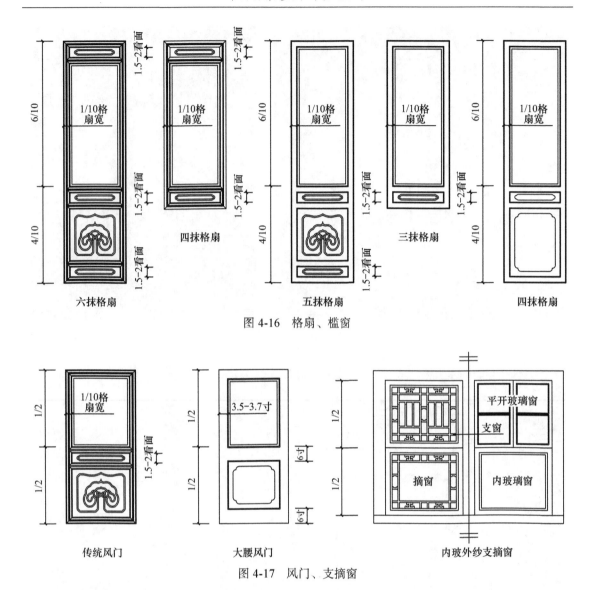

图 4-16　格扇、槛窗

六抹格扇　　　　　　　　五抹格扇　　　　　　　　四抹格扇

传统风门　　　　　　　　大腰风门　　　　　　内玻外纱支摘窗

图 4-17　风门、支摘窗

扇帘架用于较大殿堂开间正中开启格扇的外侧。风门帘架多用于居室厅堂，帘架之上安装上亮子，两侧安装余塞腿子，中间安装风门子。帘架安装时上头使用帘架栓斗，下脚使用帘架荷叶墩（图 4-1、图 4-2、图 4-18）。

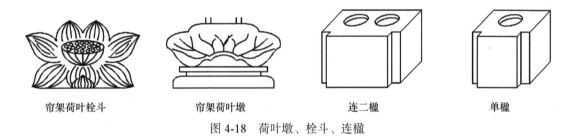

帘架荷叶栓斗　　　　　帘架荷叶墩　　　　　　连二楹　　　　　单楹

图 4-18　荷叶墩、栓斗、连楹

## 4. 支摘窗

支摘窗使用广泛，多用于府邸、宅院、民居住宅与一些小式建筑之上，槛墙窗榻板之上通过槛框、间柱将窗洞口分隔成左右，上下均分支窗与摘窗，支窗可支挑开启，摘窗可固定亦可摘换。明代之前门窗糊锦和高粱纸，支窗、摘窗扇上下都是单层。清代以后固定的下摘窗安玻璃是单层，上支窗分为两层，外层为玻璃支窗，内层为绷纱支窗。清后期上窗内外变换成外层为绷纱支窗、内层玻璃平开窗（也叫洋窗户）（图 4-17、图 4-20）。

**5. 横披窗**

横披窗：外檐装修中通常只用于金步装修，内檐装修多用于室内空间分隔的碧纱橱、花罩之上。横披窗有硬槏与软槏二种做法。硬槏做法的横披窗通过间柱平均分隔为 3～5～7 个奇数单体窗扇。软槏做法的横披窗不设间柱，横披中做一扇通体横披窗，横披窗自身用边框、腰抹头平均分隔成 3～5～7 个奇数空档，其中制安单体仔屉棂条花芯（图 4-19）。

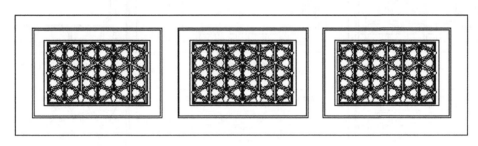

硬槏横披窗

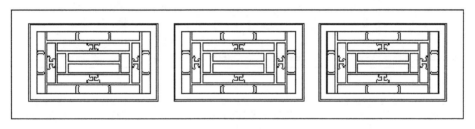

硬槏横披窗

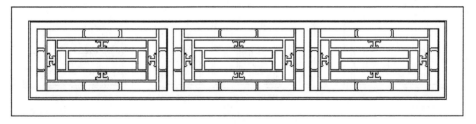

软槏横披窗

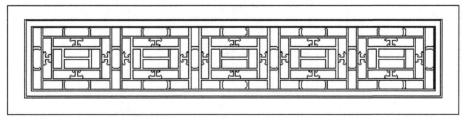

软槏横披窗

图 4-19　软槏、硬槏横披窗

### 6. 外檐门、窗、格扇常见的菱花、棂条芯屉

在外檐各种格扇、门窗中芯屉式样多种多样，有双交四椀、正交四椀、双交六椀等各种样式的菱花芯屉，有各种式样的棂条芯屉，有多种灵活变化的锦类芯屉，装修中选择芯屉式样也要与建筑自身的等级标准、使用功能变化相结合，使建筑外观适合建筑自身标准不超标不越位，既达到了建筑外观要求，又满足了各种使用功能标准（图4-20、图4-21）。

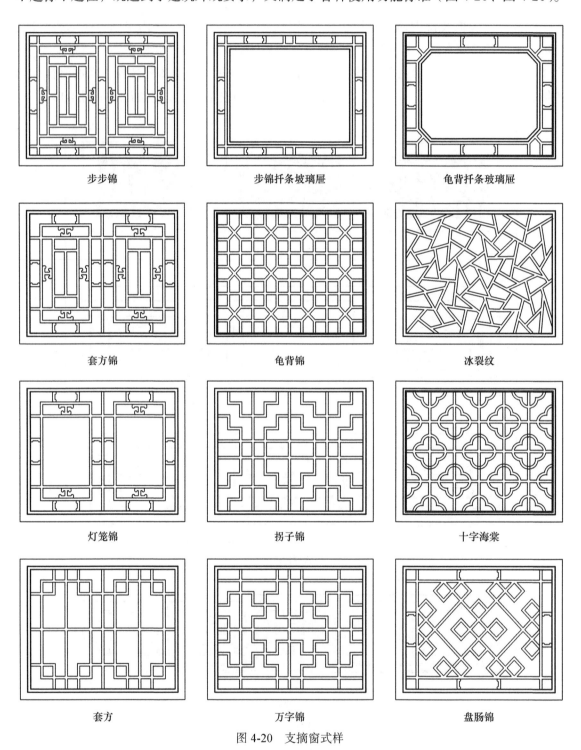

| | | |
|---|---|---|
| 步步锦 | 步锦扦条坡璃屉 | 龟背扦条玻璃屉 |
| 套方锦 | 龟背锦 | 冰裂纹 |
| 灯笼锦 | 拐子锦 | 十字海棠 |
| 套方 | 万字锦 | 盘肠锦 |

图 4-20 支摘窗式样

三交六椀　　　　三交六椀　　　　三交六椀　　　　双交四椀

正交四椀　　　　白毬纹　　　　方网眼　　　　棋盘芯

马三箭　　　　如意梘　　　　如意海棠　　　　如意海棠

图 4-21　格扇、槛窗芯屉式样

### 7. 什锦窗

什锦窗用途很广变化多样，常用于庭院内的廊子、景观花墙之上，可在环境中起到锦上添花的效果。什锦窗的样式变化很多，一般会根据什锦窗的式样归类选择，有形似瓜、果、梨、桃、葫芦等果蔬类型的，有形似茶壶、茶盅、盖碗、花瓶等器具类型的，有扇、卷、书、鼓、环等文趣类型的，还有十字形、双菱形、套方形、双环形等很多种形式，建筑上有选择性的使用什锦窗式样，会在环境中起到意想不到的烘托作用（图4-22）。

| | | | |
|---|---|---|---|
| 盖碗 | 花瓶 | 水壶 | 茶盅 |
| 福寿 | 寿桃 | 苹果 | 石榴 |
| 腰鼓 | 十字 | 套方 | 五方 |
| 天书 | 六方 | 八方 | 圆 |
| 哑铃 | 扇面 | 金叶 | 海棠花 |
| 锦卷 | 步步高 | 宝葫芦 | 套三环 |

图 4-22　什锦窗

### 8. 吊挂楣子、坐凳楣子、美人靠

坐凳楣子、吊挂楣子、美人靠一般安装在开间檐柱之间，也广泛用于房廊、亭、榭、游廊之上，上安吊挂楣子、下安坐凳楣子，根据需要亦可下安美人靠。坐凳面与地面的高差一般以控制在一尺六寸至一尺七寸为宜（500～550mm）（图4-23）。

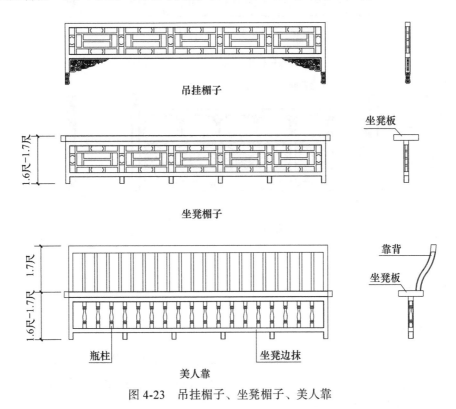

图 4-23　吊挂楣子、坐凳楣子、美人靠

### 9. 栏杆

栏杆多用于楼阁层面出挑的廊步檐边，或楼梯扶手平台护栏等位置。栏杆高矮一般控制在3尺至4尺（960～1280mm）之间，常见有寻杖栏杆、棂条栏杆。栏杆的望柱式样可做成四角方梅花柱、六角梅花柱、八方楞柱、圆柱。扶手可做成凹角线方形或凹角线多边形，亦可做成圆形。

寻杖栏杆扶手以下至地栿之间1/2分之：下面有腰枋、绦环板、下枋、如意牙子；上面做荷叶净瓶，通过净瓶上下的贯穿榫把扶手以下荷叶、腰枋、下枋等构件串联在一起，插接固定在地栿之上（图4-24）。

棂条栏杆一般不使用地栿，其他望柱、扶手等做法与寻杖栏杆基本相同，不同之处是扶手以下留出空档5～6寸（160～192mm），空档中根据下面棂芯间距分配的位置，用木撑或瓶柱、番草、荷叶等雕刻的构件将上下相连，腰枋与下枋做成软樘棂条整扇，根据开间大小按三、五、七的单数均分棂芯，棂芯花式可选择做步步锦、盘肠锦、万字不到头、拐子锦等很多式样。棂条栏杆使用的棂条看面一般为8分～1寸（25～32mm）（图4-24）。

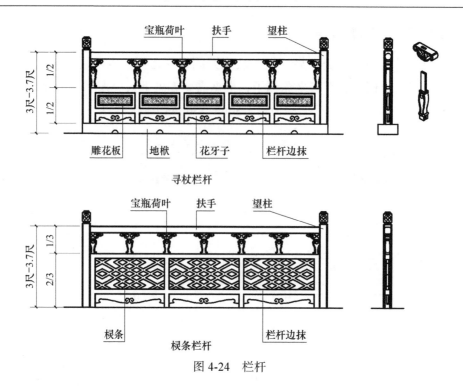

图 4-24　栏杆

## （三）外檐装修各种构件规格尺寸

### 1. 槛、框、榻板

抱框看面宽为檐柱径的 1/2（在大式建筑中 2 寸斗口以上的建筑，根据装修外观视觉的需要，安在金柱位置的抱框看面会适当缩减到檐柱径的 2/5），抱框厚为檐柱径的 1/3。

上槛、风槛看面宽为抱框的 8/10，厚同抱框。

腰槛、间柱截面与抱框同。

门下槛看面宽为抱框的 10/8，厚同抱框。

窗榻板厚 1 椽径或檐柱径的 1/3，宽同槛墙加 1 寸（32mm）。

### 2. 荷花栓斗、荷叶墩、大连楹、小连楹、门轴

大连楹安装于中槛之上，对应门轴做海眼，大连楹宽、厚与中槛同。

小连楹安装于下槛之上，有连二楹与单楹，对应门轴做海窝，连二楹宽 3 格扇看面，厚 2 格扇看面，高 8/10 中槛看面。

荷花栓斗、荷叶墩宽 3 格扇看面，厚 2 格扇看面，高 8/10 中槛看面。

### 3. 格扇、帘架、槛窗大边、抹头、绦环板、裙板

两柱香形式的格扇、帘架、槛窗、等级最高（包括两柱香横披窗），大边和抹头看面宽尺寸为槛窗、格扇自身宽的 1/10，厚度为槛框厚度的 8/10～9/10。圆弧起鼓至两柱香顶为看面宽的 1/5，中间香条直径与边角线宽为看面宽的 1/10（图 4-25）。

普通格扇、帘架、槛窗，采用凹角线大边和抹头看面宽尺寸为槛窗、格扇自身宽的 1/10，大边、抹头的厚度为槛框厚度的 8/10～9/10，边角窝角线尺寸为看面宽的 1/10，窝

角线深 1～1.5 分（3～5mm）（图 85）。

绦环板、裙板厚 6～8 分（20～25mm）。

### 4. 支摘窗、横披窗大边、抹头

普通支摘窗、横披窗大边、抹头看面宽 1.9～2 寸（60～65mm）之间，装有仔边、棂条、玻璃芯屉（单层玻璃）的大边、抹头厚不小于 1.5 寸（48mm）。一般装纱窗芯屉的大边、抹头厚不小于 1 寸（32mm）。边角窝角线尺寸固定为 1 分（3mm）（图 4-25）。

### 5. 风门大边、抹头、门芯板

格扇式风门大边、抹头截面与格扇相同，绦环板做法与格扇相同。

大腰式风门大边及上抹头看面宽为门扇宽的 1/8，腰抹头、下抹头看面宽为门边宽的 1.5 倍，厚 1.5 寸（45～55mm）左右。

门芯板厚 6～8 分（20～25mm）。

### 6. 吊挂楣子、坐凳楣子、美人靠材料规格

吊挂楣子、坐凳楣子：大边、抹头看面 1.4～1.6 寸（45～50mm），厚 1.4～1.9 寸（45～60mm）之间。

坐凳板：厚 0.8 椽径且不小于 2 寸（60mm），宽同柱径且不小于 7.5 寸（24mm），美人靠坐凳板宽不小于 1 尺（320mm）。

美人靠是在坐凳之上增加靠背，靠背上边宽 2～2.5 寸（65～80mm），厚 1.6～1.9 寸（50～60mm）左右。靠背立棂宽 8 分～1 寸（25～32mm），厚同靠背上边。

泥鳅背棂条（两面正）看面 6～7 分（18～20mm），宽 1 寸（32mm）（图 4-25）。

### 7. 栏杆材料规格

四角梅花望柱 3.2 寸（100mm）见方，圆望柱、六棱望柱、八棱望柱直径同方柱且不大于 3.8 寸（120mm）。

梅花线扶手 2.5 寸（80mm）见方，圆望扶手直径相同。

腰枋、下枋看面 1.5～1.9 寸（50～60mm），厚 1.9 寸（60mm），窝角线 1 分（3mm）。

棂子条看面 0.75 寸（24mm），厚 1 寸（60mm），两面正泥鳅背。

绦环板厚 0.75 寸（24mm），两面正透雕花式。

牙子板厚 0.6 寸（20mm）。

荷叶净瓶宽为腰枋 1.5 倍，厚与腰枋同。荷叶宽为扶手 1.5 倍，厚同腰枋，长为宽的 3 倍。

### 8. 格扇、门、窗芯屉材料规格

（1）菱花类格扇、槛窗芯屉

菱花窗上的孔距一般按照棂条两柱香束腰（马蜂腰）的看面尺寸控制在四份束腰左右，即 2.5 寸（80mm）左右，仔边看面要根据孔距分档尺寸调整增减，控制在 1.2～1.4 寸（38～45mm）之间，仔边两柱香线角宽 6 分（20mm），装玻璃的仔边厚不小于 1.4 寸

（45mm）。双交四椀菱花窗棂条看面宽1.2～1.4寸（39～43mm），三交六椀菱花窗棂条看面宽1.5～2寸（50～60mm），菱花条正中两柱香束腰（马蜂腰）看面6分（20mm）。菱花条厚度一般不小于8分（25mm）（图4-25）。

（2）棂条式格扇、槛窗、锦类支摘窗芯屉

步步锦、灯笼锦、万字锦、盘肠锦、拐子锦、龟背锦、冰裂纹、棋盘芯、马三箭、金线如意棂、扦条玻璃框……等芯屉仔边看面一般控制在8～9分（25～30mm）。无棂条的玻璃屉仔边厚一般不小于1寸（32mm），有棂条的玻璃屉仔边一般厚1.4寸（45mm），

棂条看面宽6分（20mm），泥鳅背圆弧高1分（3mm），棂条厚度一般不小于8分（25mm）（图4-25）。

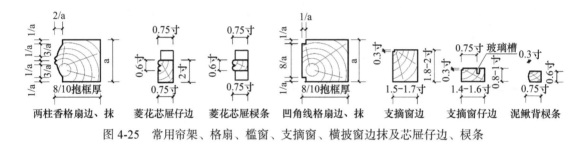

图4-25　常用帘架、格扇、槛窗、支摘窗、横披窗边抹及芯屉仔边、棂条

# 二、内檐装修形制权衡及做法通则

古代建筑中传统内檐装修在形制、尺度上与外檐装修有着很大的区别，内檐装修一般不受建筑外檐制式标准的约束，主要是以满足功能需要为主，可根据房间内部用途突出特点，通过装修变化的反差达到所需要的室内空间效果。有时一个较大的室内空间根据需要会划分出两个甚至三个功能分区，每个功能分区都会有自身功能特征，所以分隔出的每个功能分区又是一个有着功能特点的小空间，这样就出现了在一个较大的室内环境中同时还存在着不同的小环境要求。为了达到这种小环境要求，使每个功能环境之间既有自身特点，又可以在大环境空间中相互衬托和谐统一，所以就要求装修中所采用的各种装饰元素也能够互相衬托。其中也包括空间明暗、冷暖色调的调整。传统装修从形式风格到材料质地的选择，都应有一个统一的标准档次，其中也包括室内家具与陈设。

内檐装修应根据功能需要制定出装修形式风格，选择做法，确定使用材料材质的标准，设计出具体的装修施工图纸。一般室内较大空间，会根据区间功能的不同变化，采用碧纱橱、花罩（落地罩、栏杆罩、几腿罩、圆光罩、六方罩、八方罩、床罩、飞罩）、博古架等很多种形式做法进行分隔。采用哪种做法形式分隔空间，要根据空间条件及使用功能的需要选择而定。使这种做法所营造的装饰环境，随着空间的变化而满足功能氛围，达到天人合一效果。

内檐装修中槛、框、格扇、碧纱橱、花罩、天花、博古罩等各种构件，相对都比外檐装修做工精致繁琐、用料考究，有高档次的清水硬木烫蜡装修和一般柴木油漆地仗装修，从构件比例尺寸、材料材质到做法的选择上，都与外檐装修有着很大的区别。

内檐装修采用棂条式芯屉的门窗、格扇、碧纱橱、花罩等，芯屉中都应使用卡子花、

团花和其他一些雕刻花式，而不应使用卧攒做法。芯屉造型多种多样，有卡子花、团花搭配的各式各样的锦类棂条花式，有镶嵌雕刻花牙子边的式样，还有各式各样的木刻雕花做法。芯屉中仔边都是窝角线做法，棂条看面多为凹弧面做法，棂条看面有 4 分（12mm）条和 6 分（20mm）条两种尺寸选择，一般 4 分条做法的棂条间距控制在 4 棂条（50mm）左右，6 分条做法的棂条间距控制在 3～4 棂条（60～80mm）之间。不管装修形式怎样变化，一个装修环境中的芯屉装饰样式与雕花饰件主题式样都应是一个统一的风格标准。

传统内檐装修中常见的吊顶形式有枝条天花（井口天花）、海幔天花（白堂篦子）、板条灰棚（包括苇薄灰棚）三种形式。根据装修特点、室内空间条件，吊顶位置的变化有时也会有平、怯、高、低、落、错等不同的变化。不同的建筑有着不同的装修标准，选择采用哪种吊顶形式，要根据建筑装修自身的使用功能、特征、等级标准，结合装修空间环境选择，吊顶式样变化在功能空间中会起到很大的环境艺术效果。

宗教、祭祀、祠堂等建筑中内檐装修与其他建筑装修有所区别，很多装饰元素都有特定宗教特征，如各种神龛、佛龛、屏障等，这类装修元素时常要根据宗教中的形制要求来确定。

## （一）碧纱橱、花罩、博古架、太师壁

图 4-26　雕花落地罩与余塞落地罩

图 4-27　余塞落地罩

图 4-28　木雕落地罩

图 4-29　雕花栏杆罩

图 4-30　单进炕罩与双进暖阁炕罩

**1. 碧纱橱**

碧纱橱在室内多用于起居、寝室、书房等私密性较强的房间，起到分隔封闭空间作用，做法与室外格扇基本相同，边、抹看面尺寸较小，根据需要可一面或二面正，多采用窝角线形式的做法。传统的碧纱橱一般在室内装修中是活体装修，需要时可摘卸。所以制安做法与外檐格扇略有不同之处，一般多采用溜销溜槽和上销下插的形式安装（图 4-31）。

**2. 花罩**

花罩分隔空间是装修中常用的做法，采用花罩分隔可以使空间区域分隔处于开放状态，形

棂条式芯屉碧纱橱

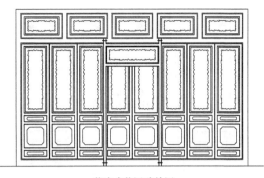

花边式芯屉碧纱橱

图 4-31　碧纱橱

成一个空间过渡，既满足了室内功能区域需求，又可达到一个整体较大的统一空间效果。花罩的形式多种多样，有落地罩、圆光罩、八方罩、栏杆罩、几腿罩、炕罩、飞罩等。其中炕罩与落地罩、圆光罩、八方罩形式基本相同，可采用棂条花式，亦可采用雕花雕刻。炕罩只是贴着炕沿安装，遮挡在炕前，里面挂软帘，档次比较高级的炕罩内侧还会吊装顶盖。飞罩在装修中多用于室内廊步或边沿小空间过渡的装饰，倒挂在室内横披或提装枋以下。花罩装饰性极强，有棂条样式的做法，有纯木雕做法，有棂条与木雕结合在一起的做法。需要活体装修时，制安做法与碧纱橱一样采用溜销溜槽和上销下插的形式安装（图4-32～图4-35）。

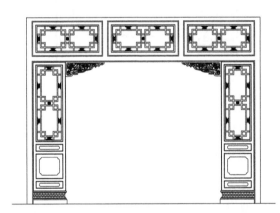

棂条式落地罩

雕刻式落地罩

图 4-32　落地罩

棂条式圆光罩

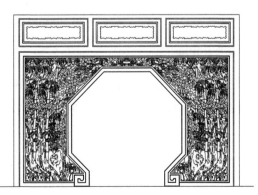

木雕式八方罩

图 4-33　圆光罩、八方罩

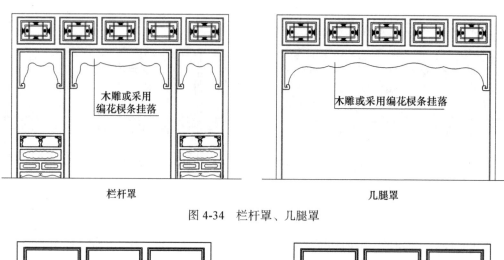

图 4-34　栏杆罩、几腿罩

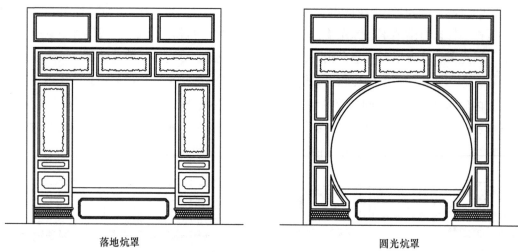

图 4-35　炕罩

### 3. 博古架

博古架常用于客堂与书斋之中，在装修中作为室内空间分隔与花罩的作用一样，介于室内装饰环境与家具式样搭配过渡之间，类似于把家具镶嵌槛框之内，做法不同于一般装修，是兼有装饰和家具双重功能的装修。博古架一般厚 1～1.5 尺（320～480mm），高低一般控制在 7.5 尺（2400mm）左右，内格板变化曲折多样，可做成满落地整体博古架，又可做成上博古下书厨式的柜式博古架。博古架上装修有横披时，博古架顶上一般会装饰小花栏杆，与上面的横披做一个过渡性的区间分隔（图 4-36）。

### 4. 太师壁

太师壁是明堂中前厅与后堂或后檐廊间暖阁分隔的屏障，是带有装饰性的木板墙壁固定的屏风，是厅堂内常用的一种屏风影壁装修形式，在梨园戏院中出将入相也属于相同做法，太师壁有整体简单拼装木板式做法，有隔板式板壁做法，还有格扇与隔板式结合在一起的做法，根据厅堂使用的功能，板壁之上一般悬挂条屏、相框等饰件，或悬挂字画、条幅、木雕等物件进行装饰。太师壁前一般放置大条案、八仙桌、太师椅等家具（图 4-37）。

在宗教寺庙建筑中也有一种木隔板墙壁被称为罗汉背，上面不做横披，木板壁为一个整体，壁前设须弥座或佛龛和佛像，壁后做宗教壁画，或做一些福山寿海等宗教雕塑。

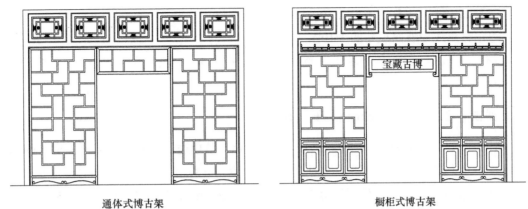

通体式博古架　　　　　　　　　　　　橱柜式博古架

图 4-36　博古架

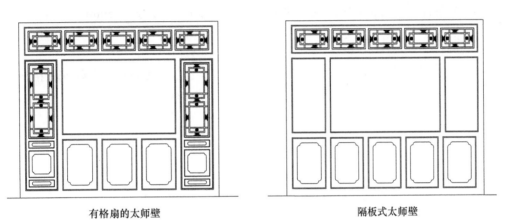

有格扇的太师壁　　　　　　　　　　　隔板式太师壁

图 4-37　太师壁

## （二）内檐装修各种构件规格尺寸

### 1. 内檐槛框

抱框看面宽 3～4 寸（100～128mm），上槛、腰槛、间柱看面宽与抱框同，门下槛看面宽为抱框的 10/8，厚 2.5～3 寸（80～96mm）根据看面尺寸酌情而定。

### 2. 碧纱橱、落地罩余塞、床罩余塞、横披窗、栏杆罩栏杆边、抹头

碧纱橱、落地罩余塞、床罩余塞等，每扇宽窄尺寸最好控制在 1.6～2 尺（500～640mm）之间，边、抹头看面尺寸一般控制在 1.5～2 寸（48～64mm）范围以内，边角窝角线尺寸为看面宽的 1/10 且不小于 1 分（3mm），窝角线深 1～1.6 分（3～5mm），边、抹头的厚度为槛框厚度的 8/10 且不小于看面尺寸，两面正加玻璃时厚 2.3 寸（74mm）。

栏杆边、抹头截面尺寸 1.5～2 寸（48～64mm）范围以内，边角窝角线 1 分（3mm）。

横披窗边、抹头看面 1.5～2 寸（48～64mm）范围以内，厚 1.5 寸（4.8mm），边角窝角线 1 分（3mm）。

### 3. 八方罩、圆光罩、木雕花罩、飞罩边、框

此类装修应根据体量和采用的式样酌情选定材料截面尺寸。

边框看面一般宽 1.5～2.5 寸（50～80mm）范围以内，厚 2～2.7 寸（64～85mm）范围以内。边角窝角线为看面尺寸的 1/10。

雕花罩（包括镂空雕、两面正雕、圆雕）板料厚度根据需要一般为 1.5～2.5 寸（50～80mm）。

**4. 博古架边、框、棂（cheng）子、板**

边框尺寸一般参考室内拟定的家具边框模数设定，常用边框看面 1～1.4 寸（30～45mm），厚 1.4～1.9 寸（45～60mm），边角 1 柱香线条（兖 yan 珠子线），尺寸固定为 1～1.5 分（3～5mm）。框内棂子一般看面厚 0.8～1 寸（25～30mm），宽 1.4～1.9 寸（45～60mm），两山芯板、架子面板厚 5 分（15mm）顺使，企销或企口装槽，有橱柜的厨门边框看面 1.5 寸（48mm）左右，带抽屉的屉面宽 4 寸左右（125mm）、厚 8 分（25mm）左右。

**5. 太师壁**

槛框内装板采用企口缝的方式，板厚 8 分～1.2 寸（25～40mm）。太师壁做格扇或漏窗或透雕，做法、材料尺寸可参照花罩、纱橱边、抹、芯屉等。

# 三、顶棚、藻井

顶棚吊顶形式，要根据建筑自身特征、等级标准、使用功能选择（图 4-38～图 4-41）。

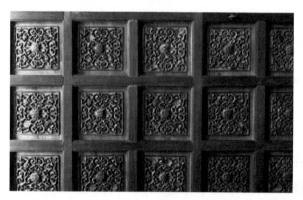

图 4-38　落地木雕刻枝条天花

图 4-39　天圆地方枝条天花满金小藻井　　　图 4-40　枝条天花天圆地方八角蓝线金藻井

图 4-41　枝条天花天圆地方满金藻井

## （一）枝条天花

　　枝条天花的吊顶等级最高，常用于殿、阁、厅、堂等建筑之上。在建筑中一般进深方向使用二档或三档的短枝条，面宽方向使用帽梁和通枝条。吊挂在桁、檩或檩枋、梁架之上。天花枝条看面宽 0.8～1 椽径，厚 0.8～1 椽径，帽梁枝条按间跨度 1/15 定厚，宽 1.5～2 椽径。帽梁可与天花枝条连做。明间面宽进深枝条空档坐中。天花板长、宽（空档）一般根据明间开间大小控制在 1.5～2 尺（480～640mm）以内适宜（图 4-42）。

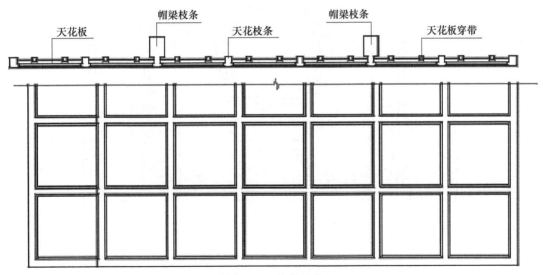

图 4-42　枝条天花

## （二）藻井

　　藻井是与枝条天花结合在一起的穹顶装饰，多用于宫殿、寺庙、宗教祭祀厅堂等主位正中。随着室内空间大小、条件、形状的不同，藻井会有层次不同的变化，形状也会有四方、八方、圆形等不同形式的变化。藻井一般采用斗栱口份 1 寸（32mm），要根据室内开间与建筑屋顶空间条件以及功能需要，确定藻井的形制、层次和体量的大小。较大型的殿堂上架空间较高大，藻井上下可分成三个斗栱层面，下层采用斗栱四方井，中层采用斗栱八方八角套八方井，上层采用斗栱圆井。中型的殿堂上架空间有限藻井体量适中，上下可分成三层，下层采用斗栱四方井，中层采用斗栱八方井或雕刻装饰八方井，上层采用斗栱圆井。小型殿堂上架空间较小藻井小巧，上下也要分为三层，下层采用斗栱四方井，中层采用雕刻装饰过渡八方井，上层采用斗栱圆井（见图4-43～图4-46）。

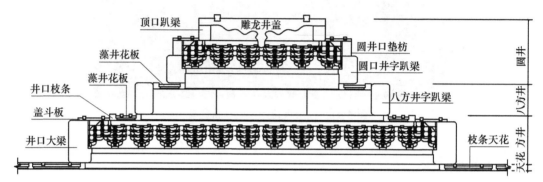

图 4-43　天圆地方八方三层藻井剖面

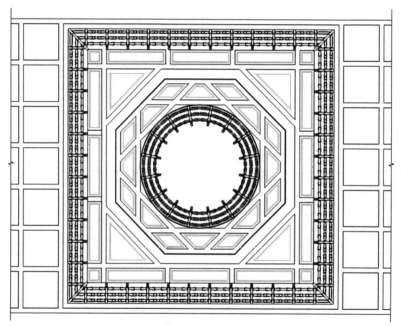

图 4-44　天圆地方八方三层藻井平面

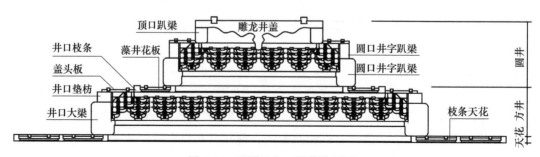

图 4-45　天圆地方二层藻井剖面

图 4-46 天圆地方二层藻井平面

### (三)海幔天花(白堂篦子木顶格)

多用于宅院寝室、书斋、内堂起居之上,在房间净空面宽、进深四边的檐檩中或垫板、大梁之上用贴梁枝条找方,贴梁枝条宽、厚1~0.8椽径且不小于2寸(64mm),贴梁枝条内口做八字线角,线角宽4~5分(12~15mm),深3分(10mm)。在贴梁内口进深方向,以单数分出海幔天花扇(木顶格)宽窄尺寸,扇宽一般控制在2~3尺(640~960mm)之间,长4~6尺(1280~1920mm)随面宽净空尺寸。天花扇边、抹头看面为贴梁看面的4/5且不小于1.5寸(48mm),厚为自身看面的4/5,扇内方木条纵横相交成小方格形状,小方格空档尺寸一般在6~7椽条之间,椽条看面宽不小于6~8分(20~25mm),厚与边同。

海幔天花上面铺设防尘保暖的苇席(有的不铺席),底面裱糊麻布和高粱纸暗花纸,有的在高粱纸顶子上粘贴旋花、岔角,有的在高粱纸顶子上裱糊各色纱绫,在档次较高的海幔天花上还会绘制一些彩画(图4-47)。

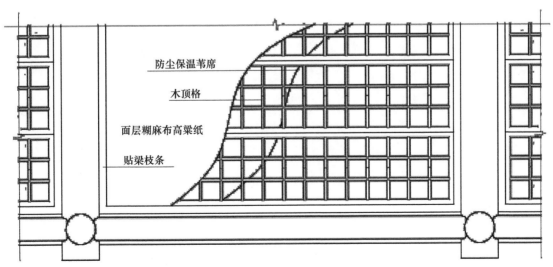

防尘保温苇席

木顶格

面层糊麻布高粱纸

贴梁枝条

图 4-47 海幔天花(白堂篦子木顶格)

## （四）板条灰顶棚（苇薄灰顶棚）

此种吊顶形式出现于清中晚期，民国以后多用于宅院民居等普通建筑中，一般使用 50×100mm 木枋作为主龙骨，间距控制在 900～1200mm 之间，用 45～50mm 木枋为次龙骨，间距控制在 450mm 左右，下面用宽 30～40mm、厚 8～10mm 的木板条拉缝铺钉（缝隙一般为 6～8mm），或用铅丝缠绕苇薄铺钉，以麻刀灰打底、搓白灰沙子灰，干燥后用麻刀灰找平压光，档次较高的则在顶棚之上做沥粉岔角退晕、沥粉灯花退晕，或做"西洋顶子"脱模粘贴石膏角线、灯花、岔角等花式。

# 第五章　明、清建筑中的木雕工艺做法

中国古代建筑木雕装饰起源很久，许多木雕装饰物件造型美观寓意丰富，在古建筑上和建筑内外装修中采用雕梁画栋的木雕装饰是很普遍的，例如建筑上使用的盘龙柱子、大小雀替等，吊挂楣子上各种样式的花牙子，外檐装修帘架上下两端使用的莲花榀斗、荷叶墩装饰，栏杆上的荷叶卷草、富贵宝瓶，格扇槛窗绦环板、裙板上雕刻如意云盘线、番草、云纹等。还有牌楼上的花板、云龙雀替，斗栱上的三幅云、如意昂嘴等。在室内装修中木雕装饰更是繁复多样，如木刻雕花落地罩、飞罩、碧纱橱、横披挂落、室内门窗上各式各样的花边、卡子花、团花，以及各种雕花绦环板、裙板等。还有雕花枝条天花板、藻井上的团龙、坐龙的雕龙华盖等（图5-1～图5-7）。

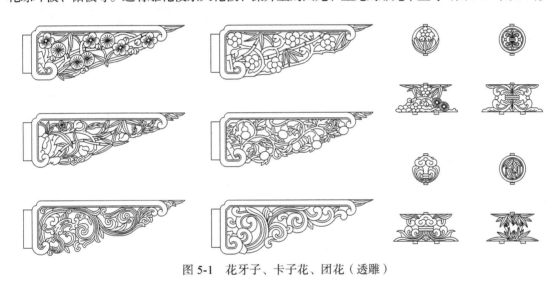

图 5-1　花牙子、卡子花、团花（透雕）

图 5-2　雀替（落地雕）、麻叶云头、三幅云、升云（阴雕）

· 115 ·

图 5-3　牡丹、莲花、番草花板（两面正透雕或落地雕）

图 5-4　二龙凤戏珠草龙花板（落地雕或两面正透雕）

图 5-5 牌楼龙凤花板（两面正透雕）

图 5-6 室内松竹梅落地罩（镂空雕）

这些木雕式样变化繁多、做工精巧，有单面雕刻、双面雕刻，有通透的一面雕刻、通透的二面对称雕刻，有通透的穿枝过梗的二面不对称雕刻，还有立体的山、水、花、鸟人物等物件雕刻。这些雕刻通过不同的工艺做法展现出不同的风格特点。雕刻做法基本上可分成阴雕（沉雕、线雕）、阳雕（浮雕）、落地雕（采地雕）、透雕（两面正）、镂空雕（穿枝过梗）、圆雕（立体的山、水、花、鸟人物）、嵌雕（贴花雕）七种形制做法。

由于古代建筑有着不同形制的变化，有着不同等级的标准和功能使用上的要求，所以在装修构造中也会有一定的区分，装修中所选用的木材材质也多样变化，同样木雕装饰选择使用的木材材质也有着很大的变化，所用在外檐的雀替、花牙子以及牌楼、牌坊上的花板等木雕装饰用料，一般多用比较柔软、不易开裂、不容易糟朽变形的红松、椴木等材质，

图 5-7 室内松竹梅八方罩（镂空雕）

而内檐则要根据装修装饰主体的内容档次标准选择装修材质和木雕刻材质。材质基本上可分成软杂、硬木两类，常用的软杂雕刻木材有：红松、椴木、核桃秋，还有等级较高的黄菠萝木、黄杨木、香樟木、楠木等；常用的硬木雕刻一般都是较高档的木材：红柞木（红橡木）、香草木、花梨木（黄花梨、红花梨、草花梨）、红木（红酸枝、黑酸枝）、紫檀木（大叶檀、小叶檀）等。

在古代建筑中内外檐木雕纹样及雕刻技法略有区别，外檐雕饰纹样比较刻板形似版画，雕饰棱角分明，平面沉稳大气。内檐木雕纹样则要求造型逼真、变化、生动精巧，布局丰满合理、玲珑剔透、散而不松、结构优美、层次分明、细腻光滑而不乱。木雕制作工艺非常繁琐，要事先做好纹样、设计构思画出纸样，经过拓样、雕粗坯、铲削、跟线复线、分层剔挖、刻画铲削、修细打磨等多道复杂的技术工序流程。在制作中雕刻刀法技巧非常讲究，很多室外木雕和室内木雕要看雕刻的刀工技法，不得使用砂纸打磨，要求雕刻刀工细腻线条流畅，雕刻深浅适度、层次有序、落地平整，穿枝过梗要两面盘结应对流畅，要求花式叶片铲削突显刀锋棱角、纹理刻画一刀成型。要求鸟兽雕刻造型灵动，人物服饰褶皱动静形似，颜面开脸细腻、手足圆润。

**（一）阴雕（线雕）（沉雕）**

雕刻的图案低凹于木料平面，建筑上常用于麻叶头、三幅云头、如意斗栱头及匾、联、额上各种纹饰（如云盘线、万字不到头）刻字的雕刻。雕刻要求线型粗细均匀有序、深浅适度，线条流畅、无毛刺。

**（二）阳雕（浮雕）**

雕刻的图案凸鼓层次、纹理、深浅分明，建筑上多用于荷叶墩、莲花栓斗、垂柱垂头、寻杖栏杆净瓶、净瓶荷叶头、三幅云头、木须弥座等。要求雕刻花式清晰、立体感强、深浅适度、无铲削痕迹、打磨光滑、无毛刺。

## （三）落地雕（踩底雕）

雕刻的图案层次分明，雕刻花式落在板面以下，雕刻最高点与板面平，雕刻底部统一落在一个水平面上，建筑上多用于雀替、雕花绦环板、雕花裙板、雕花天花板、雕花走马板等。要求底部雕刻平整光洁落地控制在 8～12mm 深浅适度，铲削刀锋清晰、棱角分明、无毛刺、无打磨痕迹。

## （四）透雕（一面正、两面正）

雕刻花板有一面正和两面正的区别，一面正只雕刻一面图案，另一面不雕刻；两面正则是图案两面对称雕刻，图案两面对称，雕刻物象周围除联接处外，其余部分全部通透，装饰上一面雕刻多用于门窗芯屉卡子花、团花、花牙边，两面正雕刻多用于花牙子各种两面对称通透的花板，以及牌楼上的各种花板等。要求雕刻物象花饰层次有序，铲削刀锋清晰、棱角分明、无毛刺、无打磨痕迹。

## （五）镂空雕（穿枝过梗）

立体雕刻物象图案两面不对称，物象玲珑剔透、形象逼真，雕刻层次立体、融会贯通、交错穿插（穿枝过梗），其中融汇了阴雕、阳雕、透雕等多种雕刻技法、建筑上多用于内檐花罩类的一些建筑室内高档装修中。雕刻用材档次较高，通常采用红木类材质，或采用其他较高档的软硬木材材质。雕刻要求穿枝过梗延续合理、层次有序，雕刻物像清晰、文理细腻，无铲削痕迹、打磨光洁、无毛刺。

## （六）圆雕（混雕）

有背景的山水、人物、珍禽异兽、宗教佛像等雕刻，天花藻井华盖雕龙也属于该雕刻范畴之内，图案雕法玲珑剔透，物象逼真细腻，雕刻用材要根据功能要求选择，可与镂空雕基本相同，亦可选择普通软杂材质，雕刻层次分明、立体融合、变通交错，其中融汇了阴雕、阳雕、透雕、镂空等多种雕刻技法。雕刻基本涵盖了雕功技法所有要求。

## （七）嵌雕（贴花雕）

把单面雕刻好的小花板、云纹岔角等木雕贴嵌在平面木构件上，这种贴嵌雕刻体量一般较小，花式精巧细腻。建筑上主要用于方垂柱头贴脸，用于雕花天花的团芯与岔角以及绦环板、裙板、匾、联、额花边等很多装饰中，雕刻技法与透雕基本相同。

# 第六章　大木制作工艺流程

在一栋古代建筑中，大木屋架通过柱、梁、枋、檩、板、椽、望等很多构件组合成一个整体，无论其构造多么复杂，都要经过每个单体构件加工制作这个过程，各种构件传统加工制作的工艺，是千百年来工匠们通过不断地实践操作、积累传承的技艺精华。大木制作从选料、制作到安装等一系列工艺过程，都有着一套标准规矩程序，这些标准规矩程序使传统的大木构件制作有了可靠的质量保障，保证了大木构架构造体系能够满足建筑结构要求。下面我们按照传统大木制作的操作程序，逐一叙述大木架制作与安装的全部过程。

## 一、选材备料、盘荒打截

古代建筑大木施工备料，要根据大木构造结构受力特征选用木材种类，确保木材材质满足荷载要求，满足大木构件径级尺寸使用要求。

### （一）算料

在一栋建筑中，柱、梁、枋、檩、板、椽、望等众多构件尺寸数量确定后，要根据各种构件的材质要求按照规格分类，按照材质种类计算出构件净规格材料的体积（立方米），在计算出的净规格材料基础上，划分出一次加工料和两次加工料的数量，一次加工的木料都是比较大的梁枋和柱檩，出材率大约为70%，计算公式为净规格料乘以1.43为梁、枋、柱、檩的圆木材料量（立方米）。两次加工的木料都是板枋材和一些截面较小的材料，是由圆木加工成较大的方料，再由方料加工成各种规格的板枋料及更小的规格毛料。这种经过两次甚至三次粗加工的材料出材率仅为50%，计算公式为净规格料乘以2.05为两至三次粗加工材料的圆木材料量（立方米）。计算出木材圆木用量后按照长短搭配的方式选材备料。

### （二）选料

根据材质要求挑选木料首先应考虑到材料的质量，查验材料有无糟朽、虫蛀、劈裂、髓心、轮裂、空心、节疤等，对于影响材质质量的木材应事先淘汰。要保障木材含水率达到国家地方现有标准。

挑选木材可采用敲击听声音的方式进行判断检查，通常木材腐朽、空洞、髓心在敲击时会有砰砰的空响或啪啪的虚裂声，与无毛病的实心木材声音有着很大的区别。木材上的节疤有活节与死节之分，死节是死枝留下的节疤，这种节疤有的糟朽、有的松动是影响木材质量的重要因素，可通过戳动挖掘检查，这种节疤深入不得超过木材截面的1/4，活节是活枝留下的节疤，这种节疤与木质长在一起一般不影响使用，但是不得在榫卯处使用。使用在大木梁、枋、桁（檩）等结构上的材料有干裂时深度不得超过截面的1/4，因损伤劈裂的木材，其强度已遭到破坏不得使用。挑选检验木材材质是保障建筑结构安全、保证工程质量的重要环节。

## （三）打截、配料

按照构件规格打截圆木荒料时，要把同等材质、截面相近的构件进行长短搭配下料以减少浪费。另外，搭配打截荒料时还要考虑今后制作构件过程中截面砍、刨、刮光的做份，把材料截面适当加大，要增加构件榫卯长短盘头打截的做份，把构件长短尺寸适当加长，这种增加预留做份尺寸的做法叫作加荒。一般构件长短（包括榫卯）根据种类外端头预留盘头打截做份加荒为1.5～2寸（50～60mm），打截加荒面有圆构件和方构件两种加荒方式，一般圆构件如柱、桁（檩）等直径加荒1～1.5寸左右（32～50mm），预留出砍、刨、刮光的做份。方构件中梁枋这种较大材料考虑圆木加工成方料后的刮刨做份2分（6mm）左右即可，其他板枋材采用圆木加工时应考虑锯口加荒2～3分（6～10mm），考虑刮刨做份加荒1～2分（5mm左右）。在梁、枋、板枋材下料同时，为节省材料还应考虑用边角料加工成薄板材或望板。这样才能充分地使材料发挥出所有的作用，达到节约省材的配料效果。

## （四）前期准备

### 1. 排仗杆

在加工构件前首先应按照建筑的通进深、通面阔、檐柱、金柱高等建筑尺寸排仗杆，仗杆在施工中是各工种共同统一使用的尺度依据，防止各工种作业中出现尺寸误偏差，瓦作基础落底放线、码磉墩、陡板砌筑，石作码柱顶、稳台明都要使用统一的仗杆核对尺寸。木工从构件制作到立架安装也都必须使用仗杆排画丈量，只有这样才会使各工种甚至各工序在施工制作中不出现尺寸错误。排仗杆分为总仗杆、分仗杆两种。总仗杆截面一般2寸见方，分仗杆截面一般1.5寸见方即可，仗杆要求使用质地较轻、没有节疤、不易变形的红白松制作。

（1）总仗杆排画规则（图6-1）

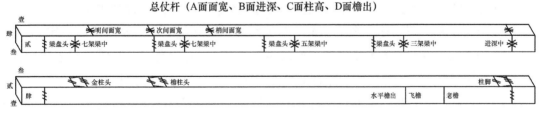

图6-1 总仗杆排画方式

在仗杆四个面中，第一面排画出面阔中各个开间面宽中～中尺寸，并点画出桁（檩）两端榫卯尺寸，檐角点画出十字搭交榫和箍头的尺寸，悬山点画出山头出梢的长度。

第二面排画出建筑的通进深、步架，并且排画出单步梁、双步梁、抱头梁、月梁和三架梁、五架梁、七架梁等梁架的端头盘头线、瓜柱卯口位置线，如果通进深较大，可从对称中线的 1/2 画出一半的通进深及梁架。

第三面排画出檐柱、金柱、山柱、童柱等各类柱子的高矮尺寸，同时点化出柱两端的馒头榫、管脚榫盘头线、尺寸，点化出柱身上的榫卯位置线，这一面还要排画出每步举架高低尺寸平水位置。

第四面排画出水平老檐出、飞檐出、檐角冲出的尺寸。

总仗杆的四面按照规则排画完成后，应与建筑上各部位尺寸进一步核对，确定排画正确无误后要把仗杆两端用钉子封固，防止人为的损毁，然后进行封存，排画好的总仗杆只能作为建筑原始母体尺寸使用，在后续的各种构件加工制作时，必须从原始母体总仗杆上套画复制出分仗杆。总仗杆作为建筑施工原始的尺寸依据不得损坏，要存留到工程竣工验收后方可销毁（见图 6-1）。

（2）分仗杆排画规则（图 6-2）

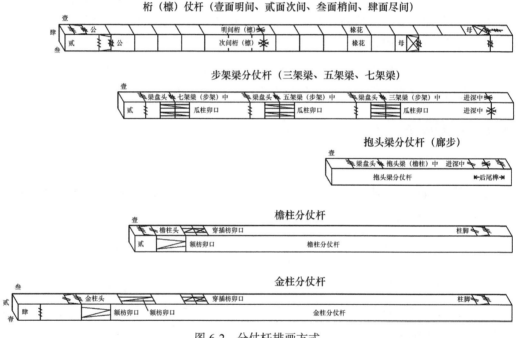

图 6-2　分仗杆排画方式

分仗杆是施工中各道工序测量放线排画尺寸的依据，是大木构件加工制作放线时必不可少的工具尺。柱、梁、枋、桁（檩）翼角等很多构件在施工中制作时都应使用分仗杆，保证相同构件尺寸画线时不发生误差。所以根据不同构件的制作，会排画出很多种构件的分仗杆。如排画桁（檩）分仗杆、各类步架梁分仗杆、各种柱子的分仗杆等。

排画分仗杆必须从母体原始总仗杆上套画尺寸，确保尺寸与总仗杆尺寸一致无误。分仗杆从总仗杆上套画出控制尺寸后，为了满足制作构件时画线的使用要求，还要在套画过来的各种构件分仗杆尺寸上增画出构件所需的榫卯线、盘头线、橡花等以及各类必要的线位尺寸控制线。经过尺寸核对准确无误，方可作为构件加工制作的丈量画线工具。分仗杆同样也要用钉子把两端封固，防止人为的损毁。

在构件制作完成后，所有的分仗杆要妥善保存，不得乱扔，以备后续工序和立架安装时查验核对之需（见图 6-2）。

**2. 打样板**

构件制作中为了方便画线、提高效率，避免画线出现失误、误差等错误，在构件制作前需要制作出很多画线用的样板。这些样板大部分都是各种构件的节点榫卯样板，常用的样板有 1/2 的桁（檩）径样板、六角扶脊木样板、桁（檩）燕尾榫样板、桁（檩）十字卡腰样板、额枋燕尾榫抱肩回肩样板、额枋箍头榫样板、箍头霸王拳、三岔头样板、趴梁、抹角梁的踏步榫样板、角云（花梁头）样板等，根据不同构件制作的需要还可以预先做出很多构件节点样板，利用样板画线既便捷又省时省力，还可避免出现误差和错画，总之打样板是大木制作过程中不可或缺的重要技术手段。

**3. 木作的放线、画线各种线段"标示"**

在大木构件加工制作的全过程中，放线、画线是非常重要的第一个环节，操作人员以线为准、按线加工，线错则活错，所以掌握各种画线线形"标示"的方式方法，便是施工操作人员必不可少的知识。在施工与木构件制作过程中工匠们把放线画线称为"线活"，开、割、刺、断、剔、凿各道工序都要按线加工，每种线形的"标示"方式，都代表着自身的作用，传统木作常用的线形有中线、老中线、升线、揲线（断肩线）、截线、用线（正确线）、废线（错线）等六种线段"标示"方式。其中还有三种是表示榫卯通透、不通透和大进小出的标示。

（1）中线、老中线

在大木放线中最重要，构件上尺寸都要从中线上向外，或由中线对称放线、画线。施工操作中常讲的一句话，叫作"大木不离中"，说出了中线的重要性。老中线与中线作用相同，一般只是构件上中线互相区分的画法（图 6-3）。

（2）升线（侧脚线）

用于柱子的外掰侧脚的线，上端与中线端头重合，下端向内倾斜，立架安装时柱脚外掰使升线对中，使柱子向内有一定倾斜度（图 6-3）。

（3）断肩线（揲线）

用于标示榫卯断肩线，加工时不可一锯到底，表示线下有保留的榫头，或表示线下还有活的意思（图 6-3）。

（4）截线（盘头线）

标示盘头打截时一锯到底的线（图 6-3）。

（5）正确线（用线）

表示要保留的实用线，在大木加工放线过程中，有用的线画"×"，错了线修改后重新更正过来的正确线在线上画"×"（图 6-3）。

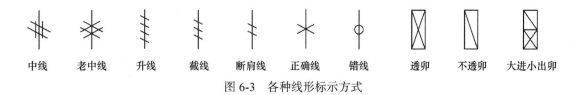

中线　　老中线　　升线　　截线　　断肩线　　正确线　　错线　　透卯　　不透卯　　大进小出卯

图 6-3　各种线形标示方式

（6）废线（错线）

表示画错了的线，或此线作废，在线向上画圆圈"○"（图6-3）。

（7）透榫卯口、半榫卯口与大进小出卯口"标示"

在放线勾画榫卯时有贯通的透榫、不贯通的半榫和有大进小出榫等，为了让施工操作人员分清，画透榫卯口时应在卯口内对角画叉表示贯通，画半榫卯口时应在卯口内对角画一斜杠表示不贯通，画大进小出榫卯口时，应在贯通的小出部分对角画叉表示贯通，在半榫部分画斜杠表示不贯通（图6-3）。

### 4. 大木编号

传统大木屋架通过构件加工、实地构架摆验（小立架）到最后的立架安装，要经过数个操作过程，过程中构件安装、拆卸、运输再安装，很容易造成混乱，使已经摆验好的同种构件在后续安装时出现错位，给立架安装造成麻烦。所以在构件制作中就应按照大木构造的位置进行编号，使今后运输、摆验、立架等各个操作环节中不出现混乱错位的麻烦。

传统的大木编号有两种编排方式：一种叫作开关号，是从明间开始向两侧编号；另一种叫作排关号，是从建筑的一端开始向另一端编号。选择哪种大木编号方式要看施工顺序怎样安排大木立架，如果大木立架是从明间开始向两侧安装，则考虑选用开关号形式；如果大木立架是从一端开始向另一端安装，则应考虑选用排关号形式。在大木构件制作之前，就要事先考虑到后续现场立架安装的秩序，按照这个秩序选择大木构件的排号编写方式。

传统的大木编号的书写方式，把建筑进深前后处在一排的柱、梁及其上所有构件统称为一缝，如前檐东一缝檐柱、前檐东一缝金柱、后檐东一缝檐柱、后檐东一缝金柱、前檐东一缝抱头梁、后檐东一缝抱头梁、东一缝五架梁、东一缝三架梁、前檐东一缝金瓜柱、后檐东一缝金瓜柱、东一缝脊瓜柱、东一缝角背等，这些构件都在前后檐进深的一条轴线上，所以统称为东一缝。顺身方向的构件编号则是以所处开间的步架位置统一编写，如明间檐檩、明间金檩、明间脊檩、明间檐枋、明间金枋、明间金脊枋、明间檐垫板、明间金垫板、明间脊垫板，次间檐檩、次间金檩、次间脊檩、次间檐枋、次间金枋、次间金脊枋、次间檐垫板、次间金垫板、次间脊垫板等，都以自身所处的位置作为前缀依次类推。

传统的大木编号在大木上书写的位置一般规则是：柱子要书写在建筑里侧距地面三尺左右的位置，柁、檩、枋等书写在上面，板类则书写在内侧。在编写过程中要灵活选择以使用方便为原则。

传统的大木编号的数字有几种写法，除了现代常用的一、二、三……八、九、十和阿拉伯数字以外，早年间的传统写法是壹、贰、叁、肆、伍、陆、柒、捌、玖、拾和由、中、人、工、大、天、主、井、羊、非这十个字，以出头代表数字，我们知道前人怎么编写大木编号数字和编写方式，在今后施工修缮古建筑时遇到这种字时便会知道它代表的是数字。

# 二、大木构件加工制作工艺

## （一）材料初加工

### 1. 圆截面材料初加工

柱子、桁檩等圆截面构件，都要预先用圆木进行初加工，把圆木去皮放十字中线迎头八卦线，在柱身上弹出八方顺直线用锛子砍成八方，再弹柱身十六方顺直线用锛子砍成十六方，然后用刨子刮圆刨光，经过数道工序加工后制成各种圆截面构件的规格净料。柱类构件在初加工中，应以树根在下树梢在上为原则，按照事先算出的收溜比例做出上细下粗的柱子收分。

### 2. 矩形截面及板类材料初加工

柱（方柱类）、梁、枋、板、椽、望等矩形构件及各类板材，要按照每种构件的截面净尺寸加荒，经过大锯开解初加工成规格毛料，然后用刨子刮刨净光制成规格净料。

## （二）构件分类制作工艺流程

### 1. 各种类型的柱子

在古代建筑中各种类型的柱子很多，有檐柱、檐角柱、金柱、里围金柱、攒金柱、中柱、排山柱、童柱等很多柱子，在众多的柱子中还有圆柱、梅花柱（方柱子）、多边形截面的异形梅花柱，这些柱子由于使用的位置不同名称叫法也各不相同，各有各的尺寸，榫卯与做份也会有着不同的变化，但是制作流程基本相同，制作过程略有变化，在遇到各类柱子制作时，制作过程要因柱适宜随类变化。在这里我们按照柱子的外形归类：圆柱子；梅花柱（方柱子包括多边形截面的异形柱子）；童柱、攒金柱、瓜柱、垂柱等，逐一讲述各类柱子的制作工艺流程。

（1）圆柱子

圆柱子包括了所有的檐柱、金柱、重檐金柱、里围金柱、攒金柱……各类圆柱。各类圆截面的柱子构件在经过初加工后，按照传统制作流程把初加工后的柱子两端已有的十字弹放在柱子顺身上，用仗杆点画柱头盘头线，点画柱脚盘头线，点画出馒头榫、管脚榫及柱身上各个部位的卯口线，用方尺和榫卯样板过画出柱头柱脚盘头线及各个位置上的榫卯线，弹出升线。完成放线工作后进入下道制作工序，用锯盘柱头，盘柱脚，开榫，用凿子剔凿各部位的卯口，剔出柱根下四面翘眼，最后在柱子内侧下端标写上柱子位置的编号。

（2）梅花柱（方柱子包括多边形截面的异形柱子）

在古代建筑中很多柱子都采用梅花柱的做法，如擎檐柱、游廊柱子、垂花门柱等，梅花柱在经过初加工后，按照传统制作流程把方柱两端已有的十字弹放在方柱顺身上，用仗杆点画柱头盘头线，点画柱脚盘头线，点画出馒头榫、管脚榫及柱身上各个部位的卯口线，用方尺和榫卯样板过画出柱头柱脚盘头线及各个位置上的榫卯线，弹出升线与四角梅花线。

完成放线工作后进入下道制作工序、用锯盘柱头、盘柱脚、开榫，用凿子剔凿各部位的卯口，使用裁口刨子裁出四个凹角，用刨子裹楞刮刨出四角圆楞梅花线，再用凿子剔出柱根下四面翘眼，最后在柱子内侧下端标写上柱子位置的编号。

（3）童柱、攒金柱、瓜柱、垂柱

1）童柱、攒金柱

童柱一般用于楼阁平座层的檐步或用于较大的宫殿顶内与重檐建筑上层外檐位置，是不落地的短柱子，童柱柱脚一般落在墩斗之上，墩斗坐落于廊步挑尖梁或抱头梁雄背之上。平座层的童柱柱头上承托平座层平台斗栱和进深方向的承重梁、穿插枋相交。横向面宽由下至上分别与承椽枋、围脊板、围脊枋、大额枋相交，柱脚之间还有连接稳定柱脚的棋枋（管脚枋），在较大的重檐建筑屋架中，童柱同样与墩斗坐落于廊步挑尖梁或抱头梁雄背之上，柱头上承托上层重檐斗栱与挑尖梁或抱头梁，进深与面宽方向同样与穿插枋、棋枋、承椽枋、围脊板、围脊枋、大额枋相交，攒金柱用于重檐大殿上层屋架内，下层屋架金柱、里围金柱柱头之上安装墩斗，攒金柱脚落于墩斗，同样柱脚之间有连接稳定柱脚的棋枋（管脚枋），与金柱、里围金柱上下对应。内檐有斗栱时，墩斗坐于压斗枋、天花梁与重檐挑尖梁尾端之上。攒金柱脚落于墩斗与金柱、里围金柱互相对应。童柱、攒金柱的工艺流程做法与圆柱做法基本相同。

2）瓜柱

瓜柱根据使用的位置有金瓜柱与脊瓜柱之分，金瓜柱位于金步架上下梁之间，起到支托架起上架梁的作用，脊瓜柱位于三架梁之上承托脊桁（檩），瓜柱多为矩形截面，进深大面宽与三架梁底边尺寸相同，顺身小面为进深面的 8/10，金瓜柱的柱头上做檩枋燕尾榫卯口和馒头榫，柱脚下作双榫插入下层梁的雄背之上，脊瓜柱的柱头上做檩枋燕尾榫卯口和桁（檩）椀。柱脚下做角背卯口和双榫插入下层梁的雄背之上。

用墨斗弹出瓜柱四面中线，用瓜柱仗杆在瓜柱大面上点画出上下榫头、卯口的位置线（仗杆上的尺寸应减掉了抬头线或平水线），用方尺和榫卯样板过画出盘头线榫卯线和脊瓜柱桁（檩）椀，用锯盘头开榫，用凿子剔凿各部位的卯口，把瓜柱插放在对应的柁梁雄背之上，用岔板讨退画出与雄背对应的瓜柱脚圆弧断肩线，最后用锯断肩即可。

3）垂柱

垂柱常用于垂花门挑梁的端头、牌楼边楼挑梁的端头、建筑檐口的帘笼之上，亦可悬挂于楼阁内檐天井罩面之上。垂柱的装饰性很强，在古建筑中利用垂柱处理悬挑梁端头是一种常见做法。垂柱从字意上讲就是倒挂着的柱子，根据古建筑构造变化垂柱做法有圆垂柱和梅花垂柱两种形制，圆形垂柱一般做风摆柳莲花垂头，垂头直径为柱身直径的 1.4 倍，垂头长一般是头直径的 1.5 倍。梅花垂柱可做退台凹角贴脸方垂头，亦可做风摆柳莲花垂头或串珠莲花垂头，甚至还可以采取其他式样的垂头。

弹出圆垂柱四面中线，用仗杆点画出垂头、莲花托层次的位置线和柱身位置线，用方尺过画出盘头线、层次线、柱身位置线，用锯按照柱身位置线转圈断肩，以柱身迎头十字线找方，弹画出柱身八卦线，用锛子砍出八方后跟线弹出十六枋线，再用锛子砍十六方，用刨子刨圆刮光做出柱身。用仗杆点画出柱身上的榫卯线，再用方尺和榫卯样板过画出柱身榫卯线，用锯断肩开榫，用凿子剔凿各部位的卯口，然后按照画出的垂头、串珠莲花层次做出垂头与莲花粗胚，最后复线跟线雕刻出莲花花瓣和垂头上的风摆柳即可。

　　4）雷公柱

　　雷公柱多用于攒尖建筑屋顶之上，较小的攒尖建筑雷公柱是通过若干角梁由戗支撑受力，其下做一风摆柳垂头悬挂在屋顶之上，而较大的攒尖建筑宝顶很重雷公柱则不做垂头，下部柱脚做榫交落在太平梁之上。在庑殿山头推山做法中也使用雷公柱，柱脚也是落在太平梁之上，然而庑殿山头所用的雷公柱实际上的做法与脊瓜柱做法基本相同，与攒尖建筑上的雷公柱做法则有着根本上的区别。带垂头的雷公柱头直径一般是建筑檐柱径的 1.5 倍，柱头以上为戗柱，戗柱要根据攒尖建筑角梁由戗的根数，按照角梁由戗的宽度，确定出是四方、六方、八方或其他等边等角多边形的戗柱径大小，戗柱的长由由戗雷公柱头莲花托上边起始，至斜交由戗的上边再向上增加一檩径定长，其上的宝顶桩子为方形或多边形，直径不应小于 2 椽径，桩子不短于宝顶的高度，要事先预留长度以备宝顶安装之需。

　　用墨斗弹出雷公柱四面中线，用仗杆点画出垂头、莲花托层次的位置线和戗柱位置线，用方尺过画出垂头与莲花托层次线、戗柱长短位置线，宝顶桩子位置线，以柱子迎头十字线找方，弹画出戗柱多边楞线，用锯按照戗柱身位置线转圈断肩，用锛子砍出戗柱的各个面，再用刨子将戗柱各个面刮平。复线弹出宝顶桩子线，用锯或锛子做出桩子即可。然后再用方尺复线在戗柱上过画出由戗卯口线，用凿子做出由戗卯口，按照画出的垂头、莲花托层次线剔凿做出垂头与莲花托，然后复线跟线雕刻出垂头上的莲花瓣和风摆柳。没有垂头的雷公柱，戗柱以上做法与垂头雷公柱做法相同，只是柱脚做双榫或馒头榫插于太平梁之上。

## 2. 各种类型的梁（柁）

　　在古建大木构造中，梁（柁）是建筑中主要承载结构受力的重要构件，在一栋建筑中有着各种类型的梁（柁），它们使用的位置的不同，形状、尺寸、做法都有着很大的区别，根据各种梁架形状做法特点可划分成几种类型。

　　（1）七架梁、五架梁、三架梁、六架梁、四架梁、月梁

　　这一类梁（柁）都是古建中的主要梁架，其形制做法与操作流程基本相同，只是截面尺寸步架的分配不同。建筑中这些梁（柁）的使用位置会有所变化，所以有的梁（柁）平水位置会使用垫板，有的梁（柁）平水位置会使用随檩枋，垫板卯口与随檩枋卯口的做法是有所区别的。

　　在经过初加工后，梁的两端画上垂直于底面的迎头分中线，用方尺以迎头分中线从梁底向上点画出平水线、抬头线，把分中线弹在梁上下面长身上，把平水线、抬头线弹在梁的两侧面，按每面宽的 1/10 弹出梁下角滚楞线，抬头线以上留做雄背，雄背圆弧高不超过一椽径。

　　用仗杆在梁上面的中线上点出 1/2 梁的中位线，由此线分别向外两端点画出每步架中线，点画出梁身上的瓜柱卯口位置线，从梁端头步架中线向外让出一檐柱径，点画出梁头外端盘头线。

用方尺以分中线为准，把点画 1/2 梁的中位线、每步架中线、梁头外端盘头线围画到梁身四面，同时画出梁上面瓜柱卯口，画出两侧面垫板卯口或随梁枋燕尾卯口，画出梁头上面的象鼻子檩椀卯口，用檩椀样板圈画出梁头两侧面檩椀卯口。把梁翻过来画出梁底面馒头榫海眼卯口。

制作人员用锯把梁头盘齐，用凿子剔凿出瓜柱卯口，剔凿出象鼻子檩椀卯口，用锯与凿子剔凿出垫板卯口或随檩枋燕尾卯口，用锛子或斧子砍出雄背，用刨子将梁雄背圆弧刮圆，再用刨子把梁下角按照滚楞线刮圆，最后在靠前檐步架的雄背上面标写上梁的位置号。

（2）排山三步梁、双步梁、单步梁（抱头梁）、顺梁、递角梁

这一类梁（柁）一般都是前端做梁头交于柱头之上，后端做直榫或大进小出插接于柱身之上，用于山面顺梁有的后端做趴掌榫与正身主梁架衔接，这些梁（柁）使用位置不同，梁头平水位置会有的使用垫板、有的会使用随檩枋，所以垫板卯口与随檩枋卯口的做法是不同的。

把经过初加工后的各种梁两端画上迎头分中线，用方尺以迎头中线从梁底上画出平水线、抬头线，把分中线弹在梁上下长身上，把平水线、抬头线弹在梁的两侧面，按每面宽的 1/10 弹出梁下角滚楞线，抬头线以上留做圆弧雄背。

使用对应的仗杆在各类梁上面的中线上点出画出每步架中线，从端头步架中线向外让出一檐柱径点画出梁头外端盘头线，点画出梁尾盘头线与梁尾榫头长短，点画出梁上面瓜柱位置卯口线。用方尺以分中线为准画出瓜柱卯口和梁尾榫头，画出抱肩回肩线，画出梁头上面象鼻子檩椀卯口，用檩椀样板套画出梁头两侧桁（檩）椀，递角梁头则要画出十字搭交檩椀。画出梁头两侧垫板卯口或随檩枋燕尾榫卯口，把梁翻过来画出馒头榫海眼卯口。

制作人员用锯把梁头盘齐，开出梁尾榫头断肩、挖出抱肩、做出回圆肩膀，用凿子剔凿出瓜柱卯口，剔凿出梁头象鼻子檩椀卯口，用锯和凿子做出垫板卯口或随檩枋燕尾榫卯口，用刨子把梁下角滚楞刮圆，做出梁上面的雄背，最后在靠前的步架雄背上分别标写出梁的位置号。

（3）踩步金梁

踩步金梁是用于歇山建筑两山檐金步的主梁，两端梁头做成檩头形状，与前后檐金桁（檩）十字搭交，梁的外侧做椽窝，山面老檐椽尾插入椽窝之内。

在经过初加工后的踩步金梁两端画上垂直于底面的迎头分中线，把分中线弹在梁上下长身上，按上下面宽的 1/10 弹出梁身下角滚楞线。

用仗杆在梁上面的中线上点画出 1/2 梁的中位线，由此线分别向两端外点画出每步架中线，点画出梁身上的瓜柱卯口位置，从端头步架中线向里让出 0.5 檩径点画出十字搭交檩头线，向外让出 1.5 檩径点画出梁头外端盘头线，同时根据山面檐檩上所标示的椽花位置，对应点画出踩步金梁外侧面的椽窝位置线。

用方尺以中位线为准，把点画 1/2 梁的中位线、每步架中线、梁头外端盘头线围画到梁身四面，同时画出梁上面瓜柱卯口，按十字搭交檩头的尺寸画出踩步金梁头十字搭交榫（搭交檩头应该山压檐做法），踩步金梁头后边上部梁身按照梁（柁）雄背做法画出回肩。

制作人员用锯把梁头盘齐，用凿子剔做出上面瓜柱卯口，剔出踩步金梁外侧面的椽窝

卯口，按照十字搭交梁头线用锯断肩做回肩，然后用锯、斧子、刨子做出十字搭交檩头式的踩步金梁头，再用锯和凿子剔做出十字卡腰榫，用刨子把梁四角滚楞刮圆。最后在踩步金梁前檐步架上面标写出踩步金梁的位置号。

（4）承重梁

在古代楼阁建筑中，承重梁是楼面的主要受力大梁，承重梁之间通过铺设楞木（承重枋）、毛地板、面层地板形成楼阁的每层层面。

在经过初加工后的承重梁两端画上垂直于底面的迎头分中线，把分中线弹在梁上下长身上，按上下面宽的 1/10 弹出梁上下角滚楞线。

用仗杆在梁上面的中线上点画出梁中至中的总长（檐柱中至中或通金柱中至中），以檐柱中或通金柱中点画出廊步架中线，点画出梁身上的楞木（承重枋）卯口位置线，由檐柱中或通金柱中分别向外侧两端让出 1.5～2 檐柱径，点画出梁头的长短和梁两端的盘头线（即檐边木外皮线）。

用方尺以中线为准，把廊步架中线、梁头外端盘头线围画到梁身四面，同时画出廊步架梁通透扒腮长榫，画出扒腮夹板的抱肩回肩，画出檐边木搭接榫，画出廊步梁身加腮两侧楞木卯口和梁身上的楞木（承重枋）卯口。

制作人员用锯把梁头盘齐，开出廊步架梁通透长榫与扒腮，把通透榫两侧扒腮板临时归位，用锯断肩、回肩开出檐边木搭接榫，用凿子剔做出楞木（承重枋）卯口，用刨子把梁四角滚楞刮圆，最后在梁上面分别标写上承重梁的位置号。

（5）顺趴梁、太平梁、抹角趴梁、井字长趴梁、短趴梁

这一类梁都有一个共同的特点，就是梁的两端或一端都做踏步趴掌榫，通过踏步趴掌榫与之其他构件互相衔接。

在经过初加工后的顺趴梁、太平梁、抹角趴梁、井字长趴梁、短趴梁等梁的梁两端画上迎头分中线，把中线弹在梁上下长身上，按每面宽的 1/10 弹出梁上下角滚楞线。

1）顺趴梁

用对应的仗杆在顺趴梁上面的中线上点画出梁长度尺寸（中至中），由檐檩中线向里点画出步架中线，从檐头檩中线向外让出 1/2 檩金盘线为趴梁檐头外端踏步趴掌榫的盘头线，同时点画出步架交金瓜柱（交金墩）的卯口线位，梁的另一端插入金柱，或交于瓜柱之上，则点画出直插榫或燕尾榫的长度与断肩线（三开一等肩）、盘头线，如梁的另一端趴在大梁上，顺趴梁与大梁结合部的榫则应让出瓜柱（梁垫）榫卯的做份尺寸，在此范围内点画出踏步趴掌榫。

用方尺以中线为准，画出对应的梁端头踏步趴掌榫，对应画出交于金柱的直插榫或交于瓜柱的燕尾榫。

制作人员用二锯把梁头盘齐，开出梁头或梁尾踏步趴掌榫头，或梁尾直插榫、燕尾榫，断肩回肩，用凿子剔做出交金瓜柱卯口，用刨子把梁四角滚楞刮圆。最后在顺梁檐步架的雄背上分别标写上位置号。

2）抹角趴梁、长趴梁、短趴梁、太平梁

把经过初加工后梁的两端画上迎头分中线，把中线弹在梁上下长身上，按每面宽的

1/10 弹出梁上下角滚楞线。

用对应的仗杆在每种梁上面的中线上点画出梁长度尺寸（中至中），从檩中线向外让出1/2 檩金盘线点画出太平梁的外端盘头线，点画出太平梁步架交金瓜柱榫（交金墩）卯口线位，抹角趴梁也是从檩中线向外让出1/2 檩金盘线抹角梁的外端盘头线（抹角梁要按角度加斜），长趴梁则是由相对应的檩中线向里点画出长趴梁步架中线（也是短趴梁的位置中线），在长趴梁上面点画出短趴梁的卯口线位和短趴梁踏步榫卯口线，短趴梁根据长趴梁中之中的尺寸，点画出两端踏步趴掌榫阶梯线和端头燕尾榫与盘头线。

用方尺以中线为准在长短趴梁、太平梁、抹角梁上，过画出相对应的踏步趴掌榫卯、燕尾榫和断肩线、盘头线。

制作人员用锯把梁头盘齐，开出梁头、梁尾踏步趴掌榫，燕尾榫头，锯出断肩，按所画出的卯口用凿子剔做出卯口，用刨子把梁四角滚楞刮圆。最后在梁的上面分别标写上位置号。

（6）天花梁

天花梁使用在较大的殿堂或重檐殿堂的内檐隔架斗栱之上，两端与前后檐挑尖梁后尾对头衔接，是内檐斗栱以上层面的主梁，也是分隔间与间天花吊顶的梁。

把经过初加工后的天花梁两端画上垂直于底面的迎头分中线，把分中线弹在梁上下长身上，按上下面宽的1/10 弹出梁上下角滚楞线。

用仗杆在梁上面的中线上点画出梁的总长，点画出柱中至柱中的位置线，以柱中线点画出梁两端的扣搭榫卯（包括压斗枋的搭扣榫卯），点画出墩斗刻口位置线，点画出两端盘头线。

用方尺以中线为准过画出梁两端榫卯，过画出墩斗刻口位置线与盘头线。

制作人员用二锯把梁头盘齐，开解剔凿出两端榫卯与墩斗刻口，用刨子把梁四角滚楞刮圆。最后在天花梁的上面分别标写上位置号。

（7）随梁

随梁类似于额枋，是柱与柱之间的紧贴梁底的构件，梁的两端都做燕尾榫与柱头相交。

把经过初加工后随梁两端画上垂直于底面的迎头分中线，把分中线弹在梁上下长身上，按上下面宽的1/10 弹出梁上下角滚楞线。

用仗杆在梁上面的中线上点画出梁的中至柱中的总长，以柱中分别向内点画出柱子外皮线，由此线按檐柱径3/10 向外点画出梁两端燕尾榫线，即天花梁两端盘头线。

用方尺以中线为准画出梁两端燕尾榫，按三开一等肩的要求过画出断肩回圆肩线（可事先做出肩膀榫卯样板套画）。

制作人员用二锯把梁头盘齐，锯解剔凿出两端燕尾榫，断肩回圆，用刨子把梁四角滚楞刮圆。最后在随梁的上面分别标写上位置号。

（8）老角梁、仔角梁、刀把角梁、窝角老角梁、窝角仔角梁、由戗

老角梁、仔角梁、刀把角梁、窝角老角梁、窝角仔角梁、由戗等都是檐角上的梁，由戗从上至下层层扣搭直至角梁后尾。在制作角梁之前应按照建筑檐角尺寸放出角梁大样和由戗大样，按照大样做出每种角梁、由戗的1:1样板。

在经过初加工后的角梁、由戗等构件两端画上垂直于底面的迎头分中线，把分中线弹

在每种角梁、由戗上下长身上。

1）老角梁

用老角梁的足尺样板在梁的两侧面对应套画出老角梁前后的老由中、里由中、外由中、檐步闸口和金步十字斜交扣檩椀（檩椀内可设小象鼻子），套画出梁头霸王拳，扣金做法的金步梁尾要画交金卡腰榫、三岔头。插金做法梁尾画插金榫（根据需要有直插榫和燕尾榫两种做法），压金做法则梁尾画压金檩椀与后尾搭接榫，梁的两侧画出翼角椽槽。

制作人员用挖锯把十字斜交扣檩椀挖出，刺出梁头霸王拳，用二锯和挖锯凿子剔做出梁尾扣金卡腰榫、三岔头，开出闸口，插金做法则用二锯开出梁尾插金榫断肩，压金做法则用挖锯挖出压金檩椀做出后尾搭接榫，用凿子剔做出梁身两侧翼角椽槽，用麻花钻打通角梁钉卯口，用刨子把梁的底面、两侧面净光即可。

2）仔角梁

用仔角梁的足尺样板在梁的两侧面对应套画出仔角梁身前后的老由中、里由中、外由中，画出仔角梁头的翻头，梁尾画出扣金檩椀与后尾搭接榫，插金做法梁尾画插金榫，画出翼角椽槽翘飞母。用二锯把角梁头翻头刺出，把翻头翻身抹胶钉牢在上面，做出起翘仔角梁头并把梁头底面刮平刨光，然后套用样板梁头尺寸，用方尺按照撇半椽画出梁头大连檐刻口和套兽榫或三岔头。

制作人员用二锯刺出梁头大连檐刻口和套兽榫或三岔头，用挖锯挖出梁尾扣金檩椀与后尾榫，插金做法用锯开出梁尾插金榫，用凿子剔做出梁身两侧翼角椽槽，用麻花钻打通角梁钉卯口，用刨子把梁头的底面、梁两侧面净光。

老角梁与仔角梁是上下互相对应的一组整体，制作完成后把仔角梁与老角梁靠验整修组合在一起，然后在这一组整体的角梁上面标写上檐角位置号。

3）刀把角梁、飞头角梁

刀把角梁是仔角梁与老角梁连体制作的角梁，仔角梁、老角梁为一根整料梁后尾采用压金做法或插金做法。飞头角梁则是老角梁单做，仔角梁做成一个大飞头钉在老角梁的上面。

用刀把角梁的足尺样板在梁两侧面对应套画出梁身上的老由中、里由中、外由中，画出仔角梁头翻头，梁尾画出梁后尾压金檩椀与搭交榫，插金做法则画出梁尾插金榫，用二锯把角梁头的翻头刺出，把翻头翻身抹胶钉牢在上面，做出起翘仔角梁头并把梁头底面刮平刨光，然后套用样板梁头尺寸，用方尺按照撇半椽画出梁头大连檐刻口，画出套兽榫或三岔头、霸王拳头，画出翼角椽槽、翘飞母。

制作人员用锯刺出梁头大连檐刻口、套兽榫或三岔头，开出闸口做出霸王拳头，用挖锯挖出梁尾压金檩椀做出后尾搭角榫，插金做法用锯开出梁尾插金榫，用凿子剔做出梁身两侧翼角椽槽，用麻花钻打通角梁钉卯口，用刨子把梁头的底面、梁两侧面净光。最后在角梁上面分别标写上檐角位置号。

4）窝（凹）角梁

这种角梁是建筑转角里侧阴角的角梁，与阳角角梁区别很大，不出冲、不起翘，截面厚度是阳角梁的 2/3，形状如同加斜后的老檐椽与飞椽，梁的后尾为压金做法。窝（凹）角梁除了老角梁与仔角梁上下分做以外，也可以上下合为一体做成刀把窝（凹）角梁。采取哪种做法都应根据构造变化和材料的规格来选择。

在这里应注意的是窝角仔角梁的飞头尾子的长度应直通到金步中线位置，防止尾子短了造成飞头角梁仰头臕不上连檐。

① 在窝（凹）角老角梁两侧面，用窝（凹）角老角梁的足尺样板对应套画出梁身上的老由中、里由中、外由中、闸口、十字斜交压金檩椀、老檐梁头画霸王拳、梁尾画压金檩椀或后尾搭接榫，插金做法时梁尾画插金榫。

制作人员用挖锯把十字斜交压金檩椀、梁尾压金檩椀挖出，刺出梁头霸王拳，用二锯开出闸口与后尾榫，插金做法则用二锯刺出梁尾插金榫，用麻花钻打通角梁钉卯口，用刨子把梁的底面、两侧面净光。

② 首先用窝（凹）角仔角梁的足尺样板在窝（凹）角仔角梁两侧面对应套画出梁头梁尾，画出套兽榫或三岔头。制作人员用锯刺做梁尾子，刺出套兽榫或三岔头，然后用刨子把梁头的底面和两侧面净光。

窝（凹）角老角梁与窝（凹）角仔角梁也是上下互相对应的一组整体，制作完成后窝（凹）角仔角梁应与窝（凹）角老角梁要靠验整修组合无误，最后在这一整体的窝（凹）角角梁上面分别标写上檐角位置号。

5）由戗

首先用由戗的足尺样板在由戗两侧面对应套画出由戗前下金蹬脚榫、由戗后上金压金檩椀后尾榫。制作人员用挖锯把由戗后上金压金檩椀挖出，用锯开出下金蹬脚榫、上金压金后尾榫，用麻花钻打出角梁钉卯口，用刨子把由戗底面、两侧面净光。最后在由戗上面标写位置号。

**3. 枋类构件**

枋类构件种类很多：有各种大小额枋、箍头枋、由额枋，以及金、脊枋、承椽枋、随梁枋、随檩枋、围脊枋、天花枋、间枋、棋枋等，这些枋大部分都是以燕尾榫方式与柱子相连接的，形状、做法区别不大。还有很多枋类如龙门枋、穿插枋、帘笼枋、跨空枋、提装枋、平板枋（坐斗枋）、弧形檩枋、擎檐枋、遮檐枋、踏脚木等种类繁多的枋类构件，由于使用的位置不同，所以形状、尺度、榫卯做法也会有很大区别。

（1）额枋及同等类型的构件

分类将已备好的每种枋的规格料两端画上垂直于底面的迎头分中线，把分中线弹在枋的上下长身上，按上下小面宽的1/10弹出额枋四角滚楞线。

以额枋一端点画出一道盘头线，以盘头线向里点画出此端燕尾榫的长线，以此线用已备好相对应的仗杆所标面宽或进深（柱中至柱中）尺寸，减去两端对应柱头半个柱径点画出两柱之间额枋净长线，由此线向外再点画出另一端燕尾榫的长线（燕尾榫的长按檐柱径3/10），即另一端盘头线。

用半柱径内圆样板以两端柱之间额枋净长线（即两端燕尾榫根线），在额枋上下面圈画出额枋的抱柱肩膀，用燕尾榫样板套画出额枋两端燕尾榫（燕尾榫高按额枋高，宽、长各按檐柱径的3/10，燕尾榫根部向里侧每边各按燕尾榫长的1/10～1.5/10收分做"乍角"，额枋上面燕尾榫头向下"榫高"置额枋下面，燕尾榫头每边按榫宽的1/10收"溜"。采用袖肩做法时，袖肩长按檐柱径的 1/8，宽为檐柱径 3/10，乍角的收分为袖肩前端榫长的 1.5/10。燕尾榫两侧抱柱肩膀，按三开一等肩分成三份，里一份为撞肩，外二份画出圆回肩，用方尺把所点画、圈画、套画的线过画出来，制作人员用锯把额枋两端盘齐，开燕尾榫、断肩、刺圆回肩、用刨子把额枋四角滚楞刮圆。最后在额枋上面标写位置号。

（2）箍头枋

用于外檐转角处与角柱相交的额枋，额枋在檐角外侧出头把柱头箍住。

以箍头枋一端点画出一道盘头线，以盘头线向里点画出此端燕尾榫的长线，以此线用已备好相对应的仗杆所标的面宽或进深（柱中至柱中）尺寸，减去柱头半柱径（每端半柱径），如角柱侧角有收升则再减去所收升的尺寸，点画出两柱之间箍头枋净长线，由此线向外按角柱头一柱径尺寸，点画出另一端的箍头榫的长线，由此线向外再点画出霸王拳箍头或三岔头箍头的长线（由柱中轴线平行向外 1.5 柱径为箍头外皮，如需加栖还应增 1.5 斗口或 1/5 檐柱径），即另一端箍头外侧盘头线。

用柱头内圆样板以两端柱之间箍头枋净长线（即一端燕尾榫根线至另一端的箍头榫根线），在箍头枋上下面圈画出燕尾榫与另一端箍头榫的抱柱断肩线，用燕尾榫样板套画出箍头枋一端燕尾榫（燕尾榫做法与额枋同），用方尺画出另一端箍头榫（箍头榫的宽按柱径 1/4～3/10，高随箍头枋高），如十字搭交箍头榫则应按山面压檐面的规则画出上下十字卡腰榫，燕尾榫与箍头榫两侧抱柱肩膀按三开一等肩分成三份，里一份为撞肩，外二份画出圆回肩，箍头榫外箍头高按箍头枋高从下皮向上减去一斗口或 0.5 椽径，箍头头宽以箍头枋宽按 0.5 斗口或 0.25 椽径两侧扒腮，用方尺把所点画、圈画、套画的线过画出来，用事先做好的样板画出箍头霸王拳或箍头三岔头。

制作人员用二锯把箍头枋两端盘齐，开燕尾榫、断肩、回肩、扒腮、刺出霸王拳或三岔头，用凿子剔做出箍头榫上下十字卡腰榫，用刨子把额枋四角滚楞刮圆，最后在箍头枋上面标写位置号。

（3）花台枋

在较大的大式殿堂建筑中内檐设置斗栱时（多为品字科），下面承托斗栱的枋子被称之为花台枋。由于使用位置的区别，有的被称之为花台梁。

在经过初加工后的花台枋两端画上垂直于底面的迎头分中线，把分中线弹在枋子上下长身上，按上下面宽的 1/10 弹出枋上下角滚楞线。

以花台枋一端点画出一道盘头线，以盘头线向里点画出此端燕尾榫的长线，以此线用已备好相对应的仗杆所标面宽或进深（柱中至柱中）尺寸，减去对头柱头半柱径（每端半柱径）点画出两柱之间花台枋净长线，由此线向外再点画出另一端燕尾榫的长线（燕尾榫的长按檐柱径 3/10），即另一端盘头线。

用柱头圆样板以两端柱之间花台枋净长线（即两端燕尾榫根线），在花台枋上下面圈画出花台枋的断肩线，用燕尾榫样板套画出两端燕尾榫（燕尾榫高按花台枋高，宽、长各按檐柱径的 3/10），按三开一等肩画出燕尾榫两侧断肩回肩，用方尺把所画的线段过画出来，制作人员用锯把额枋两端盘齐，开出燕尾榫，断肩回肩，用刨子把花台枋四角滚楞刮圆。最后在花台枋上面标写位置号。

（4）承椽枋

承椽枋多用于重檐建筑或楼阁建筑围脊之上，承椽枋外面对应檐椽做椽椀，老檐椽后尾插入椽椀之内。

将已备好的承椽枋规格料两端画上垂直于底面的迎头分中线，把分中线弹在承椽枋上下长身上，按上下小面宽的1/10弹出额枋四角滚楞线。

以承椽枋一端点画出一道盘头线，以盘头线向里点画出此端燕尾榫的长线，以此线用已备好相对应的仗杆所标面宽（柱中至柱中）尺寸，减去对应柱头半柱径（每端半柱径）点画出两柱之间承椽枋净长尺寸线，由此线向外再点画出另一端燕尾榫的长线（燕尾榫的长按檐柱径3/10），即另一端盘头线，同时还要把在仗杆上已分排好的椽椀点画到承椽枋的外侧面上。

用柱头圆样板以两端柱之间承椽枋净长线（即两端燕尾榫根线），在承椽枋上下面圈画出承椽枋的断肩线，用燕尾榫样板套画出承椽枋两端燕尾榫，燕尾榫高按承椽枋高，宽、长各按柱径的3/10，燕尾榫根部向里侧每边各按燕尾榫长的1/10收分做"乍"，采用袖肩做法时，袖肩长按柱径的1/8，宽与乍的宽边相等。燕尾榫两侧抱柱肩膀，按三开一等肩分成三份，里一份为撞肩，外二份画出回圆肩，用方尺把所点画、圈画、套画的线过画出来，按举斜画出椽椀，制作人员用二锯把承椽枋两端盘齐，开燕尾榫、断肩、刺回圆肩、用凿子剔做出椽椀、用刨子把额枋四角滚楞刮圆。最后在承椽枋上面标写位置号。

（5）穿插枋、罩面枋

穿插枋是檐柱与金柱之间连接用的枋子，穿插枋前后两端做大进小出榫插入在檐柱与金柱之上。罩面枋是用于垂花门檐头罩面垂柱上最下面的枋子。

将已备好的枋子规格料两端画上垂直于底面的迎头分中线，把分中线弹在穿插枋上下长身上，按上下小面宽的1/10弹出枋子四角滚楞线。

以穿插枋、罩面枋一端点画出一道盘头线，以盘头线向里，按与之相交的柱径尺寸，点画出此端大进小出榫的长线（如大进小出榫柱外留做小麻叶头或小将军头，应按与之相交的柱子1.5倍柱径尺寸点画榫长线），以此线用已备好相对应的仗杆（柱中～柱中）尺寸，分别减去两端半柱径，点画出两柱之间枋子的净长尺寸线，由此线向外再点画出另一端大进小出榫的长线（榫厚度为檐柱径3/10且不小于檐柱径1/4），即另一端盘头线。

用檐柱与金柱圆样板以柱子两端之间枋子的净长线（即两端榫根线），在枋子两端上下面圈画出断肩线，按三开一等肩分成三份，里一份为撞肩，外二份画出回圆肩，用方尺画出枋子两端的大进小出榫，把所点画的线过画出来。制作人员用锯把枋子两端盘齐，开榫断肩回肩，按照三弯九转做出小麻叶头，用刨子把额枋四角滚楞刮圆。最后在穿插枋上面标写出位置号。

（6）提装枋（帘笼枋）（跨空枋）

提装枋也叫帘笼枋，也可叫跨空枋。常见于殿堂金柱之上，根据需要提装枋可随大木立架一起制安，如同由额做法两端做燕尾榫。亦可在做装修时随着装修一起安装，一端做直榫，一端做倒退靴榫。

将已备好的枋子规格料两端画上垂直于底面的迎头分中线，把分中线弹在提装枋上下长身上,按上下小面宽的 1/10 弹出额枋四角滚楞线。

以提装枋一端点画出一道盘头线,以盘头线向里,按与之相交的柱径尺寸,点画出此端燕尾榫或直插榫头的长线,以此线用已备好相对应的仗杆(柱中~柱中)尺寸,分别减去两端半柱径,点画出两柱之间枋子的净长尺寸线,由此线向外再点画出另一端燕尾榫或倒退榫头的长线(燕尾榫长为檐柱径的 3/10,厚度为檐柱径 1/4。直榫长度 1.2 寸倒退靴榫长 2.4 寸),即另一端盘头线。

用柱径圆样板以两端柱之间枋子的净长线(即两端榫根线),在枋子上下面圈画出枋子榫的断肩,按三开一等肩分成三份,里一份为撞肩,外二份画出回圆肩,用方尺圈画过线画出枋子两端的榫。制作人员用锯把枋子两端盘齐,开榫断肩做回肩,用刨子把提装枋四角滚楞刮圆。最后在枋子上面标写出位置号,

(7)弧形额枋

弧形额枋多用于圆亭、扇面亭和圆弧建筑之上,都是以矩形木材按圆弧檩枋样板套画后,用挖锯剌成弧形再刨光的异形额枋。

在经过初加工后的圆弧枋料上,用圆弧额枋样板套画出额枋中线,画出两端盘头线燕尾榫,画出断肩回肩线,用方尺画签圈画过线,按上下小面宽的 1/10 画出弧形额枋四角滚楞线,然后交制作人员用锯把圆弧额枋两端盘齐,开燕尾榫断肩做出回肩,用刨子把圆弧额枋四角滚楞刮圆,最后在弧形额枋上面标写上位置号即可。

(8)擎檐枋、遮檐枋

擎檐枋、遮檐枋是用于檐口擎檐柱上的枋子,擎檐枋在上、遮檐枋在下,两枋之间多用间柱、花板作为装饰。

将已备好的擎檐枋、遮檐枋规格料两端画上垂直于底面的迎头分中线,把分中线弹在擎檐枋、遮檐枋上下长身上,按檐椽举架斜度在擎檐枋外面长身上弹出斜角度线。

以枋子一端点画出一道盘头线,以盘头线向里点画出擎檐枋燕尾榫的长线,以此线用已备好相对应的面宽仗杆(柱中至柱中)尺寸,减柱去柱径尺寸(每端半柱径)点画出擎檐枋两柱之间净长线,由此线向外再点画出另一端燕尾榫的长线(燕尾榫的长为擎檐柱径的 3/10),即另一端盘头线。

以枋子一端点画出一道盘头线,以盘头线向里点画出遮檐枋对头直插刻半榫的长线,以此线用已备好相对应的面宽仗杆(柱中至柱中)尺寸,减柱去柱径尺寸(每端半柱径)点画出遮檐枋两柱之间净长线,由此线向外再点画出另一端的直插刻半榫长线,也是盘头线。

用方尺圈画出擎檐枋、遮檐枋断肩线,画出两端刻半榫,然后交制作人员用锯剌出擎檐枋斜面,把擎檐枋、遮檐枋两端盘齐,开榫断肩,用刨子把擎檐枋、遮檐枋净光、下角滚楞刮圆。最后在枋子上面标写位置号。

(9)踏脚木

踏脚木是歇山博风板里皮收山压檐椽后尾的大木枋,枋子底面随举架角度倾斜,草架柱、山花板落在踏脚木之上。

将已备好的规格木料两端画上垂直于底面的迎头分中线,把分中线弹在枋的上下长身

上，按歇山檐椽的举斜弹出踏脚木斜角线。

用仗杆把踩步金梁两端中～中的尺寸点画在踏脚木两端，同时对应步架点画出草架柱卯口，用方尺画出草架柱卯口和两端金桁（檩）中线，使用桁（檩）径样板套画出两端金桁（檩）椀，然后制作人员用凿子剔做出对应草架柱的卯口，用锯剌出踏脚木斜角（也可用锛子砍出踏脚木斜角），用挖锯挖出金桁（檩）椀。最后在踏脚木上面标写出山面位置号。

（10）平板枋（坐斗枋）

平板枋置于柱头额枋于之上，是承托斗栱的常用构件。

将已备好的平板枋规格料两端画上垂直于底面的迎头分中线，把分中线弹在平板枋上下长身上。

以平板枋一端点画出一道盘头线（即柱中轴线），由此线向里按平板枋宽 1/3 尺寸点画出燕尾卯口线，以盘头线用已备好相对应的仗杆点画出柱中至柱中尺寸线，以此线向外按平板枋宽 1/3 尺寸点画出燕尾榫的长线，即另一端盘头线。

搭角平板枋一端点画出一道盘头线（即柱中轴线），由此线向里点画出燕尾卯口线，或向外点画出燕尾榫的长线，以盘头线用已备好相对应的仗杆点画出柱中～柱中尺寸线，以此线向外按 1.5 柱径点画出搭角平板枋的搭角出头线（搭角出头的长应与下面搭交额枋箍头外端平齐），即另一端盘头线，同时用尺画十字出搭角榫。

制作人员用二锯把平板枋或搭角平板枋两端盘齐，开出燕尾卯口或燕尾榫、断肩，开出十字出搭角榫，用凿子剔做出燕尾卯口、剔做出搭角榫，用刨子把平板枋净光。最后在平板枋上面标写上位置号。

### 4. 各种类型的桁（檩）、扶脊木

由于建筑上的位置不同，桁（檩）的类型长短都会发生很多变化，有檐口挑檐桁条，有使用在开间正身的桁（檩），有使用在檐角的搭交桁（檩），有悬山出挑悬挂博风板的出梢桁（檩），各类桁（檩）榫卯做份、长短都有着很大的区别，但是制作流程基本相同。

扶脊木位于脊桁（檩）之上，是辅助脊桁（檩）扣压脑椽的构件。扶脊木截面为不等边的六边形，两侧如鳃，凿有椽椀。制作工艺流程与桁（檩）基本相近。

（1）桁（檩）

各种圆截面的桁（檩）构件在经过初加工后，按照传统制作工艺流程把构件两端已有的十字弹放在构件顺身上，用分仗杆点画出桁（檩）开间中线点，画出榫长线和两端的盘头线，并点化出椽花。搭交桁（檩）要在一端对应点画出搭接桁（檩）头的长度。悬山要在一端点，画出梢桁（檩）头的长度。

正身桁（檩）用方尺和燕尾榫样板套画出两端的燕尾榫、燕尾卯口，画出两端与梁（柁）头桁（檩）椀搭交的象鼻子刻半榫掸线（断肩线）。按照桁（檩）径的 1/5 尺寸弹出上下金盘线。

搭交桁（檩）用方尺在搭交的端头画出十字搭交榫卯，用燕尾榫样板套画出另一端的燕尾榫或燕尾卯口，画出与梁（柁）头桁（檩）椀搭交的象鼻子刻半榫掸线（断肩线）。按照桁（檩）径的 1/5 尺寸弹出金盘线。

悬山桁（檩）与正身做法基本相同，只是一头出梢长 8.5 椽径不做榫卯。

放线工作完成后进行下道制作工序，用锯盘头开榫断肩，用凿子剔做卯口，最后在桁（檩）上面标写位置号，码放到指定地点以备下道工序安装。

（2）扶脊木

扶脊木在初始加工时已按照形制制成了不等边六边形材料，按照传统制作流程把构件两端已有的十字弹放在构件顺身上，用仗杆点画出开间中线点，画出榫长线和两端的盘头线，按照椽花位置点画出两侧椽窝中线，用方尺和桁（檩）燕尾榫样板和椽窝样板套画出两端的燕尾榫、燕尾卯口和两侧面的椽窝，在扶脊木下面画出暗销卯口。

放线工作完成后进行下道制作工序，用锯盘头开榫，用凿子剔凿卯口剔凿椽窝，在扶脊木上面标写位置号，码放到指定地点以备下道工序安装

（3）弧形檩

弧形檩多用于圆亭、扇面亭和圆弧建筑之上，都是以矩形木材按圆弧檩样板套画后，用挖锯加工成弧形，然后刮圆刨光制作成圆弧形弯檩。

在经过初加工后的圆弧檩上，用圆弧檩样板套画出檩十字中线和两端盘头线，用方尺画签围画出来，用榫卯样板套画出燕尾榫和燕尾卯口线。

然后交制作人员用锯把圆弧檩两端盘齐开燕尾榫断肩，用凿子凿做出燕尾卯口。最后在弧形檩上面标写上位置号。

**5. 各种板类构件**

在建筑中有很多板类构件，各种类型的板在建筑中所处的位置及用途有着很大的区别变化，有檐、金、脊垫板、由额垫板，有用在重檐的围脊板，用在歇山、悬山上的博风板，有悬挂于楼阁层面的檐口滴珠板（挂落板）、挂檐板和楼板，还有封堵山头的山花板、象眼板等。

首先要根据板的种类，把毛板料进一步加工刨光成规格板料。

（1）檐、金、脊垫板、由额垫板、围脊板

先以垫板一端点画出一道盘头线，以盘头线向里，用已备好相对应的面阔仗杆，点画出梁与梁或柱与柱之间的净尺寸后，再按垫板厚的两份加出两端入榫的长度画线，即另一端盘头线，用方尺把盘头线过画出来。

制作人员用锯按两端盘头线把垫板盘齐，然后在垫板里面标写上位置号即可。

（2）博风板

博风板厚 1 椽径或 1.5 斗口，宽 2 檩径至 2.5 檩径，博风板按步架分段，每段板与板之间对接缝垂直于桁檩正中，檐出与檐步架连做带博风头，如是过垄脊山头罗锅博风山单做。博风板在制作前要先初步加工拼板穿抄手带，每步架穿抄手带不少于 2 根，檐出与檐步架连做穿抄手带不少于 4 根。

首先用提前备好的博风板足尺样板，在以初加工后的博风板上，套画出博风板上下边弧线，与步架上下相间檩中角度垂线，画出博风板上下两端对接缝龙凤榫卯，榫卯长与宽为 1/3 或 1/4 博风板厚，套画出两端桁（檩）椀、燕尾枋卯口，檩椀、燕尾枋卯口深按 2/5

或 1/2 博风板厚，檐出与檐步架连做带博风头时还应套画出博风头。

制作人员用锯剌出博风板上下边弧线，把博风板两端盘齐，开出上下龙凤榫卯、断肩，用凿子剔做出卯口、檩椀、燕尾枋卯口，用刨子把下边面净光。最后在垫板里面标写上位置号。

（3）滴珠板（挂落板）

滴珠板是楼阁外沿边悬挂带有雕刻装饰的封檐板，由若干块竖向等宽的木条板拼接连在一起，板缝间压楞做企口缝或龙凤榫，板与板之间内侧通过穿带锁合，滴珠板厚0.5 斗口或 1/10 檐柱径，滴珠板高 12 斗口，或 2 檐柱径，滴珠板上边盘齐，下边做如意云雕饰。

首先按照沿边尺寸排画出木条板的宽窄尺寸（沿边木条板多为双数），宽窄一般控制在一椽至一椽半之间，按照尺寸初加工出木条板，做出企口榫卯和穿带燕尾槽，倒楞压边，用样板在木条板下端套画出如意云头纹样，由制作人员雕刻出如意云雕饰，然后按照开间的尺寸位置分成若干段，把制作完成的木条板穿带，制成为整块滴珠板，按照位置次序在内测编写上号码以备安装。

（4）挂檐板

挂檐板是楼阁外檐边横向悬挂的封檐板。板长沿着面阔或进深方向以间为单位，挂檐板厚 1 斗口或 1/5 檐柱径，挂檐板高 12 斗口，或 2 柱径，挂檐板在制作前要先初步加工上下穿抄手带，两带间距一般控制 在 2.5 尺（800mm）左右，以一端点画出一道盘头线画出龙凤榫卯口，用已备好相对应面宽或进深仗杆，点画出相对应的面宽或进深中至中的尺寸线，按此线向外点画出另一端龙凤榫盘头线。用方尺过画出榫卯和盘头线。

制作人员用锯把挂檐板两端盘齐，开出龙凤榫卯、断肩，用凿子剔做出卯口，用刨子把挂檐板净光，最后在垫板里面标写上位置号。

（5）楼板

楼阁铺设楼板也叫铺设毛地板（糙地板），这种地板一般都是两层，底层下面刨光做企口缝，光面铺在楞木之上，板面宽 5 寸至 6 寸（160～200mm）为宜（不易变形），厚一般为1.2 寸至 1.5 寸（40~50mm），其上在斜铺一层较薄的毛地板，板厚一般不超过 1 寸，这样可防止或减小楼板开裂变形，其上亦可铺砖墁地、亦可铺设面层地板。

面层地板是一种规格标准的细作地板，四边板缝都做龙凤榫卯，长条地板规格一般长为 4～5 尺（1300～1600mm）、宽 3～4 寸（100～130mm）、厚 8～9 分（25～30mm）之间。长条地板多为十字缝的铺设方式，也有人字纹的铺设方式和其他式样的铺设方式。

把毛地板按照楼面规格进行初加工，盘头打截开出企口缝即可。铺砖楼面使用的薄毛地板根据需要打截即可，面层铺设做地板时，楼面使用的薄毛地板要把上面刮平刨光，根据需要打截出长短即可。

把细做地板按照事先确定的尺寸四面刮光，开出龙凤榫卯，做好半成品的保护防止变形，以备后续安装。

（6）山花板

山花板厚0.6 斗口或按 1/10 檐柱径，山花板分块宽宜 5 寸至 6 寸左右为宜（180mm 左右不易变形），山花板在制作前要先初加工，在每块山花板的两直边上对应做出龙凤榫卯，榫长 3 分至 4 分（10～13mm），厚为板厚的 1/3。或做出企口缝，企口缝宽 4 分（13mm）、厚为 0.5 山花板厚，山花板制作前还要在一块平地上放出 1∶1 山花大样，把初加工好的每块山花板排在山花大样上，套画出山面檩椀，齐着椽子上皮画出盘头线，在每块山花板里面标写位置号。制作人员用锯把山花板盘齐，挖出檩椀即可。

（7）象眼板

象眼板厚 0.8 寸（25mm），分块宽宜 5 寸（160mm）左右，板的两直边上对应做出企口缝即可。

### 6. 椽、望、连檐、屋面木构件等

建筑屋顶上的构件有圆檐椽（老檐椽）、方檐椽、圆花架椽、方花架椽、脑椽、罗锅椽、飞椽、圆翼角椽、方翼角椽、翘飞椽、里口木、小连檐、大连檐、基枋条、椽椀、闸档板、望板等。

（1）圆椽

圆椽（包括檐椽、花架椽、脑椽）直径，大式 1.5 斗口，檐步七踩斗栱老檐椽径增至 1.8 斗口，小式椽径 1/3 檐柱径，檐椽长按檐步架加 2/3 上檐出乘举斜系数，方花架椽、脑椽直径与檐椽同，椽长按步架乘举斜系数，在施工中要按照步架、举架放大样打样板。

把圆椽的荒料，按每种椽子的长加出盘头荒份打截，两端画上迎头十字中线 ，用已备好的椽径八卦样板在两端迎头以迎头十字中线套画出八方、十六方，弹上椽身顺身线，根据八方线和十六方线用刨子把椽刮圆净光。

把迎头十字中线弹在每种圆椽长身上，用相对应的椽子样板套画出椽长，画出椽头盘头线和脚掌盘头线，按椽直径 3/10 弹出椽子金盘线。

制作人员用锯把椽头与脚掌两端盘齐，用刨子刮出金盘线后分类码放。

（2）方椽

方椽（包括檐椽、花架椽、脑椽）直径，大式 1.5 斗口见方，小式 1/3 檐柱径见方，檐椽长按檐步架加 2/3 上檐出乘举斜系数，方花架椽、脑椽直径与檐椽同，椽长按步架乘举斜系数，在施工中要按步架、举架放大样打样板。

首先把事先加工好的规格毛料进一步加工刨光成规格椽料，按椽长加出盘头荒份打截，用对应的椽子样板套画出椽长，画出椽头盘头线、脚掌盘头线。

制作人员用锯把椽头与脚掌两端盘齐，用刨子把两侧面和底面净光后分类码放以备安装。

（3）飞椽

飞椽见方尺寸与檐椽同，椽头长按上檐出 1/3 乘举斜系数，椽尾为椽头长的 3 倍，在施工中要按步架、举架放大样打样板。

把事先加工好的规格毛料进一步加工刨光成规格椽料，用样板打对套画出椽头椽尾，画出椽头盘头线与闸档板卯口。

制作人员用锯开出椽尾，剔做出闸档板卯口，把椽头盘齐，用刨子把椽头两侧面和底面净光后与其他椽子分类码放。

（4）罗锅椽

罗锅椽见方尺寸与檐椽同，椽长为月梁步架中至中尺寸，罗锅椽的圆弧按两侧脑椽对应直角相交点为圆心做圆弧，以弧度为准放大样打样板。

把事先加工好的规格毛料进一步加工刨光成规格椽板料，用已备好的样板套画出罗锅椽圆弧、椽长，两端盘头线。

制作人员用锯挖出罗锅椽圆弧，把椽两端盘齐，用刨子把椽两侧面和底面圆弧净光后与其他椽子分类码放。

（5）圆翼角椽

圆翼角椽直径与檐椽同，椽长按檐椽长加两椽径的荒，翼角椽根数为单数，一般最少5根，可7根、9根、11根、13根、15根……选择翼角椽的根数，则应根据水平檐步架加水平上檐出再加3椽径冲出，所得尺寸除以椽径尺寸再除2得单数，即翼角椽根数，如得双数则加1椽或减1椽。

圆翼角椽铰尾子弹线前，首先制作一组前后卡具板，卡具板高一椽径厚一寸，前卡具板分两块做成椽卡口，椽卡口按椽径，卡口两侧各按0.4椽径根据翼角椽的根数在卡具板上面分成若干份，后卡具板不做椽卡口在卡具板上面分中画线，从中线向两侧各翻0.4椽径，在两侧0.4椽径内根据翼角椽的根数分成若干份，把后卡具板上面分中线用方尺过画到板外侧面，以板外侧分中线上下再分中画出十字分中线，在十字分中线下边按0.4椽径画出左右角的翼角搬增，按檐步架乘举斜系数定出的翼角椽铰尾子的长，用一块厚1.5寸（45mm）左右，宽四椽径左右，长于翼角椽铰尾子（檐步架）两椽径左右木板，把前后卡具板按翼角椽铰尾子的长钉在木板上，以备弹翼角椽铰尾子线。

把圆翼角椽套放在卡具内，按翼角搬增转好角度用墨斗弹出铰尾子线，按照翼角椽位置在椽头上写上编号打对码放。

制作人员用锯剌出铰尾子，按编号顺序码放。

（6）方翼角椽

按椽径厚度在大锯房加工出翼角椽大板，板长按檐椽长加两椽径荒长，方翼角椽计算根数方法与圆翼角椽同。

首先制作出一块翼角搬增板，按0.4椽径画出左右角的翼角搬增线，用活尺按搬增线的角度在翼角椽大板的端头上画出翼角椽搬增撇度，以一椽加一搬增撇度按所需每种翼角椽根数画线，把端头上的线弹在大板的上下两面，并在端头按椽位在椽头上写上编号上。

制作人员用锯开出每根翼角椽，按编号分别码放。

方翼角椽铰尾子弹线前也要制作一组前后卡具板，卡具板高一椽径厚一寸，前卡具板分两块做椽卡口，椽卡口按椽径，卡口两侧各按椽径0.8椽径根据翼角椽的根数在卡具板上面分成若干份，后卡具板不做椽卡口在卡具板上面分中画线，从中线向两侧各翻0.4椽径，在两侧0.4椽径内根据翼角椽的根数分成若干份，按檐步架乘举斜系数定出的翼角椽铰尾子的长，用一块厚1.5寸左右，宽四椽径左右，长于翼角椽铰尾子两椽径左右木板，把前后卡具板按翼角椽铰尾子的长钉在木板上，以备弹翼角椽铰尾子线。

把方翼角椽套放在卡具内，用墨斗弹出铰尾子线。

制作人员用锯剌出铰尾子，按编号顺序打对码放。

（7）翘飞椽

首先以角梁放大样时所弹放出的翘飞母子作为第一根翘飞的头尾尺寸，以第一根翘飞的头长减去正身飞椽头长除以翘飞根数，即每根翘飞的头长。同样第一根翘尾子长减去正身飞椽尾子长除以翘飞根数，即每根翘飞尾子长。在已算出的翘飞头长尺寸两倍的基础上，加上翘飞尾子的尺寸，再增加两椽径，即翘板下料的板长尺寸（翘飞按打对放线），同样按此计算排出翘飞椽仗杆。

按椽径厚度在电锯房加工出翘飞椽大板，翘飞椽板料宽窄应依据翘飞起翘高度变化进行加工，板材应有宽板、有窄板、有长板、有短板，宽板用来制作翘度大的翘飞，窄板用来制作翘度小的翘飞，制作人员应按仗杆号料打截。

翘飞椽弹线前首先要制作翘飞母扭度搬增板，翘飞头撇度搬增板和头尾之间翘度尺杆，搬增板高一椽径，扭度搬增板按0.8椽径，根据翘飞椽的根数在搬增板上面分成若干份，撇度搬增板按椽径0.4椽径，根据翼角椽的根数在搬增板上面分成若干份，用方尺、活尺把搬增角度线过画出来，翘度尺杆按角梁上的翘飞母子的翘腰高，以翘飞根数分成若干份用方尺过画在尺杆上，以备弹放翘飞椽线时使用。

首先用仗杆在大板上面点画出中间打对翘飞尾子长和两端翘飞头长，用方尺过在大板上面，以大板的一条直边用活尺按搬增线的角度在翘飞椽大板的端头上画出搬增撇度，按端头上画出搬增撇度在大板上面用墨斗弹出一道直线，由此线在一端的翘飞头与翘飞尾子的分界线上，与另一端的翘飞头线上，用翘度尺杆向里点画出翘度尺寸，以一椽加一搬增撇度按所需每种翘飞椽根数向里画线，按点画出的尺寸用墨斗把线弹在大板的上面，并在两端头用活尺把搬增角度线过画出来，在大板两侧小边上用活尺按端头搬增角度顺撇把扭度搬增角度线过画出来，上面画线完成后把大板翻过来，用方尺把两侧线过画在这一面，以与上面对应直边用翘度尺杆向里点画出翘度尺寸，按与上面对应的搬增撇度线弹出这一面翘飞线，按翘飞椽位置在椽头上写上编号上。

制作人员用锯开出每根翘飞椽，用刨子把翘飞椽头两侧面和底面净光，按位置编号打对分别码放。

（8）闸档板、椽椀、里口木、小连檐、大连檐、望板

①闸档板高1.2椽径，厚5分（15mm），用锯开出，一面用刨子刮平净光即可。

②椽椀（椽中板）位于老檐椽之间椽当，高1.2椽径，厚0.8寸（25mm），两面用刨子刮平净光即可。

③里口木高1.2椽径加0.8寸（25mm），厚1椽径，断面呈角梯弧形，里口木相当于闸档板小连檐连做。按开间尺寸在已备好的里口木规格净料上用面宽檩仗杆点画出椽位和椽当，用方尺过画出来，然后交制作人员用锯开出椽位，用凿子剔出椽位口，用刨子把外面净光即可。

④小连檐宽不小于2寸（65mm）、不大于0.8椽径，高0.8寸（25mm）且不小于0.6寸（20mm），通常将已备好的小连檐规格料用锯打对角制作开出即可。

⑤大连檐宽1椽径，高1椽径，通常将已备好的大连檐规格料用锯打对角制作开出即

可。使用在翼角翘区的大连檐，还要在翼角区间用锯开出几条水平缝，确保后续安装翘区大连檐起翘弯曲弧度随顺。

⑥ 顺望板厚 0.5 椽径，宽一椽加一椽当，长随步架椽长，上下做脚掌，底面用刨子净光即可。

⑦ 横望板厚 0.5 至 0.6 寸（15～20mm），每块横望板的两直边对应剌出柳叶边后即可。

### 7. 大木构造中其他附属构件及草架柱、草穿

（1）燕尾枋

燕尾枋长 7.5 椽径，宽一椽径，高 1.5 椽径，一端随出梢桁檩下皮做燕尾榫与山面梁架相交，另一端按 1/2 燕尾枋长把下面剌去半椽径插入博风板内。

将已备好的燕尾枋规格料两端画上垂直于底面的迎头分中线，把分中线弹在燕尾枋上下长身上，用方尺以燕尾枋一端点画出一道盘头线，由此线向里画出燕尾榫长线画出燕尾榫，燕尾榫高按燕尾枋高，宽、长各按檩径的 3/10，燕尾榫根部向里侧每边各按燕尾榫长的 1/10 收分做"乍"，燕尾枋上面燕尾榫头向下"榫高"至燕尾枋下面，燕尾榫头每边按榫宽的 1/10 收"溜"，另一端按燕尾枋长 1/2 画出要去除的 1/2 燕尾枋的高，画盘头线。然后交制作人员用锯把燕尾枋两端盘齐，开出燕尾榫断肩，剌去另一端下部的 1/2 燕尾枋高，用刨子把燕尾枋底面、两侧面净光，以备安装。

（2）枕头木

枕头木高按角梁放大样的实高，厚一椽径，长以檐步架中线为准，通长打对制作，将已备好的枕头木规格料两端用方尺在大面上画出一道盘头线，以两端盘头线画出打对的对角分割线，上下两小面按盘头线用 45° 角尺画出对应的割角线。制作人员用锯把枕头木两端盘齐，剌出 45° 割角，按对角分割线锯开，用刨子把枕头木外面净光即可。

（3）替木

替木常用于柱头或梁头对接的檩子、枋子下边，起辅助檩子、枋子节点增大承受剪切力，防止檩子、枋子拔榫的作用。替木一般按步架定长，或按跨度（1/5×2）＋柱径定长，厚一椽径，高 1.5 椽径，两端按替木长 1/2 把下面剌去 0.75 椽径，按 45° 角盘头。

将已备好的替木规格料两端画上垂直于底面的迎头分中线，把分中线弹在替木上下长身上，用方尺以替木一端点画出一道 45° 盘头线，由此线向里画出替木分中线，画出另一端 45° 盘头线，两端按替木长 1/2 画出剌去的 0.75 椽径。

制作人员用二锯把替木两端按 45° 盘齐，剌去两端的 0.75 椽径，用刨子把替木底面、两侧面净光，以备安装。

（4）菱角木

菱角木一般用于比较简单的单排柱民居内宅院屏门之上，菱角木之上覆檩椀，两端撩檐枋，上置椽望瓦面。菱角木一般长 3 尺，厚 1.5 椽径，高 3 椽径，两端菱角如同不出峰头的平头雀替。

将已备好的菱角木规格料两端画上垂直于底面的迎头分中线，把分中线弹在菱角木上下长身上，用方尺以菱角木长的 1/2 画出垂直中线，由此线向两端点画出菱角木盘头线，

画出菱角木菱角花边线。

制作人员用锯把菱角木两端盘齐，按照花边线剌出花式，用刨子把菱角木花式和底面及两侧面净光即可。

（5）角背

角背按步架定长，厚一椽径，高按瓜柱净空 1/2 定高，两端做两凸圆一凹圆，端头为一蝎子勾，或长方两端高的 1/2 按 45° 剌成斜角。

将已备好的角背规格料用方尺画出对称分中线，在分中线上画出与瓜柱相交的 1/2 卡腰榫，画出两端盘头线，画出两端两凸圆一凹圆和蝎子勾线，或两端画成 45° 角线。制作人员用锯把角背两端盘齐，用挖锯剌出两端两凸圆和凹挖圆蝎子勾，或两端 45° 角，开出卡腰榫，用刨子把角背上面、两侧面净光以备安装。

（6）壶瓶牙子

壶瓶牙子多用于两柱式鸡腿垂花门的柱子之上，有时也用于铺面小牌坊的柱子上，也会用于菱角门两侧边柱之上。

壶瓶牙子高 4 至 5 柱径，宽是高的 1/3 至 2/5，厚为 1 椽径至 1.2 倍椽径，壶瓶牙子里边与柱相交做榫，外边呈半个圆肚缩腰宝瓶形状，按设计的宝瓶纹样打样板。壶瓶牙子底边做直榫插入柱顶石枕之内。

先将已备好的壶瓶牙子板净料用宝瓶样板套画出来，用方尺画出里边的榫头和底边直榫，制作人员用锯剌出壶瓶纹样，做出里边和底边榫头，用刨子将外边随着纹样倒楞刮出圆鼓形状把两面净光即可。

（7）博风板帽钉

博风板帽钉按檩径 1/5 定直径和定厚度，制作人员先按直径尺寸用刨子刮一圆杆，把杆头按直径刮成半径圆，按厚度锯下，依此类推按照数量做出帽钉，最后用沙纸磨光即可。

（8）瓦口

① 灰筒瓦的瓦口按底瓦 4 块瓦围圆定直径，琉璃瓦按底瓦 6 块瓦围圆定直径，灰瓦的瓦口底边根据瓦号定高 0.7 寸（23mm）左右，琉璃瓦的瓦口底边高 0.8 寸（26mm）左右，瓦口按瓦号、瓦样分档号垄，定瓦口宽（瓦宽＋蚰蜒档）。制作瓦口前按号垄定出的尺寸先出做瓦口样板。用瓦口样板将已备好的瓦口板净料用瓦口样板打对套画出来，制作人员用挖锯剌出即可。

② 合瓦的瓦口按黑瓦 4 块瓦围圆定直径，合瓦的瓦口底边高 0.7 寸（23mm），瓦口按瓦号分当号垄定口宽（瓦宽＋"大蚰蜒档约合 2/3 瓦宽"）。制作瓦口前按号垄定出的尺寸先做出瓦口样板。将已备好的瓦口板净料用瓦口样板打对套画出来，制作人员用挖锯剌出即可。

（9）过木

过木按净跨加两条砖定长，宽随墙厚加灰份 6 分（20mm），过木宽要从中分成两块，便于安装时预留变形缝，过木高不小于跨长的 1/10 且追随砖的层数而定。

先加工出毛规格料，制作人员按尺寸用锯把两端盘齐，用刨子把底面、两侧面净光即可。

（10）草架柱、草穿

草架柱是歇山梢桁（檩）出头上支顶桁（檩）头的垂直竖向立柱，上顶檩头下落于踏脚木之上。草穿则是横向支撑对称桁（檩）头的水平支木，草架柱、草穿截面见方与椽径相同。将规格毛料加工成规格净料，草架柱、草穿满足安装时用的长度即可。

# 第七章　大木立架及平座层、斗栱层、外装修安装

大木安装传统称之为大木立架。在大木构件制作完成后，根据工程进度的安排进入大木架安装阶段，古建筑按照形制构造层次把立架安装划分成了若干个施工段，根据不同层次部位施工段的安装程序，保证了传统大木立架安装的质量。

在立架安装前，按照传统施工程序要先做好立架的前期准备，保证在立架安装中无疏漏、错误，不出现质量问题，为下道工序能够顺利进行打下良好基础。

## 一、立架前期准备

### （一）小立架草验与基础验尺

大木立架安装的前期，按照传统要求先在下面选择一块场地，把已加工完成的上架大木构件按照构造层次顺序进行试装，在试装时对节点榫卯等进行装配修整，并且用墨线对接点做上记号，以便上架安装时对号入座。这种预先摆放试装的做法，传统称之为小立架（也叫草验）。

同样如此，建筑上有斗栱构造，也要把斗栱以攒为单位配套组合进行试装，试装后按照位置以攒为单位做上记号，拆卸时仍然要保持整攒斗栱为单位，以备安装时对号就位。

大木立架安装前，还要使用总仗杆核对基础尺寸，对于基础台明进行复尺，检查各类柱子的柱顶位置，基础轴线、侧脚掰升线尺寸。抄平拉线查验柱顶标高，发现问题与相关工种协调及时更正，为立架安装做好充分准备。

### （二）辅助材料

在大木立架安装中，需要准备很多辅助材料与设备配合安装，除了安装人员按照需要准备的手使工具以外，还需要预备出打戗用的大锤、戗杆（杉槁）、扦杆、撬棍、扎绑绳、小连绳、缥棍、拉杆（50mm×100mm 左右的较长木方）、涨眼料、木楔子、木橛子、撞板等。还要预备出实用的提拽大绳、动滑轮、吊链及其他所需起重工具等。

## 二、立架安装流程

古建筑把大木构架梁架以下的柱额层称为下架大木，把包括梁架及以上的桁（檩）、枋、板、椽望统称为上架大木。重檐建筑上下檐之间的童柱过渡层称为中段大木。还有楼

阁的平座层大木和斗栱层的安装。大木立架安装是以先内后外、先下架后上架为原则。

### 1. 下架安装

按照预先制定的施工安装顺序，先把柱子、额枋、穿插枋、随梁枋等下架构件对号就位，从里围金柱开始，按照开关号或排关号顺序进行安装，柱、额以下的下架大木安装完成后，要按照升线、中线的要求调整柱子中对中、中对升调直吊正，调整额枋、穿插枋等水平构件，塞上榫卯涨眼，绑扎支戗或钉上拉杆，防止错位移动。

### 2. 斗栱安装

安装平板枋，以攒为单位把草验好的斗栱对号就位，安装坐斗、垫栱板，安装调整横竖斗栱构件及槽升子、三才升、十八斗，安装正心枋、拽枋、盖斗板、桁椀等。斗栱层安装完成后，对斗栱层进行整体调整，检查核对斗栱轴线尺寸，复核斗栱层与下架中对中尺寸。

### 3. 上架安装

上架大木安装要按照安装顺序先从里面主梁开始安装，对号入座，逐步将内外梁架安装完成，安装梁架同时与梁架在一个层面上水平拉接的垫板桁（檩）枋等构件，也应随着一起按照层次顺序安装入位。然后吊正、调整、检查、核对轴线（中线）尺寸。上架下架大木要墨线重合中对中，有斗栱层时也要墨线贯通重合。上架安装完成后要对下架复查有无变化并且及时调整修正，然后按照传统左手晒公不晒母的规则安装桁（檩），桁（檩）调正中线墨线重合、钉上拉杆，安装老角梁、仔角梁、由戗，角梁捉檐找平后钉上角梁钉，最后检查、加固、补充支戗及绑扎或钉上拉杆，防止下道工序施工时悠架变形。

### 4. 椽望木基层安装

在上架大木安装完成，经过吊正调整，支戗、绑扎或钉拉杆等措施加固完成。经检查大木架尺寸准确无误后，开始安装椽子、望板等屋面顶层构件。首先用仗杆点画出椽花，按照椽花挂线铺钉老檐椽、花架椽、脑椽、罗锅椽等各类正身椽子，钉安小连檐或里口木，安装翘区小连檐。安装枕头木，在角梁上的椽槽分位中，按照翼角椽的编号靠验铺钉翼角椽。椽尾装入角梁椽槽之内钉牢，翼角椽头铺钉要紧贴翘区小连檐，与翘区小连檐钉牢。按照正身老檐椽雀台尺寸用方尺画出翼角椽盘头线，用锯把翼角椽头盘方。老檐椽、花架椽、脑椽、罗锅椽、翼角椽等椽子铺钉完成后开始铺钉望板，横望板应采用错位铺钉的方式禁止上下一条线直缝安装，顺望板接缝留在举折之处要做脚掌压实。望板安装完成后挂线安装飞椽，安装大连檐、翘区大连檐。按照翘飞椽的编号，从一翘开始安装，逐号砍削椽尾退安到正身飞椽，椽头要与翘区大连檐贴实钉牢。按照正身飞椽雀台尺寸用方尺画出翘飞椽盘头线，用锯把椽头盘方。最后铺钉盖压飞椽、翘飞椽的望板。全部望板铺钉完成，根据需要钉上防滑条。

### 5. 重檐中段安装

重檐建筑中段大木安装，是下架与首层檐口大木安装完成后，经过中对中调直吊正，在下架支戗绑扎完成钉好拉杆后开始进行安装。在下架梁（柁）雄背上安装墩斗、童柱等中段构件，包括重檐额枋、围脊枋、围脊板、承椽枋、棋枋、金枋等中段内各种枋子。中段构架安装完成后，要与下架中对中调直吊正，绑扎剪刀戗钉上拉杆，然后按照上架安装程序继续安装上架，最后进行椽望木基层安装。

### 6. 楼阁平座层安装

楼阁平座层大木安装，是在下层屋架大木及下檐斗栱层安装完成后，经过中对中调直吊正，支好支戗绑扎或钉好拉杆等加固措施完成后开始安装，在梁（柁）雄背和金柱、里围金柱之上安装上墩斗，续接上层内檐的柱子和童柱等，同时安装平座层面的额枋、围脊枋、围脊板、承椽枋、棋枋等构件，安装处在平座层面的内檐天花梁、天花枋以及平座层内的各种梁、枋。安装童柱上的平坐斗栱，安装承重大梁、承重枋、楞木等楼层构件，同时安装位于平座以上金柱、攒金柱以上的额枋、随梁等各种枋子。平座层构架与上层的柱子额枋、随梁等各类构件安完后，要进行调整与下面构架中对中调直吊正，绑扎剪刀戗钉上拉杆进行加固。然后分段错位铺钉楼面毛地板，铺钉时要分段预留施工空档，为下面平座层内安装暗戗时预留工作面与出入口。铺钉楼面板完成后，再继续铺钉下层檐的檐椽、飞椽、连檐、望板等屋面层构件。

平座层以下大木安装完成后，还要在平座层内金柱、攒金柱之间安装暗戗，防止较高的楼阁层日久年长受外力影响时产生变形悠架错位。平座层内暗戗安装完成后，检查中对中墨线无误，临时绑扎的剪刀戗拉杆完好。补齐楼面板空档，然后开始按预定安装程序逐层安装上面的大木构架。

### 7. 外装修安装

外檐装修要从槛框开始安装，先安装窗榻板，再安装横向的上下槛、腰槛、风槛，按照传统安装方式在柱子上剔除倒退靴榫的卯口，做出每种槛上的倒退靴榫后按位置安装，调平后备实倒退靴榫的涨眼。安装抱框要事先把抱框与柱子接触的小面岔好抱豁，按上下档距尺寸做出抱框榫头、肩膀，垂直安装靠验在柱子上，用岔板贴在柱子与抱框之上讨退出抱框与柱子之间的缝隙余量，通过刹抱豁使抱框与柱子贴实抱严。抱框安完后，继续安装间柱、门框连槛等中间的槛框等。槛框安装要求横平竖直、洞口方正、无觚角。

按照已分好的槛框档距，把已经预制出的各类门窗、格扇、横披安装入位，经过传统的靠验修整、预留缝隙后，安装好门轴、栓杆、面叶、包铁、合页等，装填到槛框的位置上。调整开启、调整缝隙后，安上其他所需对应的铜、铁面页装饰：门钹、兽面、门钉、挺钩、曲屈、拉手等配件。

# 第八章　文物古建筑木作维护与修缮

中国古建筑有着非常浓郁的民族特点，是经过千百年积累形成的优秀建筑文化，传统的中国木结构建筑在世界建筑史中独树一帜。中国地大物博、民族众多，各个地区均有诸多古建筑遗存，古建筑作为历史遗留下来的实物见证，反映着中国历史发展演化的过程，也反映了中国古代各个历史时期的社会政治、经济、文化发展等情况。

从古代建筑的变化上我们可以看到，各个历史时期的建筑从布局、造型，材料、施工做法都有着很大的区别，不同的历史阶段和不同地域的建筑有着不同的风格特点，中国古代建筑是了解研究中国古代历史的发展变化过程的实物见证。几千年中国古建筑的发展，使我国民族建筑在世界璀璨建筑艺术宝库中独树一帜。

随着现代物质生活、精神文化水平的提高，人们通过游览参观名胜古迹，获取更多的历史文化知识，提高文化修养，同时也吸引着世界各国人民到中国旅游观光，了解中国、加深友谊。所以对文物建筑的保护与修缮，是我们的一项重要工作。对于破损的文物古建筑进行修缮时要多加小心，千万不能在修缮过程中，破坏了文物古建筑原貌和原历史信息，防止给文物建筑带来不可复原的伤害和造成无法弥补的损失。

文物古建筑的维护与修缮要遵循我们国家现有的《文物保护管理暂行条例》《国务院关于进一步加强文物保护和管理工作指示》法规原则。依照地方文物部门关于文物保护与修缮的相关管理细则、规程等文件进行操作。对古建筑、文物的修缮，"必须严格遵守恢复原状和保护现状的原则"。同时在修缮中以最小干预为准则，通过保护、维护、修缮保持古建筑原有历史价值和文物价值。

在历史变迁中，古建筑经过历史上的损毁、复建、修缮等多次变化已非原始建筑，但是保留现状建筑追溯历史变迁过程，也会有着历经历史时期的文物信息价值，这种古建筑维护与修缮应按现状的原状修复，不得改变追溯原始（再造的原始建筑无文物价值，只能叫作仿古建筑）。这种修缮原则叫作"恢复原状"修旧如新。

古建筑维护、修缮要求保护现状，就是建筑现状已出现歪闪、脱落要坍塌的危险，经过抢险加固去除了危险后，仍然维持现有状态，保持现有建筑信息。这种修缮原则叫作"保护现状"整旧如旧。

我国古代建筑主要特征是大木构造，大木构架承受屋面主要荷载，随着年代时间的变迁，大木构架受到自身和外来的各种因素影响，结构承载性能逐渐减弱，当自身荷载和其他外力超过本身结构承载能力时，大木构架就会发生变形、下沉和破损，导致大木架歪闪，构件滚动，造成屋面和墙体开裂渗漏，大木架节点松弛，榫卯脱节、劈裂、糟朽。对于这些情况我们要认真进行检查鉴定，根据破损的程度和现状功能性质提出具体修缮与加固措施，以不改变原构造形制，保证结构安全为第一原则，制定出具有针对性切实可行的修缮方案。

# 一、前 期 准 备

古建筑修缮前期准备工作很多，首先要由古建筑使用方（业主）向文物主管部门申报立项，申报资料应具有一定的专项专业性，使用方（业主）也可委托有文物设计资质的设计单位，代为做出具有一定的专项专业性的申报资料，由古建筑使用方（业主）向文物主管部门申报立项。文物主管部门做出批复后，古建筑使用方（业主）招标委托有文物勘察和设计资质的设计单位，对文物建筑进行勘察测绘，调研历史档案信息，评定损坏程度级别、确定修缮范围，做出修缮方案图纸，编写勘察测绘现状说明和修缮设计说明，做出修缮造价概算，汇总做出完整的报审资料。由甲方向相关文物管理部门报审。文物管理部门审批后做出指导性批示，根据批示设计单位做出深化设计施工图纸，调整细化修缮概预算。甲方向相关文物部门申报备案。

# 二、勘 察 设 计

古建筑修缮勘察设计是一项非常复杂细致的工作，专业设计人员首先要查找所要勘察测绘文物建筑的原始资料与历史沿革资料，根据原始或历史沿革资料对建筑现状进行测绘，勘察建筑原始做法与历史痕迹，检查建筑外观有无变化，勘察建筑的基础陡板、台明阶条、墙体有无下沉变动，有无破损开裂、风化酥减。油漆彩画式样、地仗做法有无变化。大木结构整体有无歪闪，梁架有无下垂，柱、梁枋桁（檩）等构件有无糟朽、劈裂、折断、拔榫，检查斗栱有无下垂破损。检查角梁、翼角、翘飞、椽望、飞头有无糟朽下垂。要有针对性地检查所有构件材质状况，检查所有节点现状。对检查的结果做出详细的记录，对检查出有问题的部位、构件、节点（石作、瓦作、木作、油漆彩画作），做出详细的绘制草图，做出彩画拓样，做好标注记录。对于检查过程，重点部位、节点等细节都要进行影像拍照，留存照片。

经过详细勘察测绘已经全面掌握了文物建筑损毁现状后，对于拟定的文物修缮方案进行调整，依照文物保护法规的原则，根据修缮方案进行的初步设计，绘制出文物建筑现状图和相互对应的修缮方案图，根据文物建筑物历史资料，整理编写出文物建筑历史沿革说明，再根据普查测绘现状编写出文物建筑现状说明，以及与之相对应的修缮做法设计方案说明。设计范围应包括建筑、结构、水、电与其他附属设施等各项专业内容。编制出修缮工程量的内容与设计概算。由古建筑使用方（业主）报送文物主管部门审查批准。设计部门应根据文物主管部门审批意见，完善深化修缮施工图所有内容，做出切实可行、能够指导修缮施工的图纸，设计内容涉及的所有修缮技术措施，必须符合传统施工技术标准，有可操作的安全保障措施条件，编写修缮施工图设计说明，再由甲方报请文物主管部门审查备案。最后将审查备案后的施工图申报质量监管部门进行监察备案。

# 三、古建筑修缮施工

古筑修缮施工前，古建筑使用方（业主）应根据设计单位做出的修缮设计施工图纸及造价概算，以及相关文物部门审批回执，调整概算，做出准确的修缮施工预算，委托相关招标代理进入招投标程序，投标施工单位和监理单位必须具备有相关文物修缮专业等级资质证书，符合招标文件中规定和设定的条件。经过招投标最终确定监理单位和施工单位。

施工单位中标后到相关文物质量监督部门备案，办好开工手续，调配相关施工人员进场进行三通一平，按照建筑施工规范管理要求分配施工场地搭置暂设，做好进场开工前的一切准备工作。

## （一）施工普查与设计交底

施工单位专业技术人员在接到修缮施工图纸后，看图根据图纸内容在现场对建筑修缮内容进行普查核实，经过普查核实对古建筑上所要修缮的具体内容进一步深入了解，对于普查核实中发现建筑修缮内容与设计图纸内容有不符和不完善的缺陷时，在设计技术交底会上，要根据施工现场普查记录向设计人员提出相关意见或修改建议，设计人员应予以回应答复，对于设计缺陷应进行修改完善，经设计人员修改完善后的设计图纸（或补充洽商图纸），与原修缮方案中内容有变化时，设计单位还应配合甲方申报相关文物管理部门进行补充审批，施工单位应按照修改后的施工图（或洽商图纸），做出切实可行的具有针对性的修缮施工方案。

由于施工前建筑隐蔽部位无法勘察，设计图中未对隐蔽部位破损状况做出修缮设计，在施工过程中或拆解过程中才被发现的破损情况，要及时报告甲方和监理与设计进行沟通现场勘验，由设计单位及时作出设计补充和技术变更，并配合甲方及时申报文物管理部门补充审批，到文物质量监督部门备案，避免给修缮施工造成损失。

施工中设计部门也应对现场施工过程进行全方位监督，确保施工单位施工质量满足设计质量标准，项目设计人进场，为施工做好设计善后技术服务工作。

施工单位在接到补充设计图纸（包括洽商图纸）或补充设计说明后，应及时做出修缮施工调整，完善补充调整的修缮内容，确保修缮施工质量。

## （二）大木构架修缮

由于中国古代建筑大木构造的特性，木结构是建筑的主要承重载体，他的构造形式就好比是一个用木材扎起来的框架笼子，通过木材自身材质特性和构造特点使大木构造形成一个完整的柔性结构体系，这个结构体系通过中国特有的榫卯连接方式，节点之间互相的作用力，乃至木材自身材质弹性模量的变化，使这个结构体系承托起屋面的荷载，抵抗着风、雪、雨、地震等各种外力的影响。人们常讲的古建筑墙倒屋不塌就是这个原理。掌握这种大木结构受力变化规律，对于修缮大木构造是非常重要的，大木构造中哪些构件是主要的承重构件，哪些构件是水平拉接受力构件，对于大木构造中的构件承载传导力矩方式要有一定了解，才能把一栋破损了的古建筑修缮得更加完美。

在古建筑上很多构件都是原始构件，各种构件自身便有着很高的历史信息文物价值，修缮中保护好原始构件是我们在文物古建修缮过程中必须做到的，对于已破损的构件应采用加固、剔补、接续等各种维修手段，使构件在保持原始文物价值的原则上得到修复，切不可随意更换导致构件失去原有文物价值。对于严重影响结构安全、糟朽破损严重得无法修复使用的构件需要更换时，则应按照原材质、原式样、原做法进行复制。更换下来的构件在不影响结构安全的情况下还可以大改小，尽量使用在原建筑之上，这样会多给建筑本体存留一些历史信息，也可以节省一些原材料。

近些年来在修缮古代建筑时，我们发现在有些修缮中大木结构经常采用一些现代的铁活加固方法，例如某个建筑的柱头节点榫卯糟朽、腐蚀、劈裂，设计上采用铁套箍把整个破损的节点进行了加固，其节点加固后如同钢结构的节点形式，这种加固修缮方法，往往会在以后建筑受到外力影响时结构运动中产生不利的破坏作用。大木结构本身材料的弹性特点与大木榫卯节点的柔性特点相结合，使大木结构形成了一个完整的弹性加柔性的结构运动体系。建筑修缮后因结构构造节点使用了不同材料材质和不同的节点处理方式，其自身的结构特性会受到很大的影响，为建筑埋下隐患，在受到外力影响下结构自身产生的运动力会不协调。如果在同一个构造中出现两种结构运动轨迹，势必会出现互相制约抵触的动力，对于古代建筑起到的不是保护作用，而是在缩短了建筑的寿命，加重了对古代建筑后续的损毁程度。导致大木结构不能达到预期修缮的目的，增加了古建筑以后修缮的周期，损害了古建筑的文物价值，失去了文物建筑保护修缮的意义，在文物建筑修缮中这种修整方式实在是不可取的。

古代建筑修缮中，采用传统铁活加固也是常见的一种修缮方式，但是这种加固使用的铁活基本上是一种辅助性的拉接件或垫，铁活的加固形式是可以随着木构件柔动等劲变化的，这种传统铁活加固方式不会对大木结构受力产生重大影响。所以在今后的古建筑修缮中，应特别注意维护古建筑大木结构原始受力状态，也是我们修缮文物古建时应特别重点关注的。

传统的大木构架修缮内容和修缮方法很多，可划分成两类：第一类是在不落架的情况下有针对性的部位修缮，如墩接柱根、抽梁换柱，更换椽望、打牮拨正、局部归安等。第二类是落架大修，建筑已基本坍塌、基础陡板、台明、柱顶严重损毁，造成建筑严重歪闪下沉，屋面塌陷墙体开裂渗漏，大部分构件破损严重，此类建筑可考虑落架大修。按照文物修缮"最小干预"的原则，能够尽量不落架的最好还是不落架，采取补救加固局部拆卸部分落架的方式进行修缮，这样尽可能多保留住一些旧有墙体，也可以保护住一部分相关旧有的构造关系，又可以避免很多留有历史痕迹的砖瓦等构件遭到损毁，达到保护性修缮文物古建筑的目的。

**1. 剔补包镶、墩接柱子**

在古代建筑中柱子在大木结构中主要功能是支撑梁架，很多柱子因多年受到环境干燥或湿度变化的影响，或常年受到风雨侵蚀，产生劈裂糟朽，尤其是砌筑在墙体之内的柱子缺乏防腐措施，潮湿水汽长期不易挥发，造成柱根乃至柱身糟朽虫蛀。还有的柱子根部与地面接触也会出现部根糟朽。在修缮中一般会根据柱子的糟朽部位和糟朽程度，采取几种不同的修缮处理方法。

（1）剔补包镶

柱子表皮局部轻微糟朽或开裂，采用剔补镶嵌进行修补。剔除糟朽部分，使用同等材质的木料嵌实。柱根部位糟朽深度未超过柱径 1/5，柱心完好，高度不超过 1 尺（320mm以内），采用剔补包镶柱根的方法进行修补。剔除外圈糟朽部分进行防腐处理（涂刷化学药剂或填充挥发性防腐药物），使用同等材质的木料包镶嵌实，修整浑圆后进行涂刷防腐处理，最后采用一至二道铁箍加固（可采用碳纤维缠绑加固），包镶高度小于半尺以下、糟朽深度未超过柱径 1/10，不用加箍钉实即可。

柱子开裂深度不超过柱子直径 1/3，宽度不大于 4 分（15mm）的裂口，用木条嵌实后，在开裂部位相应增加铁箍，铁箍间距在一至二倍柱径为宜。

（2）墩接柱子

当柱子根部严重糟朽，糟朽范围未超过柱高的 1/3 时，应采用墩接的方法进行修整，截去糟朽部分，用同材质同等直径的圆木接续更换柱根。传统续接柱根有巴掌榫墩接、一字榫墩接、十字抄手榫墩接、四半榫墩接四种方法，一般在不落架的情况下多采用巴掌榫或一字榫墩接。落架后的柱子多采用十字抄手榫或四半榫墩接。

巴掌榫墩接的做法，是按照柱子直径的 1/2 把柱子与墩接的柱根对应刻半，接茬端头按照柱径的 1/10 做榫进行墩接，巴掌榫搭接长度根据墩接长度择定，一般掌握在 0.5~2 倍柱径之间，接续好的柱根进行防腐处理（涂刷化学药剂或填充挥发性防腐药物），最后用铁箍箍实（可采用碳纤维缠绑加固），铁箍一般箍在巴掌榫上下接茬的接口位置。

一字榫墩接的做法，是按照柱子直径的 3/10 做榫把柱子与墩接的柱根对应墩接，一字榫插接长度根据墩接长度择定，一般掌握在 0.5~1.5 倍柱径之间，接续好的柱根进行防腐处理（涂刷化学药剂或填充挥发性防腐药物），最后用铁箍箍实（可采用碳纤维缠绑加固），铁箍一般箍在一字榫接茬的接口位置。

十字抄手榫，是将柱子与对接的柱根对应截面按照十字形做榫，对应十字开口，对插在一起。十字抄手榫插接长度要根据墩接长度择定，一般掌握在 1~2 倍柱径之间，接续好的柱根进行防腐处理（涂刷化学药剂或填充挥发性防腐药物）最后用铁箍箍实（可采用碳纤维缠绑加固），铁箍一般箍在十字抄手榫上下接茬位置。这种对接方式较为牢固，在很多拼攒包镶的高大柱子中，续接柱芯也多采用此种对接方式。

四半榫，是将柱子与对接的柱根对应截面按照十字线开成四瓣，上下对应剔去二瓣后，对插在一起。四半榫插接长度要根据墩接长度择定，一般掌握在 1~2 倍柱径之间，接续好的柱根进行防腐处理（涂刷化学药剂或填充挥发性防腐药物）最后用铁箍箍实（可采用碳纤维缠绑加固），铁箍一般箍在四半榫上下接茬位置。这种对接方式较为牢固，在很多拼攒包镶的高大柱子中，续接柱芯采用此种对接方式很多。

**2. 抽换梁、柱（偷梁换柱）与抱柱、托梁（衬木）**

在修缮古建筑和文物建筑中，有些柱子整体糟朽或破损断裂严重，采用各种修缮方法也无法修补，且严重影响结构安全须及时更换。同样在有些屋架中的梁出现严重糟朽破损、断裂已无法维修，且严重影响结构安全须及时更换。在这种情况下，屋架中其他的构造部位和墙体还都基本完好无破损或并不严重，为了保护其他完好无损的构造部位，在条件可行的情况下，以不落架甚至也不用局部落架的修缮方式，采用抽梁换柱的方法进行修缮。

首先对要拆换的梁、柱进行现场勘测，分析与之相关构件的搭交榫卯节点的制约关系，找出关键剔除点，制定出榫卯节点修整措施，选择好抽换梁、柱的挪移施工作业面和施工操作顺序方式方法。做出搭设承重架木、安全保障、起重和保护的施工预案。

（1）抽梁

先要复制出所需更换的梁，搭好承重架木，把梁放在准备好的承重架木作业面上，预备出千金顶垫木、榫杆、扁担木。把梁上面构件和与梁有关的构件用架木和千金顶垫木、榫杆、扁担木支顶牢固，通过打榫转移梁上的荷载，使之调整转换到支顶的架木或千金顶上，然后实施抽换梁的作业，剔除关键制约点和个别的制约榫卯，水平移动抽出破损的梁，同时更换上已备好的梁，对榫卯节点进行整修加固，根据被抽换梁的构造关系可采用一些传统铁活加固措施，确保梁架节点稳固，最后分层次、按部就班地把架木或千斤顶上的重量卸载，把荷载重新转移至新替换的梁架之上。

（2）换柱

复制出要更换的柱子，搭好承重架木，把柱子放入作业面内，用预备好的千金顶垫木、榫杆、扁担木。把与柱有关的构件用架木、千金顶垫木、榫杆、扁担木支顶牢固，并且把柱子上的荷载转移调整到至架木或支顶的千金顶上，然后实施抽换柱子的作业，剔除关键制约点和个别的制约榫卯，抽出破损的柱子，同时更换上已备好的柱子，调正后对榫卯节点进行整修加固，根据被抽换柱子构造关系可采用传统铁活进行加固，确保构造节点稳固，然后分层次、按部就班地拆除架木，把千斤顶卸掉。

（3）抱柱、托梁、替木

在大木构造中很多梁、柱由于榫卯节点层次多纵横交错，无法以抽梁换柱方式更换严重糟朽破损断裂的梁柱，可采用附加抱柱、增加托梁（随梁枋子）或替木的方式进行修缮，用小于柱子直径的方柱像抱框一样抱覆在柱子之上，辅助或替代柱子承托其上的梁枋构件荷载。附抱柱要针对柱子上部承托的构件类别位置，如柱头上支顶的梁、枋节点局部有糟朽、破损、断裂，则应在剔除糟朽、修补破损断裂后，在下面附加一根截面略小的托梁（随梁枋子）或替木，通过抱柱支顶满足结构要求，达到修缮目的。在不影响建筑外观的情况下，这种修缮方法应是一种较好的抢险加固措施。

### 3. 拼合柱、包镶柱、拼合梁枋（包括整修接续）

在很多较大的古建筑殿堂中，我们经常可以看到到很多内檐使用拼攒大柱子，这些柱子是通过几根甚至多块材料拼合而成。在修缮中我们也会见到前辈工匠们通过拼攒方式整修柱子的很多实例。拼攒柱子有合拼与包镶拼两种方式，一般的会根据柱子的直径大小来选择。

同样在古建筑修缮中我们也常见到很多拼合的梁、枋，由于古建筑受到木材材质的特殊限制，建筑跨度较大时很多梁、枋用材较大，施工中无法找到大径级的木材，前辈工匠们就会通过拼合梁枋解决较大的材料需求。

（1）拼合柱、包镶柱

拼合柱可二拼、三拼，最多可四拼，拼合柱一般会采用燕尾销溜槽胶合的做法，在拼面上对应做出较长的同燕尾槽口，穿上燕尾溜销，拼缝抹胶（可采用高强度化学黏合剂）粘接密实牢固，外观如同一根整料。拼好的柱子应按照 1.5 倍柱径分段加箍（可采用碳纤维缠绑）。

包镶柱要根据柱径尺寸分配拼块的大小，一般柱芯不应小于柱径的 3/5，柱芯外围根据柱子粗细拼块最少 8 拼，亦可 12 拼、16 拼、20 拼。拼好的柱子根据粗细要按照 1～1.5 倍柱径分段加箍（可采用碳纤维缠绑）。

包镶柱在修缮中也是一种常用的施工方法，较粗的柱子根部糟朽，甚至柱身以上表层也有糟朽，而柱芯不朽，亦可采取去除糟朽，保留上部柱芯，墩接下部柱根，外围包镶的方法整修柱子，既可达到修缮目地，也可尽量多地保留原始柱子的文物价值。

（2）拼合（包镶）梁枋

传统的拼合梁枋截面一般分为中心料和边料，中心料长为跨度总长，中心料最好是截面全高料，中心料截面宽为梁枋宽的 3/5。截面较大的梁因截面过大，材料无法满截面需要，中心料只好上下叠合拼攒时，底料截面高不得小于全高的 2/3，上下料拼缝应用胶粘合后加箍（或采用螺栓方式加固），截面拼合措施必须满足结构受力要求。拼合梁两侧拼腮各占梁宽的 1/5，亦可拼接窄料。

在现代的新材料中很多化学黏合剂强度很高，通过一些新材料、新工艺做法和一些辅助性的加固措施，采用拼合较大径级木料，是一种解决大径级木材的很好方式，在我们修缮文物古建筑时很多破损的梁枋构件都有着文物历史信息价值，采用现代新型高强度黏合材料和现代新工艺做法，使用传统的拼合梁枋方式与现代材料、现代工艺相结合，在满足建筑结构的前提下，对文物建筑中破损的梁枋进行拼合、接续、加固是一种非常有效的修缮方式。

### 4. 梁类构件整修

在屋架中梁是承担荷载的重要构件，因承受屋架与屋面荷载的重压，一般都会产生不同程度的下垂弯曲变形（简称为挠度），木材本身就是具有一定弹性的材质，所以挠度在不超出结构数值准许范围的情况下梁是正常的，当梁下垂的挠度大于跨度的 1/120 时，我们就应当采取相应的加固措施。用千金顶、楗杆、扁担木把梁矫直，采用附托随梁枋的办法进行加固，把梁和随梁枋用铁箍和螺栓加固成一个整体，增大梁的受力截面，这是一种非常有效的加固措施。

由于屋架长期受到各种因素的影响，屋架变形、梁架扭动、瓜柱歪闪，尤其是不同位置的梁有着不同变化。排山梁架会随着墙体歪闪更易变形、游走、脱榫或榫卯破损。前后檐挑尖梁、抱头梁也会随着屋架变形、游走、出现拔榫、脱榫，根据榫卯破损程度可采用胶粘修补或镶嵌剔补，通过打牮拨正使榫卯归位，修缮归位后应采用传统铁活拉接方式进行横向与竖向加固。将榫卯节点拉接钉牢。传统铁活所采用的铁拉板、铁拉条都是使用蘑菇钉进行加固，还有扒锔子加固，这些传统加固方式不会对大木结构受力、力矩造成影响和变化，是一种行之有效的大木构造加固修缮的方式。

梁、枋类的构件局部轻微糟朽或开裂，可采用剔补镶嵌方式进行修补。剔除糟朽部分，使用同等材质的木料嵌实即可。梁身开裂深度不超过梁截面 1/4，宽度不大于 3 分（10mm）的裂口，用木条嵌实后，可在开裂部位相应增加铁箍，铁箍间距在一至二倍梁高为宜（可用碳纤维缠绑加固）。

在古建修缮中时常遇到梁身完好、梁头劈裂糟朽的情况，古建修缮会采取接擘梁头的做法进行修复。梁头劈裂可采用注胶粘接加固，用铁箍加固（可缠绑碳纤维加固）。梁头糟朽应剔除糟朽后进行拼补接擘，接擘梁头是通过梁身两侧使用悬臂夹板握裹受力，固定住拼补接擘的梁头，一般受力夹板要求木质耐腐强度坚硬的木材，常用有柏木、柞木、洋槐等材质（可采用钢板夹板），传统悬臂夹板长不小于跨度 1/5 或与步架同长，夹板高随同梁高，厚后约 1.5 寸（5mm），接擘后用铁箍固牢（可采用现代螺栓加固）。

### 5. 枋类构件整修

古建筑的大木构造中枋类构件种类很多，有大小额枋、箍头枋、由额枋，以及金、脊枋、承椽枋、随梁枋、随檩枋、围脊枋、穿插枋、天花枋等很多种类，这些枋子在大木架中起着不同的作用。由于建筑失修破损、歪闪、变形，木构架中很多枋类构件会有拔榫和榫卯破损现象，一般根据榫卯破损程度采用胶粘修补，大木归安后再辅以铁活加固，采用拉铁将榫卯节点拉接钉牢。枋类构件局部轻微糟朽或开裂，可采用剔补镶嵌进行修补。剔除糟朽部分，使用同等材质的木料嵌实即可。枋类构件开裂深度不超过枋类截面 1/3，宽度不大于 3 分（10mm）的裂口，用木条嵌实后，在开裂部位相应增加铁箍（可采用碳纤维缠绑，亦可使用螺栓加固），铁箍间距在一至二倍枋高为宜。

修缮中时常遇到枋子身完好枋子头糟朽情况，传统的修缮方法采取接头续榫头的做法。接枋子头是在梁身两侧用受力悬臂夹板握裹固定接头，夹板要求木质耐腐强度坚硬，常用做夹板的木材有柏木、柞木、洋槐等（可采用钢板夹板），夹板悬臂长不小于跨度 1/5，随同枋子高，厚后约 1.2 寸（4mm），接擘后用铁箍固牢（或采用螺栓加固）。

### 6. 桁（檩）构件整修

桁（檩）构件是大木构造中主要受力构件，承受屋面荷载的重量，由于年长日久有的桁（檩）条会出现下垂弯曲，一般修整方法是把桁（檩）下面的随檩枋与桁（檩）用铁箍箍在一起，一檩三件中垫板加厚更换成随檩枋木，用铁箍把桁（檩）与枋木箍在一起（可采用螺栓加固方式），使两个构件形成一体加大受力截面，增强构件的抗弯能力。拆安桁（檩）时应注意且不可把桁（檩）翻身变向使用，以免改变桁（檩）经过长期受力早已形成的固定受力曲面，造成桁（檩）折断。由于梁架游闪造成桁（檩）滚动脱榫，修缮归安后可用扒钉或铁板拉接钉牢，榫卯糟朽，锯掉、剔除糟朽后，按照镶嵌银锭扣的方法接续榫卯，用胶粘牢即可。桁（檩）有裂缝深度不超过截面 1/3、宽度不大于 3 分（10mm），使用木条镶嵌，用铁箍按照间距二倍桁（檩）径进行加固（可采用碳纤维缠裹方式）。局部糟朽可挖补，桁（檩）弯曲上面凹陷，可用木条垫平、补实、钉牢后，再钉椽望。

**7. 板类构件整修**

在传统大木构造中板类多样，各种类型的板都有自身的做法，修缮中会根据不同破损的程度采取不同的修整方式。如在大木构造中内檐、外檐很多部位都会使用垫板，垫板不易糟朽，但是由于薄厚的区别有些垫板很容易扭曲变形，一般对于变形的垫板略加矫正不做大的整修。又如楼阁上的木楼板，分为底层地板和面层地板，不管是糟朽缺失或劈裂破损，从使用安全上考虑修缮时都会按照原尺寸、原做法进行更换。还有博风板、山花板、挂檐板、滴珠板等，各种类行的板根据使用位置其修缮做法也会有所不同，

（1）博风板

博风板用于悬山和歇山建筑之上，受到风雨侵蚀穿带极易松弛开缝、板面破损，博风头也易于糟朽。通常修整方法是规整穿带、收紧板缝，在板缝上对应剔出银锭扣卯口，抹胶嵌入银锭扣即可。博风头糟朽应剔除、锯掉糟朽部分，利用博风板厚度和宽度，以长短错口拍巴掌的做法接换博风头。劈裂缝隙可通过嵌补、注胶等方式修复。博风板扭曲变形，可等大木归安后在博风板内侧增加立带，通过矫枉过正的方法进行整修。最后还应使用化学药剂采用涂刷的方式进行防腐处理。

（2）山花板

山花板是歇山建筑两侧封山板，受到风雨侵蚀板面极易开缝破损，埋入博脊内的下边也易于糟朽。通常修整方法是规整收紧板缝，劈裂缝隙嵌补，在板缝上对应剔出银锭扣卯口，抹胶嵌入银锭扣，锯掉剔除接换下边糟朽部分，可在下边钉补一趟横板条。最后应使用化学药剂采用埋设或涂刷的方式进行防腐处理。

（3）挂檐板、滴珠板

挂檐板经常受到雨水侵蚀，穿带极易松弛、板面很容易变形开缝，修整方法是规整穿带收紧板缝，在板缝上对应剔出银锭扣卯口，抹胶嵌入银锭扣。挂檐板扭曲变形，可在挂檐板内侧增加立带，通过矫枉过正的方法进行整修。

滴珠板破损一般都是横带松弛，局部滴珠板立条破损或缺失，整修横带加固滴珠板立条，按照原样雕刻更换、添配破损缺失滴珠板立条即可。

**8. 更换椽子、飞椽、连檐、望板**

在屋面木基层修缮中，更换椽望是很普遍的修缮方式，屋面渗漏、檐头下垂、连檐及部分飞椽、老檐椽糟朽，遇到这种情况时，应采用原材质的木料、按照原样原尺寸复制及时更换，连檐、瓦口、闸档板等糟朽构件也会随之更换。更换下来的老檐椽若较长应充分利用，改造成飞椽继续使用，也可以改造成花架椽或脑椽，这样既节省了材料，也保留了材质的年份文物信息。

望板糟朽有着很多原因，在瓦屋面与椽子、木基层未有异常变化损坏的情况下，望板受到室内屋顶通风不畅，内外温度、湿度变化的影响，望板上长期产生水汽，结露潮湿造成腐蚀性糟朽，这种情况下通常是不会揭瓦修缮的，一般会使用薄木板像插抽屉板一样塞入椽档，贴附在望板之下。

檐头、天沟等屋面渗漏受到雨水侵蚀望板糟朽，或因年久木质脆化，揭瓦后无法拆出

整料的望板，都应在修缮中及时进行更换。

### 9. 角梁、翼角、翘飞、枕头木

（1）角梁修整

在古建筑中，角梁的修缮非常重要，由于角梁所处的位置易受风雨侵蚀，角梁头很容易糟朽，角梁出挑较长，梁上承载的脊部构件较重，长期负荷导致檐角下垂撅檐，脊部瓦件开裂、雨水渗漏，种种原因造成檐角下垂角梁糟朽。角梁糟朽程度有两种情况：一是仔角梁正身和后尾糟朽，仔角梁头下垂，这种情况应彻底更换仔角梁；二是仔角梁正身和后尾部分糟朽，仔角梁头下垂不很明显，这种情况下便不应更换仔角梁。可采用传统压角梁背的修缮方式，把糟朽部分砍掉，在上面压附上一层新的角梁背，满足角梁受力要求。

在修缮檐角梁前，应按照传统修缮办法先捉檐，就是测量建筑自身各个檐角梁头的标高（仔角梁头与老角梁头）。以一个无明显下垂的檐角为标准，查出各个檐角下垂的数值，根据这个数值修缮垫起、找平角梁梁头。檐角下垂还有一个原因，就是角梁后尾较短，前后配重比例失调，造成角梁与构架榫卯脱节，角梁后尾撅挑、前檐下垂，这种情况应把角梁后尾归位后进行后尾榫卯加固处理，使用夹板兜袢把角梁后尾与下面梁架拉接，使前檐角起翘复原，确保不再因前后配重比例失调产生撅檐。

（2）翼角、翘飞更换

由于檐角梁下垂，翘区大连檐、小连檐变形糟朽，导致翼角椽、翘飞椽出现糟朽和鸡窝囊，造成檐角屋面瓦开裂漏雨，翼角椽、翘飞椽，以及翘区大、小连檐糟朽。拆换翘飞椽、翼角椽应对号入座，哪一翘破损糟朽就抽换复制哪一翘，尽量不要全部更换。在角梁修整完成后，随着老檐椽的修缮完成，钉上新的翘区小连檐，更换或垫补枕头木，按照事先已编好的编号归安翼角椽，或修整复制添配翼角椽。同样随着飞椽的修缮完成，钉上新的翘区大连檐，按照的事先已编好的编号归安翘飞椽，修整复制添配翘飞椽。

### 10. 大木归安、打牮拨正

打牮拨正是大木构架整修的传统修缮施工方法，当建筑物出现拔榫、歪闪、悠架和拆按后需要整修矫正时，通过撬杠、支顶、打摽、拨动、归位、吊线等多项施工技术措施，使大木构架归位复原得到修复，就叫作打牮拨正。

在大木架进行打牮拨正前，首先应检查建筑物出现拔榫、歪闪、悠架的原因，做出打牮拨正修整措施的方案，做好施工中的各种安全防护措施预案，准备好在打牮拨正中需的辅助材料、工具，预备出打戗用的戗杆（杉槁）、扦杆、扎绑绳、大绳、小连绳、缥棍、拉杆、涨眼料、木楔子、木橛子、撞板等。预备好千金顶、吊链等起重工具及所需要的实用设备。

首先对拔榫、歪闪、悠架的建筑进行安全保护性的支戗绑扎，防止施工中继续拔榫、歪闪、悠架出现事故。搭好相应所需的杉槁架木，拆去影响、制约打牮拨正的障碍物、砌筑物等，需要时还要拆去部分椽望，将大木构造中制约打牮拨正的涨眼楔子、卡口料去掉。在以上各项工作完成后，先要归安拔榫的构件和修整更换的构件，然后开始打牮矫正，经过拨、撬、支、顶、拽、推磨等技术手段，使大木构架归位，吊线找正后支戗绑扎钉上拉杆，重新掩上卡口，塞上涨眼加固铁活，钉上椽望。恢复预先拆去的砌筑物等相关构造。

### 11. 古建大木构架常用的铁活与修缮铁活加固

在古建筑修缮中，有很多大木构节点经常使用传统铁活进行加固，有的铁活甚至在初始建筑时，就已经随着大木制安使用在建筑构造之上，修缮中还有很多柱、梁、枋构件因为开裂或拼攒需要打箍，这些采用预设铁活和修缮中使用铁活加固的方法，在传统大木构架上只是一种常见的辅助性加固修缮措施，我们通过以往的修缮看到很多传统铁活加固实例，铁活加固对大木构件起到了补强的作用，在修缮中铁活加固也是一种不可或缺的修缮技术手段。随着现代化的发展在古代建筑修缮中，出现了很多辅助性新型材料和新工艺替代原始传统材料旧工艺的做法。如在特殊的情况下使用碳纤维无纺布缠裹补强代替铁箍加固，就是一种很成功的好方法。但是我们也应看到如今有的文物古建修缮，使用钢套筒在木构造节点上进行加固，把木结构节点变成了钢结构节点，这种加固方式改变了大木榫卯柔性特征，使大木构造中既有木结构的柔性节点，又有钢结构特性的节点，使大木构造在遇到外力影响时产生不协调的混乱结构运动方式，对保护文物建筑、延长使用年限是非常不利的。这种所谓"现代"的修缮方式是不可取的。我们按照传统方式使用铁活加固修缮文物建筑，对于传统大木构造本身结构特性不会发生根本性的影响。

大木中常用的传统铁活有：角梁钉，柱头套榫额枋拉板，挑尖梁、抱头梁、顺梁等容易拔榫位置增设的拉铁，梁、枋抱箍，柱子抱箍，大小扒锔子、蘑菇钉，天花帽梁大挺钩，挂藻井的霸王杠等。还有牌楼上的大螺栓、霸王杠、大挺钩、大曲屈等。除了大木构造中这些常见铁活，在古建筑其他构造中还有很多各式各样的铁活。

## （三）斗栱修缮

建筑中斗栱受到大木梁架歪闪柱子下沉和额枋挑檐桁弯曲变形及檐出荷载等下压的影响，很容易出现位移、扭闪、外倾、下垂、变形的损伤，尤其是檐角的角科斗栱受到角梁撇檐下垂的挤压，构件会出现弯曲变形劈裂，坐斗被压得变形开裂等。斗栱破损的通病有：昂嘴断裂缺失、升斗耳残损、升斗滑落缺失、垫栱板劈裂缺失、盖斗板破损缺失等，还有坐斗枋、正心枋、拽枋变形等。

斗栱修缮受到大木修缮方式的限制，如果大木落架大修则斗栱也随着可以落架大修。斗栱落架大修在落架前要做好充分准备，留出摆放场地。以攒为单位进行编排打号，落架时按照以攒为单位的编号顺序捆绑码放，同样修补更换复制斗栱构件也要以攒为单位进行。按照原样、原尺寸、原做法、原工艺、原材质的五原则进行整修。由于斗栱构件数量较多都是小件，构造变化复杂，所以修复时尽量不大拆大卸，可根据破损部件小拆换件和剔补修饰添配缺失，这样的修复方式，可保持斗栱原有榫卯结构现状在修整过程中不受损伤。斗栱破损严重，必须大拆大卸才能修整的，应事先按照构件层次位置进行编号，修整复制添配的构件，按照编号原位归安，严禁错位安装、避免给榫卯结构造成损伤。

升斗斗耳断落缺失可按照原尺寸补配粘牢钉固。栱子开裂可用胶粘嵌缝进行修整。昂嘴断裂粘接后可增加螺栓加固，缺失的昂嘴按照原尺寸补配粘接后同样用螺栓进行加固。正心枋、外拽枋、挑檐枋开裂变形，修补矫正后可上下进行螺栓补强加固。

修整好的斗栱进行试装摆验后，仍然要以攒为单位捆绑码放以备安装。随着大木架归安的施工顺序，经过修整好的斗栱在大木架上归安时，要按照事先在大木架上的编号原位归安，不得错位安装造成斗栱受力发生变化。

在大木架不落架的维修中，斗栱修缮只能以剔补、塞、垫、拉线拨正、添配升斗等方法进行修整，这种修缮方式只是一种维护性的修补措施。可随着大木架打牮拨正过程，对歪闪错位做出相应拨正、归位整治。

### （四）木装修修缮

内、外檐装修种类式样很多，材质上也有着很大差别，装修工程的修缮基本上都是根据装修自身的材质和破损的程度有针对性的整修，通常因为大木屋架出现变化，导致槛框出现窜角倾斜，致使外装修会出现变形，门窗、格扇等边抹榫卯松动，门芯板、绦环板开裂，严重的边抹劈裂断榫，芯屉仔边、棂条破损残缺。外装修年久失修长期受到风雨侵蚀也是造成门窗破损的主要因素之一。同样内檐装修碧纱橱、各种花罩屏风等因长期使用缺少维护，材质受到室内干湿度变化也会出现破损。

**1. 槛框整修**

整修槛框是木装修修缮中必不可少的修缮步骤，传统称为"拨抱框"，就是把歪闪的抱框通过砍、刹抱豁拨正抱框等修缮技术措施，恢复槛框四角垂直方正、水平调平，使次间、梢间等开间尺寸对称统一，经过调整槛框出现的缝隙，进行填补嵌缝、整修加固恢复原貌。

**2. 门窗装修整修**

根据内、外檐装修不同程度的破损状况，各种门窗格扇类包括室内装修，可通过剔补、接榫、拼接添配拆换边、抹、门芯板、绦环板等技术措施进行整修，把各类散架的门窗格扇装修经过修整拆换重新组装。同样如此通过拆换添配仔边、棂条等技术措施，重新修整组装各种芯屉。在修整过程中也应同时添配齐全栓杆转轴、面叶包叶以及门钉、铜铁饰件等。

对于破损不很严重的门窗装修，榫卯松动、游走严重影响正常使用，且不宜也不应该进行拆装重组的门窗装修，可通过加楔子、四角增加传统铁拐子角的方法进行加固修整。

在门窗装修修缮中经常会出现边抹榫卯处劈裂破损，边梃料弯曲变形无法矫正，这种情况变形弯曲的边料更换后可改短，或作为接料使用，榫卯处劈裂破损严重无法修复可截去破损之处，采用马牙齿对接的方式将边梃料接续后继续使用。

装修中各种类型的板类（走马板、护墙板、太师壁）可通过胶粘拼补、镶嵌裂缝等方法进行修整恢复原状。

在修缮门窗装修的过程中应与原材质、原工艺、原做法、原始样式、原尺寸保持一致，特别是内檐装修中的各种硬木装修的修缮，在选配修缮材料时不光要考虑材质搭配，还要考虑新旧木料色差变化纹理搭配，硬木擦漆烫蜡的装修更是不得敷衍马虎。

**3. 天花吊顶整修**

装修中枝条天花由于屋架的游闪造成变形下垂，乃至枝条透榫天花破损，严重的会影响安全。在整修天花吊顶之前首先应搭好施工作业的满堂红架子,预留出施工作业面,天花枝条一般不会糟朽,修整方式一般是先将天花板打号摘除,然后按照原天花井口尺寸调整枝条顺直找方,修补垫实、钉固贴梁,按照原位找平加固枝条榫卯,加固帽梁吊挂或挺钩,最后按照天花板编号原位归安天花板即可。

### 4. 藻井整修

在整修藻井之前要先搭设承重和起重架子,通过起重架子吊链把藻井卸载到承重架木之上,然后由施工作业人员对藻井进行整修。由于屋架游闪、变形、下垂,藻井也会随着屋架变化整体下沉甚至松散,较为复杂的藻井华盖木雕盘龙可能会出现开裂,周边的斗栱或天宫楼阁装饰也会出现裂口破损,按照藻井的层次规整松散构件、修整榫卯,修整斗栱或天宫楼阁装饰,用胶与木条镶嵌破损缝隙。修补华盖木雕盘龙,添配缺损龙头雕刻,藻井一般是随着天花一起整修归位,通过起重将修缮后的藻井恢复原位,安装加固好吊挂挺钩,随着天花修整结束,藻井修缮完成。

# 第九章　明、清建筑大木构造图解与算例

## 一、平顶灰棚

在较小的普通民居院落中，时常可以看到一些平顶房屋（也叫灰棚顶子），四合院中也常见到厢房、耳房、边角配房有时采用平顶的灰棚顶子做法，院落内小回廊有的也采用平顶灰棚屋面做法，街面铺面房及一些特定的库房建筑也时常采用此种灰棚建筑做法。在传统建筑中这种平顶灰棚等级最低，也是"小式做法"民居中一种常见的建筑形式。

灰棚平顶建筑作为院落中的厢房、耳房、边角配房时，开间、进深的尺寸较小，一般以一间或二间为限。用于铺面房时开间一般也不超过五间，铺面房进深较大时，可增加内柱来连续增加进深，使空间达到使用要求。大木屋架变化不多，也比较简单，内檐柱子多为圆柱，廊步外檐柱可用梅花方柱，基本构造是柱头上置额枋与木柁（水平梁）楞木（檩），上层水平铺设椽子、望板，或不使用椽子直接铺设较厚的屋面板，檐口使用檐边木挂檐板。根据需要前、后檐可设廊步、亦可不设廊步，大木架尺度权衡按照小式方法计算。灰棚平顶建筑中楞木或檩多采用密置铺设、间距较小，铺设间距一般控制在2尺（650mm）至2尺5寸（800mm）以内，楞木或檩条截面尺寸的高度一般控制在跨度的1/15～1/13以内，在满足结构需要和构造美观的前提下，可根据木材材质强度适当调整构件截面尺寸（图9-1）。

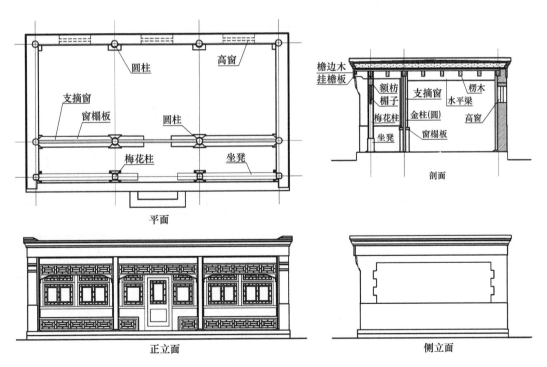

图9-1　平顶灰棚

## （一）面宽、进深、柱高、柱径、上下檐出

① 面阔开间与进深的尺寸是依据需要酌定，前檐设廊间不小于 4 尺（1280mm）。

② 在主体建筑尺度的基础上定出柱高尺寸，除去挂檐板高的尺寸外，以下柱高露明部分不得短于 7 尺 5 寸（2400mm）。

③ 梅花柱径（檐柱）为柱高的 1/13～1/11 酌情而定。在梅花檐柱径的基础上增加 1 寸（32mm）为金柱与老檐柱径，且柱径不得小于自身高的 1/11。

④ 露明柱高的 1.5/10 为下檐出，露明柱高的 2/10 为上檐出挂檐板外皮。上檐出滴水不得尿檐。

## （二）梁、檐枋、楞木（檩）、板、椽望

① 木柁（平梁）宽为梅花柱径的 11/10。梁高为跨度的 1/10。

② 檐枋宽 2/3 梅花柱径，高为面宽跨度 1/11 且不小于一柱径。

③ 楞木（檩）宽 1/2 梅花柱径且不小于 2.5 寸（80mm），高为跨度 15/10 且铺设间距不得大于 2 尺 5 寸（800mm）。

④ 挂檐板厚 1/5 柱径，高 0.9 寸～1 尺（290～320mm）。

⑤ 方椽子宽、高 1/3 柱径，圆椽子直径 1/3 柱径。

⑥ 屋面薄望板厚 0.5～0.8 寸（16～25mm），屋面板 1.5 寸（48mm）。

## （三）平顶灰棚大木权衡尺寸

平顶灰棚大木权衡尺寸如下，以供参考（表 9-1）。

表 9-1　灰棚木构件权衡表（单位：檐柱径）

| 构件名称 | 宽 | 高 | 厚 | 径 | 备注 |
|---|---|---|---|---|---|
| 梅花柱（檐柱） | | 不矮于 7 尺 5 寸 | | 0.09 柱高～0.08 柱高 | 梅花角 0.1 |
| 圆柱（金柱与后檐柱） | | 同檐柱 | | 檐柱径加 1 寸且不小于 0.09 柱高 | |
| 木柁（平梁） | 1.1 | 0.1 跨度 | | | |
| 檐枋 | 0.7～0.8 柱径 | 0.09 跨度～1 柱径 | | | |
| 楞木（檩） | 0.5 | 0.07 跨度 | | 0.07～0.08 跨度 | 密置宽度不大于 2.5 尺 |
| 椽子 | 0.35 | 0.35 | | 0.35 | 方椽或圆椽 |
| 挂檐板 | | 1.5 | 0.2 | | |
| 望板 | | | 0.5～0.8 寸 | | |
| 屋面板 | | | 1.5 寸 | | 在不使用椽子时用 |

# 二、硬山建筑

硬山建筑是很普通的常见传统建形式，屋面前后两坡，两侧山墙封顶。不论宫廷、寺

庙、府衙、庭院、园林院落都有硬山建筑，在传统四合院中，正房、倒座房、后罩房、厢房、耳房、广亮门楼都会采用硬山建筑形式。在四合院中，硬山建筑作为正房时，多以三间为基本开间数，即所谓的四梁八柱，在此基础上以偶数相加至五间，最多七间；作为后罩房和倒座房时，一般会采用九间至十一间；作为厢房时，从两间起始，单数相加，不超过五间；作为耳房时，从一间起始，单数相加，不超过三间；作为广亮大门时，一间（图9-2）。

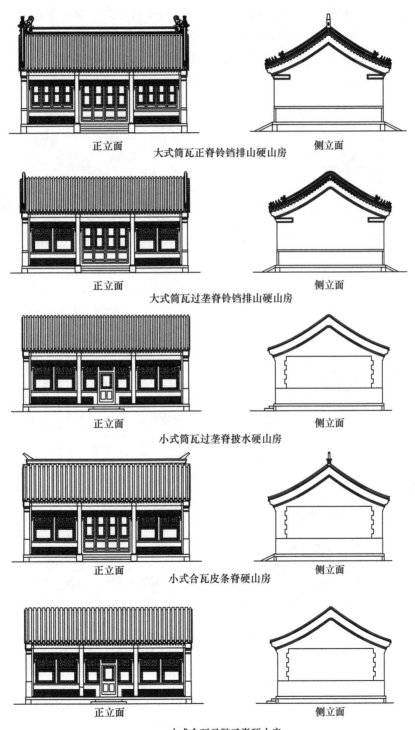

图 9-2 硬山建筑正立面、侧立面

一般以四梁八柱五（檩）为最小基本进深，元宝脊六桁（檩），建筑较小前后檐可不设廊步。建筑较大前后檐可设置廊步为七桁（檩）屋架，元宝脊八桁（檩），亦可根据需要前廊后无廊为六桁（檩）屋架，元宝脊七桁（檩）。用于寺庙配殿、府邸厅堂和宫廷院落中附配房等硬山建筑，其进深前后设廊步，廊步以内上架多采用五架梁，进深特殊较大时上架可采用七架梁，元宝脊则采用六架梁。在园林中有很多体量较小的硬山建筑，这些建筑进深较小，通常采用前廊后无廊的或前后檐不设廊步的建筑形式，为了保持前后檐水平基本一致，不撅翘后檐，很多前廊后无廊建筑采用接尾梁。建筑不设廊步时可直接采用五架梁、六架梁或四架梁。建筑两山通常设山柱使用排山屋架，梁架一分为二，采用三步梁、双步梁、单步梁的做法（图9-3）。

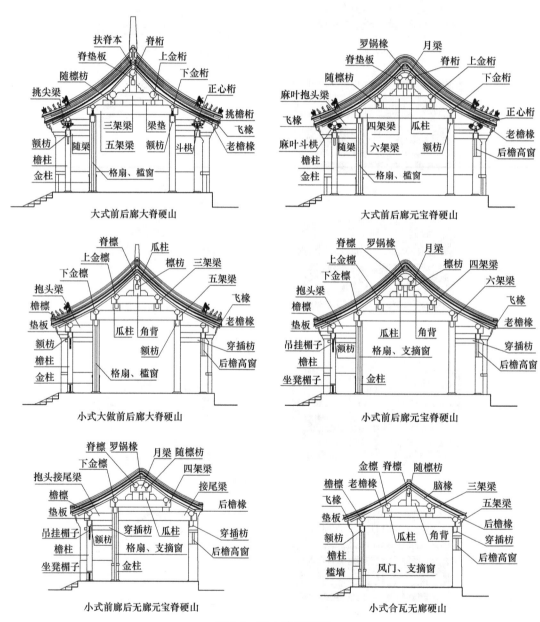

图9-3 硬山建筑剖面

硬山武座的建筑，檐柱、金柱上穿插枋大进小出榫卯应出将军头。大木屋架构造上水平区划分为二个层面，有下架柱额层，上架柁（梁）桁（檩）层，其中包括屋面椽望。"大式做法"与"大式小做法"建筑上下架之间还应有斗栱层。以面阔开间排列，两间之间的一组梁柱被称为一缝，几排梁架便被称之为几缝。

硬山建筑"大式做法"和"小式大做法""大式小做法"瓦屋面可使用正脊垂脊铃铛排山，亦可使用元宝脊（过垄脊）铃铛排山垂脊，垂脊使用吻兽小跑。"小式大做法"与"大式小做法"屋面瓦作根据需要也可用铃铛排山素垂脊不使用跑兽。"小式做法"屋面瓦作使用筒瓦时一般都是元宝脊（过垄脊）无垂脊，两侧梢垄披水封山。民居一般采用合瓦屋面马鞍子脊，两侧筒瓦梢垄披水封山，屋面有正脊时多为皮条蝎尾脊或漏空花瓦蝎尾脊两种形式（图9-2）。硬山建筑"大式做法"和"大式小做法"有斗栱，但是构造比例及构件计算方式不同，"小式大做法"与"小式做法"无斗栱，构造比例及构件计算方式基本相同，只是某些构造做法节点式样上略有不同。

## （一）面宽、进深、步架、举架、檐出

### 1. 大式做法

① 斗栱设置一般多采用一斗三升或斗二升交麻叶，最多使用到三踩，斗口"口份"一般采用一寸半至二寸（48～64mm），要根据建筑体量大小和功能等级标准确定，清式内檐隔架一般不做斗栱，明代建筑内檐隔架一般设置荷叶墩替木斗栱。大木架尺度与构件尺寸均以"口份"标准计量。

② 在通面阔中以明间为主，明间面宽一般采用七个斗栱攒档，最少不小于五个攒档，要求空档坐中，次间可与明间相同，亦可比明间减少一个攒档或一攒斗栱，梢间、尽间攒档数量可与明间或次间相同，也可依次适当调整减少，尽间一般最少不少于三个攒档。由于很多"大式做法"硬山建筑是先根据占地大小确定了开间尺寸和数量，每间面宽是在已经确定了的通面阔后再进行单间面宽调整，所以要按明间面宽找口份，排序斗栱的攒档有时不能满足11斗口，就得把攒档做适当调整，调整后的攒档不应小于10.5斗口也不应大于12斗口。

③ 进深以一间为基数，也可二间勾连搭，前后可设廊间或抱厦，如廊间步架22斗口小于4尺时应调整至4尺（1280mm），根据廊间进深大小选用单步梁或双步梁，中心间根据屋脊的形式分配步架，每步架调整分配不应大于22斗口，元宝脊步11斗口，硬脊选择使用五架梁或七架梁，元宝脊选择使用六架梁或四架梁（图9-3）。

④ 檐步五举拿头，至脊步最高九五举再加一平水（图2-5）。

明代举折采用摔檩之法，以前后檐正心桁水平中至中尺寸1/3定脊高，以总举高从上至下依次递减1/10、1/20、1/40……直至廊步或檐步找出每步举高（图2-6）。

⑤ 上檐出21斗口，三踩以下斗栱、无拽架时，根据采光需要可按柱高1/3调整上檐出尺寸。

**2. 大式小做法**

① 斗栱设置采用一斗三升或斗二升交麻叶，斗栱斗口"口份"固定为一寸半（48mm）。

② 在通面阔中以明间为主，明间面宽设置斗栱一般不大于七个攒档不少于五个攒档，次间攒档设置可与明间同，也可比明间减少一攒斗栱或一个攒档，梢间、尽间攒档数量可与明间或次间相同，也可依次适当调整减少，尽间一般不少于三个攒档。很多硬山建筑是先根据占地大小确定了开间数量，每间面宽是在已确定了的通面阔后再进行单间面宽调整，以面宽明间找口份，斗栱设置的攒档不能满足 11 斗口时，攒档可做调整，调整后的攒档间距不应小于 10.5 斗口，且不大于 12 斗口。

③ 进深以一间为基数，也可二间勾连搭，前后可设廊间或抱厦，廊间最小尺寸不得小于 4 尺（1280mm），根据廊间进深大小选用单步梁或双步梁，从金步开始每步架分配不应大于 4 柱径，元宝脊步 2 柱径，硬脊选择使用五架梁，元宝脊选择使用四架梁（图 9-3）。

④ 檐步五举拿头，至脊步最高七五举（图 2-5）。

⑤ 上檐出取柱高的 3/10 或 1/3。

**3. 小式大做法**

① 不使用斗栱，大木架尺度权衡按照小式柱径方法计算，箍头、榫卯、式样、做法、完全按照大"大式"式样制作。

② 在通面阔中拟定出明间开间尺寸，以明间为准适当缩减尺寸，再定出次间尺寸，依次递减确定出梢间、尽间尺寸，通面阔中每间尺寸可与明间相同。

③ 进深以一间为基数，也可二间勾连搭，前后可设廊间或抱厦，廊间最小尺寸不得小于 4 尺（1280mm），廊间根据大小选用单步梁或双步梁，从金步开始每步架分配不应大于 4 柱径，元宝脊步 2 柱径，硬脊选择使用五架梁或七架梁，元宝脊选择使用四架梁或六架梁（图 9-3）。

④ 檐步五举拿头，至脊步最高九五举（图 2-5）。

⑤ 上檐出取柱高的 3/10 或 1/3。

**4. 小式做法**

① 不使用斗栱，大木架尺度权衡按照小式柱径方法计算，在满足结构要求构造美观的情况下，可根据材质强度变化适当调整构件尺寸。

② 明间面宽酌定后，次间、梢间、尽间面宽比明间适当减小，也可依次适当缩减。

③ 进深一间或二间勾连搭，前后可设廊间，廊步五柱径，最小尺寸不得小于 4 尺（1280mm），根据廊间大小可采用抱头梁或双步梁，根据屋脊的形式，进深从金步架开每步架 4 柱径（特殊情况酌情而定），元宝脊步 2 柱径。硬脊选择使用五架梁，元宝脊选择使用四架梁或六架梁（图 9-3）。

④ 檐步五举拿头，至脊步最高七五举。或采用民居撇檁二五举形式（图 2-5、图 2-7）。

⑤ 有飞椽的上檐出取柱高的 3/10，无飞椽的老檐出取柱高的 2.5/10。

## （二）柱高、柱径

### 1. 大式做法

① 檐柱高不应小于 60 斗口，柱高应依据设置的斗栱踩数调整。金柱、山柱按照举架及增加斗栱后实际计算出的尺寸定高。

② 檐柱径 6 斗口，金柱按长细比 1/11～1/10 定径且不小于 6.6 斗口，山柱径按长细比 1/11～1/10 定径且不小于 7.2 斗口，在保证木材材质达到结构要求的情况下，可对里围金柱、山柱的长细比进行调整，一般不小于 1/13。

### 2. 大式小做法、小式大做法、小式做法

① 檐柱高为明间面宽的 8/10～9.5/10 且不得短于 7 尺 5 寸（2400mm）。金柱、山柱按照举架增长后实际计算出的尺寸定高。

② 檐柱径为柱高的 1/11，金柱、山柱按长细比 1/11 定径，在保证满足结构要求的情况下，根据材质变化（硬杂木）长细比进行调整时柱径不得小于柱高的 1/13。

## （三）梁、枋、板、桁（檩）

### 1. 大式做法

① 方头梁或麻叶头梁位于檐柱柱头科斗栱坐斗之上，梁头宽 4 斗口，高 6.5 斗口。梁身宽 6 斗口，高 7.5 斗口（梁高可依据跨度比调整且不小于建筑外观尺寸）。

② 七架梁（六步）或六架梁（四步加月步一攒档）位于进深中心间，大式梁身宽 7.2～8 斗口，七架高 13 斗口，六架高 10 斗口（要根据跨度的 1/10 增调雄背高度，满足结构功能要求）。

③ 五架梁（四步）位于进深中心间七架梁之上，梁身宽 6～7.2 斗口，高 9 斗口（要根据跨度的 1/10 调整雄背高度，满足结构功能要求）。

④ 四架梁（二步加一攒档）位于进深中心间六架梁之上，梁身宽 6～7.2 斗口，高 7.2 斗口（参照跨度比可调整梁高或雄背）。

⑤ 三架梁（二步）位于进深中心间五架梁之上，月梁（一攒档）位于四架梁之上梁身宽 5～6 斗口，高 6～6.5 斗口（根据需要增减雄背）。

⑥ 瓜柱厚 5 斗口宽 6 斗口。

⑦ 大额枋、随梁枋、天花梁厚 4.8 斗口，高 6 斗口。

⑧ 小额枋（由额枋）、金、脊枋、穿插枋厚 3.2 斗口，高 4～4.5 斗口。应根据跨度酌情调整。

⑨ 由额垫板厚 1 斗口，高 2 斗口。

⑩ 金、脊垫板厚 1 斗口，高 3～4 斗口。

⑪ 正心桁、金桁、脊桁、扶脊木直径 4.5～5 斗口（应根据跨度及上架构造变化酌情

调整）。

⑫ 随檩枋厚 1.5 斗口，高 2.25 斗口。

**2. 小式做法、小式大做法**

① 抱头梁位于檐柱头之上，梁宽为檐柱径的 11/10。梁高为 1.5 檩径或宽的 5/4 且不小于建筑外观尺寸。

② 七架梁（六步）或六架梁（四步加二檩径）宽为金柱径的 11/10。梁高为跨度的 1/10，依据材质种类（硬杂木）跨度比可调整至 1/11。

③ 五架梁（四步）位于金柱之上时宽为金柱径的 11/10。位于七架梁之上时为七架梁宽的 9/10，梁高不小于跨度的 1/10。

④ 四架梁（二步加二檩径）位于进深中心间六架梁之上，三架梁、双步梁（二步）位于进深中心间五架梁之上，以六架梁或五架梁宽的 9/10 定宽。梁高不小于跨度的 1/10 且不小于梁宽的 5/4 及建筑外观尺寸。

⑤ 单步梁（一步）位于双步梁之上，月梁（一步）位于四架梁之上，梁宽不小于 1 檩径，梁高不小于梁宽的 5/4 及建筑外观尺寸。

⑥ 瓜柱厚为 8/10～1 檐柱径，宽 1.2 檐柱径。

⑦ 大额枋、随梁枋、天花梁厚 2/3 檐柱径且不大于高的 4/5，高 1 檐柱径。

⑧ 金、脊枋、穿插枋厚 2/3 檐柱径且不大于高的 4/5，高为檐柱径的 8/10。

⑨ 檐垫板厚半椽径，高为 8/10 檐柱径或 1 檩径。

⑩ 金、脊垫板厚半椽径，高为 8/10 檩径且不小于半檩径。

⑪ 檩径、扶脊木不小于柱径的 8/10，不大于 1 柱径（跨度较大时应根据跨度比酌情调整，或减小步架采取密置屋架做法）。

⑫ 随檩枋厚 1 椽径，高 1.5 椽径。

## （四）椽、望、连檐及其他构件

### 1. 大式做法

① 角背长 22 斗口，高 1/2 瓜柱高，厚 1.5 斗口。

② 老檐圆椽径 1.5 斗口（根据斗栱设置七踩以上檐出椽径可调增为 1.7 斗口）。

③ 飞椽一头三尾，径 1.5 斗口见方。

④ 罗锅椽径 1.5 斗口见方（弧起约 2 斗口）。

⑤ 大连檐宽 1.5 斗口，高 1.5 斗口。

⑥ 里口木宽 1.2 斗口、高 1.9 斗口，小连檐宽 0.8 椽径、高 1/3 椽径且不小于 0.8 寸（26mm）。

⑦ 顺望板厚 1.2 寸（40mm），横望板厚 0.5 寸（16mm）。

### 2. 小式做法、小式大做法

① 角背长一步架高 1/2 瓜柱高，厚 0.8 椽径。

② 老檐圆椽径为 1/3 檐柱径。

③ 飞椽一头三尾，径 1/3 檐柱径见方。

④ 罗锅椽 1 椽径见方，高 2.5 椽径做罗锅。

⑤ 大连檐宽、高均为 1 椽径。

⑥ 小连檐宽 0.8 椽径，高 1/3 椽径且不小于 0.7 寸（23mm）。

⑦ 望板厚 0.5 寸（16mm）。

## （五）硬山建筑大木权衡尺寸

硬山建筑大木权衡尺寸如下，以供参考（表 9-2、表 9-3）。

**表 9-2　硬山建筑带斗栱"大式做法"木构件权衡表（单位：斗口）**

| 构件名称 | 宽（斗口） | 厚（斗口） | 径（斗口） | 高（斗口） | 长（斗口） | 备注 |
|---|---|---|---|---|---|---|
| 檐柱 | | | 6 | 60~70 | | 柱高应依据斗栱拽架高矮酌情调整 |
| 金柱 | | | 7~8 | | | 径应控制在柱高 1/13~1/11 范围内 |
| 山柱 | | | 8~10 | | | 径不得小于 1/13 柱高 |
| 金、脊瓜柱 | 6 | 5~6 | | | | |
| 方头梁或麻叶头梁 | 头 4 身 6 | | | 头 6.25~6.5 后身 7.2 | 步架加头 10 | 根据需要亦可单步、双步 |
| 七架梁 | 7.2~8 | | | 13 | 132 加头 10 | 高不应小于跨度 1/10 |
| 六架梁 | 7.2~8 | | | 10 | 99 加头 10 | 高不应小于跨度 1/10 |
| 五架梁 | 6~7.2 | | | 9 | 88 加头 10 | 高不应小于跨度 1/10 |
| 四架梁 | 6~7.2 | | | 7.2 | 55 加头 10 | 高不应小于跨度 1/10 |
| 三架梁 | 5~6 | | | 6~6.5 | 44 加头 10 | |
| 月梁 | 5~6 | | | 6~6.5 | 11 加头 10 | |
| 排山单步、双步梁 | 对应相应梁架 | | | 对应相应梁架 | | 宽、厚埋入墙内可适量缩减 |
| 额枋（檐枋） | 4~5 | | | 6~7 | 同间宽 | 额枋高按跨度比不应小于 1/11 |
| 天花梁 | 4~5 | | | 6~7 | 同梁 | |
| 由额枋 | 3~4 | | | 4.5~5 | 同间宽 | |
| 随梁枋 | 4~5 | | | 6 | 同梁 | |
| 随檩枋 | 4~5 | | | 4.5~6 | 同间宽 | |
| 穿插枋 | 3~4 | | | 4.5~6 | | |
| 由额垫板 | 1 | | | 2 | 同间宽 | |
| 金、脊垫板 | 1 | | | 3~6 | 同间宽 | |

| 构件名称 | 宽（斗口） | 厚（斗口） | 径（斗口） | 高（斗口） | 长（斗口） | 备注 |
|---|---|---|---|---|---|---|
| 檐、金、脊正心桁 | | | 4.5～5 | | 同间宽、两山加一桁径 | 根据桁位置不同增径 |
| 挑檐桁 | | | 3 | | 同间宽 | |
| 角背 | | 1.5 | | 0.3 举架 | 22 | |
| 老檐椽 | | | 1.5 | | （14 斗口加㧅架加步架）× 斜率 | |
| 飞椽 | 1.5 | 1.5 | | | 7 斗口 ×4 | |
| 大连檐 | 1.5 | 1.5 | | | 同间宽 | 两端增加戗檐长 |
| 里口木 | 1.5 | 1.9 | | | 同间宽 | |
| 小连檐 | 1 | 0.8 寸 | | | 同间宽 | |
| 顺望板 | | 0.5 | | | | |
| 横望板 | | 0.5 寸 | | | | |

**表 9-3 硬山建筑无斗栱"小式做法"木构件权衡表（单位：檐柱径）**

| 构件名称 | 宽 | 厚 | 径 | 高 | 长 | 备注 |
|---|---|---|---|---|---|---|
| 檐柱 | | | 0.09 自身高 | 0.8～0.95 明间面宽 | | 高不应小于 7 尺 5 寸 |
| 金柱 | | | 0.08～0.09 自身高 | | | 径应大于檐柱径 |
| 山柱 | | | 0.08～0.09 自身高 | | | 径应大于金柱径 |
| 金脊瓜柱 | 1～1.2 | 0.8～1 | | | | |
| 抱头梁 | 1.1 | | | 1.2～1.5 | 步架加头 1 | |
| 七架梁 | 1.1 金柱径 | | | 0.1 跨度 | 6 步架加头 1 | 平水线以上增调雄背 |
| 六架梁 | 1.1 金柱径 | | | 0.1 自身跨度 | 6 步架加月步加头 2 | 平水线以上增调雄背 |
| 五架梁 | 0.9 七架梁宽或 1.1 金柱径 | | | 不小 0.1 自身跨度 | 4 步架加头 2 | 平水线以上调整雄背 |
| 四架梁 | 0.9 六架梁宽或 1.1 金柱径 | | | 不小 0.1 跨度 | 2 步架加月步加头 2 | 平水线以上调整雄背 |
| 三架梁 | 0.9 五架梁宽或 1 柱径 | | | 1.3 | 2 步架加头 2 | 平水线以上减缩雄背 |
| 排山单步梁、双步梁 | 对应相应梁架 | | | 对应相应梁架 | 步架加头 1 | 宽、厚埋入墙内可适量缩减 |
| 随梁枋 | | 0.7～0.8 | | 0.8～1 | 同梁长 | 截面高度不应小于跨度 1/11 |
| 额枋 | | 0.7～0.8 | | 0.8～1 | 同间宽 | 截面高度不应小于跨度 1/11 |
| 金、脊枋 | | 0.6～0.7 | | 0.8 | 同间宽 | |

续表

| 构件名称 | 宽 | 厚 | 径 | 高 | 长 | 备注 |
|---|---|---|---|---|---|---|
| 穿插枋 | | 0.6～0.7 | | 0.8 | 同步架加出头榫 | |
| 檐垫板 | | 0.5 椽径 | | 0.8～1 | 同间宽 | |
| 金、脊垫板 | | 0.5 椽径 | | 0.8 檩径 | 同间宽 | |
| 檐、金、脊檩 | | | 0.8～1 且不小于 1/10 跨度 | | 同间宽 | 两山檩加长一檩径 |
| 扶脊木 | | | 1 檩径 | | 同间宽 | 两山檩加长一檩径 |
| 角背 | | 1 椽径 | | 0.4 举架 | 1 步架 | |
| 老檐椽 | | | 1/3 檐柱径 | | （0.2 檐柱高＋步架）× 斜率 | |
| 飞椽 | 1/3 檐柱径 | 1/3 檐柱径 | | | 0.1 檐柱高×4 | |
| 大连檐 | 1 椽径 | 1 椽径 | | | 同间宽 | 两端增加戗檐长 |
| 小连檐 | 0.8 椽径 | 0.7～08 寸 | | | 同间宽 | 根据椽径选择 |
| 望板 | 不小于 3 寸 | 0.5 寸 | | | | 柳叶边 |

# 三、悬 山 建 筑

悬山建筑屋顶前后两坡，山头悬挑出两侧山墙之外。悬山建筑多用于府库、门坞、宫廷两厢朝房、耳房和寺庙中两厢配殿、配房等，属于常见的官式建筑做法。有"大式做法""小式做法"和"小式大做法"等形制之分。屋顶瓦作与硬山做法基本相同，有正脊铃铛排山、有元宝脊（过垄脊）铃铛排山和披水山等屋面做法。山墙多做风火山，显露出山头的排山大木梁架封堵象眼板。大木屋架两侧山头采用梢檩悬挑出梢，悬挂博风板。

悬山房屋的开间排列形式与硬山建筑基本相同，用于衙署大门时多为三间，用于府库时多以偶数相加可三间、五间、七间、九间、十一间（一般不超过十一间），按照需要酌定。大木屋架构造与硬山屋架相同，悬山屋架进深步架排列也与硬山相同，以四梁八柱五架梁五桁（檩）为最小基本进深，元宝脊六架梁六桁（檩），建筑较小前后檐可不设廊步。建筑较大前后檐可设置廊步为七五架梁七桁（檩）屋架，元宝脊六架梁八桁（檩）。上下水平区划分为二个层面，有下架柱额层，上架柁（梁）桁（檩）层，其中包括屋面椽望。根据建筑条件和功能需要，前后檐均可增设抱厦（图 9-4、图 9-5）。

悬山建筑两山屋架多采用山柱排山屋架出梢，出梢之法应符合传统明、清悬山房屋出梢之法。武衙门中的演武厅府库与行武有关的建筑，檐柱、金柱上穿插枋、抱头梁大进小出榫卯多出将军头，檐角箍头长增加 1 斗口或 1/5 柱径的出栖出头，博风外制安梅花钉还应区分文座与武座做法（文钉横、武钉竖）。瓦作正脊两端，文座用吻兽嘴头衔脊，武座用望兽嘴头向外。在构建时应根据建筑自身从属的位置等级，和使用功能的特性区分选择做法标准。

　　在园圃、寺庙、府邸建筑群落和庭院中有很多小型悬山建筑，通常也采用悬山屋架形式。如园林庭院中垂花门、廊子等，屋架体量较小多为"小式做法"或"小式大做法"形式。这些较小的建筑通常随着建筑环境的变化，会出现很多不同的构造形态变化（见垂花门与廊子）。

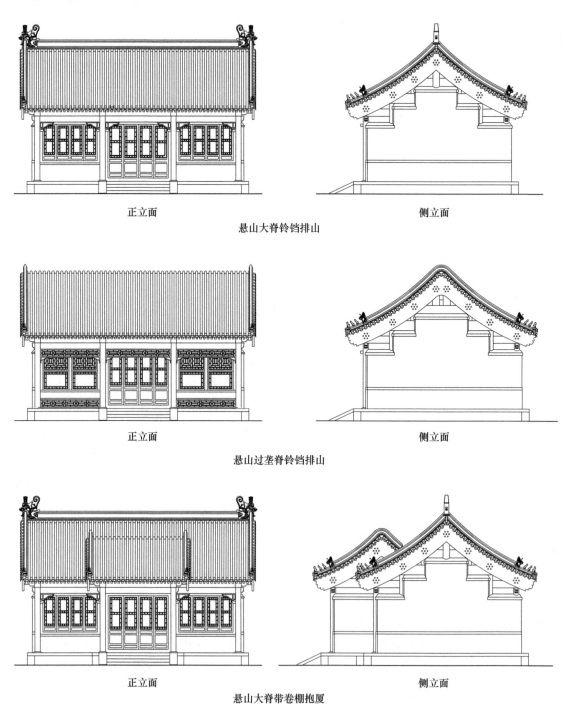

正立面　　　　　　　　　　　　　　　　侧立面

悬山大脊铃铛排山

正立面　　　　　　　　　　　　　　　　侧立面

悬山过垄脊铃铛排山

正立面　　　　　　　　　　　　　　　　侧立面

悬山大脊带卷棚抱厦

图 9-4　悬山建筑正立面、侧立面

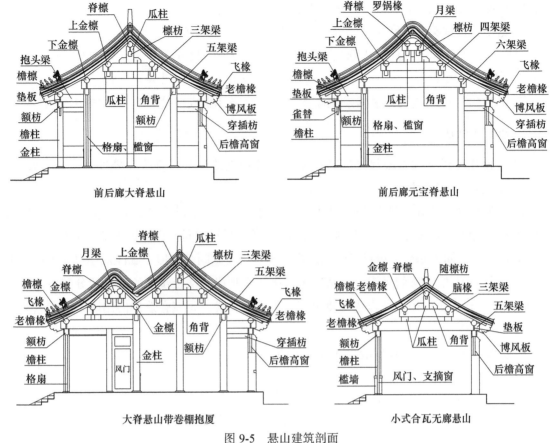

前后廊大脊悬山

前后廊元宝脊悬山

大脊悬山带卷棚抱厦

小式合瓦无廊悬山

图 9-5 悬山建筑剖面

## （一）面宽、进深、步架、举架、檐出

### 1. 大式做法

① 斗栱设置一般多采用一斗三升或斗二升交麻叶，斗口"口份"多采用1.5～2寸（48mm～64mm），最大不超过2.5寸，3寸以上的口份很少用，口份大小要根据建筑体量大小和功能等级标准确定。清式内檐隔架一般不做斗栱，明代建筑内檐隔架一般设置荷叶墩替木斗栱。大木架尺度与构件尺寸均以"口份"标准计量。

② 在通面阔中以明间为主，明间面宽一般采用七个斗栱攒档，最少不小于五个攒档，要求空档坐中，次间可与明间相同，亦可比明间减少一个攒档或一攒斗栱，梢间、尽间攒档数量可与明间或与次间相同，也可依次适当调整减少，尽间一般最少不少于三个攒档。由于很多"大式做法"悬山建筑是先根据占地大小确定了开间尺寸和数量，每间面宽是在已经确定了的通面阔后再进行单间面宽调整，所以要按明间面宽找口份，排序斗栱的攒档有时不能满足11斗口，就得把攒档做适当调整，调整后的攒档不应小于10.5斗口也不应大于12斗口。

③ 进深以一间为基数，也可二间勾连搭，前后可设廊间或抱厦，如廊间步架22斗口小于4尺时应调整至4尺（1280mm），根据廊间进深大小选用单步梁或双步梁，中心间根据屋脊的形式分配步架，每步架调整分配不应大于22斗口，元宝脊步11斗口，硬脊选择使

用五架梁或七架梁，元宝脊选择使用六架梁或四架梁（图9-3）。

④ 檐步五举拿头，至脊步最高九五举再加一平水（图2-5）。

明代举折采用摔攘之法，以前后檐正心桁水平中至中尺寸三分之一定脊高，以总举高从上至下依次递减1/10、1/20、1/40……直至廊步或檐步找出每步举高（图2-6）。

⑤ 上檐出无斗栱拽架，根据采光需要，可按柱高1/3或柱高3/10设定檐出尺寸。

### 2. 小式大做法

① 不使用斗栱，大木架尺度权衡按照小式柱径方法计算，箍头、榫卯、式样、做法、完全按照大大式式样制作。

② 在通面阔中拟定出明间开间尺寸，以明间为准适当缩减尺寸，定出次间尺寸，依次递减确定出梢间、尽间尺寸，通面阔中每间尺寸可与明间相同，也可依次适当调整减小。

③ 进深以一间为基数，也可二间勾连搭，前后可设廊间或抱厦，廊间最小尺寸不得小于4尺（1280mm），根据廊间进深大小选用单步梁或双步梁，从金步开始每步架分配不应大于4柱径，元宝脊步2柱径，硬脊选择使用五架梁或七架梁，元宝脊选择使用四架梁或六架梁（图9-3）。

④ 檐步五举拿头，至脊步最高九五举（图2-5）。

⑤ 上檐出取柱高的3/10或1/3。

### 3. 小式做法

① 不使用斗栱，大木架尺度权衡按照小式柱径方法计算，在满足结构要求构造美观的情况下，可根据材质强度因地制宜适当调整构件尺寸。

② 明间面宽酌定后，次间、梢间、尽间面宽比明间适当减小，也可依次适当缩减调整减小。

③ 进深一间或二间勾连搭，前后可设廊间，廊步5柱径最小尺寸不得小于4尺（1280mm），廊间采用抱头梁，根据屋脊的形式，进深从金步架开始每步架4柱径（特殊情况酌情而定），元宝脊步2柱径。硬脊选择使用五架梁，元宝脊选择使用四架梁或六架梁（图9-3）。

④ 檐步五举拿头，至脊步最高七五举。或采用民居摔檩二五举形式（图2-5、图2-7）。

⑤ 有飞椽的上檐出取柱高的3/10，无飞椽的老檐出取柱高的2.5/10。

### （二）柱高、柱径

#### 1. 大式做法

① 檐柱高不应小于60斗口，金柱、山柱按照增加举架后实际计算出的尺寸定高。

② 檐柱径6斗口，金柱按长细比1/11～1/10定径且不小于6.6斗口，山柱径按长细比1/11～1/10定径且不小于7.2斗口，在保证木材材质达到结构要求的情况下，可对里围金柱、山柱的长细比进行调整，一般不小于1/13。

#### 2. 小式大做法、小式做法

① 檐柱高为明间面宽的8/10～9.5/10且不得短于七尺五寸（2400mm）。金柱、山柱按照举架增长后实际计算出的尺寸定高。

② 檐柱径为柱高的 1/11，金柱、山柱按长细比 1/11 定径，在保证满足结构要求的情况下，根据材质变化（硬杂木）长细比进行调整时柱径不得小于柱高的 1/13。

### （三）梁、枋、板、桁（檩）

#### 1. 大式做法

① 方头梁或麻叶头梁位于檐柱柱头科斗栱坐斗之上，梁头宽 4 斗口，高 6.5 斗口。梁身宽 6 斗口，高 7.5 斗口（梁高可依据跨度比调整且不小于建筑外观尺寸）。

② 七架梁（六步）或六架梁（四步加月步一攒档）位于进深中心间，大式梁身宽 7.2～8 斗口，七架高 13 斗口，六架高 10 斗口（要根据跨度的 1/10 增调雄背高度，满足结构功能要求）。

③ 五架梁（四步）位于进深中心间七架梁之上，梁身宽 6～7.2 斗口，高 9 斗口（要根据跨度的 1/10 调整雄背高度，满足结构功能要求）。

④ 四架梁（二步加一攒档）位于进深中心间六架梁之上，梁身宽 6～7.2 斗口，高 7.2 斗口（参照跨度比可调整梁高或雄背）。

⑤ 三架梁（二步）位于进深中心间五架梁之上，月梁（一攒档）位于四架梁之上梁身宽 5～6 斗口，高 6～6.5 斗口（根据需要增减雄背）。

⑥ 瓜柱厚 5 斗口，宽 6 斗口。

⑦ 大额枋、随梁枋、天花梁厚 4.8 斗口，高 6 斗口。

⑧ 小额枋（由额枋）、金、脊枋、穿插枋厚 3.2 斗口，高 4～4.5 斗口。应根据跨度酌情调整。

⑨ 由额垫板厚 1 斗口，高 2 斗口。

⑩ 金、脊垫板厚 1 斗口，高 3～4 斗口。

⑪ 正心桁、金桁、脊桁、扶脊木直径 4.5～5 斗口（应根据跨度及上架构造变化酌情调整）。

⑫ 随檩枋厚 1.5 斗口，高 2.25 斗口。

#### 2. 小式大做法、小式做法

① 抱头梁位于檐柱头之上，梁宽为檐柱径的 11/10。梁高为 1.5 檩径或宽的 5/4 且不小于建筑外观尺寸。

② 七架梁（六步）或六架梁（四步加二檩径）宽为金柱径的 11/10。梁高为跨度的 1/10，依据材质种类（硬杂木）跨度比可调整至 1/11。

③ 五架梁（四步）位于金柱之上时宽为金柱径的 11/10。位于七架梁之上时为七架梁宽的 9/10，梁高不小于跨度的 1/10。

④ 四架梁（二步加二檩径）位于进深中心间六架梁之上，三架梁、双步梁（二步）位于进深中心间五架梁之上，以六架梁或五架梁宽的 9/10 定宽。梁高不小于跨度的 1/10 且不小于梁宽的 5/4 及建筑外观尺寸。

⑤ 单步梁（一步）位于双步梁之上，月梁（一步）位于四架梁之上，梁宽不小于 1 檩

径，梁高不小于梁宽的 5/4 及建筑外观尺寸。

⑥ 瓜柱厚为 8/10～1 檐柱径，宽 1.2 檐柱径。

⑦ 大额枋、随梁枋、天花梁厚 2/3 檐柱径且不大于高的 4/5，高 1 檐柱径。

⑧ 金、脊枋、穿插枋厚 2/3 檐柱径且不大于高的 4/5，高为檐柱径的 8/10。

⑨ 檐垫板厚半椽径，高为 8/10 檐柱径或 1 檩径。

⑩ 金、脊垫板厚半椽径，高为 8/10 檩径且不小于半檩径。

⑪ 檩径、扶脊木不小于柱径的 8/10，不大于 1 柱径（跨度较大时应根据跨度比酌情调整，或减小步架采取密置屋架做法）。

⑫ 随檩枋厚 1 椽径，高 1.5 椽径。

## （四）椽、望、连檐及其他构件

### 1. 大式做法

① 角背长 22 斗口，高 1/3 举架，厚 1.5 斗口。

② 老檐圆椽径一点五斗口（根据斗栱设置七踩以上檐出椽径可调增为 1.7 斗口）。

③ 飞椽一头三尾，径 1.5 斗口见方。

④ 罗锅椽径 1.5 斗口见方（弧起约 2 斗口）。

⑤ 大连檐宽 1.5 斗口，高 1.5 斗口。

⑥ 里口木宽 1.2 斗口高 1.9 斗口，小连檐宽 0.8 椽径高 1/3 椽径且不小于 0.8 寸（26mm）。

⑦ 顺望板厚 1.2 寸（40mm），横望板厚 0.5 寸（16mm）。

### 2. 小式大做法、小式做法

① 角背长一步架，高三分之一举架，厚 0.8 椽径。

② 老檐圆椽径 1/3 檐柱径。

③ 飞椽一头三尾，径 1/3 檐柱径见方。

④ 罗锅椽 1 椽径见方，高 2.5 椽径做罗锅。

⑤ 大连檐宽、高均为 1 椽径。

⑥ 小连檐宽 0.8 椽径，高 1/3 椽径且不小于 0.7 寸（23mm）。

⑦ 望板厚 0.5 寸（16mm）。

## （五）悬山建筑大木权衡尺寸

悬山建筑大木权衡尺寸如下，以供参考（表 9-4、表 9-5）。

表 9-4　悬山建筑带斗栱"大式做法"木构件权衡表（单位：斗口）

| 构件名称 | 宽（斗口） | 厚（斗口） | 径（斗口） | 高（斗口） | 长（斗口） | 备注 |
|---|---|---|---|---|---|---|
| 檐柱 | | | 6 | 60～70 | | |
| 金柱 | | | 7～8 | | | 径应控制在柱高 1/13～1/11 范围内 |

| 构件名称 | 宽（斗口） | 厚（斗口） | 径（斗口） | 高（斗口） | 长（斗口） | 备注 |
|---|---|---|---|---|---|---|
| 山柱 | | | 8～10 | | | 径不得小于 1/13 柱高 |
| 金、脊瓜柱 | 6 | 5～6 | | | | |
| 方头梁或麻叶头梁 | 头 4 身 6 | | | 头 6.25～6.5 后身 7.2 | 步架加头 10 | 根据需要亦可单步、双步 |
| 七架梁 | 7.2～8 | | | 13 | 132 加头 10 | 厚不应小于跨度 1/10 |
| 六架梁 | 7.2～8 | | | 10 | 99 加头 10 | 厚不应小于跨度 1/10 |
| 五架梁 | 6～7.2 | | | 9 | 88 加头 10 | 厚不应小于跨度 1/10 |
| 四架梁 | 6～7.2 | | | 7.2 | 55 加头 10 | 厚不应小于跨度 1/10 |
| 三架梁 | 5～6 | | | 6～6.5 | 44 加头 10 | |
| 月梁 | 5～6 | | | 6～6.5 | 11 加头 10 | |
| 排山单步、双步梁 | 对应相应梁架 | | | 对应相应梁架 | | 宽、厚埋入墙内可适量缩减 |
| 额枋（檐枋） | 4～5 | | | 6～7 | 同间宽 | 额枋高按跨度比不应小于 1/11 |
| 由额枋 | 3～4 | | | 4.5～5 | 同间宽 | |
| 随梁枋 | 随梁枋 | 4～5 | | | 6 | 同梁 |
| 随檩枋 | 随檩枋 | 4～5 | | | 4.5～6 | 同间宽 |
| 穿插枋 | 穿插枋 | 3～4 | | | 4.5～6 | |
| 由额垫板 | 1 | | | 2 | 同间宽 | |
| 金、脊垫板 | 1 | | | 3～6 | 同间宽 | |
| 博风板 | 12 | 1.5 | | | | |
| 山花象眼板 | | 0.4 | | | | 企口缝双面锁银锭扣 |
| 檐、金、脊正心桁 | | | 4.5～5 | | 同间宽、两山加出梢 12.75 | 根据桁位置不同增径 |
| 角背 | | 1.5 | | 0.3 举架 | 22 | |
| 燕尾枋 | 1.5 | 2.25 | | | 12.75 | |
| 老檐椽 | | | 1.5 | | （14 斗口加拽架加步架）× 斜率 | |
| 飞椽 | 1.5 | 1.5 | | | 7 斗口 ×4 | |
| 大连檐 | 1.5 | 1.5 | | | 同间宽 | 两山增加出梢长度 |
| 里口木 | 1.5 | 1.9 | | | 同间宽 | |
| 小连檐 | 1 | 0.8 寸 | | | 同间宽 | |
| 顺望板 | | 0.5 | | | | |
| 横望板 | | 0.5 寸 | | | | |

**表 9-5 悬山建筑无斗栱"小式做法"木构件权衡表（单位：檐柱径）**

| 构件名称 | 宽 | 厚 | 径 | 高 | 长 | 备注 |
|---|---|---|---|---|---|---|
| 檐柱 | | | 0.09 自身高 | 0.8～0.95 明间面宽 | | 高不应小于 7 尺 5 寸 |
| 金柱 | | | 0.08～0.09 自身高 | | | 径应大于檐柱径 |
| 山柱 | | | 0.08～0.09 自身高 | | | 径应大于金柱径 |
| 金脊瓜柱 | 1.2 | 0.8～1 | | | | |
| 抱头梁 | 1.1 | | | 1.2～1.5 | 步架加头 1 | |
| 七架梁 | 1.1 金柱径 | | | 0.1 跨度 | 6 步架加头 2 | 平水线以上增调雄背 |
| 六架梁 | 1.1 金柱径 | | | 0.1 自身跨度 | 6 步架加月步加头 2 | 平水线以上增调雄背 |
| 五架梁 | 0.9 七架梁宽或 1.1 金柱径 | | | 不小 0.1 自身跨度 | 4 步架加头 2 | 平水线以上调整雄背 |
| 四架梁 | 0.9 六架梁宽或 1.1 金柱径 | | | 不小 0.1 跨度 | 2 步架加月步加头 2 | 平水线以上调整雄背 |
| 三架梁 | 0.9 五架梁宽或 1 柱径 | | | 1.3 | 2 步架加头 2 | 平水线以上减缩雄背 |
| 双步梁、单步梁 | 对应相应梁架 | | | 对应相应梁架 | 步架加头 1 | |
| 随梁枋 | | 0.7～0.8 | | 1～0.8 | 同梁 | 截面高度不应小于跨度 1/11 |
| 额枋 | | 0.7～0.8 | | 1～0.8 | 同间宽 | 截面高度不应小于跨度 1/11 |
| 金、脊枋 | | 0.6～0.7 | | 0.8 | 同间宽 | |
| 穿插枋 | | 0.6～0.7 | | 0.8 | 同步架加出头榫 | |
| 檐垫板 | | 0.5 椽径 | | 0.8～1 | 同间宽 | |
| 博风板 | 2～2.5 | 1 | | | | 里面穿抄手带外下银锭扣 |
| 山花象眼板 | 不小于 4 寸 | 0.8～1 寸 | | | | 企口缝双面锁银锭扣 |
| 金、脊垫板 | | 0.5 椽径 | | 0.8 檩径 | 同间宽 | |
| 檐、金、脊檩 | | | 0.8～1 且不小于 1/10 跨度 | | 同间宽 | 两山檩加出梢长度 |
| 扶脊木 | | | 1 檩径 | | 同间宽 | 两山檩加出梢长度 |
| 角背 | | 1 椽径 | | 0.4 举架 | 1 步架 | |
| 老檐椽 | | | 1/3 檐柱径 | | （0.2 檐柱高＋步架）×斜率 | |
| 飞椽 | 1/3 檐柱径 | 1/3 檐柱径 | | | 0.1 檐柱高 ×4 | |
| 大连檐 | 1 椽径 | 1 椽径 | | | 同间宽 | 两山增加出梢长度 |
| 小连檐 | 0.8 椽径 | 0.7～08 寸 | | | 同间宽 | 两山增加出梢长度 |
| 望板 | | 0.5 寸 | | | | |

# 四、歇 山 建 筑

歇山建筑玲珑精巧，两山收于檐内垂直陡峭垂脊压山，四角起翘轻盈飘逸，犹如仙鹤展翅，俊鸟腾飞，歇山造型在传统建中被广泛应用，很多传统复合形多层建筑屋顶形式的组合，也都是以歇山屋面为主体，通过屋面造型变化推陈出新，使建筑造型更加新颖完美，建筑自身在整体建筑群落中尽显出其独特的位置。因此无论帝王宫殿、王公府邸、城垣门楼、寺庙祠堂、园圃、庭院、会馆厅堂等很多建筑都会采用歇山屋顶形式。

歇山屋顶在古建筑中也是等级高贵的象征，是等级仅次于庑殿屋顶的一种建筑形制，功能形式上有宫殿、庙堂、厅堂、楼阁、门庑等。在古建筑中，歇山建筑根据制式等级、使用功能等特性区分为"大式做法""小式做法""大式小做法""小式大做法"四种做法制式，建筑体量较大的宫殿、庙堂可采用重檐屋顶，也可采用单檐屋顶，建筑体量较小的厅堂、楼阁、门庑等多采用单檐屋顶。随着使用功能和等级变化的要求，屋顶瓦作有使用正脊铃铛排山做法的，也有使用元宝脊（过垄脊）铃铛排山做法的，"小式做法"中屋顶瓦作无跑兽，一般使用元宝顶披水垂脊花盘子做法。

"大式做法"一般用于较大的宫殿、庙堂，设置斗栱、等级较高，斗口采用七等三寸（96mm）或八等二寸半（80mm）"口份"，较小的厅堂、楼阁、门庑等建筑设置斗栱，斗口常采用八等二寸半（80mm）或九等二寸（64mm）"口份"，一般不大于八等二寸半（80mm），不小于十等一寸半（48mm）。重檐殿堂或二层楼阁下檐的斗栱设置，可用三踩或五踩，也可采用斗二升交麻叶，楼阁平座层可采用五踩或七踩，上檐设置应多于下檐或五踩或七踩，明代建筑檐步多采用溜金斗，内檐多有隔架斗栱（图9-6~图9-12）。

"大式小做法"使用斗栱既定"口份"一寸半（48mm），下檐多为三踩以下，或采用一斗二升交麻叶，或采用一斗三升，重檐有斗栱一般都在五踩以下。大木架权衡尺度按照"小式做法"方法计算，箍头、榫卯节点式样均按"大式做法"式样制作，上下檐出在"小式做法"檐出的基础上增加斗栱拽架尺寸（图9-6~图9-12）。

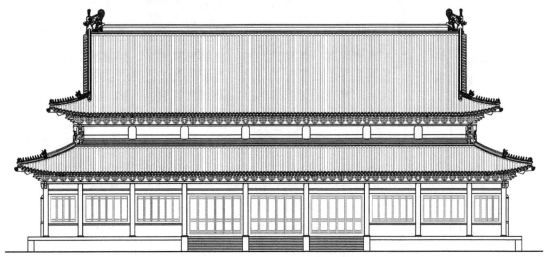

图9-6　大式重檐歇山大殿正立面

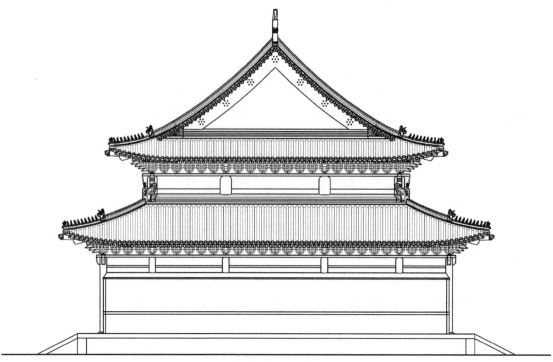

图 9-7　大式重檐歇山大殿侧立面

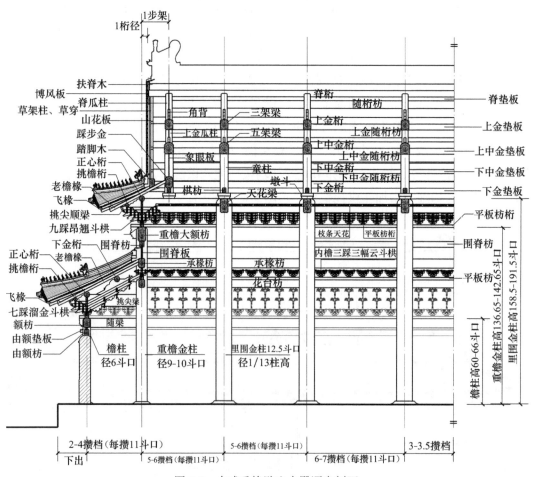

图 9-8　大式重檐歇山大殿顺身剖面

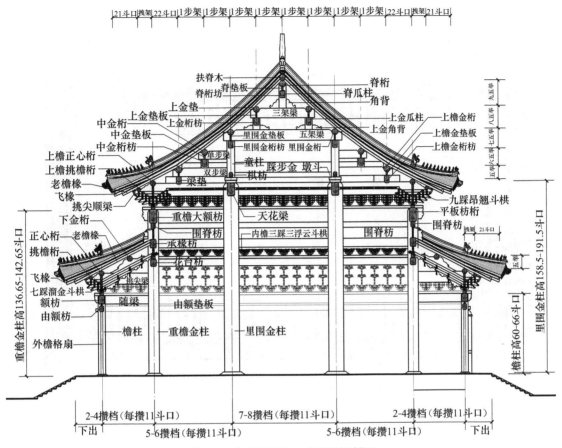

图 9-9 大式重檐歇山大殿进深剖面

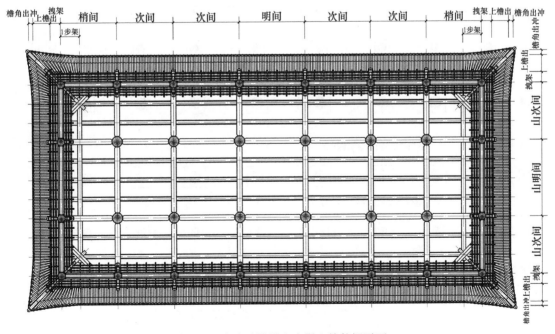

图 9-10 大式重檐歇山大殿上檐仰视平面

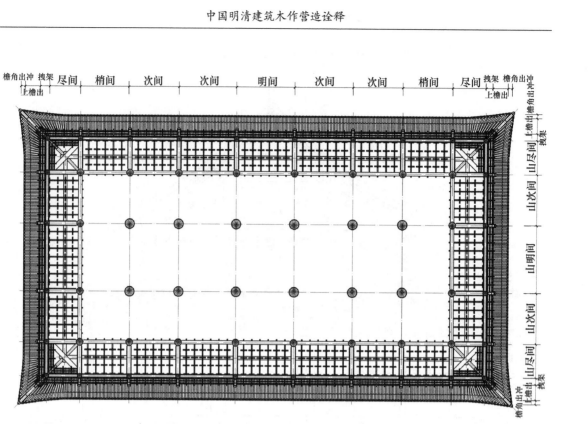

图 9-11 大式重檐歇山大殿下檐仰视平面

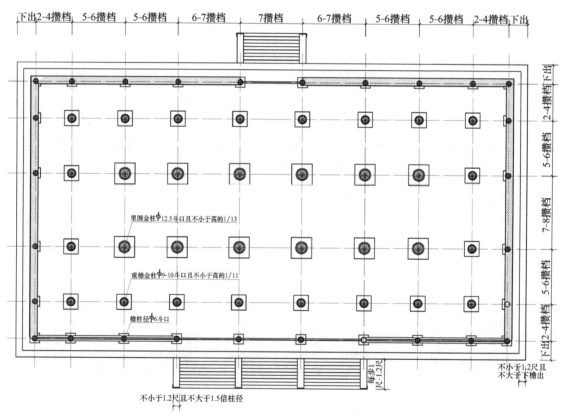

图 9-12 大式重檐歇山大殿平面

"小式大做法"不使用斗栱，大木架权衡尺度按照"小式"方法计算，箍头、榫卯节点式样均按"大式做法"式样制作（图 9-13～图 9-18）。

"小式做法"无斗栱，大木架权衡尺度按照"小式做法"方法计算，箍头、榫卯节点式样均与"大式做法"式样不同（图 9-13～图 9-18）。

很多歇山建筑是先根据占地大小确定了开间数量，每间面宽是在已确定了的通面阔内再行调整单间面宽，所以不管"大式做法"还是"大式小做法"的斗栱口份，都是在已确定的明间面宽中找口份排攒档，在通面阔所有开间的斗栱攒档排列中，斗栱攒档不能满足11 斗口时，攒档可做调整，调整攒档不应小于 10.5 斗口、不大于 12 斗口，当调整攒档小于 10.5 斗口时，可按照瓜栱、万栱缩长短、不缩截面的原则，缩小瓜栱、万栱、厢栱的尺度。这时的攒档调整不得小于 9.2 斗口，且应保证两攒斗栱中万栱与万栱的对头槽升子之间不小于 1 斗口。

城门楼、箭楼、钟鼓楼、武衙门等和武座有关的建筑，檐柱穿插枋多出将军头，箍头加长 1 斗口至 1/5 柱径出梢，博风外制安梅花钉也应区分文座与武座做法（文钉横、武钉竖）。瓦作正脊两端，文座用吻兽嘴头衔脊、武座用望兽嘴头向外。

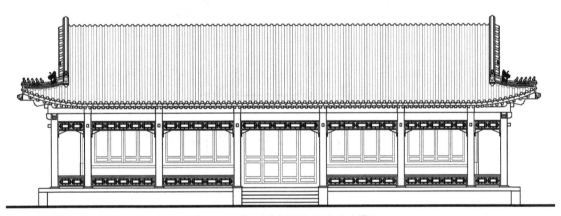

图 9-13　歇山厅堂正立面（无斗栱）

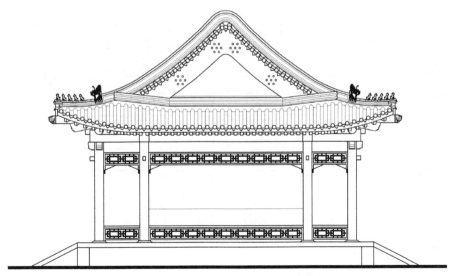

图 9-14　歇山厅堂侧立面（无斗栱）

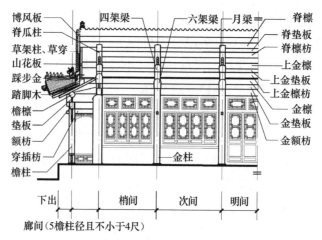

图 9-15　歇山厅堂顺身剖面（无斗栱）

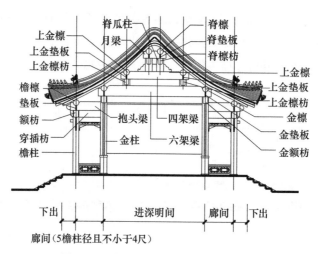

图 9-16　歇山厅堂进深剖面（无斗栱）

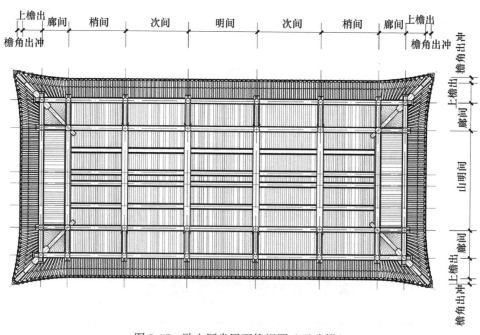

图 9-17　歇山厅堂屋面仰视图（无斗栱）

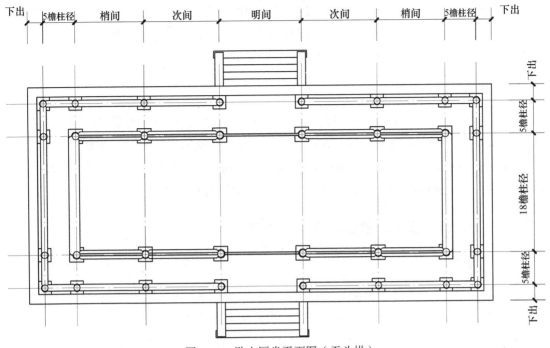

图 9-18 歇山厅堂平面图（无斗栱）

## （一）面宽、进深

### 1. 大式做法

① 面阔最少三间，可增至九间，算上廊间最多不超过十一间，两端可设廊间也可不设廊间。明间面宽斗栱设置五攒或七个攒档，明间斗栱必须空档坐中，次间、梢间、尽间斗栱攒档设置可适当调整，不强调空档坐中，廊间斗栱设置二攒档，较大的廊间设置二攒斗栱三个攒档。

② 进深一间或二间或进深三间，使用正脊屋面的进深中心间设置斗栱攒档也应是空档坐中。中心间屋顶内的步架尺寸可适当调整，使用过垄脊屋面的进深中心间铺作斗栱攒档为单数，斗栱空档坐中。前后檐设廊间，根据廊间大小可用单步梁或双步梁；进深中心间，根据屋顶形制、进深斗栱的设置，可选择使用五架梁、七架梁或四架梁、六架梁。根据进深大小、柱网变化，前后开间和进深中两侧的次间，通常使用双步梁或三步梁，每步架应与斗栱相对应。

### 2. 大式小做法

① 斗栱设置采用一斗三升或斗二升交麻叶，很少使用三踩以上斗栱。斗栱斗口"口份"固定为一寸半（48mm）。

② 在通面阔中明间面宽设置斗栱一般不大于七个攒档，不少于五个攒档，次间攒档可与明间相同，也可比明间减少一攒斗栱或一个攒档，梢间、尽间攒档数量可与明间相同，也可依次适当调整减少，尽间一般最少设置二攒斗栱不小于三个攒档。

③ 进深以一间为基数，也可二间或多间连山勾连搭，前后可设廊间或抱厦，廊间最小

尺寸不得小于 4 尺（1280mm），廊间根据大小选用单步梁或双步梁，从金步开始每步架分配可对应外檐斗栱，亦可根据进深需要调整步架，调整后步架不应大于两个攒档。元宝脊步 2 柱径，正脊做法时选择使用五架梁，元宝脊做法选择使用四架梁（参见图 9-16）。

**3. 小式做法、小式大做法**

① 无斗栱，面阔三间以上至七间，算上廊间最多不超过九间，两端设廊间时深不小于 4 尺，用丈、尺将明间面宽酌定后，次间、梢间、尽间面宽依次适当缩减调整。

② 进深一间或二间或多间可做连山式勾连搭，前后有廊间时不小于 4 尺（1280mm），使用抱头梁，中心间使用五架梁，较大的殿座、厅堂使用七架梁。

## （二）上檐出、步架、收山、举架、冲翘

**1. 大式做法**

① 上檐出 21 斗口加斗栱搜架，檐角出冲 4.5 斗口（冲三翘四撇半椽）。

② 步架（檐、金、脊）每步 22 斗口，元宝脊步一攒档 11 斗口。

③ 清代两山向内做收山，以檐步正心桁中向里收 1 桁径为博风板的外皮。

④ 明代两山向内做收山，以檐步正心桁中向里收 1.5 桁径为博风的外皮。早期明代建筑中，有的建筑不封山花板只封象眼板，收山较大半个步架，博风板之上挂有木悬鱼。

⑤ 清代建筑檐步五举拿头，至脊步最高九五举再加一平水。

⑥ 明代建筑依举折之法，大式以前后挑檐桁水平中至中尺寸 1/3 定脊高，以总举高从上至下依次递减 1/10、1/20、1/40、1/80……直至廊步或檐步找出每步举高（图 2-6）。

**2. 小式做法、小式大做法、大式小做法**

① 上檐出 3/10 或 1/3 的檐柱高（檐不过步），下出取柱高的 2/10，"小式大做"上、下檐出还应加斗栱搜架出跳尺寸。

② 檐角出冲一柱径（冲三翘四撇半椽）。

③ 一般廊步架不小于 4 尺（1280mm），檐步 5 柱径，金步、脊步不大于 4 柱径，元宝脊步 2 柱径。

④ "大式小做法"廊步或外檐步应对应斗栱，金、脊步架可根据屋脊变化的需要调整，步架可小于二攒档，不对应外檐设置的斗栱。

⑤ 两山檐步向内做收山，以檐步正心桁中向里收一桁径，园林建筑可收至 1.5 桁径（明代做法可收至半步架）为博风板的外皮。

⑥ 清式建筑檐步五举拿头，至脊步最高九五举再加一平水（图 2-5）。

⑦ 明代建筑以前后檐正心桁水平中至中尺寸 1/3 定脊高，以总举高从上至下依次递减 1/10、1/20、1/40、1/80……直至廊步或檐步找出每步举高（图 2-6）。

⑧ 建筑进深是影响屋脊高度变化的决定因素，举折变化应根据下架与屋脊的比例加以调整择定，一般进深较大的屋顶，屋顶举折尺寸相应较小，这样可减小屋顶与檐口下架在视觉上的比例关系，避免产生头重脚轻的感觉。

## （三）柱高、柱径

### 1. 大式做法

① 檐柱高 60 斗口至 70 斗口，应根据有无由额和设定斗栱做法和踩数酌情而定。金柱、重檐金柱、攒金柱、里围金柱、山柱等内檐金柱类，应依照使用位置确定柱高。

② 檐柱径 6 斗口，金柱径、攒金柱、重檐金柱、里围金柱、山柱等内檐金柱类柱径则应依照内外层次位置来确定，里围金柱径大于外围金柱径，外围金柱径大于檐柱径。所有内檐的柱径，应按照自身柱高的 1/13～1/11 的长细比例折算，调整为斗口整数确定柱径。

重檐外檐设童柱时则童柱径为 5.5～6 斗口。

### 2. 小式做法、小式大做法、大式小做法

① 檐柱高为明间面宽的 8/10～9.5/10 且不应短于七尺五寸（2400mm）。

金柱、攒金柱、山柱等内檐金柱类柱高以实际发生高矮尺寸计算。

② 檐柱径为檐柱高 1/11。

金柱、攒金柱、山柱等内檐金柱类柱径应依照 1/13～1/11 柱高的高细比例折算调整柱径尺寸，调整后应使用檐柱径大于外檐柱径。

平座层设童柱时则童柱径与檐柱径相同。

## （四）梁、枋、板、桁（檩）

### 1. 大式做法

① 挑尖梁（或单步或双步）位于檐柱柱头科斗栱之上，挑尖梁头宽 4 斗口、高 5.5 斗口。梁身宽 6 斗口、高 8 斗口，根据跨度比梁身高可调整雄背。

② 七架梁、（六步）或六架梁、六架踩步金梁（四步加一攒档）位于进深中心间，七架梁、六架梁宽为所搭交柱头的 11/10 或 7 斗口，七架梁高 13 斗口，六架梁高 10 斗口，梁高不应小于跨度 1/10，可依据跨度比及材质酌情考虑增减雄背。

③ 五架梁（四步）位于进深中心间七架梁之上或交于金柱之上，梁身宽为所搭交柱头的 11/10 或 6.5 斗口、高 9 斗口，梁高依据跨度比调整不应小于 1/10。要根据材质酌情考虑增减雄背。

④ 七架踩步金梁或六架踩步金梁或五架踩步金梁与七架梁、六架梁、五架梁宽高相同，搭交在交金瓜柱上，圆梁头长 7.5 斗口，直径与搭交金桁相同。

⑤ 四架梁（二步架加一月步架）位于进深档心间六架梁之上，三架梁位于进深档心间五架梁之上，梁身宽 6 斗口、高 8 斗口，梁高可依据跨度比适当调整增减雄背。

⑥ 月梁位于四架梁之上，单步梁（一步）位于双步架梁之上，梁身宽 5.5 斗口、高 6.5 斗口。

⑦ 瓜柱厚 5 斗口、宽 6 斗口，圆瓜柱、交金瓜柱直径 5～6 斗口。

⑧ 重檐大额枋厚 5～6 斗口，高 6～7.2 斗口应根据面宽跨度比例调整。

⑨ 额枋、随梁枋、承椽枋、围脊枋、花台枋、天花梁、踏脚木厚 5 斗口，高 6～7 斗

口，应根据面宽跨度比例调整。

⑩ 由额枋、提装枋、穿插枋、棋枋厚 3.5~4 斗口，高 4.5~5 斗口。

⑪ 由额垫板厚 1 斗口，高 2 斗口。

⑫ 金、脊垫板厚 1 斗口，高 3~4.5 斗口。

⑬ 围脊板厚 1 斗口高 6~9 斗口（应根据瓦样脊样尺寸酌情定高）。

⑭ 正心桁、金、脊桁、扶脊木直径 4.5~5 斗口（应根据跨度大小选择）。挑檐桁直径 3 斗口。

⑮ 老角梁、仔角梁、由戗宽 3 斗口，高 4.5~5 斗口。

⑯ 踏脚木宽 4.5 斗口，高 6 斗口。

### 2. 大式小做

① 方头梁或麻叶头梁位于檐柱柱头科坐斗之上，外檐梁头宽 4 斗口，高 6.5 斗口。梁身宽 1.1 柱径，高 1.5 柱径（梁高可依据跨度比调整）。

② 六架梁（四步加月步二檐柱径）位于金柱之上，梁身宽 1.1 金柱径，高 1.8 柱径（应根据 1/10 跨度比调整雄背高度，满足结构功能要求）。

③ 五架梁（四步）位于金柱之上，梁身宽 1.1 金柱径，高 1.8 柱径（应根据 1/10 跨度比调整雄背高度，满足结构功能要求）。

④ 六架踩步金梁、五架踩步金梁与六架梁、五架梁宽高相同，搭交在交金瓜柱上，圆梁头长 1.5 檐柱径，直径与搭交金檩相同。

⑤ 四架梁（二步加一攒档）位于六架梁之上，梁身宽为 9/10 六架梁宽，高 1.5 柱径（参照跨度比可调整梁高或雄背）。

⑥ 三架梁（二步）位于进深五架梁之上，月梁（一攒档）位于四架梁之上梁身宽不小于 1 檩径，高 1.5 檩径（根据需要调减雄背）。

⑦ 瓜柱厚 1 檩径、宽 1.2 柱径，圆瓜柱、交金瓜柱直径同檐柱。

⑧ 额枋、随梁枋、天花梁厚 8/10 柱径，高 1 柱径。

⑨ 金枋、脊枋、穿插枋厚 2 椽径，高 2.5 椽径。

⑩ 随檩枋厚 1 椽径，高 1.5 椽径。

⑪ 金垫板、脊垫板厚半椽径，高 2~2.5 椽径。

⑫ 檐檩、金檩、脊檩、扶脊木直径 8/10 柱径或与檐柱径相同（应根据跨度及上架构造变化酌情调整）。

⑬ 老角梁、仔角梁、由戗宽 2 椽径，高 3 椽径。

⑭ 踏脚木宽 2/3 檐柱径，高 1 檐柱径。

### 3. 小式做法、小式大做法

① 抱头梁位于檐柱头之上，梁宽为 1.1 檐柱径。梁高为 1.5 柱径或宽的 1.3 倍，使用双步抱头梁或山面顺抱头梁时，梁身截面高的尺寸不应小于 1/10 跨度比。

② 七架梁（六步）或六架梁（四步加二檩径）宽为 1.1 金柱径。七架梁高为 1/10 自身跨度。

③ 五架梁（四步）位于金柱之上时宽为 1.1 金柱径。位于七架梁之上时为 9/10 七架梁宽，梁高不小于 1/10 跨度比。

④ 七架踩步金梁、六架踩步金梁、五架踩步金梁与七架梁、六架梁、五架梁宽高相同，搭交在交金瓜柱上，圆梁头长 1.5 檩径，直径与搭交金檩相同。

⑤ 四架梁（二步加二檩径）位于进深六架梁之上，三架梁（二步）位于进深五架梁之上，以六架梁或五架梁宽的 9/10 定宽。梁高 1.2 柱径或 1.5 檩径。

⑥ 月梁（一步）位于四架梁之上，梁宽不小于 1 檩径，梁高不小于 1.5 檩径。

⑦ 瓜柱厚 8/10 柱径，宽 1.2 柱径，圆瓜柱、交金瓜柱直径同檐柱。

⑧ 重檐大额枋、厚 2/3 檐柱径，高 1.2 檐柱径。

⑨ 额枋、随梁枋、天花梁厚 2/3 檐柱径，高 1 檐柱径。

⑩ 金枋、脊枋、穿插枋厚 2/3 柱径且不大于高的 4/5，高为檐柱径的 8/10。

⑪ 随檩枋厚 1 檩径，高 1.5 檩径。

⑫ 檐垫板厚半檩径，高为 8/10 柱径或 1 檩径。

⑬ 金垫板、脊垫板厚半檩径，高为 8/10 檩径且不小于半檩径。

⑭ 檩径、扶脊木不小于柱径的 8/10，不大于 1 柱径（跨度较大时应根据跨度比酌情调整，或减小步架采取密置屋架做法）。

⑮ 老角梁、仔角梁、由戗宽 2 椽径，高 3 椽径。

⑯ 踏脚木宽 2/3 檐柱径，高 1 檐柱径。

## （五）椽、望、连檐及其他构件

### 1. 大式做法

① 角背长 22 斗口，高 1/3 举架，厚 1.5 斗口。

② 枕头木厚 1.5 斗口，高 4 斗口。

③ 老檐圆椽径 1.5 斗口（七踩斗栱以上老檐椽径可调增为 1.7 斗口）。

④ 飞椽一头三尾，径 1.5 斗口见方。

⑤ 罗锅椽径 1.5 斗口见方（弧起约 2 斗口）。

⑥ 大连檐宽 1.5 斗口，高 1.5 斗口。

⑦ 里口木宽 1.2 斗口、高 1.9 斗口，小连檐宽 0.8 椽径、高 1/3 椽径。

⑧ 顺望板厚 1.2 寸（40mm），横望板厚 0.5 寸（16mm）。

### 2. 大式小做法、小式大做法、小式做法

① 角背长一步架，高 1/3 举架，厚 0.8 椽径或 1 椽径。

② 老檐圆椽径为 1/3 檐柱径。

③ 飞椽一头三尾，1/3 檐柱径见方。

④ 罗锅椽 1 椽径见方，高 2.5 椽径做罗锅。

⑤ 大连檐宽、高均为 1 椽径。

⑥ 小连檐宽 0.8 椽径，高 1/3 椽径且不小于 0.7 寸（23mm）。

⑦ 望板厚 0.5 寸（16mm）。

## （六）歇山殿堂木构件尺寸权衡表

歇山殿堂木构件尺寸权衡表如下，以供参考（表9-6、表9-7）。

**表 9-6　歇山建筑带斗栱"大式做法"木构件权衡表（单位：斗口）**

| 构件名称 | 宽（斗口） | 厚（斗口） | 径（斗口） | 高（斗口） | 长（斗口） | 备注 |
|---|---|---|---|---|---|---|
| 檐柱 | | | 6 | 60～70 | | 柱高应依据斗栱拽架高矮酌情调整 |
| 金柱 | | | 7～8 | | | 径不小于1/11柱高且应大于檐柱径 |
| 重檐金柱 | | | 8～9 | | | 径不小于1/13柱高且应大于檐柱径 |
| 攒金柱（里围金柱） | | | 9～12 | | | 径不应小于1/13柱高 |
| 撑檐柱 | 3.5～4.5 | 3.5～4.5 | | 柱高由老檐椽至台明 | | 高细比不小于1/15 |
| 童柱 | | | 5.5～6 | | | |
| 金、脊瓜柱 | 6 | 5～6 | | | | |
| 交金瓜柱 | | | 5.5～6 | | | |
| 重檐挑尖梁 | 头4身8 | | | 头5.5身10 | | （三步架） |
| 下檐挑尖梁 | 头4身6 | | | 头5.5身8 | | （二步架） |
| 七架梁 | 7.2～8 | | | 13 | 132加头10 | 高不得小于跨度1/10 |
| 六架梁 | 7.2～8 | | | 10 | 99加头10 | 厚不应小于跨度1/10 |
| 五架梁 | 6～7.2 | | | 9 | 88加头10 | 厚不应小于跨度1/10 |
| 四架梁 | 6～7.2 | | | 7.2 | 55加头10 | 厚不应小于跨度1/10 |
| 三架梁 | 5～6 | | | 6～6.5 | 44加头10 | |
| 月梁 | 5～6 | | | 6～6.5 | 11加头10 | |
| 老角梁 | 3 | | | 4.5～5 | | |
| 仔角梁 | 3 | | | 4.5～5 | | |
| 重檐大额枋 | | 4.5～5 | | 6～7 | 同间宽 | 宽高按跨度比可适当调整 |
| 额枋 | | 4.5 | | 6 | 同间宽 | 宽高按跨度比可适当调整 |
| 随梁枋 | | 4.5 | | 6 | 同梁 | |
| 金脊垫枋 | | 3.5～4 | | 4.5～5 | 同间宽 | |
| 由额枋 | | 3～4 | | 4～5 | 同间宽 | |
| 提装枋（跨空枋） | | 3～4 | | 4～5 | 同间宽 | |

续表

| 构件名称 | 宽（斗口） | 厚（斗口） | 径（斗口） | 高（斗口） | 长（斗口） | 备注 |
|---|---|---|---|---|---|---|
| 穿插枋 | | 3～4 | | 4～5 | | |
| 棋枋 | | 3～4 | | 4～5 | 同间宽 | |
| 围脊枋 | | 4.5 | | 6 | 同间宽 | |
| 承椽枋 | | 4.5～5 | | 6～7 | | 宽高按跨度比可适当调整 |
| 花台枋 | | 4.5～5 | | 6～7 | | 宽高按跨度比可适当调整 |
| 撑檐枋 | | 3～4 | | 4～6 | | |
| 罩面枋 | | 3 | | 4 | | |
| 由额垫板 | | 1 | | 2 | 同间宽 | |
| 金、脊垫板 | | 1 | | 3～4.5 | 同间宽 | |
| 围脊板 | | 1 | | 6～9 | | |
| 博风板 | | 1.5 | | 12 | | |
| 象眼板 | | 0.8～1寸 | | | | 企口缝、银锭扣 |
| 山花板 | | 1.2～1.5寸 | | | | 龙凤榫、银锭扣 |
| 檐、金、脊正心桁 | | | 4.5～5 | | 同间宽 | 跨度大桁径适当调增 |
| 扶脊木 | | | 4.5～5 | | 同间宽 | |
| 挑檐桁 | | | 3 | | 同间宽 | |
| 踏脚木 | 3.5～4.5 | | | 5～6 | 同间宽 | |
| 枕头木 | | 1.5 | | 4 | | |
| 角背 | | 1.5 | | 0.3举架 | 22 | |
| 草架柱、草穿 | 1.5 | 1.5 | | | | |
| 燕尾枋 | | 1.5 | | 2.5 | | |
| 老檐椽 | | | 1.5 | | （14斗口加拽架加步架）×斜率 | |
| 花架椽、脑椽 | | | 1.5 | | 步架×斜率 | |
| 飞椽 | 1.5 | 1.5 | | | 7斗口×4 | |
| 罗锅椽 | 1.5 | 1.5 | | 弧起2斗口 | | |
| 梅花钉 | | | 1 | 1 | | |
| 大连檐 | 1.5 | 1.5 | | | 同间宽 | 两端翘区开片分层 |
| 里口木 | 1.5 | 1.9 | | | 同间宽 | |

续表

| 构件名称 | 宽（斗口） | 厚（斗口） | 径（斗口） | 高（斗口） | 长（斗口） | 备注 |
|---|---|---|---|---|---|---|
| 小连檐 | 1 | 0.4 | | | 同间宽 | |
| 顺望板 | | 0.5 | | | | |
| 横望板 | | 0.5 寸 | | | | |
| 瓦口 | | 0.8 寸 | | 瓦弧高 +0.8 寸 | | 制作时打对 |

表 9-7 歇山建筑无斗栱"小式做法"木构件权衡表（单位：檐柱径）

| 构件名称 | 宽 | 厚 | 径 | 高 | 长 | 备注 |
|---|---|---|---|---|---|---|
| 檐柱 | | | 0.09 自身高 | 0.8～0.95 明间面宽 | | 高不应小于 7 尺 5 寸 |
| 金柱 | | | 0.08～0.09 自身高 | | | 径应大于檐柱径 |
| 金、脊瓜柱 | 1.2 | 0.8～1 | | | | |
| 交金瓜柱 | | | 0.8～1 | | | |
| 抱头梁 | 1.1 | | | 1.2～1.5 | 步架加头 1 | |
| 七架梁 | 1.1 金柱径 | | | 0.1 跨度 | 6 步架加头 2 | 应增调雄背 |
| 六架梁 | 1.1 金柱径 | | | 0.1 自身跨度 | 6 步架加月步加头 2 | 应增调雄背 |
| 五架梁 | 0.9 七架梁宽或 1.1 金柱径 | | | 不小 0.1 自身跨度 | 4 步架加头 2 | 应调整雄背 |
| 四架梁 | 0.9 六架梁宽或 1.1 金柱径 | | | 不小 0.1 跨度 | 2 步架加月步加头 2 | 应调整雄背 |
| 三架梁 | 0.9 五架梁宽或 1 柱径 | | | 1.3 | 2 步架加头 2 | 减缩雄背 |
| 月梁 | 0.9 四架梁宽或 1 柱径 | | | 1.3 | 1 步架加头 2 | 减缩雄背 |
| 老角梁 | 2 椽径 | | | 3 椽径 | | |
| 仔角梁 | 2 椽径 | | | 3 椽径 | | |
| 额枋 | | 0.6～0.8 | | 0.8～1 | 同间宽 | 根据跨度调整 |
| 随梁枋 | | 0.6～0.8 | | 0.8～1 | 同梁 | 根据跨度调整 |
| 金脊枋 | | 0.6 | | 0.8 | 同间宽 | 一檩三件 |
| 穿插枋 | | 0.6 | | 0.8 | 同步架加出头榫 | |
| 随檩枋 | | 1 | | 1.5 | | |
| 檐垫板 | | 0.5 椽径 | | 0.8～1 | 同间宽 | |

续表

| 构件名称 | 宽 | 厚 | 径 | 高 | 长 | 备注 |
|---|---|---|---|---|---|---|
| 金、脊垫板 | | 0.5 椽径 | | 0.8 檩径 | 同间宽 | 一檩三件 |
| 博风板 | | 1 椽径 | | 2～2.5 檩径 | | |
| 象眼板 | | 0.8 寸 | | | | |
| 山花板 | | 1.2 寸 | | | | 企口缝 |
| 檐、金、脊檩 | | | 0.8～1 | | 同间宽 | 根据檩跨调整 |
| 扶脊木 | | | 1 檩径 | | 同间宽 | |
| 踏脚木 | | 0.6～0.8 | | 1～1.2 | | |
| 角背 | | 1 椽径 | | 0.4 举架 | 1 步架 | |
| 枕头木 | | 1 椽径 | | 2.5 椽径 | | |
| 草架柱、草穿 | 1 椽径 | 1 椽径 | | | | |
| 燕尾枋 | | 1 椽径 | | 1.5 椽径 | 8 椽径 | 不含入榫 |
| 老檐椽 | | | 1/3 檐柱径 | | （0.2 檐柱高＋步架）×斜率 | |
| 花架椽、脑椽 | | | 1/3 檐柱径 | | 步架×斜率 | |
| 飞椽 | 1/3 檐柱径 | 1/3 檐柱径 | | | 0.1 檐柱高×4 | |
| 罗锅椽 | 1/3 檐柱径 | 1/3 檐柱径 | | 弧起 1.5 椽径 | | |
| 梅花钉 | | | 1/5 檐柱径 | 1/5 檐柱径 | | |
| 大连檐 | 1 椽径 | 1 椽径 | | | 同间宽 | 两端增加戗檐长 |
| 小连檐 | 0.8 椽径 | 0.4 椽径 | | | 同间宽 | |
| 望板 | | 0.5 寸 | | | | |
| 瓦口 | | 0.8 寸 | | 瓦弧高 +0.8 寸 | | |

# 五、庑殿（五脊殿、四阿顶）

庑殿建筑体量雄伟、屋面四坡舒展飘逸、正脊压顶，四条岔脊延伸翘曲，犹如大鹏腾空展翅、气势非凡，在古建筑中是象征等级最高的一种建筑形制，功能多样，有宫殿、庙堂、楼阁、门庑等。建筑体量以宫殿、庙堂较大，可采用重檐屋顶，也可采用单檐屋顶，面阔可达到九间，两山设廊间时达到十一间，通进深最大可至五间。楼阁、门庑等建筑体量较小，多采用单檐屋顶，面阔一般五至七间，不超过九间，通进深三至四间。庑殿只有带斗栱的"大式做法"和不带斗栱的"小式大做"两种做法。"大式做法"单层檐庑殿常用于较大殿堂、庙堂和宫廷门庑或楼阁，重檐庑殿体量很大，一般都是位于中间的主体建筑。"小式大做"单层檐屋顶一般常用于普通寺庙院落中主轴殿堂，或用于体量较小的门庑。

　　庑殿屋架构造独特。大木构造中每层桁（檩）四角相交，两山屋面比前后两坡屋面陡峭，山尖向外从金步至脊步逐一递减推山。由于庑殿建筑形制体量上有着大小不同的变化，大木构造做法上也会发生不同变化，为了满足结构受力要求，两山尽间屋架最好采用梁、柱相交的顺梁做法，体量较小的五脊建筑两山无法用顺梁时，可采用趴梁做法或抹角梁做法，建筑体量较大时屋架层次变化比较繁杂，顺梁、趴梁、抹角梁可穿插使用。总而言之，庑殿屋架的构造变化主要是两山屋架的构造变化，要根据自身体量选择最佳构造做法，要充分满足大木结构受力要求。

　　明、清建筑中较大的"大式"庑殿设置斗栱，通常采用七等材三寸（96mm）的斗口"口份"，或采用八等材二寸半（80mm）"口份"。重檐庑殿下檐采用五踩斗栱时，上檐采用七踩斗栱较多；下檐采用七踩斗栱时，上檐采用九踩斗栱；亦可上下檐都采用五踩斗栱。

　　较小的五脊殿、门庑、楼阁等设置斗栱，通常斗栱在八等材二点五寸口份以下，其斗栱口份大小等级的选择，应根据该建筑使用功能、重要性及建筑位置酌情而定。明代建筑和清代早期庑殿设置斗栱，檐步多采用溜金斗栱，明代建筑内檐隔架有斗栱（图9-19～图9-30）。

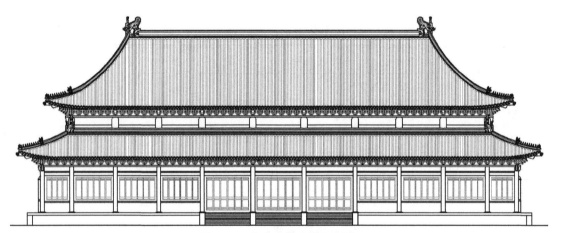

图 9-19　大式重檐庑殿立面图

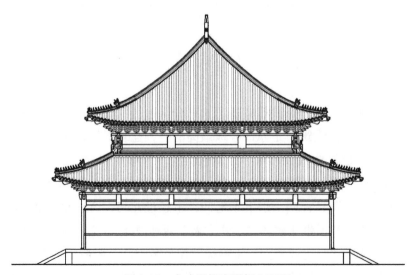

图 9-20　大式重檐庑殿侧立面图

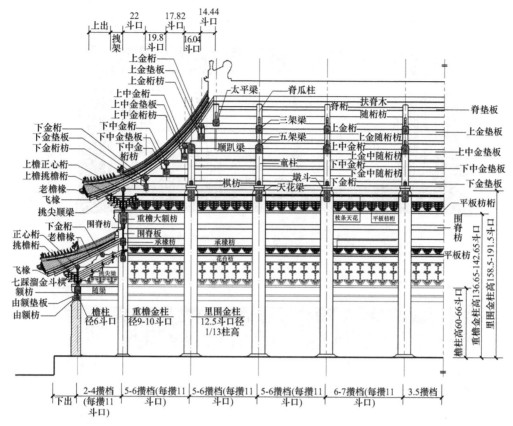

图 9-21 大式重檐庑殿顺身剖面

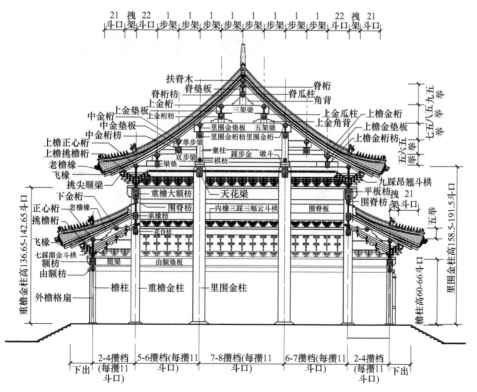

图 9-22 大式重檐庑殿进深剖面

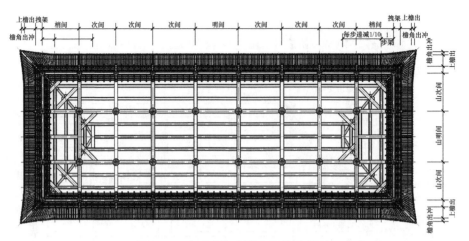

图 9-23　大式重檐庑殿上檐仰视平面

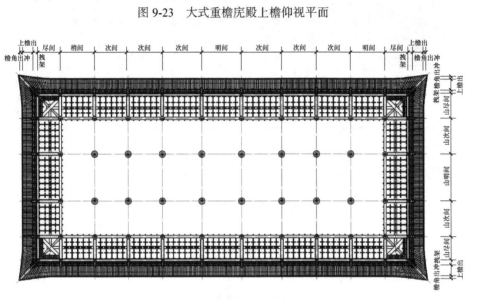

图 9-24　大式重檐庑殿下檐仰视平面

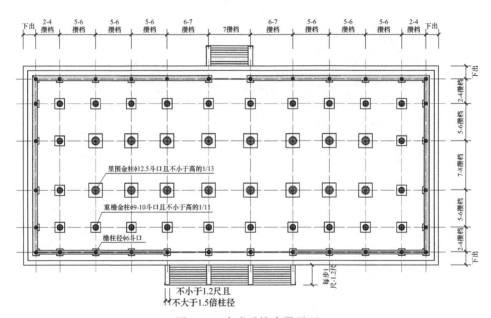

图 9-25　大式重檐庑殿平面

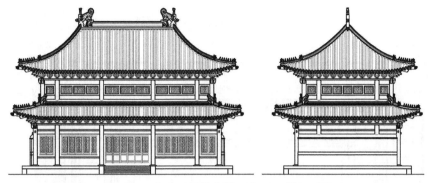

图 9-26　大式双层檐庑殿正立面、侧立面图

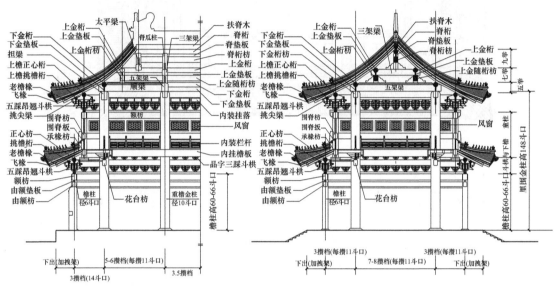

图 9-27　大式双层檐庑殿顺身、进深剖面图

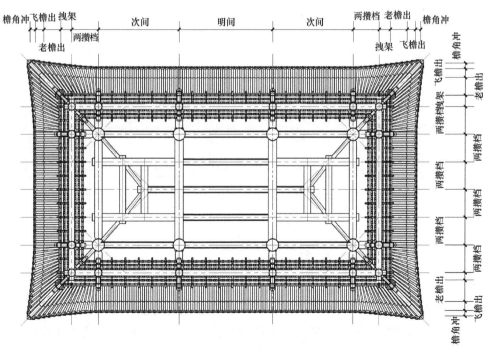

图 9-28　大式双层檐庑殿二层檐仰视图

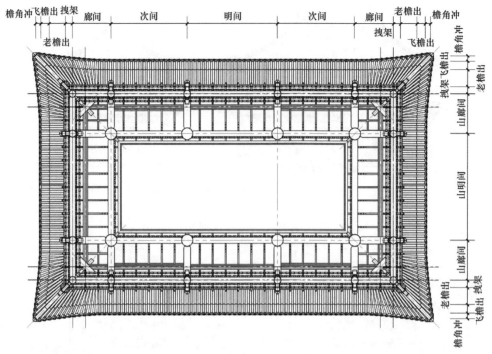

图 9-29　大式双层檐庑殿首层檐仰视图

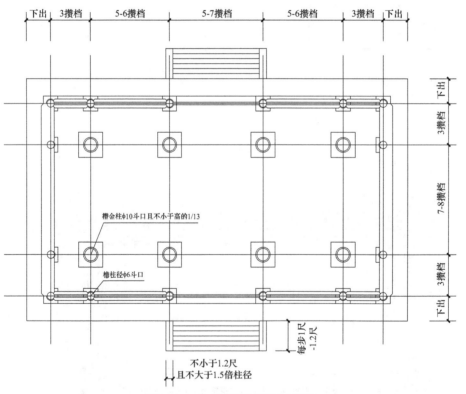

图 9-30　大式双层檐庑殿平面图

庑殿形式建筑不设置斗栱为"小式大做"五脊殿，此类建筑常用于一般普通寺庙院落中主位殿堂，大木架权衡尺度按照小式方法计算，端头节点式样按大式做法式样制作（图9-31～图9-35）。

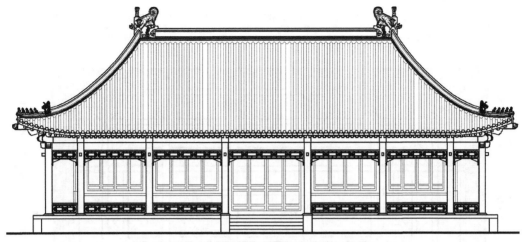

图 9-31　小式大做五脊殿立面图（无斗栱）

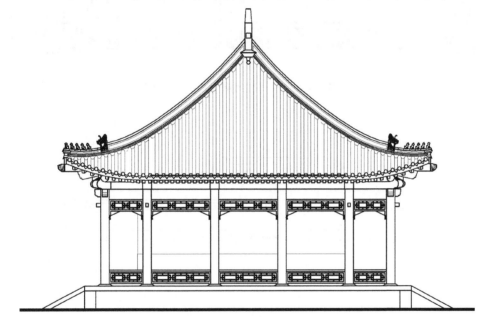

图 9-32　小式大做五脊殿侧立面图（无斗栱）

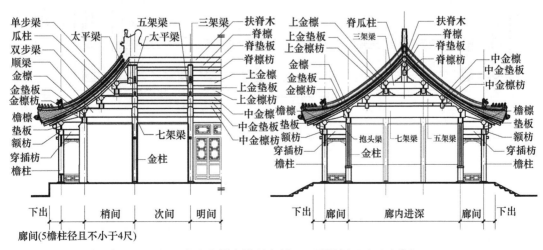

图 9-33　小式大做庑殿顺身剖面、进深剖面（无斗栱）

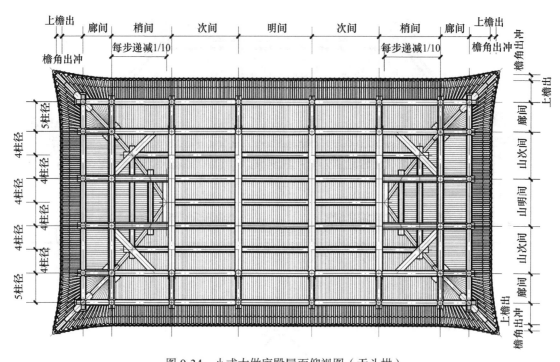

图 9-34 小式大做庑殿屋面仰视图（无斗栱）

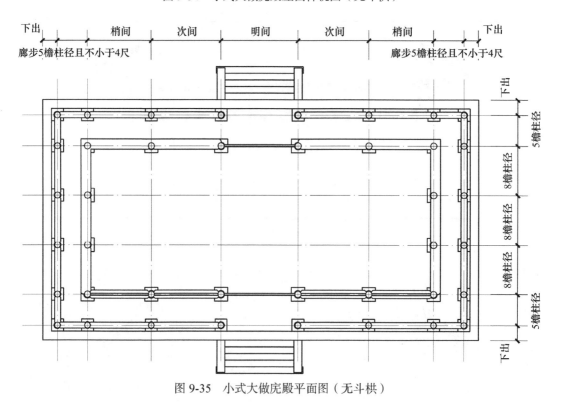

图 9-35 小式大做庑殿平面图（无斗栱）

## （一）面宽、进深

### 1. 大式做法

① 面阔五间至十一间，两端可设廊间也可不设廊间。明间面阔设置斗栱一般七个攒档

且不少于五个攒档，明间斗栱攒档必须是单数空档坐中；次间攒档可与明间相同，亦可比明间减少一攒斗栱（不要求攒档坐中）；梢间攒档可与次间相同，也可递减一攒斗栱；尽间攒档可与次间相同；廊间最少二个攒档且廊间尺寸不得小于 4 尺（1280mm）；调整攒档时，檐角可增加闹头翘。

② 进深或一间或二间或三间，进深明间设置斗栱攒档坐中，前后廊间设桃尖梁，两山设双步顺桃尖梁，根据进深中心间大小设五架梁或七架梁，前后间设二步架或三步架。重檐有童柱时，重檐檐步架和两山檐步也设有挑尖梁，中心间步架根据需要可做调整，调整后的步架不应大于 22 斗口。

**2. 小式大做**

① 面阔三间以上至七间，两端有廊间时廊步不得小于 4 尺（1280mm），明间面宽酌定后次间、梢间、尽间面宽依次适当调整。

② 进深一间，前后两山廊间使用抱头梁，档心间可设五架梁或七架梁。

## （二）上檐出、步架、推山、举架、冲翘

**1. 大式做法**

① 上檐出 21 斗口加斗栱拽架，檐角出冲 4.5 斗口（冲三翘四撇半椽）。

② 檐、金、脊步每步 22 斗口，两山向外做推山，以廊步或檐步尺寸为准，由金步向里开始每步递减 1/10 步架尺寸。

③ 清式建筑依举折之法檐步五举拿头，至脊步最高九五举再加一平水。

④ 明代建筑依捯檩之法，以前后挑檐桁水平中至中尺寸 1/3 定脊高，以总举高从上至下依次 1/10、1/20、1/40……递减，直至廊步或檐步找出每步举高（图 2-6）。

**2. 小式大做**

① 上檐出为檐柱高的 1/3，檐角出冲 1 柱径（冲三翘四撇半椽）。

② 廊步 5 柱径，金、脊步每步 4 柱径。

③ 明代建筑金步架、脊步架可均分亦可从下向上递减之，两山向外做推山，以廊步或檐步尺寸为准，向里由金步开始每步递减 1/10 步架尺寸。

④ 清式建筑檐步五举拿头，至脊步最高九五举再加一平水。

⑤ 明代建筑以前后檐正心桁水平中至中尺寸 1/3 定脊高，以总举高从上至下依次 1/10、1/20、1/40……递减，直至廊步或檐步找出每步举高（图 2-6）。

## （三）柱高、柱径

**1. 大式做法**

① 檐柱高 60 斗口，檐柱有由额枋、由额垫板时柱高 70 斗口，要酌情而定。

金柱、重檐金柱、攒金柱、里围金柱、山柱等内檐金柱类，柱高应依照使用位置确定。

② 檐柱径 6 斗口，金柱径、攒金柱、重檐金柱、里围金柱、山柱等内檐金柱类柱径则应依照内外层次位置来确定，里围金柱径大于外围金柱径，外围金柱径大于檐柱径。所有的柱径，应按照自身柱高的 1/13～1/11 长细比例折算，调整为斗口整数确定柱径。

楼阁外檐柱或平座层童柱，柱径为 5.5～6 斗口。

**2. 小式大做**

① 檐柱高为明间面宽的 8/10～9.5/10。金柱、山柱等内檐金柱类柱高以实际发生高矮尺寸计算。

② 檐柱径为檐柱高 1/11。金柱径、则应依照 1/11～1/3 柱高的高细比例折算调整柱径尺寸。楼阁上层外檐柱或童柱柱径与檐柱径相同。

## （四）梁、枋、板、桁（檩）

### 1. 大式做法

① 挑尖梁（或单步或双步）位于檐柱柱头科斗栱之上，挑尖梁头宽 4 斗口、高 5.5 斗口。梁身宽 6 斗口、高 8 斗口，根据跨度比梁身高可调整雄背。

② 七架梁（六步）位于进深中心间，梁身宽 8 斗口、高 13 斗口，梁高不应小于跨度 1/10，可依据跨度比及材质酌情考虑增减雄背。

③ 五架梁（四步）位于进深中心间七架梁之上，梁身宽 7 斗口、高 9 斗口，梁高可依据跨度比调整，且不应小于跨度 1/10。要根据材质酌情考虑增减雄背。

④ 三架梁、双步梁（二步）、太平梁位于进深中心间五架梁之上，梁身宽 6 斗口、高 7 斗口，梁高可依据跨度比适当调整增减雄背。

⑤ 单步梁（一步）位于双步架梁之上，梁身宽 5.5 斗口、高 6.5 斗口。

⑥ 瓜柱厚 5 斗口、宽 6 斗口。

⑦ 额枋、提装枋、随梁枋、随桁枋、围脊枋厚 4.5 斗口、高 6 斗口，或厚 5 斗口、高 6.6 斗口。

⑧ 承椽枋厚 5 斗山，高 7 斗口。

⑨ 花台枋厚 6～7 斗口，高 8～9 斗口。

⑩ 花台梁厚 8 斗口，高 13 斗口。

⑪ 天花梁厚 6 斗口，高 8 斗口。

⑫ 由额枋、穿插枋、棋枋厚 4 斗口，高 5 斗口。

⑬ 重檐大额枋厚 8 斗口，高 13 斗口。

⑭ 由额垫板厚 1 斗口，高 2 斗口。

⑮ 金、脊垫板厚 1 斗口，高 3～6 斗口。

⑯ 围脊板厚 1 斗口，高 6～9 斗口（应根据瓦样脊样尺寸酌情定高）。

⑰ 正心桁、金、脊桁、扶脊木直径 4.5～5 斗口。

⑱ 挑檐桁直径 3 斗口。

⑲ 老角梁、仔角梁、由戗宽 3 斗口，高 4.5 斗口。

**2. 小式大做**

① 抱头梁（或单步或双步）位于檐柱头之上，梁宽为檐柱径的 11/10。梁高不小于 1.5 檩径，或梁自身宽的 5/4（根据梁长高可依据跨度比调整）。

② 七架梁（六步）位于进深中心间，梁宽为金柱径的 11/10。梁高不小于跨度的 1/10，可适当调整雄背。

③ 五架梁（四步）位于进深中心间七架梁之上，梁宽位于金柱之上时为金柱径的 11/10。位于七架梁之上时为七架梁的 9/10，梁高不小于跨度的 1/10，可适当增减雄背。

④ 三架梁、双步梁（二步）位于进深中心间五架梁之上，梁宽为五架梁的 9/10 且不小于 1 檩径，梁高不小于跨度的 1/10 或宽的 5/4。

⑤ 单步梁（一步）位于双步架梁之上，梁宽为双架梁的 9/10 且不小于 1 檩径，梁高为宽的 5/4。

⑥ 瓜柱厚为 1 檐柱径，宽 12/10 檐柱径。

⑦ 额枋、随梁枋、提装枋、承椽枋、围脊枋、天花梁高 1 檐柱径或不小于 8/10 檐柱径，应根据开间跨度大小高酌情而定，厚为高的 5/4 且不小于 2/3 檐柱径。

⑧ 由额枋、金、脊枋、穿插枋、棋枋高为大额枋 8/10，厚为高的 5/4 且不小于 2/3 檐柱径。

⑨ 重檐大额枋高 1 柱径或 12/10 柱径，厚为高的 4/5 且不小于 8/10 檐柱径，还应根据开间跨度比大小酌情确定截面尺寸。

⑩ 由额垫板厚半椽径，高 1.5 椽径。

⑪ 檐垫板厚半椽径，高为 8/10 柱径或 1 檩径。

⑫ 金、脊垫板厚半椽径，高为 8/10 檩径且不小于半檩径。

⑬ 围脊板厚半椽径、高为 1～1.5 檐柱径（应根据瓦样脊样尺寸酌情定高）。

⑭ 檐、金、脊檩、扶脊木直径不小于檐柱径的 8/10，不大于 1 柱径，且应根据开间跨度酌情增减（檩径不小于跨度长的 1/13）。

⑮ 老角梁、仔角梁、由戗宽 2 椽径，高 3 椽径。

## （五）椽、望、连檐及其他构件

**1. 大式做法**

① 角背长 22 斗口，高 1/3 举架，厚 1.5 斗口。

② 枕头木高 3.5 斗口，厚 1.5 斗口。

③ 老檐圆椽径 1.5 斗口（七踩以上老檐出椽径可调增为 1.7 斗口）。

④ 飞椽一头三尾，径 1.5 斗口见方。

⑤ 大连檐宽 1.5 斗口，高 1.5 斗口。

⑥ 里口木宽 1.2 斗口，高 1.9 斗口。

⑦ 顺望板厚半斗口，横望板厚 0.6 寸（20mm）。

**2. 小式大做**

① 角背长一步架，高 1/3 举架，厚 1 椽径。

② 枕头木高 2.5 椽径，厚 1 椽径。

③ 老檐圆椽径为 1/3 檐柱径。

④ 飞椽一头三尾，径为 1/3 檐柱径见方。

⑤ 大连檐宽、高均为 1 椽径。

⑥ 小连檐宽 8/10 椽径，高根据椽径大小适当选择，不小于 0.6 寸（20mm）不大于 1 寸（32mm）。

⑦ 望板厚 0.6 寸（20mm）。

### （六）庑殿木构件尺寸权衡表

庑殿木构件尺寸权衡表如下，以供参考（表 9-8、表 9-9）。

**表 9-8　庑殿建筑带斗栱"大式做法"木构件权衡表（单位：斗口）**

| 构件名称 | 宽（斗口） | 厚（斗口） | 径（斗口） | 高（斗口） | 长（斗口） | 备注 |
|---|---|---|---|---|---|---|
| 檐柱 | | | 6 | 60～70 | | 柱高应依据斗栱拽架高矮酌情调整 |
| 金柱 | | | 7～8 | | | 径不小于 1/11 柱高且应大于檐柱径 |
| 重檐金柱 | | | 8～9 | | | 径不小于 1/13 柱高且应大于檐柱径 |
| 攒金柱（里围金柱） | | | 9～12 | | | 径不应小于 1/13 柱高 |
| 撑檐柱 | 3.5～4.5 | 3.5～4.5 | | 柱高由老檐椽至台明 | | 高细比不小于 1/15 |
| 童柱 | | | 5.5～6 | | | |
| 金、脊瓜柱 | 6 | 5～6 | | | | |
| 交金瓜柱 | | | 5.5～6 | | | |
| 重檐挑尖梁 | 头 4 身 8 | | | 头 5.5 身 10 | | （三步架） |
| 下檐挑尖梁 | 头 4 身 6 | | | 头 5.5 身 8 | | （二步架） |
| 七架梁 | 7.2～8 | | | 13 | 132 加头 10 | 高不得小于跨度 1/10 |
| 五架梁 | 6～7.2 | | | 9 | 88 加头 10 | 厚不应小于跨度 1/10 |
| 三架梁 | 5～6 | | | 6～6.5 | 44 加头 10 | |
| 单步梁 | 4.5～5. | | | 6.5 | | 包括顺梁 |
| 天花梁 | 6 | | | 8 | | |
| 老角梁 | 3 | | | 4.5～5 | | |
| 仔角梁 | 3 | | | 4.5～5 | | |
| 由戗 | 3 | | | 4.5～5 | | |
| 重檐大额枋 | | 4.5～5 | | 6～7 | 同间宽 | 宽高按跨度比可适当调整 |

续表

| 构件名称 | 宽（斗口） | 厚（斗口） | 径（斗口） | 高（斗口） | 长（斗口） | 备注 |
|---|---|---|---|---|---|---|
| 额枋 | | 4.5 | | 6 | 同间宽 | 宽高按跨度比可适当调整 |
| 随梁枋 | | 4.5 | | 6 | 同梁 | |
| 金脊垫枋 | | 3.5～4 | | 4.5～5 | 同间宽 | |
| 由额枋 | | 3～4 | | 4～5 | 同间宽 | |
| 提装枋（跨空枋） | | 3～4 | | 4～5 | 同间宽 | |
| 穿插枋 | | 3～4 | | 4～5 | | |
| 棋枋 | | 3～4 | | 4～5 | 同间宽 | |
| 围脊枋 | | 4.5 | | 6 | 同间宽 | |
| 承椽枋 | | 4.5～5 | | 6～7 | | 宽高按跨度比可适当调整 |
| 花台枋 | | 4.5～5 | | 6～7 | | 宽高按跨度比可适当调整 |
| 撑檐枋 | | 3～4 | | 4～6 | | |
| 罩面枋 | | 3 | | 4 | | |
| 由额垫板 | | 1 | | 2 | 同间宽 | |
| 金、脊垫板 | | 1 | | 3～4.5 | 同间宽 | |
| 围脊板 | | 1 | | 6～9 | | |
| 檐、金、脊正心桁 | | | 4.5～5 | | 同间宽 | 跨度大桁径适当调增 |
| 扶脊木 | | | 4.5～5 | | 同间宽 | |
| 挑檐桁 | | | 3 | | 同间宽 | |
| 枕头木 | | 1.5 | | 4 | | |
| 角背 | | 1.5 | | 0.3 举架 | 22 | |
| 老檐椽 | | | 1.5 | | （14 斗口加拽架加步架）× 斜率 | |
| 花架椽、脑椽 | | | 1.5 | | 步架 × 斜率 | |
| 飞椽 | 1.5 | 1.5 | | | 7 斗口 ×4 | |
| 大连檐 | 1.5 | 1.5 | | | 同间宽 | 两端翘区开片分层 |
| 里口木 | 1.5 | 1.9 | | | 同间宽 | |
| 小连檐 | 1 | 0.4 | | | 同间宽 | |
| 顺望板 | | 0.5 | | | | |
| 横望板 | | 0.5 寸 | | | | |
| 瓦口 | | 0.8 寸 | | 瓦弧高 +0.8 寸 | | 制作时打对 |

**表 9-9　庑殿建筑无斗栱"小式做法"木构件权衡表（单位：檐柱径）**

| 构件名称 | 宽 | 厚 | 径 | 高 | 长 | 备注 |
|---|---|---|---|---|---|---|
| 檐柱 | | | 0.09 自身高 | 0.8～0.95 明间面宽 | | 高不应小于七尺五寸 |
| 金柱 | | | 0.08～0.09 自身高 | | | 径应大于檐柱径 |
| 山柱 | | | 0.08～0.09 自身高 | | | 径应大于檐柱径 |
| 金、脊瓜柱 | 1.2 | 0.8～1 | | | | |
| 交金瓜柱 | | | 0.8～1 | | | |
| 抱头梁 | 1.1 | | | 1.2～1.5 | 步架加头 1 | |
| 七架梁 | 1.1 金柱径 | | | 0.1 跨度 | 6 步架加头 2 | 应增调雄背 |
| 五架梁 | 0.9 七架梁宽 或 1.1 金柱径 | | | 不小 0.1 自身跨度 | 4 步架加头 2 | 应调整雄背 |
| 三架梁 | 0.9 五架梁宽 或 1 柱径 | | | 1.3 | 2 步架加头 2 | 减缩雄背 |
| 老角梁 | 2 椽径 | | | 3 椽径 | | |
| 仔角梁 | 2 椽径 | | | 3 椽径 | | |
| 由戗 | 2 椽径 | | | 3 椽径 | | |
| 额枋 | | 0.6～0.8 | | 0.8～1 | 同间宽 | 根据跨度调整 |
| 随梁枋 | | 0.6～0.8 | | 0.8～1 | 同梁 | 根据跨度调整 |
| 金脊枋 | | 0.6 | | 0.8 | 同间宽 | 一檩三件 |
| 穿插枋 | | 0.6 | | 0.8 | 同步架加出头榫 | |
| 随檩枋 | | 1 | | 1.5 | | |
| 檐垫板 | | 0.5 椽径 | | 0.8～1 | 同间宽 | |
| 金、脊垫板 | | 0.5 椽径 | | 0.8 檩径 | 同间宽 | 一檩三件 |
| 檐、金、脊檩 | | | 0.8～1 | | 同间宽 | 根据檩跨调整 |
| 扶脊木 | | | 1 檩径 | | 同间宽 | |
| 角背 | | 1 椽径 | | 0.4 举架 | 1 步架 | |
| 枕头木 | | 1 椽径 | | 2.5 椽径 | | |
| 老檐椽 | | | 1/3 檐柱径 | | （0.2 檐柱高＋步架）× 斜率 | |
| 花架椽、脑椽 | | | 1/3 檐柱径 | | 步架 × 斜率 | |
| 飞椽 | 1/3 檐柱径 | 1/3 檐柱径 | | | 0.1 檐柱高 ×4 | |
| 罗锅椽 | 1/3 檐柱径 | 1/3 檐柱径 | | 弧起 1.5 椽径 | | |
| 大连檐 | 1 椽径 | 1 椽径 | | | 同间宽 | 两端增加戗檐长 |
| 小连檐 | 0.8 椽径 | 0.4 椽径 | | | 同间宽 | |

续表

| 构件名称 | 宽 | 厚 | 径 | 高 | 长 | 备注 |
|---|---|---|---|---|---|---|
| 望板 | | 0.5寸 | | | | |
| 瓦口 | | 0.8寸 | | 瓦弧高+0.8寸 | | |

# 六、四角攒尖殿、堂、阁

在古建筑中，四角攒尖殿、堂、楼阁也是常规的一种建筑形制，建筑的屋面四坡舒展翘曲、四角飘逸翘起，攒尖屋顶宝珠压顶、华美庄重。屋顶可采用单檐或重檐。由于建筑平面为正方形，在使用功能上有着一定的局限性，所以四角攒尖殿、堂、楼阁等建筑形制多用于宫殿、庙堂之中。

四角攒尖建筑大木屋架四面相等。上架构造每层桁（檩）四角相交，檐口老角梁、仔角梁起翘，由戗层层向上与雷公柱相交。随着建筑体量的变化，梁架大木构造做法上也会有着顺梁、趴梁、抹角梁等不同的变化。

四角攒尖殿"大式"做法设置斗栱一般不大于七等材三寸（96mm）口份，较大的殿堂通常采用八等材二点五寸（80mm）口份，可根据建筑体量形制的需要选择口份的大小，设定斗栱形制和出挑的踩数。可采用麻叶斗栱、三踩斗栱、五踩斗栱，重檐建筑上檐斗栱可与下檐踩数相同，亦可比下檐斗栱增加一踩。中小型殿堂、楼、阁等建筑设置斗栱，通常采用九等材二寸（64mm）口份，亦可使用十等材一点五寸（48mm）口份，应根据该建筑使用功能的重要性及建筑位置等级酌情而定。明代与清代早期殿堂建筑檐步多采用溜金斗栱，明代内檐设隔架斗栱。有平座层的建筑设置品字斗栱一般不少于三踩（可采用五踩或七踩），要根据平座出挑长短择情选定（图9-36～图9-46）。

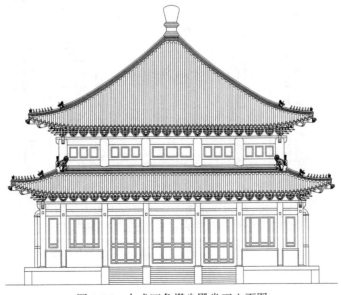

图9-36　大式四角攒尖殿堂正立面图

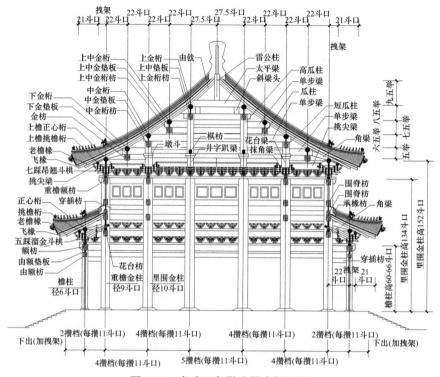

图 9-37　大式四角攒尖殿堂剖面图

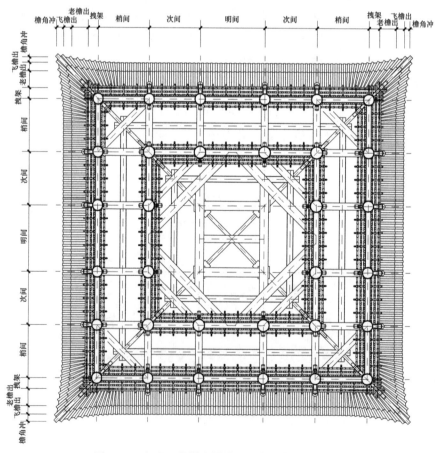

图 9-38　大式四角攒尖殿堂二层构造檐出仰视图

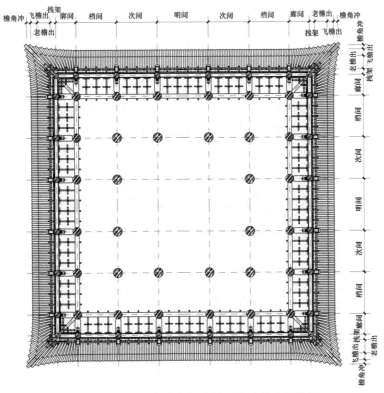

图 9-39　大式四角攒尖殿堂首层构造檐出仰视图

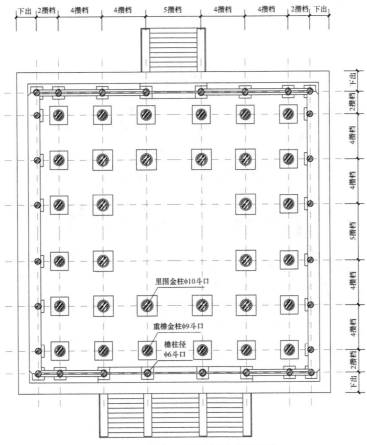

图 9-40　大式四角攒尖殿堂平面图

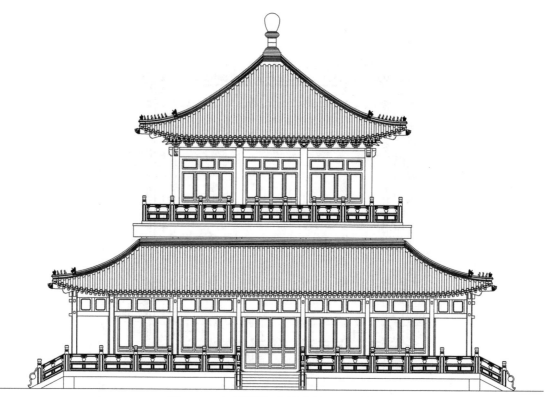

图 9-41　大式两层四角攒尖阁正立面图

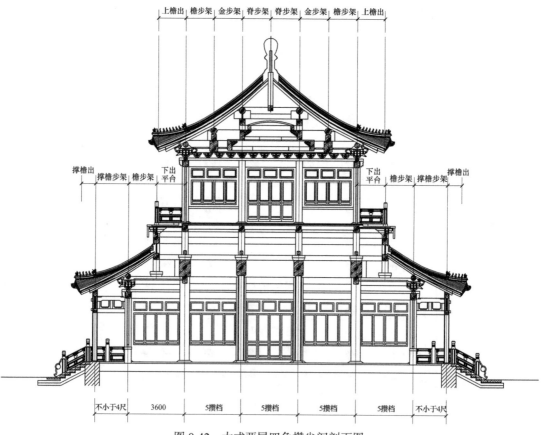

图 9-42　大式两层四角攒尖阁剖面图

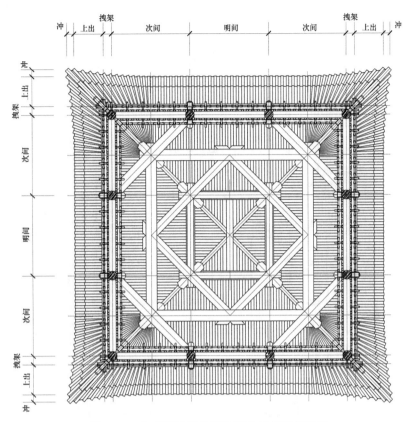

图 9-43 大式两层四角攒尖阁上檐构造仰视图

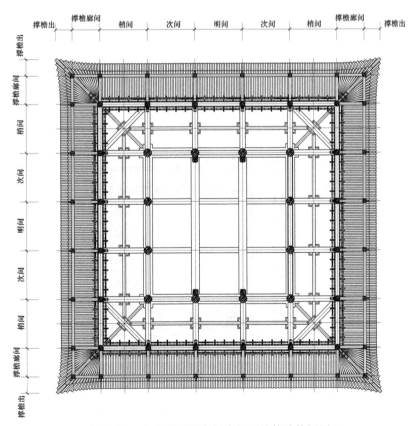

图 9-44 大式两层四角攒尖阁下檐构造仰视图

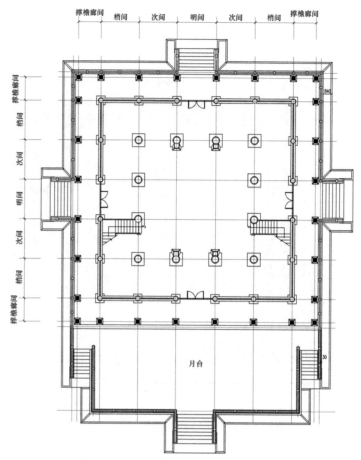

图 9-45　大式两层四角攒尖阁首层平面图

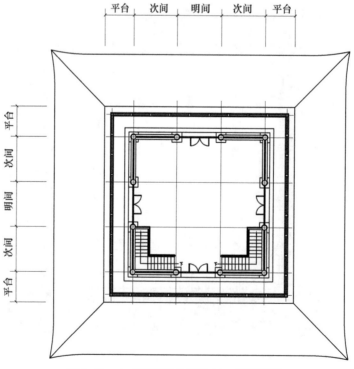

图 9-46　大式两层四角攒尖阁二层平面图

无斗栱的四角攒尖殿堂、楼阁建筑"小式做法"与"小式大做"，其大木构造构件权衡尺度按照小式计算方法核算，构造端头节点按照制式做法式样制作。

## （一）面宽、进深

### 1. 大式做法

面阔最少三间，可增至七间，算上廊间最多不超过九间。明间面宽斗栱五攒档或七个攒档，明间必须空档坐中；次间、梢间、尽间攒档可适当调整，不强调空档坐中；廊间二攒档或三攒档。

### 2. 大式小做法

① 斗栱采用一斗三升或斗二升交麻叶，很少使用三踩以上的斗栱。斗栱斗口"口份"固定为一寸半。

② 在通面阔中明间面宽斗栱一般不多于七个攒档，不少于五个攒档，次间可与明间同，也可比明间减少一攒档，梢间、尽间攒档数量可与明间相同，也可依次适当调整减少，尽间一般不少于三个攒档。廊间尺寸不得小于4尺。

### 3. 小式做法、小式大做法

无斗栱，面阔三间至五间，算上廊间最多不超过七间，廊间进深不小于4尺，将明间面宽尺寸酌定后，次间、梢间、尽间面宽依次适当缩减调整。

## （二）上檐出、步架、收山、举架、冲翘

### 1. 大式做法

① 上檐出21斗口加斗栱搜架，檐角出冲4.5斗口（冲三翘四撇半椽）。

② 檐步架22斗口（廊步不小于4尺），金、脊步架21斗口亦可根据内檐屋架另行分配。

③ 清代建筑檐步五举拿头，至脊步最高九五举再加一平水。

④ 明代建筑依举折之法，大式以前后挑檐桁水平中至中尺寸1/3定脊高，以总举高从上至下依次递减1/10、1/20、1/40、1/80……直至廊步或檐步找出每步举高（图2-6）（明代举折与宋代举折之法相同）。

### 2. 小式做法、小式大做法、大式小做法

① 上檐出为檐柱高的3/10或1/3（檐不过步），"小式大做法"上檐出还应加斗栱搜架出跳尺寸，下出取柱高的2/10加斗栱搜架出跳尺寸。

② 檐角出冲1檐柱径（冲三翘四撇半椽）。

③ 一般廊步步架不小于4尺，檐步5柱径，金、脊步不大于4柱径，亦可根据需要另行分配，明代建筑金、脊步每步以举折线均分下大上小。

④ 大式小做法廊步或外檐步应对应斗栱，金、脊步架尺寸可根据屋架变化的需要调整，

步架可小于二攒档，不对应外檐斗栱。

⑤ 清式建筑檐步五举拿头，至脊步最高九五举再加一平水（图 2-5）。

⑥ 明代建筑以前后檐正心桁水平中至中尺寸 1/3 定脊高，以总举高从上至下依次递减 1/10、1/20、1/40、1/80……直至廊步或檐步找出每步举高（图 2-6）。

⑦ 建筑进深是影响屋脊高度变化的决定因素，举折变化应根据下架与屋脊的比例加以调整择定，屋顶高的尺寸不应大于檐口下架尺寸，以免建筑外观在视觉上出现头重脚轻的感觉。

## （三）柱高、柱径

### 1. 大式做法

① 檐柱高 60 斗口至 72 斗口，应根据斗栱踩数酌情而定。

金柱、重檐金柱、攒金柱、山柱等内檐金柱类高应依照使用位置确定。

② 檐柱径 6 斗口，金柱、攒金柱、重檐金柱、山柱等内檐金柱类柱径则应依照内外层次和位置来确定，里围金柱径大于外围金柱径，外围金柱径大于檐柱径。应按照柱高的 1/13～1/11 的长细比例折算调整为斗口。

重檐内、外檐设童柱时则童柱径 5.5 斗口或 6 斗口。

### 2. 小式做法、小式大做法、大式小做法

① 檐柱高为明间面宽的 8/10～9.5/10 且不应短于七尺五寸（2400mm）。

金柱、重檐金柱、山柱等内檐金柱类柱高以实际发生高矮尺寸计算。

② 檐柱径为檐柱高 1/11。

金柱、重檐金柱、山柱等内檐金柱类柱径应依照 1/13～1/11 柱高的高细比例折算调整柱径尺寸，调整后应使内檐柱径大于外檐柱径。

重檐外檐设童柱时则童柱径与檐柱径相同。

## （四）梁、枋、板、桁（檩）

### 1. 大式做法

① 挑尖梁（或单步或双步）位于檐柱柱头科斗栱之上，挑尖梁头宽 4 斗口、高 5.5 斗口。梁身宽 6 斗口、高 8 斗口，根据跨度比梁身高可调整雄背。

② 内檐各种梁的高不应小于跨度 1/10，可依据跨度比及材质酌情考虑增减雄背。

③ 瓜柱厚 5 斗口、宽 6 斗口，圆瓜柱、交金瓜柱直径 5～6 斗口。

④ 重檐大额枋厚 5～6 斗口，高 6～7.2 斗口应根据面宽跨度比例调整。

⑤ 额枋、随梁枋、承椽枋、围脊枋、花台枋、天花梁、踏脚木厚 5 斗口，高 6～7 斗口，应根据面宽跨度比例调整。

⑥ 由额枋、提装枋、穿插枋、棋枋厚 4 斗口，高 5 斗口。

⑦ 由额垫板厚 1 斗口、高 2 斗口。

⑧ 金、脊垫板厚 1 斗口，高 3～5 斗口。

⑨ 围脊板 1 斗口、高 6～9 斗口（应根据瓦样脊样尺寸酌情定高）。

⑩ 正心桁、金桁直径 4.5～5 斗口。挑檐桁直径 3 斗口。

⑪ 老角梁、仔角梁、由戗宽 3 斗口，高 4.5～5 斗口。

### 2. 大式小做

① 方头梁或麻叶头梁（抱头梁）位于檐柱柱头科坐斗之上，外檐梁头宽 4 斗口，高 6.5 斗口。梁身宽 1.1 柱径，高 1.5 柱径（梁高可依据跨度比调整）。

② 内檐各种梁应根据 1/10 跨度比调整雄背高度，满足结构功能要求。

③ 瓜柱厚 1 檩径、宽 1.2 柱径，圆瓜柱、交金瓜柱直径同檐柱。

④ 额枋、随梁枋、天花梁厚 8/10 柱径，高 1 柱径。

⑤ 金、脊枋、穿插枋厚 2 椽径，高 2.5 椽径。

⑥ 随檩枋厚 1 椽径，高 1.5 椽径。

⑦ 金、脊垫板厚半椽径，高 2～2.5 椽径。

⑧ 檐、金檩直径 8/10 柱径或与檐柱径相同（应根据跨度及上架构造变化酌情调整）。

⑨ 老角梁、仔角梁、由戗宽 2 椽径，高 3 椽径。

### 3. 小式做法、小式大做法

① 抱头梁位于檐柱头之上，梁宽为 1.1 檐柱径，梁高为 1.5 倍柱径或宽的 1.3 倍。使用双步抱头梁或山面顺抱头梁时，梁身截面高的尺寸不应小于 1/10 跨度比。

② 内檐各种梁高不小于 1/10 自身跨度。

③ 瓜柱厚 8/10 柱径，宽 1.2 柱径，圆瓜柱、交金瓜柱直径同檐柱。

④ 重檐大额枋厚 2/3 檐柱径，高 1.2 檐柱径。

⑤ 额枋、随梁枋、天花梁厚 2/3 檐柱径，高 1 檐柱径。

⑥ 金、脊枋、穿插枋厚 2/3 柱径且不大于高的 4/5，高为柱径的 8/10。

⑦ 随檩枋厚 1 椽径，高 1.5 椽径。

⑧ 檐垫板厚半椽径，高为 8/10 柱径或 1 檩径。

⑨ 金、脊垫板厚半椽径，高为 8/10 檩径且不小于半檩径。

⑩ 檩径不小于柱的 8/10，不大于 1 柱径（跨度较大时应根据跨度比酌情调整，或减小步架采取密置屋架做法）。

⑪ 老角梁、仔角梁、由戗宽 2 椽径，高 3 椽径。

## （五）椽、望、连檐及其他构件

### 1. 大式做法

① 角背长 22 斗口，高 1/3 举架，厚 1.5 斗口。

② 枕头木厚 1.5 斗口，高 4 斗口。

③ 老檐圆椽径 1.5 斗口（七踩斗栱以上老檐椽径可调增为 1.7 斗口）。

④ 飞椽一头三尾，径 1.5 斗口见方。

⑤ 大连檐宽 1.5 斗口，高 1.5 斗口。

⑥ 里口木宽 1.2 斗口、高 1.9 斗口，小连檐宽 0.8 椽径、高 1/3 椽径。

⑦ 顺望板厚 1.2 寸，横望板厚 0.5 寸。

### 2. 大式小做法、小式大做法、小式做法

① 角背长一步架，高 1/3 举架，厚 0.8 椽径。

② 老檐椽、花架椽圆径为 1/3 檐柱径。

③ 飞椽一头三尾，径 1/3 檐柱径见方。

④ 大连檐宽、高均为 1 椽径。

⑤ 小连檐宽 0.8 椽径，高 1/3 椽径且不小于 0.7 寸。

⑥ 望板厚 0.6 寸。

## （六）四角攒尖殿堂木构件尺寸权衡表

四角攒尖殿堂木构件尺寸权衡表如下，以供参考（表 9-10、表 9-11）。

表 9-10　四角攒尖建筑带斗栱"大式做法"木构件权衡表（单位：斗口）

| 构件名称 | 宽（斗口） | 厚（斗口） | 径（斗口） | 高（斗口） | 长（斗口） | 备注 |
|---|---|---|---|---|---|---|
| 檐柱 | | | 6 | 60～70 | | 柱高应依据斗-栱拽架高矮酌情调整 |
| 金柱 | | | 7～8 | | | 径不应小于 1/11 柱高 |
| 重檐金柱 | | | 9～10 | | | 径不应小于 1/13 柱高 |
| 攒金柱（里围金柱） | | | 9～12 | | | 径不应小于 1/13 柱高 |
| 山柱 | | | 9～12 | | | 径不得小于 1/13 柱高 |
| 撑檐柱 | 3.5～4.5 | 3.5～4.5 | | | | 柱高由老檐椽至台明 |
| 顶柱 | | | 5.5～6 | | | |
| 童柱 | | | 5.5～6 | | | |
| 金、脊瓜柱 | 6 | 4.5～5.5 | | | | |
| 交金瓜柱 | | | 5.5～6 | | | |
| 重檐挑尖梁 | 头 4 身 8 | | | 头 5.5 身 10 | （三步架） | |
| 下檐挑尖梁 | 头 4 身 6 | | | 头 5.5 身 8 | （二步架） | |
| 大花台梁 | 8～12 | | | 高不得小于跨度 1/10 | | |
| 井字大梁 | 高的 0.7～0.8 | | | 高不应小于跨度 1/10 | | |
| 井字配梁 | 高的 0.8～1 | | | 井字大梁高的 8/10 | 高不应小于跨度 1/10 | |
| 大抹角梁 | 高的 0.7～0.8 | | | 高不小于井字大梁 | 高不应小于跨度 1/10 | |

续表

| 构件名称 | 宽（斗口） | 厚（斗口） | 径（斗口） | 高（斗口） | 长（斗口） | 备注 |
|---|---|---|---|---|---|---|
| 抹角梁 | 高0.8～1 | | | 高不应小于跨度1/10 | | |
| 大承重梁 | 高的0.7～0.8 | | | 高不应小于跨度1/10 | | |
| 老角梁 | 3 | | | 4.5～5 | | |
| 仔角梁 | 3 | | | 4.5～5 | | |
| 由戗 | 3 | | | 4.5～5 | | |
| 重檐大额枋 | | 4～5 | | 6～7 | 同间宽 | 额枋宽高按跨度比可适当调整 |
| 额枋 | | 4.5 | | 6 | 同间宽 | |
| 随梁枋 | | 4.5 | | 6 | 同梁 | |
| 金脊垫枋 | | 4 | | 5 | 同间宽 | |
| 由额枋 | | 3～4 | | 4～5 | 同间宽 | |
| 提装枋 | | 3～4 | | 4～5 | 同间宽 | |
| 穿插枋 | | 3～4 | | 4～5 | | |
| 棋枋 | | 3～4 | | 4～5 | 同间宽 | |
| 承重枋 | | 3～4 | | 4～5 | 同间宽 | 密置间距不大于2尺5寸 |
| 围脊枋 | | 4～5 | | 6 | 同间宽 | |
| 承椽枋 | | 4.5～5 | | 6～7 | | |
| 花台枋 | | 4.5～5 | | 6～7 | | |
| 撑檐枋 | | 3～4 | | 4～6 | | |
| 罩面枋 | | 3 | | 4 | | |
| 由额垫板 | | 1 | | 2 | 同间宽 | |
| 金、脊垫板 | | 1 | | 3～6 | 同间宽 | |
| 围脊板 | | 1 | | 6～9 | | |
| 檐、金正心桁 | | | 4.5～5 | | 同间宽 | |
| 挑檐桁 | | | 3 | | 同间宽 | |
| 枕头木 | | 1.5 | | 4 | | |
| 老檐椽 | | | 1.5 | | （14斗口加搂架加步架）×斜率 | |
| 花架椽、脑椽 | | | 1.5 | | 步架×斜率 | |
| 飞椽 | 1.5 | 1.5 | | | 7斗口×4 | |
| 大连檐 | 1.5 | 1.5 | | | 同间宽 | 两端增加戗檐长 |
| 里口木 | 1.2 | 1.9 | | | 同间宽 | |
| 小连檐 | 1 | 0.4 | | | 同间宽 | |
| 顺望板 | | 0.5 | | | | |
| 横望板 | | 0.5寸 | | | | |
| 瓦口 | | 0.8寸 | | 瓦弧高+0.8寸 | | |

**表 9-11　四角攒尖建筑无斗栱"小式做法"木构件权衡表（单位：檐柱径）**

| 构件名称 | 宽 | 厚 | 径 | 高 | 长 | 备注 |
|---|---|---|---|---|---|---|
| 檐柱 | | | 0.09<br>自身高 | 0.8～0.95 明间<br>面宽 | | 高不应小于 7 尺<br>5 寸 |
| 金柱 | | | 0.08～0.09<br>自身高 | | | 径应大于檐柱径 |
| 中柱 | | | 0.08～0.09<br>自身高 | | | 径应大于金柱径 |
| 金、脊瓜柱 | 1.2 | 0.8～1 | | | | |
| 交金瓜柱 | | | 同檐柱 | | | |
| 抱头梁 | 1.1 | | | 1.2～1.5 | 步架加头 1 | |
| 井字大梁 | 高的<br>0.7～0.8 | | | 跨度 1/10 且不小<br>于 1/11 | | |
| 井字配梁 | 高的<br>0.8～1 | | | 井字大梁高的<br>8/10 | | 趴梁 |
| 大抹角梁 | 高的<br>0.7～0.8 | | | 跨度 1/10 且不小<br>于 1/11 | | |
| 抹角梁 | 高的<br>0.8～1 | | | 跨度 1/10 | | |
| 大承重梁 | 高的<br>0.7～0.8 | | | 跨度 1/10 且不小<br>于 1/11 | | |
| 老角梁 | 2 椽径 | | | 3 椽径 | | |
| 仔角梁 | 2 椽径 | | | 3 椽径 | | |
| 由戗 | 2 椽径 | | | 3 椽径 | | |
| 额枋 | | 0.7～0.8 | | 1～0.8 | 同间宽 | 根据跨度调整 |
| 随梁枋 | | 0.7～0.8 | | 1～0.8 | 同梁 | 根据跨度调整 |
| 金脊垫枋 | | 0.7 | | 0.8 | 同间宽 | |
| 穿插枋 | | 0.7 | | 0.8 | 同步架加出头榫 | |
| 提装枋 | | 0.7 | | 0.8 | 同间宽 | |
| 檐垫板 | | 0.5 椽径 | | 0.8～1 | 同间宽 | |
| 金、脊垫板 | | 0.5 椽径 | | 0.8 檩径 | 同间宽 | |
| 檐、金、脊檩 | | | 0.8～1 | | 同间宽 | 大跨度檩径不小于<br>1/11 |
| 枕头木 | | 1 椽径 | | 2.5 椽径 | | |
| 老檐椽 | | | 1/3 檐柱径 | | （0.2 檐柱高＋步<br>架）×斜率 | |
| 花架椽、脑椽 | | | 1/3 檐柱径 | | 步架×斜率 | |
| 飞椽 | 1/3 檐柱径 | 1/3 檐柱径 | | | 0.1 檐柱高×4 | |
| 大连檐 | 1 椽径 | 1 椽径 | | | 同间宽 | 两端增加戗檐长 |
| 小连檐 | 0.8 椽径 | 0.4 椽径 | | | 同间宽 | |
| 望板 | | 0.5 寸 | | | | |
| 瓦口 | | 0.8 寸 | | 瓦弧高 +0.8 寸 | | |

# 七、八角攒尖阁与六角攒尖木塔

　　我国的木塔发展较早，早期的木塔在汉末、北魏、隋唐很多史书中多有记载。汉末至南北朝四百多年间，各种木塔、砖塔、石塔都得到了逐步的发展，北魏时期是我国历史上建塔的第一次大发展时期。隋唐时期（公元 589～907 年）随着我国佛教的发展，这个时期塔达到了历史上第二次大发展。北魏到隋唐佛塔的式样最多的还是木塔。由于历史变迁、年代久远，木塔主体结构的木材不防腐、历史变迁中缺少维护，导致历史上记载的那些木塔都已经荡然无存、不复存在了。

　　我国现在唯一还留存的纯粹古建木结构塔，只有辽代的山西应县木塔，这座木塔公元 1056 年建立，塔平面八角，高约 67 米，外檐比较特别，外檐六层，檐内为五层，每层下均做一个结构层（平座层），实际层数应是九层。第一层加建副阶（外廊），内部梁柱与枋斗交叉、相互挑搭，十分复杂，其结构充分显示了我国古代木结构建筑的优越性。这座古塔历经千百年风雨剥蚀和无数次大地震，至今依然耸立，驰名中外。

　　塔除了用于宗教建筑群中，古代还有镇压辟邪的风水作用。木塔有四方、六方或八方等几种形式，中国人有一句话叫作"救人一命胜造七级浮屠"，这里所谓的"浮屠"就是七层的塔。传统上人们把外檐三层以上的攒尖建筑称之为阁或塔（如颐和园佛香阁、山西应县木塔），阁与塔的区别是以攒尖屋顶上使用宝顶和使用塔刹而区分。塔最上层攒尖屋顶上压塔刹，塔刹上有日月星和多层华盖式样（檐口几层华盖几圈），塔刹有十三层天须弥金刚宝座式样，塔刹还有带寓意或地方形式特点的很多种式样。阁最上层攒尖屋顶多为宝顶形式，宝顶有宝珠式、八楞式等，式样变化多样。从外形看，塔与阁在人们的认识当中界定并不是很清晰，木塔通常较高、塔基很大，向上每层做收分，顶层较小，外形基本成锥形。阁通常基座不是很大，层次之间收分较小、上下体量变化很小，建筑一般都在五层以下，从外形上看阁多为烟囱桶形。在中国古建筑中木塔与阁的外檐大多是单数，因受到木材材质的局限，且要考虑高层木结构的安全稳定，木塔从三层檐向上最多也就做到七层，砖木混合塔可做到九层；而木结构的阁一般会受到结构构造体量的限制只能建五层以下。木塔或砖木混合塔从层次上讲还有密檐与层檐的区别，多层次檐重檐也叫作密檐塔。

　　由于木塔体量较高大，建筑构造层次变化复杂，木塔结构受到木材材质特性的限制，木结构受力和承载能力的局限因素很多，在一层加一层的构造做法上，木塔上下层木结构的柱子、梁枋都要通过结构层"平座层"进行过渡，其中平座层接驳构造变化会给结构力矩平衡稳定造成很大的变量，加之木材直径与长短的局限性与材料材质的选择上很难满足需求，所以明、清时期建造的砖塔很多，建造的砖木混合塔也有（砖塔芯、木外檐，如甘肃张掖木塔、江苏苏州报恩寺塔、常熟兴福寺方塔、江苏无锡龙光寺妙光塔），而没有建造五层以上纯粹木架构的高大木塔，只建有以木结构为主体的外檐四层以下的阁（如颐和园内的佛香阁）。实际上多层的阁与高层的塔的区别在于构造层次的变化。按照明、清建筑模数以及明清建筑木构造方式，建造七层以下的纯大木结构的塔是可行的。

　　古建筑中楼阁形式的建筑很多，用途也很广泛，在古建筑中人们把有平座层的多层建筑称之为阁，无平座层的二层或三层建筑则称之为楼，明清建筑中楼阁通常都是二层至三层。楼阁有硬山、悬山、庑殿、攒尖等很多种形式，只有那些标志性、观赏性很强的四方或六方、八方攒尖塔、阁才会做到至三层以上乃更多层。在这里我们参照颐和园佛香阁建筑模式，只以外檐四层八角攒尖塔、阁为例解析其大木构造特征；以七层六角攒尖形式的大木结构塔为例，按照明、清建筑模数解析其塔的结构构造特征。

### （一）八角攒尖阁

八角攒尖阁从二层起始可做多层，由于受到木材材质特性的局限，木结构的阁不宜太高，一般建于五层以下。在古代建筑中，阁属于观赏性很强的标志性建筑，其构造特点是基座很大，每层通面阔从下至上逐一缩小，阁的首层柱子很粗，从下向上每层柱径会逐渐递减。每层的柱子都会通过平座层进行加固与上层接续，满足其上层结构构造的稳定要求。每层的平座层与檐出，也会随着每层的通面阔收缩而退缩，各层根据需要可加设撑檐廊步，增加撑檐柱。八角阁的攒尖屋顶一般采用圆珠宝顶。

八角攒尖阁通常都采用"大式做法"，斗栱的斗口"口份"一般以2.5寸（80mm）为宜，不小于2寸（64mm），可根据阁的建筑体量选择斗口"口份"大小。斗栱踩数酌情选择，以五踩或七踩为宜。为了保证每层的大木构造承上启下，保证结构受力要求，保证榫卯节点稳固合理，要充分考虑大木构造与斗栱互相作用、互补的优势，内檐柱头科斗栱根据需要可采用缠柱造做法，内檐采用品字科斗栱，根据需要选择使用五踩或七踩，平座层斗栱外拽踩数根据需要酌情选择（图9-47～图9-56）。

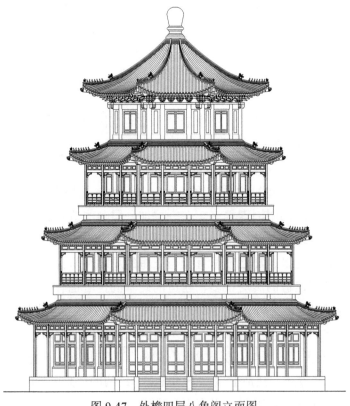

图 9-47 外檐四层八角阁立面图

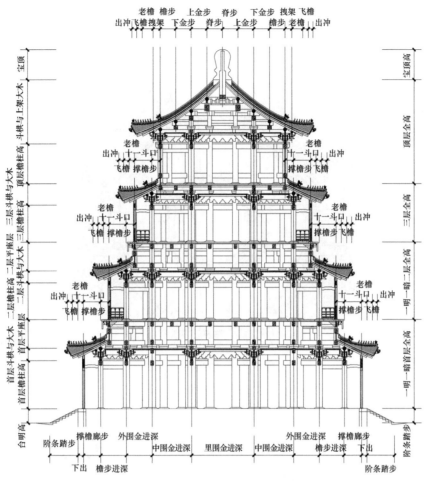

图 9-48　外檐四层八角阁剖面图

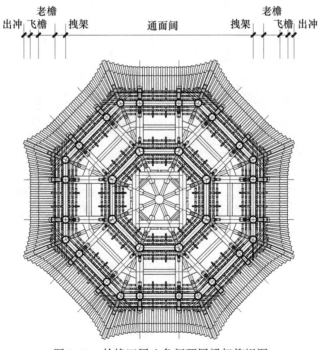

图 9-49　外檐四层八角阁顶层梁架仰视图

老檐
出冲 撑檐廊步 通面阔 撑檐廊步 出冲
飞檐 飞檐 老檐

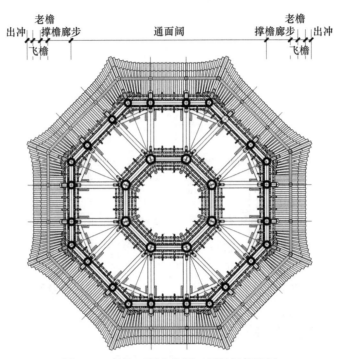

图 9-50　外檐四层八角阁三层梁架仰视图

老檐
出冲 撑檐廊步 通面阔 撑檐廊步 出冲
飞檐 飞檐 老檐

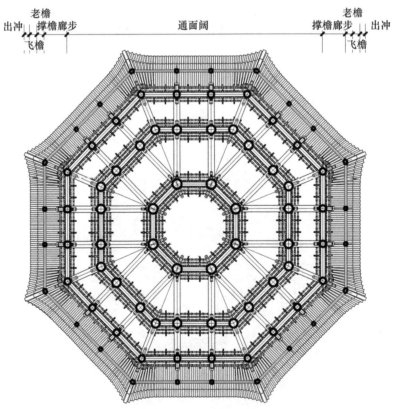

图 9-51　外檐四层八角阁二层梁架仰视图

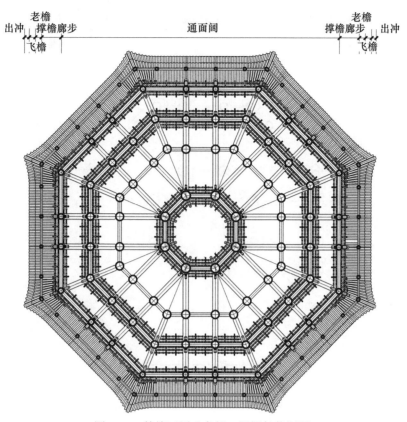

图 9-52　外檐四层八角阁二层梁架仰视图

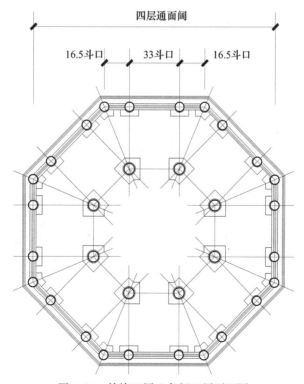

图 9-53　外檐四层八角阁四层平面图

撑檐廊步22斗口　　　　　三层通面阔　　　　　撑檐廊步22斗口

平座出挑　　　　　　　　　　　　　　　　平座出挑

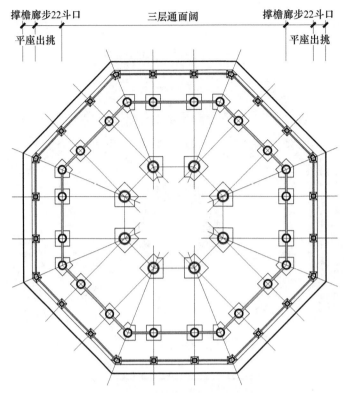

图 9-54　外檐四层八角阁三层平面图

撑檐廊步22斗口　　　　　二层通面阔　　　　　撑檐廊步22斗口

平座出挑　　　　　　　　　　　　　　　　平座出挑

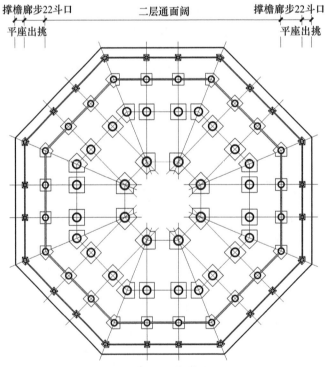

图 9-55　外檐四层八角阁二层平面图

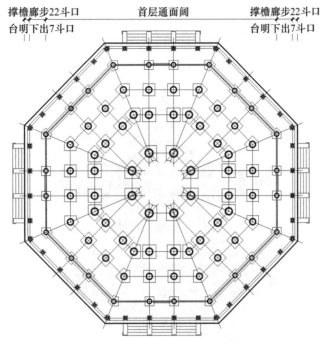

图 9-56　外檐四层八角阁首层平面图

## （二）六角攒尖木塔（六和塔）

六角攒尖木塔传统上也叫六和塔，在古代建筑中，从外形上看木塔造型基本变化不大，外檐层层檐口、层层平座，有的使撑檐柱、有的无撑檐柱，顶部攒尖有十三层天华盖塔刹、释迦金刚宝座塔刹，还有日月星风火轮等多种变化。

从木塔的内部构造划分，有以大木结构构造为主体的木塔，其构造特点是塔的基座很大，通面阔从下至上每层逐一缩小，大木构造从下至上通过平座层过渡延续，平座层内下层柱头与梁架之上使用墩斗，上层的柱根榫卯交于墩斗之上，在平座层中采用三角戗、剪刀戗、横竖向支撑等加固措施，使下架大木构造与其上层柱子接续横平竖直，随线不错位、不移动、不变形，保证大木结构每层的安全稳固性，使建筑构造从上至下满足结构受力要求；还有就是内砖外木相结合的砖木塔，塔基与内檐全部为砖砌体，塔以砖砌体为主体结构，外檐每层檐步与砖砌体内每层梁架互相结合，从下至上每层梁架与砖砌体结构结合在一起，外檐木作平座层与檐口层层叠加至塔的顶层。塔内底层砖砌体构造的墙体很厚，每层的墙体也会随着塔层的上升逐渐减薄。塔内首层柱子很粗，从下向上每层柱径会逐渐递减。木制的楼梯设在砖构造塔芯之内。外檐每层木作平座层与上檐出，也会随着每层面阔的缩小而退缩，每层的童柱与檐柱都会在平座层内进行续接加固，在平座层内通过剪刀戗、斜戗进行大木结构加固，以满足其上层结构安全稳定的要求，塔顶的攒尖屋顶上装有与塔层数相等的金属华盖塔刹。

木塔通常都会采用"大式做法"，斗栱的斗口"口份"一般以 2 寸（64mm）为宜不大于 2.5 寸（80mm），可根据塔的建筑体量选择斗口"口份"大小。斗栱踩数酌情选择以外拽五踩为宜。为了保证每层的大木构造承上启下，保证结构受力要求，保证榫卯节点稳固合理，要考虑大木构造与斗栱互相作用、互补的优势，内檐根据需要采用斗栱，平座层斗栱外拽不大于七踩，根据需要酌情选择（图9-57～图9-71）。

图9-57　外檐七层六和塔立面图

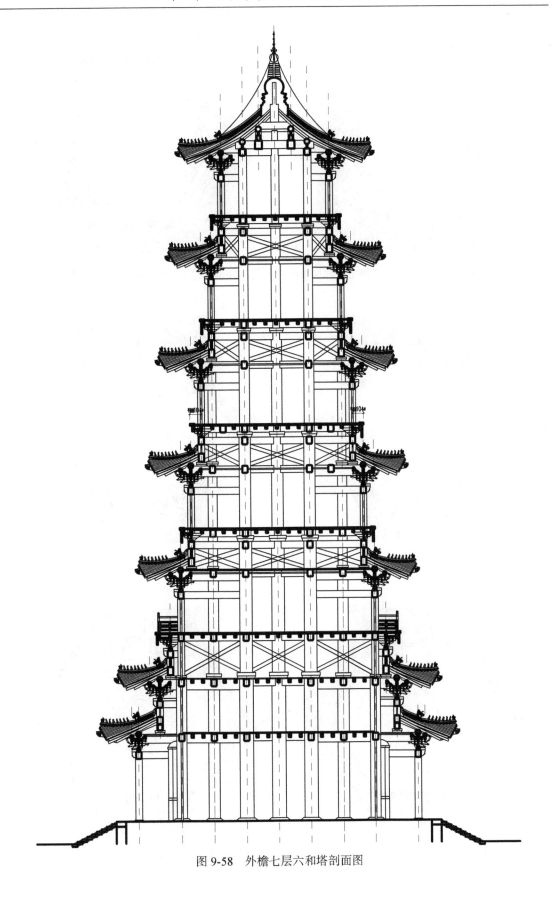

图 9-58 外檐七层六和塔剖面图

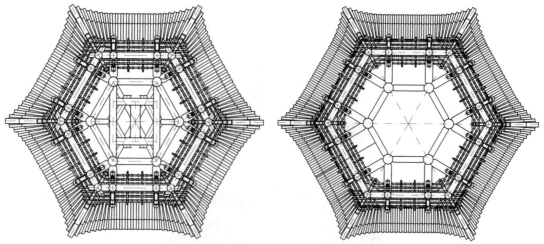

图 9-59　外檐七层六和塔第七层檐仰视图　　图 9-60　外檐七层六和塔第六层檐仰视图

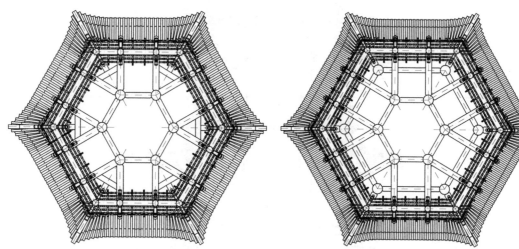

图 9-61　外檐七层六和塔第五层檐仰视图　　图 9-62　外檐七层六和塔第四层檐仰视图

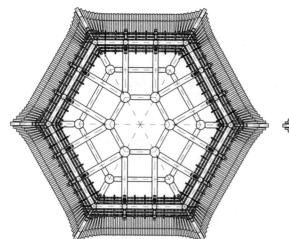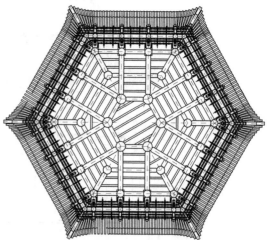

图 9-63　外檐七层六和塔第三层檐仰视图　　图 9-64　外檐七层六和塔第二层檐仰视图

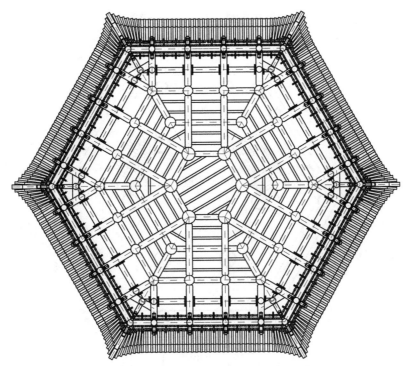

图 9-65 外檐七层六和塔首层檐仰视图

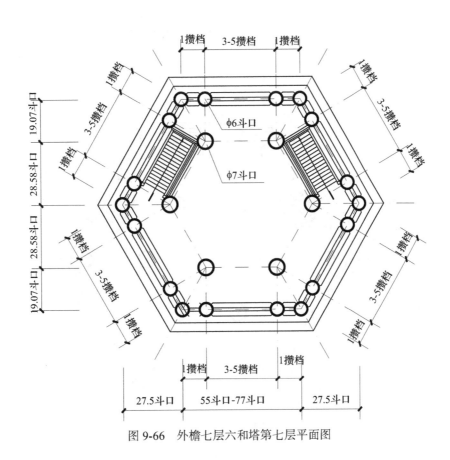

图 9-66 外檐七层六和塔第七层平面图

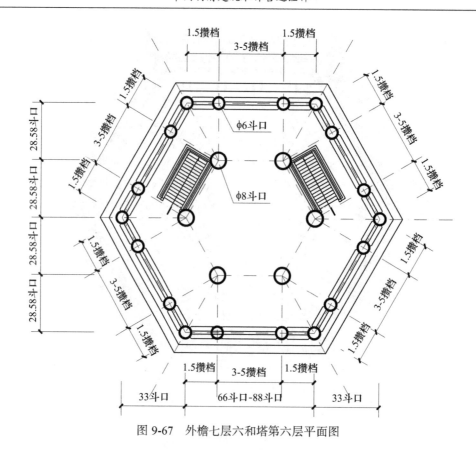

图 9-67　外檐七层六和塔第六层平面图

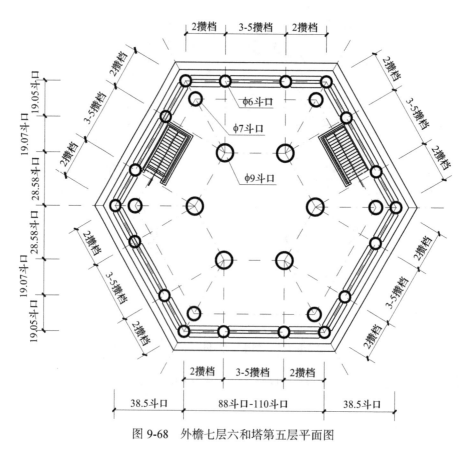

图 9-68　外檐七层六和塔第五层平面图

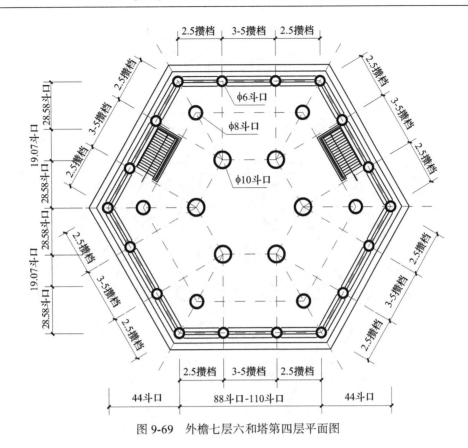

图 9-69　外檐七层六和塔第四层平面图

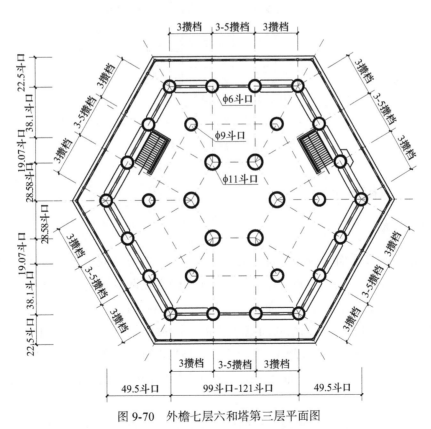

图 9-70　外檐七层六和塔第三层平面图

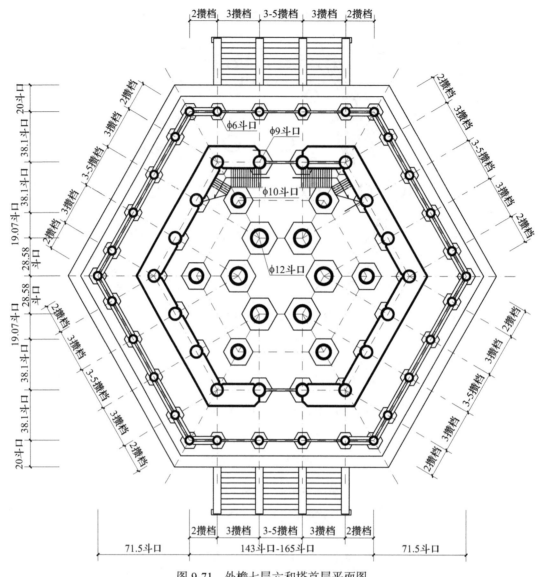

图 9-71　外檐七层六和塔首层平面图

## （三）大木权衡尺寸

### 1. 面宽、进深

① 以顶层面宽和通面阔为准，面宽最少一间，明间两侧梢间一至二攒档，明间面宽斗栱三攒档或五个攒档，明间必须空档坐中，梢间攒档不强调空档坐中。下层以檐柱边轴线向外扩大 10～11 斗口，扩出的轴线即下层童柱轴线或檐柱轴线，梢间攒档可适当调整增加闹头翘。其下每层以此类推，当梢间面宽增加够一个攒档时，即增置一攒斗栱。

首层通阔最少三间（一般五间），明间尺寸与顶层明间尺寸保持一致，次间根据檐内各层柱网设置的位置与斗栱攒档分布状况确定尺寸，梢间同样如此。其间以上各层也是如此调整。

② 前后面至面的通进深根据内外柱网层次设置，一般首层面阔五至七开间，顶层三开

间，其中各层根据柱网布置计算进深间数。

**2. 上檐出、步架、举架、冲翘**

① 上檐出 21 斗口加斗栱搜架，檐角出冲 4.5 斗口（冲三翘二五撇半椽）。

② 步架以柱网层次间距分之，控制在 22 斗口范围之内，撑檐廊步一般不小于 4 尺（1280mm）。

③ 攒尖建筑檐步五举拿头亦可五五举拿头，至脊步最高九五举再加一平水。

**3. 柱高、柱径**

① 首层檐柱高 60～70 斗口，应根据斗栱踩数酌情而定。以上各层檐柱一般高不超过 50 斗口，低不矮于 40 斗口。要根据塔、阁总高度和使用功能的条件酌情而定。

童柱、撑檐柱、内檐金柱、重檐金柱、攒金柱、里围金等柱子柱高均应依照使用层次位置确定。

每层所有柱子的柱高尺寸都不是柱子自身的实际长度，还应增加平座层内接续驳裁榫卯长度，即柱高尺寸加平座接驳等于柱实际长度。

② 檐柱径 6 斗口，童柱径 5.5～6 斗口，金柱、攒金柱、重檐金柱、里围金柱等内檐金柱类柱径则应依照内外层次、上下层次的位置来确定，里围金柱径大于外围金柱径、外围金柱径大于檐柱径。从上向下每层加粗 1 斗口，按照柱高实际长度柱径控制在 1/13～1/11 的长细比例折算调整为斗口。

撑檐柱径 3.5～4.5 斗口。

**4. 梁、枋、板、桁（檩）**

① 挑尖梁（或单步或双步）位于檐柱柱头科斗栱之上，挑尖梁头宽 4 斗口、高 5.5 斗口。梁身宽 6 斗口、高 8 斗口，根据跨度比梁身高可调整雄背。

内檐各种梁的高不应小于跨度 1/10，可依据跨度比及材质酌情考虑增减截面。

② 瓜柱厚 5 斗口、宽 6 斗口，圆瓜柱、交金瓜柱直径 5～6 斗口。

③ 重檐大额枋厚 4.5～5 斗口，高 6～7 斗口，应根据面宽跨度比例调整。

④ 额枋、随梁枋、承椽枋、围脊枋、花台枋、天花梁厚 4.5～5 斗口，高 6～7 斗口，应根据面宽跨度比例调整。

⑤ 提装枋、穿插枋、棋枋厚 3～4 斗口，高 4.5～5 斗口。

⑥ 金、脊垫板厚 1 斗口，高 3～5 斗口。

⑦ 围脊板厚 1 斗口，高 6～9 斗口（应根据瓦样脊样尺寸酌情定高）。

⑧ 正心桁、金桁直径 4.5～5 斗口。挑檐桁直径 3 斗口。

⑨ 老角梁、仔角梁、由戗宽 3 斗口，高 4.4～5 斗口。

**5. 椽、望、连檐及其他构件**

① 枕头木厚 1.5 斗口，高 4 斗口。

② 老檐圆椽径 1.5 斗口（七踩斗栱以上老檐椽径可调增为 1.7 斗口）。

③ 飞椽一头三尾，径 1.5 斗口见方。

④ 大连檐宽 1.5 斗口，高 1.5 斗口。

⑤ 里口木宽 1.5 斗口，高 1.9 斗口。

⑥ 小连檐宽 0.8 椽径，高 1/3 椽径。

⑦ 顺望板厚 1.2 寸，横望板厚 0.5 寸。

### 6. 塔、阁木构件尺寸权衡表

塔、阁木构件尺寸权衡表如下，以供参考（表 9-12）。

表 9-12　塔、阁建筑"大式做法"木构件权衡表（单位：斗口）

| 构件名称 | 宽（斗口） | 厚（斗口） | 径（斗口） | 高（斗口） | 长（斗口） | 备注 |
|---|---|---|---|---|---|---|
| 檐柱 | | | 6 | 60～70 | | 柱高应依据斗栱拽架高矮酌情调整 |
| 金柱 | | | 7～8 | | | 径不应小于 1/11 柱高 |
| 重檐金柱 | | | 9～10 | | | 径不应小于 1/13 柱高 |
| 攒金柱（里围金柱） | | | 9～12 | | | 径不应小于 1/13 柱高 |
| 撑檐柱 | 3.5～4.5 | 3.5～4.5 | | | | 柱高由老檐椽至台明 |
| 童柱 | | | 5.5～6 | | | |
| 瓜柱 | 6 | 4.5～5.5 | | | | |
| 交金瓜柱 | | | 5.5～6 | | | |
| 挑尖梁 | 头 4 身 6～8 | | | 头 5.5 身 8～10 | | （二步架、三步架） |
| 井字大梁 | 5～6 | | | 6～7 | | 高不应小于跨度 1/10 |
| 井字趴梁 | 4.5～5 | | | 6～7 | | 高不应小于跨度 1/10 |
| 抹角梁 | 6 | | | 6～7 | | 高不应小于跨度 1/10 |
| 承重梁 | 6～7 | | | 6～7 | | 高不应小于跨度 1/10 |
| 老角梁 | 3 | | | 4.5～5 | | |
| 仔角梁 | 3 | | | 4.5～5 | | |
| 由戗 | 3 | | | 4.5～5 | | |
| 重檐大额枋 | | 4～5 | | 6～7 | 同间宽 | 额枋宽高按跨度比可适当调整 |
| 额枋 | | 4.5 | | 6 | 同间宽 | |
| 随梁枋 | | 4.5 | | 6 | 同梁 | |
| 金脊枋 | | 4 | | 5 | 同间宽 | |
| 提装枋 | | 3～4 | | 4～5 | 同间宽 | |
| 穿插枋 | | 3～4 | | 4～5 | | |
| 棋枋 | | 3～4 | | 4～5 | 同间宽 | |
| 承重枋 | | 3～4 | | 4～5 | 同间宽 | 密置间距不大于 2 尺 5 寸 |
| 围脊枋 | | 4～5 | | 6 | 同间宽 | |
| 承椽枋 | | 4.5～5 | | 6～7 | | |
| 花台枋 | | 4.5～5 | | 6～7 | | |

续表

| 构件名称 | 宽（斗口） | 厚（斗口） | 径（斗口） | 高（斗口） | 长（斗口） | 备注 |
|---|---|---|---|---|---|---|
| 撑檐枋 | | 3～4 | | 4～6 | | |
| 罩面枋 | | 3 | | 4 | | |
| 金、脊垫板 | | 1 | | 3～6 | 同间宽 | |
| 围脊板 | | 1 | | 6～9 | | |
| 檐、金正心桁 | | | 4.5～5 | | 同间宽 | |
| 挑檐桁 | | | 3 | | 同间宽 | |
| 枕头木 | | 1.5 | | 4 | | |
| 老檐椽 | | | 1.5 | | （14斗口加拽架加步架）×斜率 | |
| 花架椽、脑椽 | | | 1.5 | | 步架×斜率 | |
| 飞椽 | 1.5 | 1.5 | | | 7斗口×4 | |
| 大连檐 | 1.5 | 1.5 | | | 同间宽 | 两端增加戗檐长 |
| 里口木 | 1.2 | 1.9 | | | 同间宽 | |
| 小连檐 | 1 | 0.4 | | | 同间宽 | |
| 顺望板 | | 0.5 | | | | |
| 横望板 | | 0.5寸 | | | | |
| 瓦口 | | 0.8寸 | | 瓦弧高+0.8寸 | | |

# 八、亭　子

在中国的古典园林中，亭子作为景观建筑被普遍应用，亭子的种类和式样很多，有四角亭、六角亭、八角亭、圆亭、长方亭、十字亭、扇面亭等，这些亭子中有带斗栱的、有不带斗栱的，有单檐的、有重檐的，还有组合形式的。众多亭子由于形制不同、所建造的环境不同，其使用功能也不同，就是在同类型亭子中，大小体量变化差异也是很大的。在园林景观中，亭子造型还可以通过组合搭配形式产生很多变化，如套方亭、重檐双环亭、十字八角亭、抱厦四方重檐亭、天圆地方重檐亭等众多变化。从使用功能上讲，有观赏性很强的风雨亭，有祭祀用的碑亭、宰牲亭、井亭等。一般在园林景观中大部分的亭子建筑体量较小，从做法上讲大式做法的亭子大多数建在皇家庭院或园林中，小式做法、小式大做、大式小做的亭子在一般园林庭院中较多常见。

## （一）四方亭

四方亭外形为单层檐四根柱子，四角起翘、四坡屋面，外形比较简单，在此基础上还可以做成四角重檐亭，亦可对角套方做成连体的套方亭。四方亭"大式做法"，斗口"口份"一般只在一寸半与二寸之间选择，可根据亭子的体量开间大小选择"口份"，斗栱攒档分配一般5至7攒。"大式小做"的亭子斗栱"口份"一寸半，其他大木则以小式做法权衡。无斗栱亭子可选择"小式大做"或"小式做法"。四方亭檐角角梁起翘冲三翘四，屋面梁架应根据结构形制特点选择抹角梁做法或趴梁做法，选择哪种构造方式都必须满足结构受力要求，尤其是建设在较高地势的亭子还要考虑到风阻影响，柱子根部要下套顶榫埋置基础以内（图9-72～图9-88）。

图 9-72　小式四方亭立面

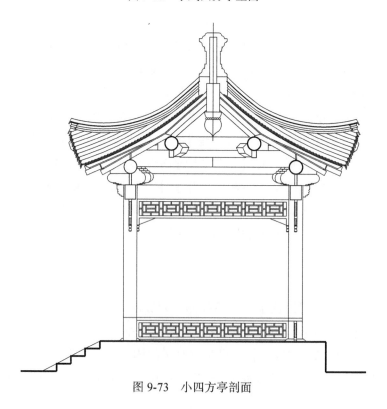

图 9-73　小四方亭剖面

图 9-74　小四方亭屋面梁架仰视

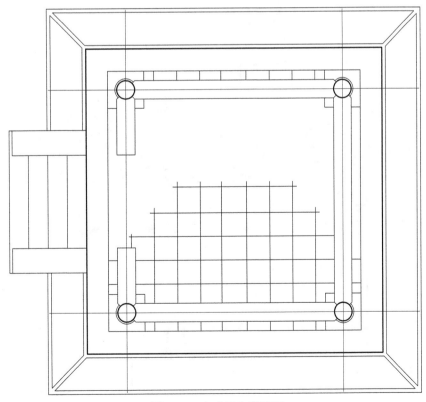

图 9-75　小式四方亭平面

图 9-76 套方亭立面

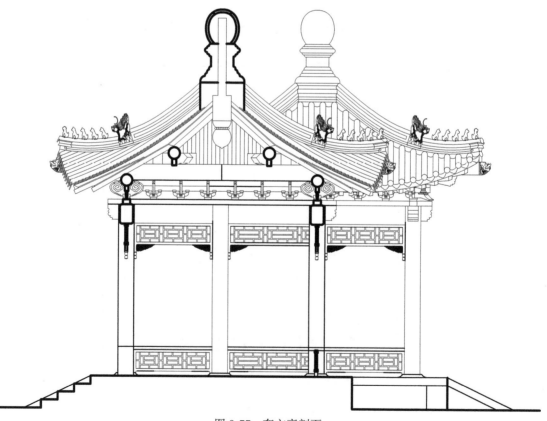

图 9-77 套方亭剖面

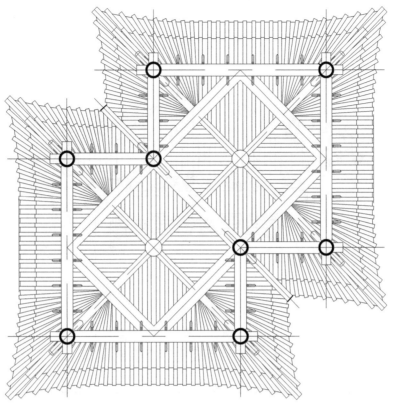

图 9-78　套方亭屋面梁架仰视

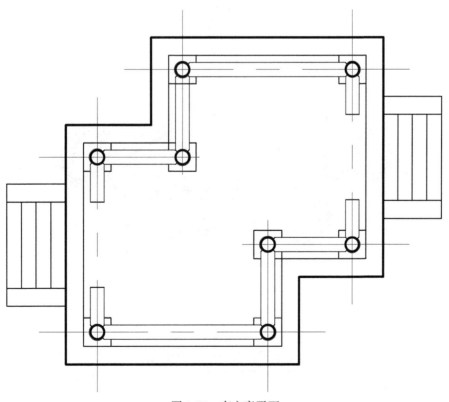

图 9-79　套方亭平面

图 9-80　四方亭立面

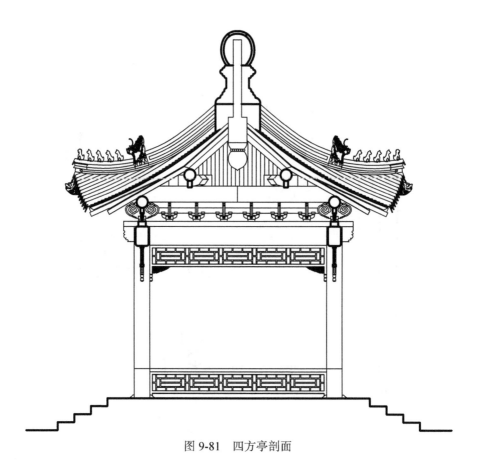

图 9-81　四方亭剖面

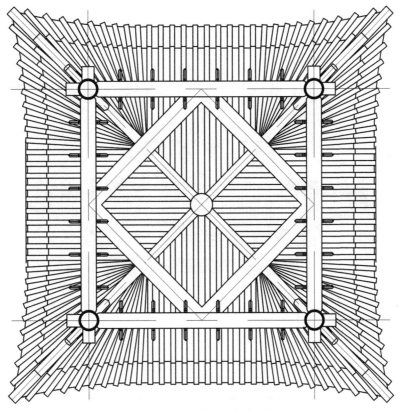

图 9-82　四方亭屋面梁架仰视

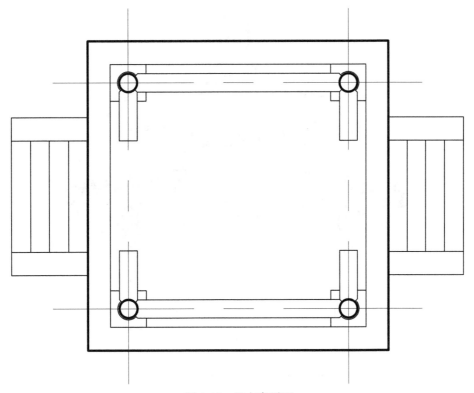

图 9-83　四方亭平面

图 9-84　重檐四角亭立面

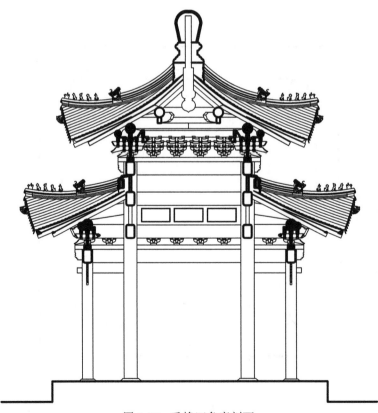

图 9-85　重檐四角亭剖面

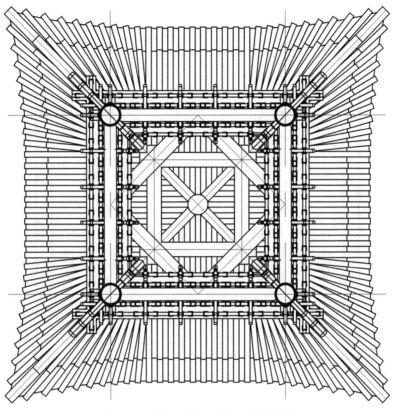

图 9-86　重檐四角亭顶层屋面梁架仰视

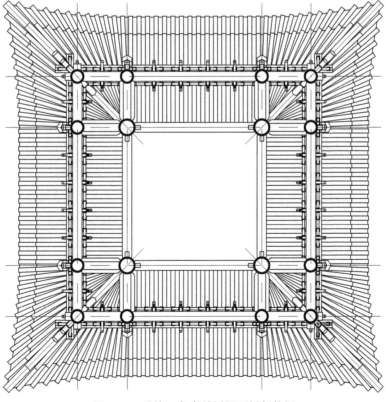

图 9-87　重檐四角亭首层屋面梁架仰视

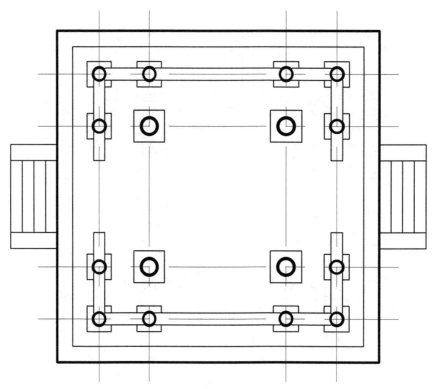

图 9-88　重檐四角亭平面

**1. 面宽**

（1）大式做法

四面面宽最多安排五个攒档，较大的重檐亭子两端有廊间时，廊间二攒档，根据亭子的体量攒档可适当调整。斗栱选择斗二升交麻叶或三踩斗栱比较适宜，最多不超过五踩。

（2）大式小做、小式做法、小式大做

"大式小做"的小型亭子四面面宽最多安排五个攒档，可适当调整斗栱攒档，同时适量缩短栱子，以确保构件之间比例适度，斗栱可采用一斗三升或斗二升交麻叶，有重檐时上层通过四角童柱或内檐垂柱支撑上层屋架。上檐面宽一般安排三个攒档较为合适。

中小型亭子采用"小式做法"与"小式大做"的做法，四面面宽尺寸应结合上架的步架尺度安排，要考虑檐步架与上檐出的比例关系，使所设定的面宽能够满足步架需要的尺度，重檐可设廊间，廊间宽4尺为宜。如果亭子的体量较小有重檐时，上层亦可通过四角童柱或内檐垂柱支撑上层屋架，上檐面宽要考虑满足步架与檐出的比例关系。

**2. 檐出、步架、举架、冲翘**

（1）大式做法

檐出21斗口加斗栱搜架，檐角出冲4.5斗口（冲三翘四撒半椽）。檐、金、脊步每步按需分之。

檐步五举拿头，重檐檐步五五举拿头，至顶步最高不超过九五举再加一平水。

（2）小式做法、小式大做、大式小做

檐出为柱高的 3/10（檐不过步），檐角出冲一檐柱径（冲三翘四撇半椽）。檐、金、脊步每步按需调配。

檐步五举拿头，重檐檐步五五举拿头，至脊步最高不超过九五举再加一平水（图 2-5）。

### 3. 柱高、柱径

（1）大式做法

采用一寸半"口份"时檐柱高不小于 70 斗口，采用二寸"口份"时檐柱高 66 斗口。

檐柱径 5～6 斗口，金柱径在檐柱径的基础上增加 1 斗口，在此基础上金柱径不应小于自身高的 1/13。重檐童柱或垂柱柱径 5～6 斗口。

雷公柱上身见方 4 斗口，雷公柱头做垂莲荷叶风摆柳，直径 8.5 斗口

（2）小式做法、小式大做、大式小做

檐柱径为檐柱高的 1/13～1/11，檐柱高为面阔的 11/10～13/10，当亭子体量面宽较小时柱高不应矮于 7 尺 5 寸（2400mm）。

金柱径在檐柱径的基础上增加 1/5，在此基础上金柱径不应小于自身高的 1/13。重檐童柱或垂柱柱径在檐柱径的基础上缩减 1/10。

雷公柱上身见方 2.5 倍椽径，雷公柱头做垂莲荷叶风摆柳，直径 1.5 檐柱径。

### 4. 梁、枋、板、桁

（1）大式做法

① 大抹角梁梁身宽 6.5 斗口，高 8 斗口（根据梁长高可依据跨度比调整）。

② 井字长趴梁身宽 6.5 斗口，高 8 斗口（根据梁长高可依据跨度比调整）。

③ 井字短趴梁身宽 6 斗口，高 7 斗口（根据梁长高可调整与宽同）。

④ 挑尖梁位于檐柱柱头科斗栱之上，挑尖梁头宽 4 斗口、高 5.5 斗口，梁身宽 6 斗口、高 8 斗口（根据梁长高可依据跨度比调整）。

⑤ 大额枋、承椽枋、围脊枋、花台枋厚 5 斗口，高 6 斗口。

⑥ 金枋、穿插枋厚 3 斗口，高 4 斗口。

⑦ 由额枋厚 3.5 斗口，高 4.5 斗口。

⑧ 金垫板厚 1 斗口，高 3～4 斗口。

⑨ 围脊板厚 1 斗口，高 5～6 斗口。

⑩ 正心桁、金桁直径 4.5 斗口。

⑪ 挑檐桁直径 3 斗口。

⑫ 老角梁、仔角梁、由戗宽 3 斗口，高 4.5 斗口。

（2）小式做法、小式大做、大式小做

① 抹角梁宽与檐柱径同，高不小于宽的 5/4（依据跨度比梁高不应小于梁长的 1/10）。

② 长趴梁宽与檐柱径同，高不小于宽的 5/4（依据跨度比梁高不应小梁长的于 1/10）。

③ 短趴梁宽为长趴梁宽的 9/10 或与檐檩径同，高不小于宽的 5/4（依据跨度比梁高不应小于梁长的 1/10）。

④ 抱头梁位于檐柱头之上,梁宽 11/10 檐柱径,高不小于宽的 5/4(根据梁长高可依据跨度比调整)。

⑤ 花梁头梁位于檐角柱头之上,梁宽 11/10 檐柱径,高不大于 1.5 倍檩径,长 3 柱径乘以 45°斜率(柱径 ×3×1.414)。

⑥ 额枋、承椽枋、围脊枋、厚 2.5 倍椽径,高 3 椽径。

⑦ 金随檩枋厚 1 椽径,高 1.5 椽径。

⑧ 穿插枋厚 2 椽径,高 2.5 椽径。

⑨ 檐垫板厚 0.5 椽径,高 2.5 椽径至 1 檩径。

⑩ 围脊板厚 0.5 椽径,高 1 檐柱径。

⑪ 檐檩直径 8/10 檐柱径或与檐柱同(要根据跨度调整不小于 1/10 跨度比)。

⑫ 金檩直径 8/10 檐柱径或与檐柱同且不得大于檐檩径尺寸。

⑬ 老角梁、仔角梁、由戗宽 2 椽径,高 3 椽径。

**5. 椽、望、连檐及其他构件**

(1)大式做法

① 交金梁垫厚随檩垫板、宽按梁宽减寸半。

② 枕头木高 3.5 斗口,厚 1.5 斗口。

③ 老檐圆椽径 1.5 斗口。

④ 花架檐圆椽径 1.5 斗口。

⑤ 飞椽一头三尾,径 1.5 斗口见方。

⑥ 大连檐宽 1.5 斗口,高 1.5 斗口。

⑦ 里口木宽 1.2 斗口、高 1.9 斗口,小连檐宽 1 斗口、高 0.4 斗口。

⑧ 椽椀厚 0.8 寸,闸档板厚 0.5 寸。

⑨ 望板厚 0.6 寸。

(2)小式做法、小式大做、大式小做

① 交金梁垫厚与随檩枋宽按梁宽减寸半。

② 枕头木高 3 椽径,厚 1 椽径。

③ 老檐圆椽径 1/3 檐柱径。

④ 花架檐圆椽径 1/3 檐柱径。

⑤ 飞椽一头三尾,径 1/3 檐柱径见方。

⑥ 大连檐宽 1 椽径,高 1 椽径。

⑦ 小连檐宽 0.8 椽径,高 1/3 椽径。

⑧ 椽椀厚 0.8 寸,闸档板厚 0.5 寸。

⑨ 望板厚 0.5 寸。

**6. 四方亭木构件尺寸权衡表**

四方亭木构件尺寸权衡表如下,以供参考(表 9-13、表 9-14)。

**表 9-13　四方亭带斗栱"大式做法"木构件权衡表（单位：斗口）**

| 构件名称 | 宽（斗口） | 厚（斗口） | 径（斗口） | 高（斗口） | 长（斗口） | 备注 |
|---|---|---|---|---|---|---|
| 檐柱 | | | 5～6 | 66～70 | | 柱高可依据亭子体量酌情调整 |
| 金柱 | | | 6～7 | | | 径不应小于 1/13 柱高 |
| 雷公柱 | | | 上身 4 头 8.5 | | | 头为垂莲荷叶风摆柳 |
| 童柱、垂柱 | | | 5～6 | | | |
| 大抹角梁 | 6.5 | | | 8 | | 高可依据跨度比调整 |
| 井字长趴梁 | 6.5 | | | 8 | | 高可依据跨度比调整 |
| 井字短趴梁 | 6 | | | 7 | | 高可调整与宽同 |
| 挑尖梁 | 头 4 身 6 | | | 头 5.5 身 8 | | 高可依据跨度比调整 |
| 老角梁 | 3 | | | 4.5 | | |
| 仔角梁 | 3 | | | 4.5 | | |
| 由戗 | 3 | | | 4.5 | | |
| 大额枋 | | 5 | | 6 | | |
| 承椽枋 | | 5 | | 6 | | |
| 围脊枋 | | 5 | | 6 | | |
| 花台枋 | | 5 | | 6 | | |
| 金枋 | | 3 | | 4 | | |
| 穿插枋 | | 3 | | 4 | | |
| 由额枋 | | 3.5 | | 4.5 | | |
| 由额垫板 | | 1 | | 2 | | |
| 金垫板 | | 1 | | 3～4 | | |
| 围脊板 | | 1 | | 5～6 | | |
| 正心桁 | | | 4.5 | | | |
| 金桁 | | | 4.5 | | | |
| 挑檐桁 | | | 3 | | | |
| 交金梁垫 | 梁宽减寸半 | 随檩垫板 | | | | |
| 枕头木 | | 1.5 | | 3.5 | | |
| 老檐椽 | | | 1.5 | | 14 斗口加拽架加步架 × 斜率 | |
| 飞椽 | 1.5 | 1.5 | | | 7 斗口 ×4 | |
| 翼角椽 | | | 1.5 | | | 长随老檐椽 |
| 翘飞椽 | | 1.5 | | | | 翘飞大板的厚度 |
| 大连檐 | 1.5 | 1.5 | | | | |

续表

| 构件名称 | 宽（斗口） | 厚（斗口） | 径（斗口） | 高（斗口） | 长（斗口） | 备注 |
|---|---|---|---|---|---|---|
| 里口木 | 1.2 | 1.9 | | | | |
| 小连檐 | 1 | 0.4 | | | | |
| 椽椀 | | 0.8 寸 | | | | |
| 闸档板 | | 0.5 寸 | | | | |
| 望板 | | 0.6 寸 | | | | |
| 瓦口 | | 0.8 寸 | | 瓦弧高 +0.8 寸 | | |

表 9-14　四方亭"小式做法"木构件权衡表（单位：檐柱径）

| 构件名称 | 宽 | 厚 | 径 | 高 | 长 | 备注 |
|---|---|---|---|---|---|---|
| 檐柱 | | | 0.08～0.09 自身高 | 1.1～1.3 明间面宽 | | 高不应小于 8 尺 |
| 金柱 | | | 0.09～0.1 自身高 | | | 径应大于檐柱径 |
| 雷公柱 | | | 身 2.5 椽径 头 1.5 檐柱 | | | 头为垂莲荷叶风摆柳 |
| 童柱、垂柱 | | | 0.9～1 檐柱径 | | | |
| 大抹角梁 | 1 檐柱径 | | | 1.2 檐柱径 | | 高可依据跨度比调整 |
| 井字长趴梁 | 1 檐柱径 | | | 1.2 檐柱径 | | 高可依据跨度比调整 |
| 井字短趴梁 | 0.8～0.9 檐柱径 | | | | | 宽不小于 1 檩径，高可调整与宽同 |
| 抱头梁 | 1.1 檐柱径 | | | 1.3 檐柱径 | | 高可依据跨度比调整 |
| 花梁头（角云） | 1.1 檐柱径 | | | 1.3 檐柱径 | 3 檐柱径 × 斜 1.414 | |
| 老角梁 | 2 椽径 | | | 3 椽径 | | |
| 仔角梁 | 2 椽径 | | | 3 椽径 | | |
| 额枋 | | 0.75～0.8 檐柱径 | | 0.8～1 檐柱径 | | 根据跨度调整 |
| 承椽枋 | | 0.75～0.8 檐柱径 | | 0.8～1 檐柱径 | | 根据跨度调整 |
| 围脊枋 | | 0.75～0.8 檐柱径 | | 0.8～1 檐柱径 | | 根据跨度调整 |
| 金随檩枋 | | 1 椽径 | | 1.5 椽径 | | |
| 金枋 | | 0.6 檐柱径 | | 0.8 檐柱径 | | |
| 穿插枋 | | 0.6 檐柱径 | | 0.8 檐柱径 | 同步架加出头榫 | |

续表

| 构件名称 | 宽 | 厚 | 径 | 高 | 长 | 备注 |
|---|---|---|---|---|---|---|
| 檐垫板 | | 0.5 椽径 | | 0.8~1 | | |
| 围脊板 | | 0.5 椽径 | | 1 檐柱径 | | |
| 金垫板 | | 0.5 椽径 | | 0.6~0.8 檐柱径 | | 高可随需要调整 |
| 檐、金檩 | | | 0.8~1 檐柱径 | | | 根据檩跨调整 |
| 枕头木 | | 1 椽径 | | 2.5 椽径 | | |
| 老檐椽 | | | 1/3 檐柱径 | （0.2 檐柱高+步架）× 斜率 | | |
| 飞椽 | 1/3 檐柱径 | 1/3 檐柱径 | | 0.1 檐柱高 ×4 | | |
| 翼角椽 | | | 1/3 檐柱径 | | | 长随老檐椽 |
| 翘飞椽 | | 1/3 檐柱径 | | | | 翘飞大板的厚度 |
| 大连檐 | 1 椽径 | 1 椽径 | | | 同间宽 | 两端增加戗檐长 |
| 小连檐 | 0.8 椽径 | 0.4 椽径 | | | 同间宽 | |
| 椽椀 | | 0.8 寸 | | | | |
| 闸档板 | | 0.5 寸 | | | | |
| 望板 | | 0.6 寸 | | | | |
| 瓦口 | | 0.8 寸 | | 瓦弧高 +0.8 寸 | | |

## （二）六方亭、八方亭

六方亭或八方亭可做成单层檐亭子，也可以做成双重檐的亭子。重檐亭子根据体量大小，可采用下层檐柱、上层金柱的做法，亦可采用井字梁上置童柱的做法。通常"大式做法"斗口"口份"只在一寸半与二寸之间选择，按照亭子的面宽分配攒档选择斗栱"口份"，六方亭或八方亭一般两柱之间面宽开间较小，开间中斗栱设置通常为3~4个攒档，较大的重檐亭子最多也不超过5个攒档，亭子较小设置斗栱可以不考虑攒档坐中。斗栱可选择采用一斗三升、斗二升交麻叶或昂翘三踩斗栱，重檐亭子采用昂翘斗栱下檐三踩、上檐斗栱五踩。"大式小做"斗栱"口份"一寸半，大木按照小式做法尺寸权衡。无斗栱的亭子选择"小式大做"或"小式做法"，六方亭或八方亭檐角角梁起翘冲三翘二五，屋面梁架一般采用井字趴梁、小抹角梁做法，六方亭与八方亭梁架构造方式基本相同。构造的安排必须满足结构受力要求。建设在较高地势的亭子要考虑风阻对亭子的影响，柱子根部要向下埋置基础以内，深度随基础（图9-89~图9-111）。

图 9-89　八角亭立面

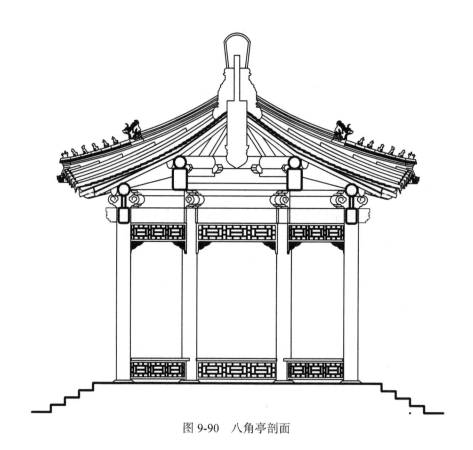

图 9-90　八角亭剖面

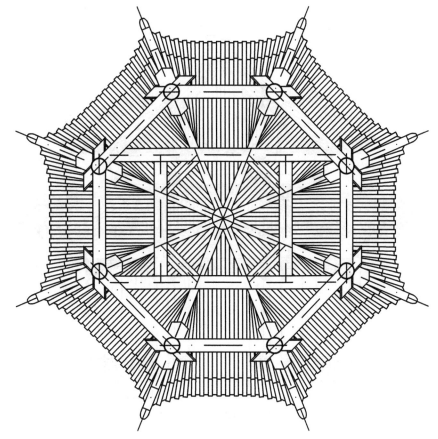

图 9-91　八角亭屋面梁架仰视

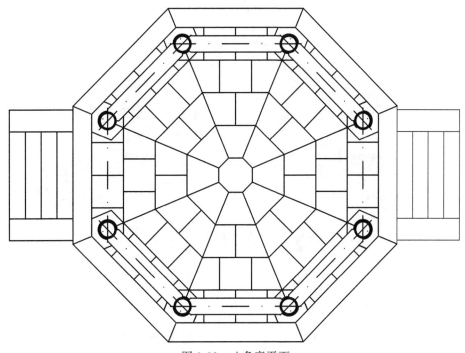

图 9-92　八角亭平面

图 9-93　重檐八角亭立面

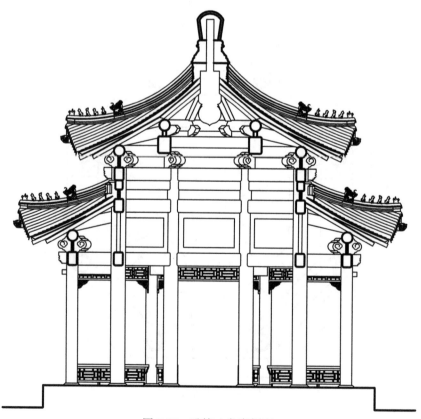

图 9-94　重檐八角亭剖面

图 9-95　重檐八角亭顶层屋面梁架仰视

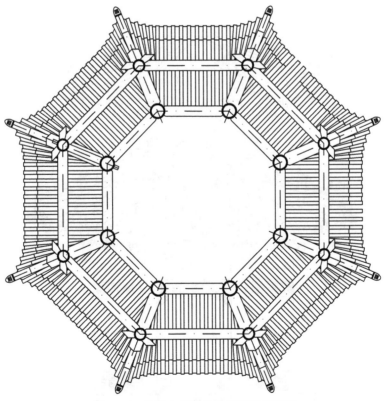

图 9-96　重檐八角亭首层屋面梁架仰视

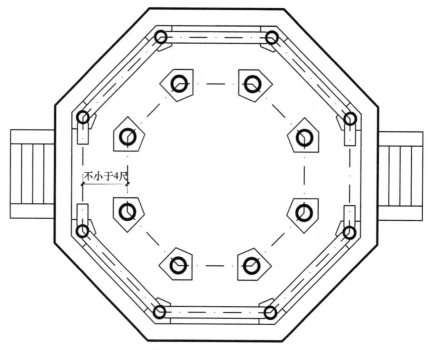

图 9-97　重檐八角亭平面

图 9-98　漏窗重檐八角亭立面

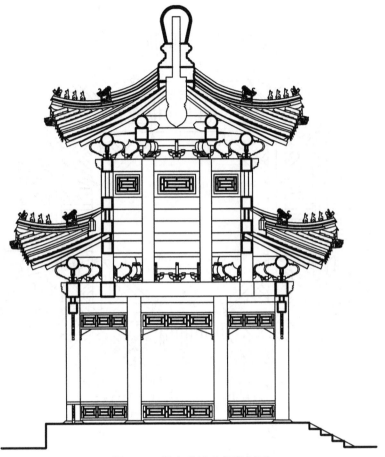

图 9-99　漏窗重檐八角亭剖面

图 9-100　漏窗重檐八角亭顶层屋面梁架仰视

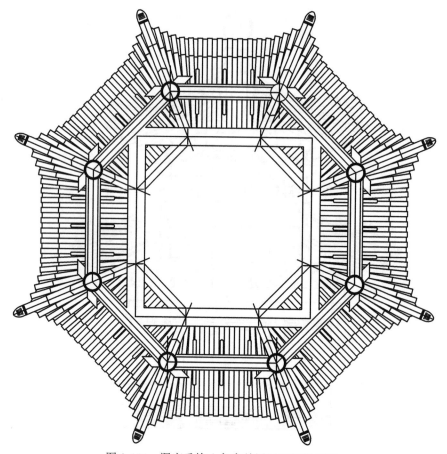

图 9-101　漏窗重檐八角亭首层屋面梁架仰视

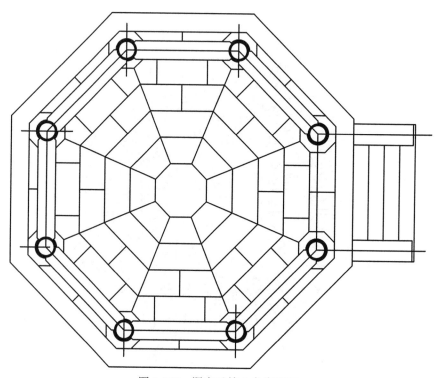

图 9-102　漏窗重檐八角亭平面

图 9-103　六角亭立面

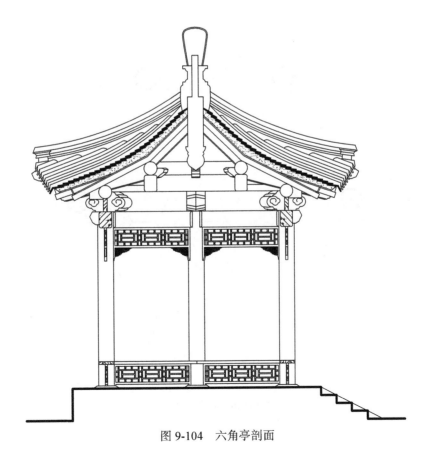

图 9-104　六角亭剖面

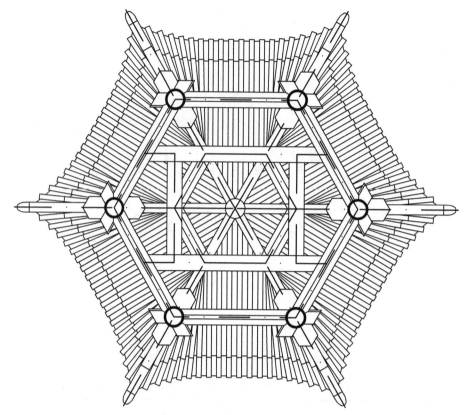

图 9-105　六角亭屋面梁架仰视

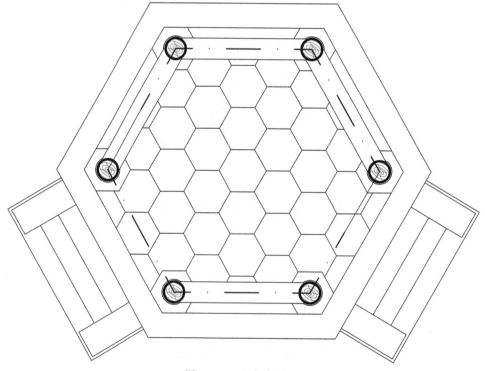

图 9-106　六角亭平面

图 9-107 重檐六角亭立面

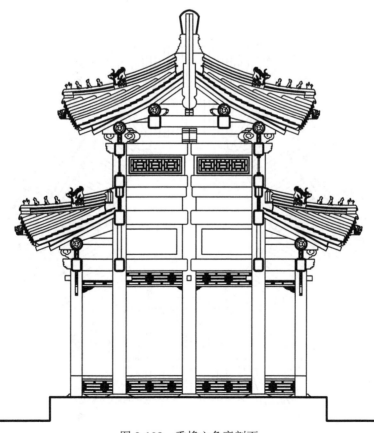

图 9-108 重檐六角亭剖面

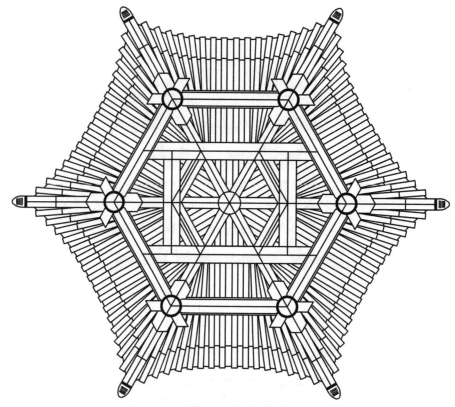

图 9-109　重檐六角亭顶层屋面梁架仰视

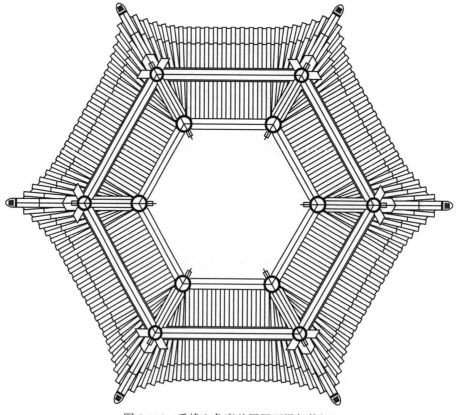

图 9-110　重檐六角亭首层屋面梁架仰视

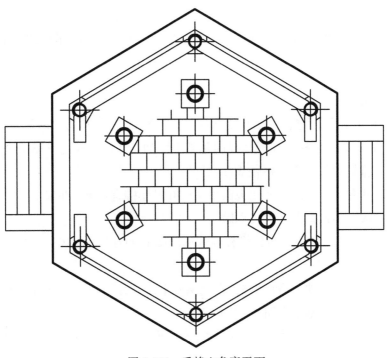

图 9-111　重檐六角亭平面

**1. 面宽**

（1）大式做法

每面面宽三至四个攒档（不考虑空档坐中），重檐明间面宽最多不超过五个攒档，较大的重檐亭子两端有廊间时，廊间二攒档，根据亭子的面宽开间尺寸攒档可适当调整。较小的重檐亭子上架采用童柱，上檐二至三个攒档，下檐三至四个攒档。

（2）大式小做、小式做法、小式大做

大式小做的小型亭子每面宽三至四个攒档（不考虑空档坐中），可适当调整斗栱攒档，同时适当缩短栱子，以确保构件之间比例适度，重檐亭子童柱之间面宽最少为二个攒档。

中小型亭子采用"小式做法"与"小式大做"的做法，安排面阔尺寸时应结合上架的步架尺度安排，要考虑檐步架与上檐出的比例关系，使所设定的面宽能够满足步架需要的尺度，重檐可设廊间，廊间宽 4 尺（1280mm）为宜。如果亭子的体量较小有重檐时，上层亦可通过角童柱或内檐垂柱支撑上层屋架，上檐面宽要考虑满足步架与檐出的比例关系。

**2. 檐出、步架、举架、冲翘**

（1）大式做法

檐出 21 斗口加斗栱拽架，檐角出冲 4.5 斗口（冲三翘四撇半椽）。檐、金、脊步每步按需分之。

檐步五举拿头，重檐檐步五五举拿头，至顶步最高不超过九五举再加一平水。

（2）小式做法、小式大做、大式小做

檐出为柱高的 3/10（檐不过步），檐角出冲一檐柱径（冲三翘四撇半椽）。檐、金、脊步每步按需调配。

檐步五举拿头，重檐檐步五五举拿头，至脊步最高不超过九五举再加一平水（图2-5）。

### 3. 柱高、柱径

（1）大式做法

采用一寸半"口份"时檐柱高不小于70斗口，采用二寸"口份"时檐柱高66斗口。

檐柱径5～6斗口，金柱径在檐柱径的基础上增加1斗口，在此基础上金柱径不应小于自身高的1/13。重檐童柱或垂柱柱径5斗口。

雷公柱上身见方4斗口，雷公柱头做垂莲荷叶风摆柳直径8.5斗口。

（2）小式做法、小式大做、大式小做

檐柱径为檐柱高的1/13～1/11，檐柱高为通面阔的11/10～13/10，当亭子体量面宽较小时柱高不应矮于8尺。

金柱径在檐柱径的基础上增加1/5，在此基础上金柱径不应小于自身高的1/13。重檐童柱或垂柱柱径在檐柱径的基础上缩减1/10。

雷公柱上身六方和八方每面2倍椽径，雷公柱头做垂莲荷叶风摆柳直径1.5檐柱径。

### 4. 梁、枋、板、桁

（1）大式做法

① 井字长趴梁身宽6.5斗口，高8斗口（根据梁长高可依据跨度比调整）。

② 井字短趴梁身宽6斗口，高7斗口（根据梁长高可调整与宽同）。

③ 挑尖梁位于檐柱柱头科斗栱之上，挑尖梁头宽4斗口、高5.5斗口，梁身宽6斗口、高8斗口（根据梁长高可依据跨度比调整）。

④ 大额枋、承椽枋、围脊枋、花台枋厚5斗口，高6斗口。

⑤ 金枋、穿插枋厚3斗口，高4斗口。

⑥ 由额枋厚3.5斗口，高4.5斗口。

⑦ 由额垫板厚1斗口，高2斗口。

⑧ 金垫板厚1斗口，高3～4斗口。

⑨ 围脊板厚1斗口高5～6斗口。

⑩ 正心桁、金桁直径4.5斗口。

⑪ 挑檐桁直径3斗口。

⑫ 老角梁、仔角梁、由戗宽3斗口，高4.5斗口。

（2）小式做法、小式大做、大式小做

① 长趴梁宽与檐柱径同，高不小于宽的5/4（依据跨度比梁高不应小梁长的于1/10）。

② 短趴梁宽为长趴梁宽的9/10或与檐檩径同，高不小于宽的5/4（依据跨度比梁高不应小于梁长的1/10）。

③ 抱头梁位于檐柱头之上，梁宽11/10檐柱径，高不小于宽的5/4（根据梁长高可依据跨度比调整）。

④ 花梁头梁位于檐角柱头之上，梁宽11/10檐柱径，高不大于1.5倍檩径，长3柱径

乘以六方或八方角斜率。

⑤ 额枋、承椽枋、围脊枋厚 2.5 倍椽径，高 3 椽径。

⑥ 金随檩枋厚 1 椽径，高 1.5 椽径。

⑦ 穿插枋厚 2 椽径，高 2.5 椽径。

⑧ 檐垫板厚 0.5 椽径，高 2.5 椽径至 1 檩径。

⑨ 围脊板厚 0.5 椽径，高 1 檐柱径。

⑩ 檐檩直径 8/10 檐柱径或与檐柱同（要根据跨度调整不小于 1/10 跨度比）。

⑪ 金檩直径 8/10 檐柱径或与檐柱同且不得大于檐檩径尺寸。

⑫ 老角梁、仔角梁、由戗宽 2 椽径，高 3 椽径。

### 5. 椽、望、连檐及其他构件

（1）大式做法

① 交金梁垫厚随檩垫板、宽按梁宽减寸半。

② 枕头木高 3.5 斗口，厚 1.5 斗口。

③ 老檐圆椽径 1.5 斗口。

④ 花架檐圆椽径 1.5 斗口。

⑤ 飞椽一头三尾，径 1.5 斗口见方。

⑥ 大连檐宽 1.5 斗口，高 1.5 斗口。

⑦ 里口木宽 1.2 斗口、高 1.9 斗口，小连檐宽 1 斗口、高 0.4 斗口。

⑧ 椽椀厚 0.8 寸，闸档板厚 0.5 寸。

⑨ 望板厚 0.6 寸。

（2）小式做法、小式大做、大式小做

① 交金梁垫厚与随檩枋宽按梁宽减寸半。

② 枕头木高 3 椽径，厚 1 椽径。

③ 老檐圆椽径 1/3 檐柱径。

④ 花架檐圆椽径 1/3 檐柱径。

⑤ 飞椽一头三尾，径 1/3 檐柱径见方。

⑥ 大连檐宽 1 椽径，高 1 椽径。

⑦ 小连檐宽 0.8 椽径，高 1/3 椽径。

⑧ 椽椀厚 0.8 寸，闸档板厚 0.5 寸。

⑨ 望板厚 0.5 寸。

### 6. 六方亭、八方亭木构件尺寸权衡表

六方亭、八方亭木构件尺寸权衡表如下，以供参考（表 9-15、表 9-16）。

表 9-15　六方亭、八方亭"大式做法"木构件权衡表（单位：斗口）

| 构件名称 | 宽（斗口） | 厚（斗口） | 径（斗口） | 高（斗口） | 长（斗口） | 备注 |
| --- | --- | --- | --- | --- | --- | --- |
| 檐柱 | | | 5～6 | 66～70 | | 柱高可依据亭子体量酌情调整 |
| 金柱 | | | 6～7 | | | 径不应小于 1/13 柱高 |

续表

| 构件名称 | 宽（斗口） | 厚（斗口） | 径（斗口） | 高（斗口） | 长（斗口） | 备注 |
|---|---|---|---|---|---|---|
| 雷公柱 | | | 上身4<br>头8.5 | | | 头为垂莲荷叶风摆柳 |
| 童柱、垂柱 | | | 5～6 | | | |
| 井字长趴梁 | 6.5 | | | 8 | | 高可依据跨度比调整 |
| 井字短趴梁 | 6 | | | 7 | | 高可调整与宽同 |
| 挑尖梁 | 头4身6 | | | 头5.5身8 | | 高可依据跨度比调整 |
| 老角梁 | 3 | | | 4.5 | | |
| 仔角梁 | 3 | | | 4.5 | | |
| 由戗 | 3 | | | 4.5 | | |
| 大额枋 | | 5 | | 6 | | |
| 承椽枋 | | 5 | | 6 | | |
| 围脊枋 | | 5 | | 6 | | |
| 花台枋 | | 5 | | 6 | | |
| 金枋 | | 3 | | 4 | | |
| 穿插枋 | | 3 | | 4 | | |
| 由额枋 | | 3.5 | | 4.5 | | |
| 由额垫板 | | 1 | | 2 | | |
| 金垫板 | | 1 | | 3～4 | | |
| 围脊板 | | 1 | | 5～6 | | |
| 正心桁 | | | 4.5 | | | |
| 金桁 | | | 4.5 | | | |
| 挑檐桁 | | | 3 | | | |
| 交金梁垫 | 梁宽减寸半 | 随檩垫板 | | | | |
| 枕头木 | | 1.5 | | 3.5 | | |
| 老檐椽 | | | 1.5 | | 老檐出加拽架<br>加步架 × 斜率 | |
| 飞椽 | 1.5 | 1.5 | | | 7斗口×4 | |
| 翼角椽 | | | 1.5 | | | 长随老檐椽 |
| 翘飞椽 | | 1.5 | | | | 翘飞大板的厚度 |
| 大连檐 | 1.5 | 1.5 | | | | |
| 里口木 | 1.2 | 1.9 | | | | |
| 小连檐 | 1 | 0.4 | | | | |
| 椽椀 | | 0.8寸 | | | | |
| 闸档板 | | 0.5寸 | | | | |
| 望板 | | 0.6寸 | | | | |
| 瓦口 | | 0.8寸 | | 瓦弧高+0.8寸 | | |

**表 9-16　六方亭、八方亭"小式做法"木构件权衡表（单位：檐柱径）**

| 构件名称 | 宽 | 厚 | 径 | 高 | 长 | 备注 |
|---|---|---|---|---|---|---|
| 檐柱 | | | 0.08～0.09 自身高 | 1.1～1.3 明间面宽 | | 高不应小于 8 尺 |
| 金柱 | | | 0.09～0.1 自身高 | | | 径应大于檐柱径 |
| 雷公柱 | | | 身 2.5 椽径 头 1.5 檐柱 | | | 头为垂莲荷叶风摆柳 |
| 童柱、垂柱 | | | 0.9～1 檐柱径 | | | |
| 井字长趴梁 | 1 檐柱径 | | | 1.2 檐柱径 | | 高可依据跨度比调整 |
| 井字短趴梁 | 0.8～0.9 檐柱径 | | | | | 宽不小于 1 檩径，高可调整与宽同 |
| 抱头梁 | 1.1 檐柱径 | | | 1.3 檐柱径 | | 高可依据跨度比调整 |
| 花梁头（角云） | 1.1 檐柱径 | | | 1.3 檐柱径 | 3 檐柱径 × 斜 | |
| 老角梁 | 2 椽径 | | | 3 椽径 | | |
| 仔角梁 | 2 椽径 | | | 3 椽径 | | |
| 额枋 | | 0.75～0.8 檐柱径 | | 0.8～1 檐柱径 | | 根据跨度调整 |
| 承椽枋 | | 0.75～0.8 檐柱径 | | 0.8～1 檐柱径 | | 根据跨度调整 |
| 围脊枋 | | 0.75～0.8 檐柱径 | | 0.8～1 檐柱径 | | 根据跨度调整 |
| 金随檩枋 | | 1 椽径 | | 1.5 椽径 | | |
| 金枋 | | 0.6 檐柱径 | | 0.8 檐柱径 | | |
| 穿插枋 | | 0.6 檐柱径 | | 0.8 檐柱径 | 同步架加出头榫 | |
| 檐垫板 | | 0.5 椽径 | | 0.8～1 | | |
| 围脊板 | | 0.5 椽径 | | 1 檐柱径 | | |
| 金垫板 | | 0.5 椽径 | | 0.6～0.8 檐柱径 | | 高可随需要调整 |
| 檐、金檩 | | | 0.8～1 檐柱径 | | | 根据檩跨调整 |
| 枕头木 | | 1 椽径 | | 2.5 椽径 | | |
| 老檐椽 | | | 1/3 檐柱径 | | （0.2 檐柱高 + 步架）× 斜率 | |
| 飞椽 | 1/3 檐柱径 | 1/3 檐柱径 | | | 0.1 檐柱高 × 4 | |

续表

| 构件名称 | 宽 | 厚 | 径 | 高 | 长 | 备注 |
|---|---|---|---|---|---|---|
| 翼角椽 | | | 1/3 檐柱径 | | | 长随老檐椽 |
| 翘飞椽 | | 1/3 檐柱径 | | | | 翘飞大板的厚度 |
| 大连檐 | 1 椽径 | 1 椽径 | | | 同间宽 | 两端增加戗檐长 |
| 小连檐 | 0.8 椽径 | 0.4 椽径 | | | 同间宽 | |
| 椽椀 | | 0.8 寸 | | | | |
| 闸档板 | | 0.5 寸 | | | | |
| 望板 | | 0.6 寸 | | | | |
| 瓦口 | | 0.8 寸 | | 瓦弧高 +0.8 寸 | | |

## （三）圆亭

圆亭可做成单檐亭子或重檐亭子，亦可做成连体的双环亭。通常圆亭以八根柱子围圆且不少于八根柱子，开间柱距不宜过大，在拟定圆亭柱距时应考虑尽量减小两柱间圆弧构件的外抛弧度，使弧形构件的扭矩缩短，减小圆弧构件榫卯受力时受到外抛弧扭力变形的影响。圆亭内檐构造与八方亭的梁架构造方式基本相同。梁架一般采用井字趴梁、小抹角梁做法。根据需要选择做法，"大式做法"斗口"口份"不宜过大，一般只在一寸半与二寸之间选择，按照亭子的体量选择分配五个攒档或七个攒档。"大式小做"除斗口使用一寸半"口份"以外，其他构件尺寸均以"小式做法"计算方式衡量。无斗栱亭子按照"小式做法"制作。

### 1. 面宽

（1）大式做法

每面面宽一般三个攒档，最多安排四个攒档（不考虑空档坐中），根据亭子的体量攒档可适当调整。斗栱选择斗二升交麻叶或三踩斗栱比较适宜（圆亭的斗栱随圆弧制作）。

（2）大式小做、小式做法

大式小做的小型亭子每面宽最多安排四个攒档，可适当调整斗栱攒档，同时适当缩短栱子，以确保构件之间比例适当，斗栱可采用一斗三升或斗二升交麻叶，有重檐时上层通过四角童柱或内檐垂柱支撑上层屋架。上檐面宽一般安排二至三个攒档较为合适。

小式做法的亭子安排面阔尺寸时应结合上架的步架尺度安排，要考虑檐步架与上檐出的比例关系，使所设定的面宽能够满足步架需要的尺度，如果亭子的体量较小有重檐时，上层亦可通过角童柱或内檐垂柱支撑上层屋架，上檐面宽要考虑满足步架与檐出的比例关系（图 9-112～图 9-120）。

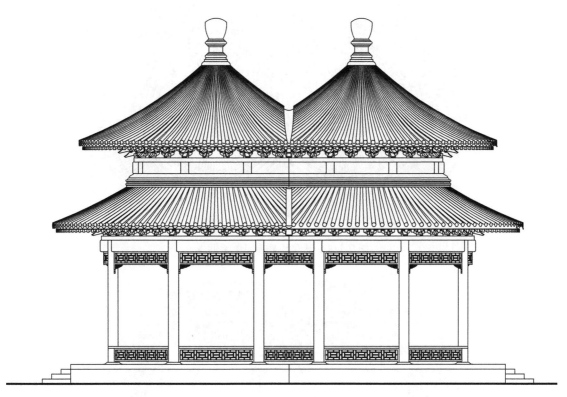

图 9-112　圆双环亭立面

图 9-113　圆双环亭剖面

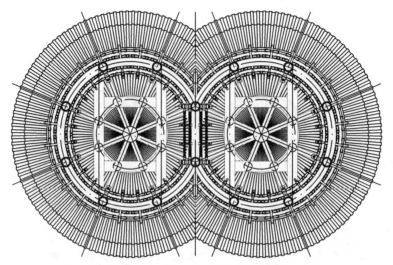

图 9-114　圆双环亭顶层梁架仰视

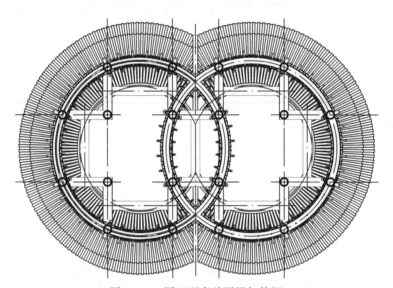

图 9-115　圆双环亭首层梁架仰视

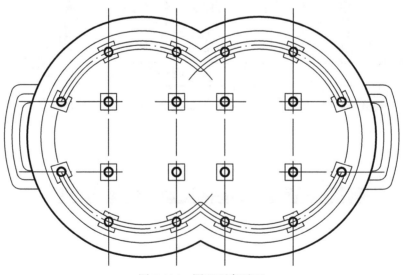

图 9-116　圆双环亭平面

图 9-117　圆亭立面

图 9-118　圆亭剖面

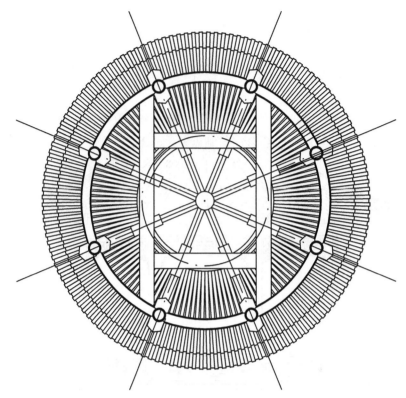

图 9-119　圆亭屋面梁架仰视

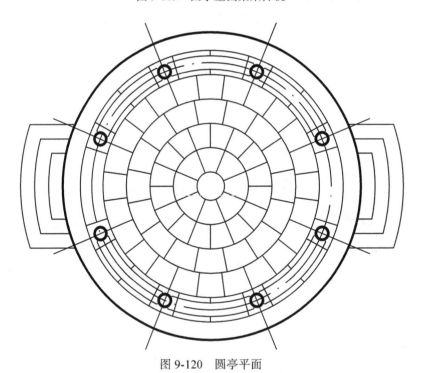

图 9-120　圆亭平面

## 2. 檐出、步架、举架、冲翘

（1）大式做法

檐出 21 斗口加斗栱搜架。檐、金、脊步每步按需分之。

檐步五举或五五举拿头，亦可五五举拿头，重檐檐步五五举拿头，至顶步最高不超过九五举再加一平水。

（2）小式做法、大式小做

檐出为柱高的 3/10（檐不过步），檐角出冲一檐柱径（冲三翘四撇半椽）。檐、金、脊步每步按需调配。

檐步五举拿头，重檐檐步五五举拿头，至脊步最高不超过九五举再加一平水（图 2-5）。

### 3. 柱高、柱径

（1）大式做法

采用一寸半"口份"时檐柱高不小于 70 斗口，采用二寸"口份"时檐柱高 66 斗口。

檐柱径 5～6 斗口，金柱径在檐柱径的基础上增加 1 斗口，在此基础上金柱径不应小于自身高的 1/13。重檐童柱或垂柱柱径 5 斗口。

雷公柱上身八方每面 1.5 斗口，雷公柱头做垂莲荷叶风摆柳直径 8.5 斗口。

（2）小式做法、大式小做

檐柱径为檐柱高的 1/13～1/11，檐柱高为通面阔的 11/10～13/10，当亭子体量面宽较小时柱高不应矮于 8 尺。

金柱径在檐柱径的基础上增加 1/5，在此基础上金柱径不应小于自身高的 1/13。重檐童柱或垂柱柱径在檐柱径的基础上缩减 1/10。

雷公柱上身八方每面 2 倍椽径，雷公柱头做垂莲荷叶风摆柳直径 1.5 檐柱径。

### 4. 梁、枋、板、桁

（1）大式做法

① 井字长趴梁身宽 6.5 斗口，高 8 斗口（根据梁长高可依据跨度比调整）。

② 井字短趴梁身宽 6 斗口，高 7 斗口（根据梁长高可调整与宽同）。

③ 挑尖梁位于檐柱柱头科斗栱之上，挑尖梁头宽 4 斗口、高 5.5 斗口，梁身宽 6 斗口、高 8 斗口（根据梁长高可依据跨度比调整）。

④ 圆弧额枋、圆弧承椽枋、圆弧围脊枋、圆弧花台枋厚 5 斗口，高 6 斗口。

⑤ 圆弧金枋、穿插枋厚 3 斗口，高 4 斗口。

⑥ 圆弧由额枋厚 3.5 斗口，高 4.5 斗口。

⑦ 圆弧金垫板厚 1 斗口，高 3～4 斗口。

⑧ 圆弧围脊板厚 1 斗口，高 5～6 斗口。

⑨ 圆弧正心桁、圆弧金桁直径 4.5 斗口。

⑩ 圆弧挑檐桁直径 3 斗口。

⑪ 由戗宽 3 斗口，高 4.5 斗口。

（2）小式做法、小式大做、大式小做

① 长趴梁宽与檐柱径同，高不小于宽的 5/4（依据跨度比梁高不应小梁长的于 1/10）。

② 短趴梁宽为长趴梁宽的 9/10 或与檐檩径同，高不小于宽的 5/4（依据跨度比梁高不应小于梁长的 1/10）。

③ 抱头梁位于檐柱头之上，梁宽 11/10 檐柱径，高不小于宽的 5/4（根据梁长高可依据跨度比调整）。

④ 花梁头梁位于檐角柱头之上，梁宽 11/10 檐柱径，高不大于 1.5 倍檩径，长 3 柱径乘以六方或八方角斜率。

⑤ 圆弧额枋、圆弧承椽枋、圆弧围脊枋厚 2.5 倍椽径，高 3 椽径。

⑥ 圆弧金随檩枋厚 1 椽径，高 1.5 椽径。

⑦ 穿插枋厚 2 椽径，高 2.5 椽径。

⑧ 圆弧檐垫板、厚 0.5 椽径高 2.5 椽径至 1 檩径。

⑨ 圆弧围脊板厚 0.5 椽径，高 1 檐柱径。

⑩ 圆弧檐檩直径 8/10 檐柱径或与檐柱同（要根据跨度调整不小于 1/10 跨度比）。

⑪ 圆弧金檩直径 8/10 檐柱径或与檐柱同且不得大于檐檩径尺寸。

⑫ 由戗宽 2 椽径，高 3 椽径。

### 5. 椽、望、连檐及其他构件

（1）大式做法
① 交金梁垫厚随檩垫板、宽按梁宽减寸半。
② 圆弧枕头木高 3.5 斗口，厚 1.5 斗口。
③ 老檐圆椽径 1.5 斗口。
④ 花架檐圆椽径 1.5 斗口。
⑤ 飞椽一头三尾，径 1.5 斗口见方。
⑥ 圆弧大连檐宽 1.5 斗口，高 1.5 斗口。
⑦ 圆弧里口木宽 1.2 斗口、高 1.9 斗口，圆弧小连檐宽 1 斗口、高 0.4 斗口。
⑧ 椽椀厚 0.8 寸，闸档板厚 0.5 寸。
⑨ 望板厚 0.6 寸。

（2）小式做法、小式大做、大式小做
① 交金梁垫厚与随檩枋宽按梁宽减寸半。
② 圆弧枕头木高 3 椽径厚 1 椽径。
③ 老檐圆椽径 1/3 檐柱径。
④ 花架檐圆椽径 1/3 檐柱径。
⑤ 飞椽一头三尾，径 1/3 檐柱径见方。
⑥ 圆弧大连檐宽 1 椽径，高 1 椽径。
⑦ 圆弧小连檐宽 0.8 椽径，高 1/3 椽径。
⑧ 椽椀厚 0.8 寸，闸档板厚 0.5 寸。
⑨ 望板厚 0.5 寸。

### 6. 圆亭木构件尺寸权衡表

圆亭木构件尺寸权衡表如下，以供参考（表 9-17、表 9-18）。

**表9-17 圆亭"大式做法"木构件权衡表（单位：斗口）**

| 构件名称 | 宽（斗口） | 厚（斗口） | 径（斗口） | 高（斗口） | 长（斗口） | 备注 |
|---|---|---|---|---|---|---|
| 檐柱 | | | 5～6 | 66～70 | | 柱高可依据亭子体量酌情调整 |
| 金柱 | | | 6～7 | | | 径不应小于1/13柱高 |
| 雷公柱 | | | 上身4<br>头8.5 | | | 头为垂莲荷叶风摆柳 |
| 童柱、垂柱 | | | 5～6 | | | |
| 井字长趴梁 | 6.5 | | | 8 | | 高可依据跨度比调整 |
| 井字短趴梁 | 6 | | | 7 | | 高可调整与宽同 |
| 挑尖梁 | 头4身6 | | | 头5.5身8 | | 高可依据跨度比调整 |
| 由戗 | 3 | | | 4.5 | | |
| 圆弧额枋 | | 5 | | 6 | | |
| 圆弧承椽枋 | | 5 | | 6 | | |
| 圆弧围脊枋 | | 5 | | 6 | | |
| 圆弧花台枋 | | 5 | | 6 | | |
| 圆弧金枋 | | 3 | | 4 | | |
| 穿插枋 | | 3 | | 4 | | |
| 圆弧由额枋 | | 3.5 | | 4.5 | | |
| 圆弧由额垫板 | | 1 | | 2 | | |
| 圆弧金垫板 | | 1 | | 3～4 | | |
| 圆弧围脊板 | | 1 | | 5～6 | | |
| 圆弧正心桁 | | | 4.5 | | | |
| 圆弧金桁 | | | 4.5 | | | |
| 圆弧挑檐桁 | | | 3 | | | |
| 交金梁垫 | 梁宽减寸半 | 随檩垫板 | | | | |
| 圆弧枕头木 | | 1.5 | | 3.5 | | |
| 老檐椽 | | | 1.5 | | 14斗口加拽架<br>加步架 × 斜率 | |
| 飞椽 | 1.5 | 1.5 | | | 7斗口 ×4 | |
| 圆弧大连檐 | 1.5 | 1.5 | | | | |
| 圆弧里口木 | 1.2 | 1.9 | | | | |
| 圆弧小连檐 | 1 | 0.4 | | | | |
| 椽椀 | | 0.8寸 | | | | |
| 闸档板 | | 0.5寸 | | | | |
| 望板 | | 0.6寸 | | | | |
| 瓦口 | | 0.8寸 | | 瓦弧高 +0.8寸 | | |

表 9-18 圆亭"小式做法"木构件权衡表（单位：檐柱径）

| 构件名称 | 宽 | 厚 | 径 | 高 | 长 | 备注 |
|---|---|---|---|---|---|---|
| 檐柱 | | | 0.08～0.09 自身高 | 1.1～1.3 明间面宽 | | 高不应小于 8 尺 |
| 金柱 | | | 0.09～0.1 自身高 | | | 径应大于檐柱径 |
| 雷公柱 | | | 身 2.5 椽径 头 1.5 檐柱 | | | 头为垂莲荷叶风摆柳 |
| 童柱、垂柱 | | | 0.9～1 檐柱径 | | | |
| 井字长趴梁 | 1 檐柱径 | | | 1.2 檐柱径 | | 高可依据跨度比调整 |
| 井字短趴梁 | 0.8～0.9 檐柱径 | | | | | 宽不小于 1 檩径，高可调整与宽同 |
| 抱头梁 | 1.1 檐柱径 | | | 1.3 檐柱径 | | 高可依据跨度比调整 |
| 花梁头（角云） | 1.1 檐柱径 | | | 1.3 檐柱径 | 3 檐柱径 × 斜率 | |
| 由戗 | 2 椽径 | | | 3 椽径 | | |
| 圆弧额枋 | | 0.75～0.8 檐柱径 | | 0.8～1 檐柱径 | | 根据跨度调整 |
| 圆弧承椽枋 | | 0.75～0.8 檐柱径 | | 0.8～1 檐柱径 | | 根据跨度调整 |
| 圆弧围脊枋 | | 0.75～0.8 檐柱径 | | 0.8～1 檐柱径 | | 根据跨度调整 |
| 圆弧金随檩枋 | | 1 椽径 | | 1.5 椽径 | | |
| 圆弧金枋 | | 0.6 檐柱径 | | 0.8 檐柱径 | | |
| 穿插枋 | | 0.6 檐柱径 | | 0.8 檐柱径 | 同步架加出头榫 | |
| 圆弧垫檐板 | | 0.5 椽径 | | 0.8～1 | | |
| 圆弧围脊板 | | 0.5 椽径 | | 1 檐柱径 | | |
| 圆弧金垫板 | | 0.5 椽径 | | 0.6～0.8 檐柱径 | | 高可随需要调整 |
| 圆弧檐、金檩 | | | 0.8～1 檐柱径 | | | 根据檩跨调整 |
| 圆弧枕头木 | | 1 椽径 | | 2.5 椽径 | | |
| 老檐椽 | | | 1/3 檐柱径 | | （0.2 檐柱高 + 步架）× 斜率 | |
| 飞椽 | 1/3 檐柱径 | 1/3 檐柱径 | | | 0.1 檐柱高 ×4 | |
| 圆弧大连檐 | 1 椽径 | 1 椽径 | | | | |
| 圆弧小连檐 | 0.8 椽径 | 0.4 椽径 | | | | |
| 望板 | | 0.6 寸 | | | | |
| 瓦口 | | 0.8 寸 | | 瓦弧高 +0.8 寸 | | |

## （四）十字亭

十字亭建筑平面横向三开间、竖向三开间，十字交叉组合，屋面一般会采取上下二层或三重檐二层的檐口组合形式，上层檐可做成四角四坡屋面或做成八角八坡屋面，亦可变化成圆形屋面，还可以做成重檐形式。十字亭下层四面一般做成抱厦的形式，屋面前后两坡博风悬山，亦可做成三面檐出檐角起翘的小悬山屋面。"大式做法"斗栱可采用斗二升交麻叶做法，亦可采用昂翘斗栱，上层檐的斗栱最多不超过七踩。明间面宽一般五至七攒档，斗栱"口份"只在一寸半与二寸之间选择。"大式小做"的斗栱使用一寸半"口份"，大木架则以小式权衡方式结合大式面宽斗栱攒档排序方式计算。无斗栱十字亭则选择采用"小式大做"或"小式做法"，十字亭梁架上下两层，上层屋架根据构造要求采用抹角梁或井字趴梁做法，下架采用三架或四架趴梁的做法（图 9-121～图 9-130）。

### 1. 面宽

（1）大式做法

每面面宽最少安排三个攒档最多五个攒档，根据十字亭的体量攒档可适当调整。斗栱选择斗二升交麻叶或三踩斗栱比较适宜。

（2）大式小做、小式做法、小式大做

大式小做的十字亭每面宽最多安排五个攒档，可适当调整斗栱攒档，同时适量缩短栱子，以确保构件之间比例适度，斗栱可采用一斗三升或斗二升交麻叶，上檐面宽一般安排二至三个攒档较为合适。

图 9-121　四角十字亭立面

图 9-122　四角十字亭剖面

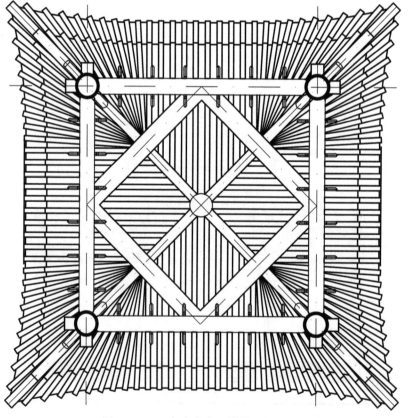

图 9-123　四角十字亭上层檐口仰视面

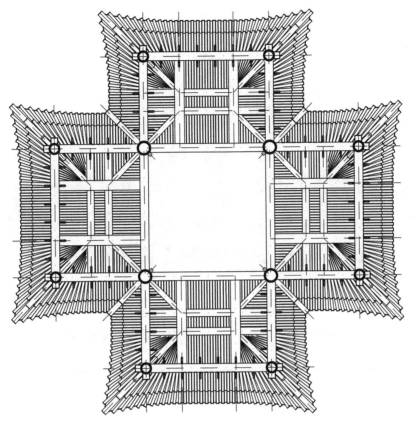

图 9-124　四角十字亭下层檐口仰视面

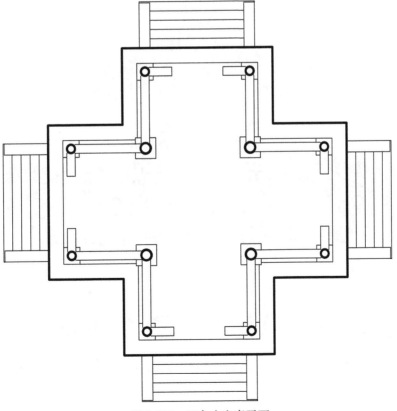

图 9-125　四角十字亭平面

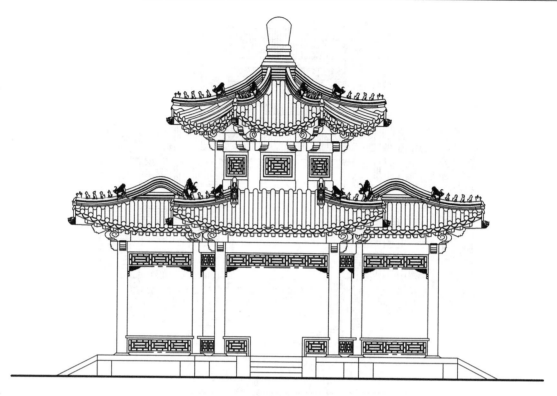

图 9-126　八角十字亭立面

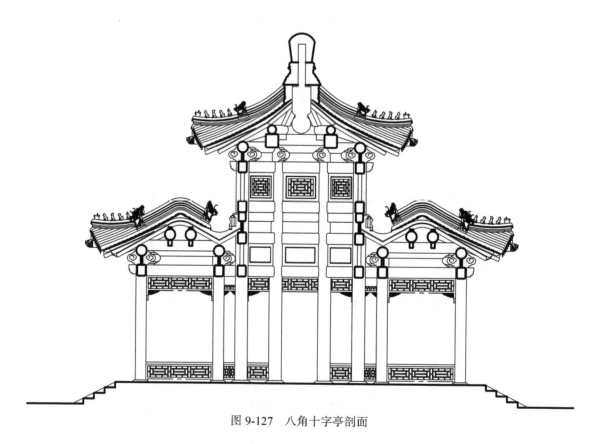

图 9-127　八角十字亭剖面

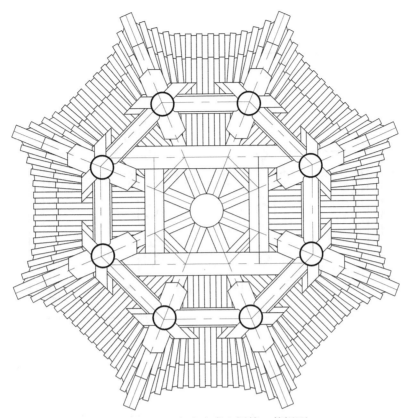

图 9-128　八角十字亭上层檐口仰视面

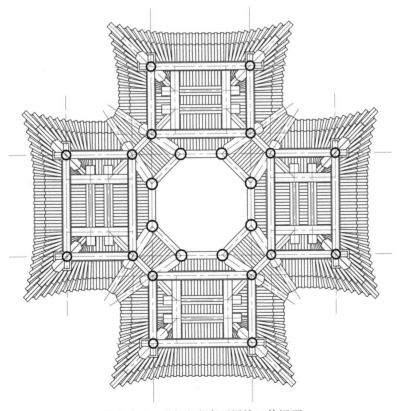

图 9-129　八角十字亭下层檐口仰视面

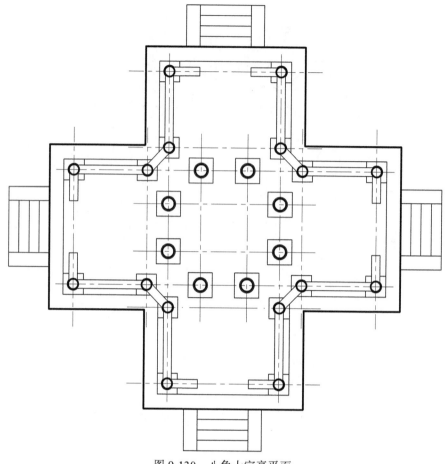

图 9-130  八角十字亭平面

十字亭采用"小式做法"与"小式大做"的做法，安排面阔尺寸时应结合上架的步架尺度安排，要考虑檐步架与上檐出的比例关系，使所设定的面宽能够满足步架需要的尺度，十字亭四面厦间设二步为宜。

**2. 檐出、步架、举架、冲翘**

（1）大式做法

檐出 21 斗口加斗栱拽架，檐角出冲 4.5 斗口（冲三翘四撇半椽）。檐、金、脊步每步按需分之。

檐步五举拿头，上檐檐步五五举拿头，至顶步最高不超过九五举再加一平水。

（2）小式做法、小式大做、大式小做

檐出为柱高的 3/10（檐不过步），檐角出冲一檐柱径（冲三翘四撇半椽）。檐、金、脊步每步按需调配。

檐步五举拿头，上檐檐步五五举拿头，至脊步最高不超过九五举再加一平水（图 2-5）。

**3. 柱高、柱径**

（1）大式做法

采用一寸半"口份"时檐柱高不小于 70 斗口，采用二寸"口份"时檐柱高 66 斗口。

檐柱径 5～6 斗口，金柱径在檐柱径的基础上增加 1 斗口，在此基础上金柱径不应小于自身高的 1/13。重檐童柱或垂柱柱径 5 斗口。

上层四角攒尖顶雷公柱上身见方 4 斗口，上层八角攒尖顶雷公柱上身八方每面 3 斗口，雷公柱头做垂莲荷叶风摆柳，直径 8.5 斗口。

（2）小式做法、小式大做、大式小做

檐柱径为檐柱高的 1/13～1/11，檐柱高为通面阔的 11/10～13/10，当亭子体量面宽较小时，柱高不应矮于 8 尺。

金柱径在檐柱径的基础上增加 1/5，在此基础上金柱径不应小于自身高的 1/13。

雷公柱上身四方每面 2.5 倍椽径，上身八方每面 2 倍椽径，雷公柱头做垂莲荷叶风摆柳，直径 1.5 檐柱径。

### 4. 梁、枋、板、桁

（1）大式做法

① 抹角梁身宽 6.5 斗口，高 8 斗口（梁长高可依据跨度比调整）。

② 井字长趴梁身宽 6.5 斗口，高 8 斗口（根据梁长高可依据跨度比调整）。

③ 井字短趴梁身宽 6 斗口，高 7 斗口（根据梁长高可调整与宽同）。

④ 大额枋、承椽枋、围脊枋厚 5 斗口，高 6 斗口。

⑤ 由额枋厚 3.5 斗口，高 4.5 斗口。

⑥ 由额垫板厚 1 斗口，高 2 斗口。

⑦ 围脊板厚 1 斗口，高 5～6 斗口。

⑧ 正心桁、金桁直径 4.5 斗口。

⑨ 挑檐桁直径 3 斗口。

⑩ 老角梁、仔角梁、由戗宽 3 斗口，高 4.5 斗口。

（2）小式做法、小式大做、大式小做

① 抹角梁宽与檐柱径同，高不小于宽的 5/4（依据跨度比梁高不应小梁长的 1/10）。

② 长趴梁宽与檐柱径同，高不小于宽的 5/4（依据跨度比梁高不应小梁长的 1/10）。

③ 短趴梁宽为长趴梁宽的 9/10 或与檐檩径同，高不小于宽的 5/4（依据跨度比梁高不应小于梁长的 1/10）。

④ 花梁头梁位于檐角柱头之上，梁宽 11/10 檐柱径，高不大于 1.5 倍檩径，长 3 柱径乘以六方或八方角斜率。

⑤ 额枋、承椽枋、围脊枋厚 2.5 倍椽径，高 3 椽径。

⑥ 金随檩枋厚 1 椽径，高 1.5 椽径。

⑦ 檐垫板厚 0.5 椽径，高 2.5 椽径至 1 檩径。

⑧ 围脊板厚 0.5 椽径，高 1 檐柱径。

⑨ 檐檩直径 8/10 檐柱径或与檐柱同（要根据跨度调整不小于 1/11 跨度比）。

⑩ 金檩直径 8/10 檐柱径或檐柱同，且不得大于檐檩径尺寸。

⑪ 老角梁、仔角梁、由戗宽 2 椽径，高 3 椽径。

**5. 椽、望、连檐及其他构件**

（1）大式做法

① 交金梁垫厚随檩垫板，宽按梁宽减寸半。

② 枕头木高 3.5 斗口，厚 1.5 斗口。

③ 老檐圆椽径 1.5 斗口。

④ 花架檐圆椽径 1.5 斗口。

⑤ 飞椽一头三尾，径 1.5 斗口见方。

⑥ 翼角椽径 1.5 斗口。

⑦ 翘飞椽大板厚 1.5 斗口

⑧ 大连檐宽 1.5 斗口，高 1.5 斗口。

⑨ 里口木宽 1.2 斗口、高 1.9 斗口，小连檐宽 1 斗口、高 0.4 斗口。

⑩ 椽椀厚 0.8 寸，闸档板厚 0.5 寸。

⑪ 望板厚 0.6 寸。

（2）小式做法、小式大做、大式小做

① 交金梁垫厚与随檩枋，宽按梁宽减寸半。

② 枕头木高 3 椽径，厚 1 椽径。

③ 老檐圆椽径 1/3 檐柱径。

④ 花架檐圆椽径 1/3 檐柱径。

⑤ 飞椽一头三尾，径 1/3 檐柱径见方。

⑥ 翼角椽径 1/3 檐柱径。

⑦ 翘飞椽大板厚 1/3 檐柱径。

⑧ 大连檐宽 1 椽径，高 1 椽径。

⑨ 小连檐宽 0.8 椽径，高 1/3 椽径。

⑩ 椽椀厚 0.8 寸，闸档板厚 0.5 寸。

⑪ 望板厚 0.5 寸。

**6. 十字亭木构件尺寸权衡表**

十字亭木构件尺寸权衡表如下，以供参考（表 9-19、表 9-20）。

表 9-19　十字亭"大式做法"木构件权衡表（单位：斗口）

| 构件名称 | 宽（斗口） | 厚（斗口） | 径（斗口） | 高（斗口） | 长（斗口） | 备注 |
|---|---|---|---|---|---|---|
| 檐柱 | | | 5～6 | 66～70 | | 柱高可依据亭子体量酌情调整 |
| 金柱 | | | 6～7 | | | 径不应小于 1/13 柱高 |
| 雷公柱 | | | 上身 4<br>头 8.5 | | | 头为垂莲荷叶风摆柳 |
| 抹角梁 | 6.5 | | | 8 | | 高可按跨度比调整 |
| 井字长趴梁 | 6.5 | | | 8 | | 高可依据跨度比调整 |

| 构件名称 | 宽（斗口） | 厚（斗口） | 径（斗口） | 高（斗口） | 长（斗口） | 备注 |
|---|---|---|---|---|---|---|
| 井字短趴梁 | 6 | | | 7 | | 高可调整与宽同 |
| 挑尖梁 | 头4身6 | | | 头5.5身8 | | 高可依据跨度比调整 |
| 老角梁 | 3 | | | 4.5 | | |
| 仔角梁 | 3 | | | 4.5 | | |
| 由戗 | 3 | | | 4.5 | | |
| 大额枋 | | 5 | | 6 | | |
| 承椽枋 | | 5 | | 6 | | |
| 围脊枋 | | 5 | | 6 | | |
| 金枋 | | 3 | | 4 | | |
| 由额枋 | | 3.5 | | 4.5 | | |
| 由额垫板 | | 1 | | 2 | | |
| 金垫板 | | 1 | | 3～4 | | |
| 围脊板 | | 1 | | 5～6 | | |
| 正心桁 | | | 4.5 | | | |
| 金桁 | | | 4.5 | | | |
| 挑檐桁 | | | 3 | | | |
| 交金梁垫 | 梁宽减寸半 | 随檩垫板 | | | | |
| 枕头木 | | 1.5 | | 3.5 | | |
| 老檐椽 | | | 1.5 | | 14斗口加拽架<br>加步架 × 斜率 | |
| 飞椽 | 1.5 | 1.5 | | | 7斗口 ×4 | |
| 翼角椽 | | | 1.5 | | | 长随老檐椽 |
| 翘飞椽 | | 1.5 | | | | 翘飞椽大板 |
| 大连檐 | 1.5 | 1.5 | | | | |
| 里口木 | 1.2 | 1.9 | | | | |
| 小连檐 | 1 | 0.4 | | | | |
| 椽椀 | | 0.8寸 | | | | |
| 闸档板 | | 0.5寸 | | | | |
| 望板 | | 0.6寸 | | | | |
| 瓦口 | | 0.8寸 | | 瓦弧高 +0.8<br>寸 | | |

**表 9-20 六方亭、八方亭"小式做法"木构件权衡表（单位：檐柱径）**

| 构件名称 | 宽 | 厚 | 径 | 高 | 长 | 备注 |
|---|---|---|---|---|---|---|
| 檐柱 | | | 0.08~0.09 自身高 | 1.1~1.3 明间面宽 | | 高不应小于 8 尺 |
| 金柱 | | | 0.09~0.1 自身高 | | | 径应大于檐柱径 |
| 雷公柱 | | | 身 2.5 橡径 头 1.5 檐柱 | | | 头为垂莲荷叶风摆柳 |
| 抹角梁 | 1 檐柱径 | | | 1.2 檐柱径 | | 高可依据跨度比调整 |
| 井字长趴梁 | 1 檐柱径 | | | 1.2 檐柱径 | | 高可依据跨度比调整 |
| 井字短趴梁 | 0.8~0.9 檐柱径 | | | | | 宽不小于 1 橡径，高可调整 与宽同 |
| 花梁头（角云） | 1.1 檐柱径 | | | 1.3 檐柱径 | 3 檐柱径× 斜 | |
| 老角梁 | 2 橡径 | | | 3 橡径 | | |
| 仔角梁 | 2 橡径 | | | 3 橡径 | | |
| 由戗 | 2 橡径 | | | 3 橡径 | | |
| 额枋 | | 0.75~0.8 檐柱径 | | 0.8~1 檐柱径 | | 根据跨度调整 |
| 承椽枋 | | 0.75~0.8 檐柱径 | | 0.8~1 檐柱径 | | 根据跨度调整 |
| 围脊枋 | | 0.75~0.8 檐柱径 | | 0.8~1 檐柱径 | | 根据跨度调整 |
| 金随檩枋 | | 1 橡径 | | 1.5 橡径 | | |
| 金枋 | | 0.6 檐柱径 | | 0.8 檐柱径 | | |
| 檐垫板 | | 0.5 橡径 | | 0.8~1 | | |
| 围脊板 | | 0.5 橡径 | | 1 檐柱径 | | |
| 金垫板 | | 0.5 橡径 | | 0.6~0.8 檐柱径 | | 高可随需要调整 |
| 檐、金檩 | | | 0.8~1 檐柱径 | | | 根据檩跨调整 |
| 枕头木 | | 1 橡径 | | 2.5 橡径 | | |
| 老檐椽 | | | 1/3 檐柱径 | （0.2 檐柱高 +步架）× 斜率 | | |
| 飞椽 | 1/3 檐柱径 | 1/3 檐柱径 | | 0.1 檐柱高 ×4 | | |
| 翼角椽 | | | 1/3 檐柱径 | | | |
| 翘飞椽 | | 1/3 檐柱径 | | | | 翘飞椽大板 |
| 椽椀 | | 0.8 寸 | | | | |
| 闸档板 | | 0.5 寸 | | | | |
| 大连檐 | 1 橡径 | 1 橡径 | | | 同间宽 | 两端增加戗檐长 |

| 构件名称 | 宽 | 厚 | 径 | 高 | 长 | 备注 |
|---|---|---|---|---|---|---|
| 小连檐 | 0.8 椽径 | 0.4 椽径 | | | 同间宽 | |
| 望板 | | 0.6 寸 | | | | |
| 瓦口 | | 0.8 寸 | | 瓦弧高 +0.8 寸 | | |

## （五）歇山十字脊组合式亭子

歇山十字脊亭在园林景观中也是常建的一种亭子形制，四面以小歇山造型组合成的亭子，可单檐、亦可重檐，还可以这种屋顶造型为基本形制，外加悬山抱厦或歇山抱厦形成三层檐口，甚至还能变化更多种的形式，这种建筑形制的体量一般不会太大。主要在于其建筑屋面造型组合搭配的精巧变化。

歇山十字脊亭大式做法一般设置斗栱不大于九等二寸口份，亦可采用一寸半口份，明间攒档一般五至七攒，斗栱可选用麻叶斗栱、昂翘斗栱最多不超过七踩。歇山十字脊重檐组合式亭子下层檐口可用三踩或五踩斗栱（清代早期与明代建筑下檐步常采用溜金斗栱），重檐以上可用五踩或七踩斗栱。

大式小做十字脊亭子一般采用单层檐，建筑体量较小，斗栱口份 1.5 寸，可采用品字斗栱或麻叶斗栱。亦可采用三踩昂翘斗栱，大木架则以小式权衡方式结合大式面宽斗栱攒档排序计算。节点式样按大式做法制作。

歇山十字脊亭子小式做法和小式大做的大木架权衡尺度按照小式计算，节点根据制式分别按照小式或小式大做式样制作（图 9-131～图 9-135）。

### 1. 面宽、进深

（1）大式做法

明间面宽一般根据开间大小设置斗栱七个攒档以下，两端设次间时攒档适当调整，有廊间时廊间二个攒档。

进深与面宽相同。

（2）大式小做法、小式、小式大做

大式小做法的中小型亭、榭等景观建筑，开间要适当考虑斗栱攒档的调整，重檐可设廊间，廊间进深不小于 4 尺。

小式与小式大做的中小型亭、榭等景观建筑，一间，重檐可设廊间，廊间进深不小于 4 尺。

### 2. 檐出、步架、举架、冲翘

（1）大式做法

檐出 21 斗口加斗栱搜架，檐角出冲 4.5 斗口（冲三翘二五撇半椽）。檐、金、脊步每步不大于 22 斗口。

图 9-131　歇山十字脊亭立面

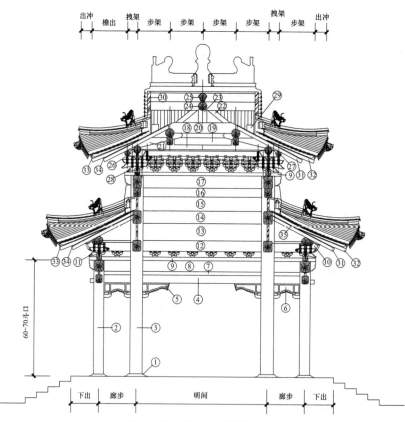

图 9-132　歇山十字脊亭剖面

1. 柱顶　2. 檐柱　3. 金柱　4. 由额枋　5. 雀替　6. 骑马雀替　7. 由额垫板　8. 檐额枋　9. 平板枋　10. 挑尖梁　11. 三踩斗拱
12. 提装枋　13. 走马板　14. 承椽枋　15. 围脊板　16. 小额枋　17. 重檐大额枋　18. 抹角趴梁　19. 趴梁　20. 太平梁
21. 角梁　22. 由戗　23. 脊瓜柱　24. 十字脊桁（檩）　25. 扶脊木　26. 正心桁　27. 挑檐桁　28. 五彩斗拱　29. 踏脚
　　木　30. 博风板　31. 老檐椽　32. 飞椽　33. 大连檐　34. 小连檐　35. 望板　36. 梅花钉

出冲　飞檐　老檐　搜架　　　　　　　　明间　　　　　　　廊间　老檐　飞檐　出冲

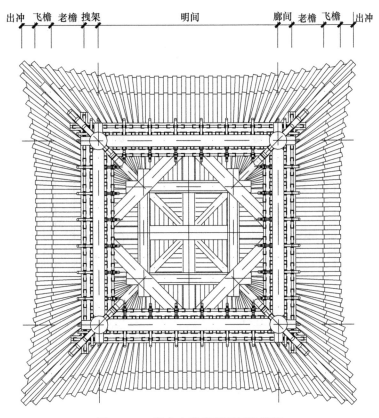

图 9-133　歇山十字脊亭顶层檐仰视

　　3飞檐　　　搜架　　　　　　　　　　　　　搜架　飞檐
出冲　　　老檐　　廊间　　　　明间　　　　　廊间　　老檐　　出冲

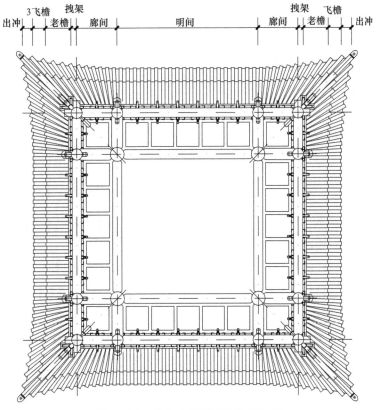

图 9-134　歇山十字脊亭首层檐仰视

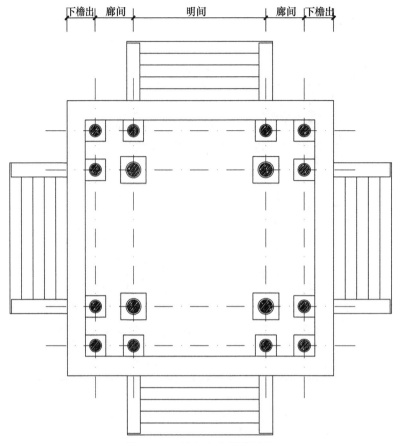

图 9-135　歇山十字脊亭平面

檐步五举拿头，至顶步最高不超过九五举再加一平水。

（2）小式、小式大做、大式小做法

檐出为柱高的 1/3 或 3/10（檐不过步），檐角出冲一檐柱径（冲三翘四撇半椽）。檐、金、脊步每步按需调配（亦可均分）。

檐步五举拿头，至脊步最高不超过九五举再加一平水（图 2-5）。

**3. 柱高、柱径**

（1）大式做法

檐步只采用单额枋时柱高不小于 60 斗口，且根据斗栱选用对柱高做适当调整，最高不超过 70 斗口。檐步采用由额枋由额垫板时柱高 66～70 斗口。

檐柱径 6 斗口，金柱径 6.6～7 斗口，重檐金柱径 7～8 斗口，各类金柱要根据柱子的长细比进行调整（一般不大于 1/10，不小于 1/13）。重檐设童柱时则童柱径 5.5～6 斗口。

（2）小式、小式大做、大式小做法

檐柱径为檐柱高的 1/13～1/11，檐柱高为面阔（小型亭榭按对角通面阔）的 8/10～9.5/10 且不得矮于 7 尺 5 寸。

**4. 梁、枋、板、桁**

（1）大式做法

① 挑尖梁位于檐柱柱头科斗栱之上，挑尖梁头宽 4 斗口、高 5.5 斗口，梁身宽 6 斗口、高 8 斗口（根据梁长高可依据跨度比调整）。

② 井字趴梁宽 6 斗口，高 8 斗口（根据梁长高可依据跨度比调整）。

③ 小抹角梁位于井字趴梁之上，梁身宽 4.5 斗口、高 6 斗口（根据梁长高可依据跨度比调整）。

④ 大额枋、承椽枋、围脊枋厚 5 斗口，高 6 斗口。

⑤ 小额枋、穿插枋厚 3 斗口，高 4 斗口。

⑥ 由额垫板厚 1 斗口，高 2 斗口。

⑦ 平板枋宽 3～3.5 斗口，高 2 斗口。

⑧ 围脊板厚 1 斗口，高 5～6 斗口。

⑨ 正心桁、金、脊桁、扶脊木直径 4.5 斗口。

⑩ 挑檐桁直径 3 斗口。

⑪ 老角梁、仔角梁、由戗宽 3 斗口，高 4.5 斗口。

（2）小式、小式大做、大式小做法

① 抱头梁位于檐柱头之上，梁宽 11/10 檐柱径，高不小于宽的 5/4（根据梁长高可依据跨度比调整）。

② 井字趴梁宽 3.5 椽径，高为宽的 5/4 且不得小于 1/10 跨度比（根据梁长高可依据跨度比调整）。

③ 小抹角梁位于井字趴梁之上，梁宽 3 椽径，高为宽的 5/4 且不得小于 1/10 跨度比（根据梁长高可依据跨度比调整）。

④ 太平梁位于顶步上至雷公柱，梁宽不得小于 1.2 檐檩径，高不小于宽的 5/4。

⑤ 瓜柱直径 1 檐柱径。

⑥ 大额枋、承椽枋、围脊枋宽 2 檐柱径，高 1 檐柱径至 8/10 檐柱径。

⑦ 小额枋、穿插枋高 8/10 檐柱径，厚为高的 4/5 且不小于二椽径。

⑧ 由额垫板厚 0.5 椽径，高 1.5 椽径。

⑨ 檐垫板、厚 0.5 椽径，高 8/10 至 1 檐柱径。

⑩ 围脊板厚 0.5 椽径，高 1.2 檐柱径。

⑪ 檐、金、脊檩、扶脊木直径 8/10 至 1 檐柱径。

⑫ 老角梁、仔角梁、由戗宽 2 椽径，高 3 椽径。

**5. 椽、望、连檐及其他构件**

（1）大式做法

① 童柱直径 6 斗口。

② 太平梁位于顶步上至无头雷公柱，梁宽不得小于 7 斗口，高为宽的 5/4 且不小于 1/10 跨度比。

③ 瓜柱厚 5 斗口，宽 6 斗口。

④ 雷公柱头径 9 斗口。

⑤ 枕头木高 3.5 斗口，厚 1.5 斗口。

⑥ 老檐圆椽径 1.5 斗口（根据檐出长短椽径可调增为 1.7 斗口）。

⑦ 飞椽一头三尾，径 1.5 斗口见方。

⑧ 大连檐宽 1.5 斗口，高 1.5 斗口。

⑨ 里口木宽 1.2 斗口、高 1.9 斗口，小连檐宽 1 斗口、高 0.4 斗口。

⑩ 顺望板厚 0.4 斗口，横望板厚 0.5 寸。

（2）小式、小式大做、大式小做法

① 童柱直径 9/10 檐柱径。

② 瓜柱直径 1 檐柱径。

③ 雷公柱头径 2 檐柱径。

④ 枕头木高 2 椽径，厚 1 椽径。

⑤ 老檐圆椽径 1/3 檐柱径。

⑥ 飞椽一头三尾，径 1/3 檐柱径见方。

⑦ 大连檐宽 1 椽径，高 1 椽径 40°角打对。

⑧ 里口木宽 1 椽径、高 1.2 椽径，小连檐宽 0.8 椽径、高 1/3 椽径。

⑨ 顺望板厚 1 寸，横望板厚 0.5 寸。

### 6. 歇山十字脊亭木构件尺寸权衡表

歇山十字脊亭木构件尺寸权衡表如下，以供参考（表 9-21）。

表 9-21　歇山十字脊亭"大式做法"木构件权衡表（单位：斗口）

| 构件名称 | 宽（斗口） | 厚（斗口） | 径（斗口） | 高（斗口） | 长（斗口） | 备注 |
|---|---|---|---|---|---|---|
| 檐柱 | | | 5～6 | 60～70 | | 柱高可依据亭子体量酌情调整 |
| 金柱 | | | 6～7 | | | 径不应小于 1/13 柱高 |
| 雷公柱 | | | 上身 4 头 8.5 | | | 头为垂莲荷叶风摆柳 |
| 抹角梁 | 6.5 | | | 8 | | 高可按跨度比调整 |
| 井字长趴梁 | 6.5 | | | 8 | | 高可依据跨度比调整 |
| 井字短趴梁 | 6 | | | 7 | | 高可调整与宽同 |
| 挑尖梁 | 头 4 身 6 | | | 头 5.5 身 8 | | 高可依据跨度比调整 |
| 老角梁 | 3 | | | 4.5 | | |
| 仔角梁 | 3 | | | 4.5 | | |
| 由戗 | 3 | | | 4.5 | | |
| 大额枋 | | 5 | | 6 | | |
| 承椽枋 | | 5 | | 6 | | |

续表

| 构件名称 | 宽（斗口） | 厚（斗口） | 径（斗口） | 高（斗口） | 长（斗口） | 备注 |
|---|---|---|---|---|---|---|
| 围脊枋 | | 5 | | 6 | | |
| 金枋 | | 3 | | 4 | | |
| 由额枋 | | 3.5 | | 4.5 | | |
| 由额垫板 | | 1 | | 2 | | |
| 金垫板 | | 1 | | 3～4 | | |
| 围脊板 | | 1 | | 5～6 | | |
| 正心桁 | | | 4.5 | | | |
| 金桁 | | | 4.5 | | | |
| 挑檐桁 | | | 3 | | | |
| 交金梁垫 | 梁宽减寸半 | 随檩垫板 | | | | |
| 枕头木 | | 1.5 | | 3.5 | | |
| 老檐椽 | | | 1.5 | | 14斗口加抱架<br>加步架 × 斜率 | |
| 飞椽 | 1.5 | 1.5 | | | 7斗口 ×4 | |
| 翼角椽 | | | 1.5 | | | 长随老檐椽 |
| 翘飞椽 | | 1.5 | | | | 翘飞椽大板 |
| 大连檐 | 1.5 | 1.5 | | | | |
| 里口木 | 1.2 | 1.9 | | | | |
| 小连檐 | 1 | 0.4 | | | | |
| 椽椀 | | 0.8 寸 | | | | |
| 闸档板 | | 0.5 寸 | | | | |
| 望板 | | 0.6 寸 | | | | |
| 瓦口 | | 0.8 寸 | | 瓦弧高 +0.8<br>寸 | | |

## （六）扇面亭

　　扇面亭面宽前窄后宽，成圆弧形如同一把张开的扇子面，平面一般会采用三开间形式，前檐开间较小、后檐开间较大。根据建筑体量变化可设廊，可单檐或重檐，屋面一般会采用小歇山元宝脊形式，四角起翘。扇面亭上架构造一般采用趴梁和四架梁、月梁做法，前后檩、板、枋等构件均有弧度，有斗栱时一般会采用"大式小做"的方式，斗口使用一寸半"口份"。无斗栱扇面亭多会选择大式小做或小式做法（图 9-136～图 9-140）。

### 1. 面宽

（1）大式小做

扇面亭大面（外圆弧）明间面宽一般安排五至七个攒档，次间递减攒档亦可与明间相同，小面面宽（里圆弧）一般安排三至五个攒档，次间递减攒档亦可与明间相同，可适当调整斗栱攒档，同时适量缩短栱子，以确保构件之间比例适当，斗栱可采用一斗三升或斗二升交麻叶。

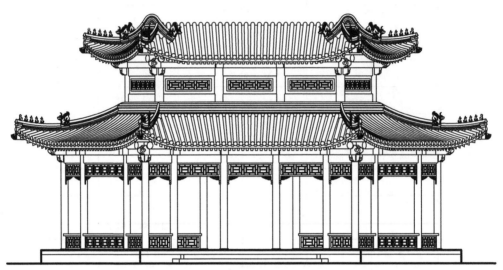

图 9-136　重檐扇面亭立面图

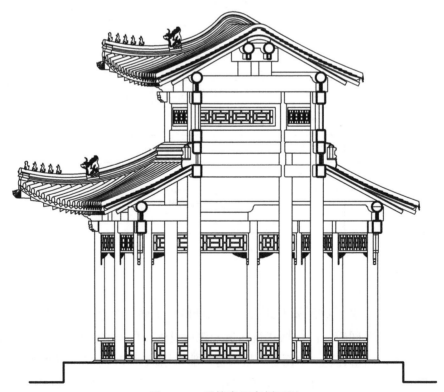

图 9-137　重檐扇面亭剖面图

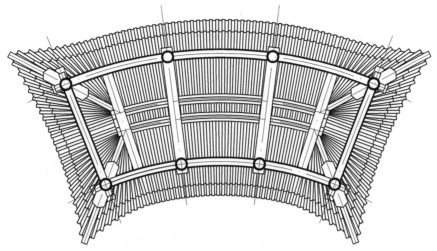

图 9-138　重檐扇面亭顶层仰视图

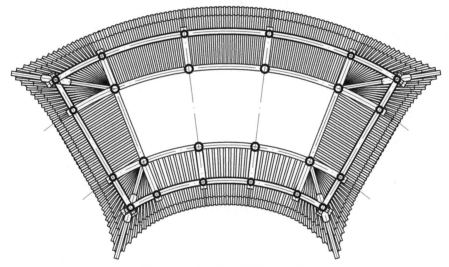

图 9-139　重檐扇面亭首层仰视图

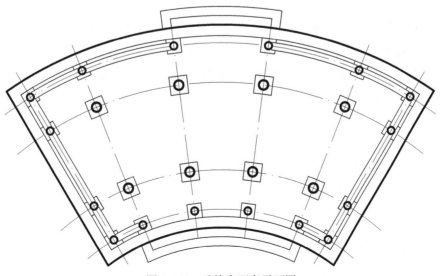

图 9-140　重檐扇面亭平面图

（2）小式大做、小式做法

根据需要设定扇面亭大面和小面明间与次间面宽，梢间面宽不宜小于四尺。

### 2. 檐出、步架、举架、冲翘

（1）大式小做、小式大做、小式做法

檐出 3 尺或柱高的 3/10 根据亭子的柱高酌情而定，檐角出冲 3 椽径（冲三翘四撇半椽）。

檐、金、脊步每步按需分之。檐步五举拿头亦可五五举拿头，顶步最高一般不会超过九举。

（2）小式做法

檐出为柱高的 3/10，檐角出冲一檐柱径（冲三翘四撇半椽）。

檐、金、脊步每步按需调配。檐步五举拿头亦可五五举拿头，顶步最高一般不会超过九举。

### 3. 柱高、柱径

（1）大式小做

檐柱高 70 斗口，且不矮于 7 尺 5 寸（2.4 米）。檐柱径 5 斗口或 1/13 柱高。

金柱高按需要设定，柱径 6 斗口且不小于高的 1/13。

（2）小式大做、小式做法

檐柱高一般 10 尺左右根据亭子大小上下调整，当亭子体量和面宽较小时柱高不应矮于 7 尺 5 寸（2.4 米）。檐柱径为檐柱高的 1/13。

金柱高按需要设定，柱径不小于高的 1/13 且应大于檐柱径。

### 4. 梁、枋、板、桁

大式小做、小式大做、小式做法

① 抱头梁宽 11/10 檐柱径，高不小于梁宽。

② 四架梁、五架梁宽 11/10 金柱径，高不小于跨度 1/10 且不应小于梁宽。

③ 月梁身宽不小于檐柱径且不应小于檩径，高不小于梁宽。

④ 趴梁宽与四架梁同且不小于檐柱径，高不小于跨度 1/10 且不应小于梁宽。

⑤ 大额枋、承椽枋、围脊枋高 0.8 至 1 檐柱径（应根据跨度大小酌情设定），厚为高的 4/5。

⑥ 随檩枋厚 1 椽径，高 1.5 椽径。

⑦ 博风板厚 1 椽径，高 2.5 檐柱径。

⑧ 檐垫板、围脊板厚半椽径，高一檐柱径，可根据需要调整。

⑨ 檩径 0.8 至 1 檐柱径，根据跨度调整。

⑩ 老角梁、仔角梁、由戗宽 2 椽径，高 3 椽径。

### 5. 椽、望、连檐及其他构件

大式小做、小式大做、小式做法

① 枕头木高 2.5 椽径，厚 1 椽径。

② 老檐圆椽径 1/3 檐柱径。

③ 花架圆椽径同老檐椽。

④ 飞椽一头三尾，径 1/3 檐柱径见方。

⑤ 翼角椽径 1/3 檐柱径。

⑥ 翘飞椽大板厚 1/3 檐柱径。

⑦ 大连檐宽 1 椽径，高 1 椽径。

⑧ 小连檐宽 2 寸，高 0.8 寸。

⑨ 椽椀厚 0.8 寸，闸档板厚 0.5 寸。

⑩ 望板厚 0.5 寸。

### 6. 扇面亭木构件尺寸权衡表

扇面亭木构件尺寸权衡表如下，以供参考（表 9-22）。

**表 9-22 扇面亭木构件权衡表（单位：檐柱径）**

| 构件名称 | 宽 | 厚 | 径 | 高 | 长 | 备注 |
|---|---|---|---|---|---|---|
| 檐柱 | | | 0.08 自身高 | 70 斗口 | 10 尺 | 高应根据亭子体量调整 |
| 金柱 | | | 0.08 自身高 | 按需设定 | | 径应大于檐柱径 |
| 抱头梁 | 1.1 | | | 不小于宽 | | |
| 四架梁 | 1.1 金柱径 | | | 1.2 金柱径 | | 高可依据跨度比调整 |
| 月梁 | 1 檐柱径 | | | 1 檐柱径 | | 截面宽、高比小于 1 檩径 |
| 趴梁 | 1 檐柱径 | | | 1.2 檐柱径 | | 高可依据跨度比调整 |
| 花梁头（角云） | 1.1 檐柱径 | | | 1.3 檐柱径 | 3 檐柱径 × 斜 | |
| 老角梁 | 2 椽径 | | | 3 椽径 | | |
| 仔角梁 | 2 椽径 | | | 3 椽径 | | |
| 额枋 | | 0.75～0.8 檐柱径 | | 0.8～1 檐柱径 | | 根据跨度调整 |
| 承椽枋 | | 0.75～0.8 檐柱径 | | 0.8～1 檐柱径 | | 根据跨度调整 |
| 围脊枋 | | 0.75～0.8 檐柱径 | | 0.8～1 檐柱径 | | 根据跨度调整 |
| 金、脊随檩枋 | | 1 椽径 | | 1.5 椽径 | | |
| 博风板 | | 1 椽径 | | 2.5 檐柱径 | | |
| 檐垫板 | | 0.5 椽径 | | 0.8～1 | | |
| 围脊板 | | 0.5 椽径 | | 1 檐柱径 | | |
| 檐、金、脊檩 | | | 0.8～1 檐柱径 | | | 根据檩跨调整 |
| 枕头木 | | 1 椽径 | | 2.5 椽径 | | |
| 老檐椽、花架椽 | | | 1/3 檐柱径 | | | |
| 飞椽 | 1/3 檐柱径 | 1/3 檐柱径 | | | | |
| 翼角椽 | | | 1/3 檐柱径 | | | |

续表

| 构件名称 | 宽 | 厚 | 径 | 高 | 长 | 备注 |
|---|---|---|---|---|---|---|
| 翘飞椽 | | 1/3 檐柱径 | | | | 翘飞椽大板 |
| 椽椀 | | 0.8 寸 | | | | |
| 闸档板 | | 0.5 寸 | | | | |
| 大连檐 | 1 椽径 | 1 椽径 | | | 同间宽 | 两端增加戗檐长 |
| 小连檐 | 0.8 椽径 | 0.4 椽径 | | | 同间宽 | |
| 望板 | | 0.6 寸 | | | | |
| 瓦口 | | 0.8 寸 | | 瓦弧高 +0.8 寸 | | |

# 九、垂花门、廊子（游廊）

垂花门在古代建筑中是一种非常独特的建筑形制，我国传统园林庭园、府邸宅院、宫殿、寺庙中都有它的位置。在园林中垂花门作为景观建筑与游廊、景墙互相结合，可以起到划分景区、隔景、障景的作用，又可分割封闭空间，创造出相对独立的小环境，还可以因势借景达到曲径通幽的效果。在府邸宅院中，垂花门作为内宅的二道仪门将院落分割为内宅外院，起到内外有别的屏障作用。垂花门式样有很多种形式，常见的有独立柱"二郎担山"式垂花门，有一殿一卷式垂花门，有双卷勾连搭式垂花门，有单卷廊罩式垂花门，有四檩两面正廊罩式垂花门，还可以抱厦形式与建筑搭配结合作为过厅的门廊，总之垂花门式样做法变化很多、用途很广。

廊子也是古建筑中不可缺少的组成部分，常常串联于楼阁、厅堂、轩、榭、亭子之间。在园林中游廊可随着地形迂回曲折，亦可随着地势高低攀爬叠落，与园林景观自然风景相互衬托，起到分割空间、划分景区、因势借景、曲径通幽的效果。在府邸宅院中廊子随房就势抄手迂回，把正房、倒座、厢房、耳房、后罩房互相串联，使宅院中相对的建筑个体通过廊子相互延续依存，达到分而不破的和谐效果，同时在使用中也达到了行不灼阳、雨不沾衣的目的。

## （一）独立柱"二郎担山"式垂花门

独立柱二郎担山式垂花门，是垂花门家族中最小最简洁的形制，这种垂花门常用于园林景观与景墙相结合，起到遮蔽小区域空间、避免一览无余、曲径通幽的作用。大木构造特点是一个开间两根柱子两边对称，柱子、担梁、随梁、穿插枋通过腰子榫十字相交卡在两端山柱之上，一起悬挑垂柱与前后檐照面，恰似挑夫挑担。垂花门两面额枋与照面枋之间安装折柱镶嵌雕刻花板，垂头可做圆头雕刻亦可做方头贴雕刻瑰脸。两侧悬山挂博风板。大门安装槛框余塞，根据需要可装大门、亦可不装大门。两根柱子下面两侧安装壶瓶牙子卡在抱鼓石之上，起到支戗稳固柱子的作用。柱子根部做埋头榫，透过抱鼓石深埋在基础内的管脚石上（图 9-141、图 9-142）。

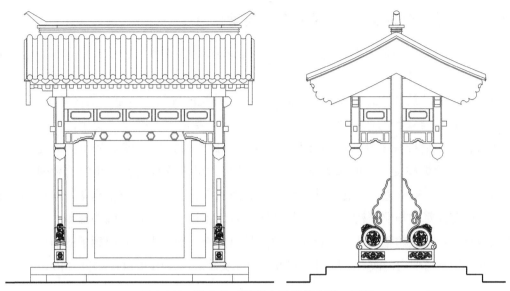

图 9-141 独立柱二郎担山垂花门立面、侧面

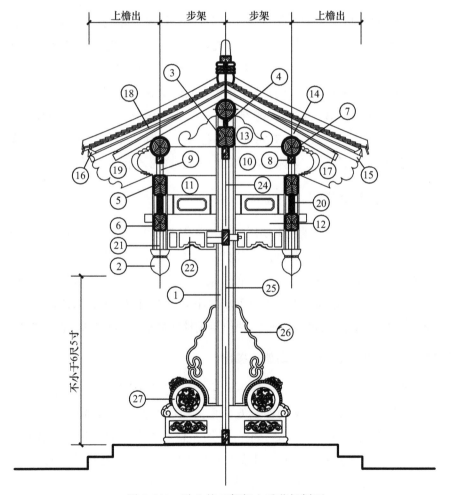

图 9-142 独立柱二郎担山垂花门剖面

1.独立柱 2.风摆柳垂柱 3.额枋 4.垫板 5.垂柱檐枋 6.照面枋 7.檩 8.随檩枋 9.荷叶墩 10.扁担梁
11.随梁枋 12.穿插枋 13.角背 14.老檐椽 15.飞椽 16.大连檐 17.小连檐 18.望板 19.博风板 20.花板
21.雀替 22.骑马雀替 23.燕尾枋 24.走马板 25.余塞板 26.瓶壶牙子 27.抱鼓石

## （二）一殿一卷式垂花门、双卷勾连搭垂花门

一殿一卷式垂花门和双卷勾连搭垂花门，是垂花门中最常见的形制，这种垂花门常与廊子相结合，广泛用于园林景观中，也常用于庭院抄手廊之上，在园林中起到分割空间、规避内外环境、借景抒情的作用，在宅邸中是内宅外院的仪门，也是院落区间分割的屏障。一殿一卷垂花门与双卷勾连搭垂花门大木构造特点主要是大木屋架的变化，平面柱网前后两排四根柱子，前排柱子开通卯与麻叶头大梁、穿插枋通过腰子榫十字相交悬挑垂柱与前檐照面，后排为檐柱支顶麻叶头大梁后端。麻叶头大梁上置月梁，垂花门前后两条脊，四坡屋面勾连搭，一殿一卷式垂花门前面硬脊、后面元宝脊，双卷勾连搭垂花门前后都是元宝脊，垂花门前面额枋与照面枋之间安装折柱镶嵌雕刻花板，垂头可做圆头雕刻、亦可做方头贴雕刻瑰脸。后檐额枋下安装吊挂楣子，两侧悬山挂博风板。根据两山廊子的前后位置，前檐柱可安装余塞槛框大门或安装屏门，亦可在中柱安装屏门（图9-143～图9-146）。

## （三）四檩、单卷棚式垂花门

四檩单卷棚式垂花门，也是垂花门家族中最常见的形制，垂花门常与廊子相结合，用于园林景观和庭院抄手廊之上，作用与一殿一卷式垂花门相同，构造较特点主要是大木屋架前后两排四根柱子，前排柱子开通卯与麻叶头大梁、穿插枋通过腰子榫十字相交悬挑垂柱与前檐照面，后排为檐柱支顶麻叶头大梁后端。麻叶头大梁上置月架梁，两坡屋面元宝脊，垂花门前面额枋与照面枋之间安装折柱镶嵌雕刻花板，垂头可做圆头雕刻、亦可做方头贴雕刻瑰脸。后檐额枋下安装槛框与屏板门，亦可安装吊挂楣子或其他多种形式的板式装修，两侧悬山挂博风板。大门安装槛框余塞，根据需要可装大门、亦可不装大门（图9-147、图9-148）。

## （四）四檩廊罩式垂花门

四檩廊罩式垂花门，在园林景观中使用较多，常与游廊串联使用，也可以与其他垂花门一样使用。构造较特点主要是大木屋架前后两排四根柱子，前后檐柱两边对称，上面支顶麻叶头大梁悬挑前后檐垂柱与照面，麻叶头大梁上置月梁元宝脊，垂花门两面额枋与照面枋之间安装折柱镶嵌雕刻花板，垂花门较矮小时，两面额枋之下亦可不用照面枋，采用吊挂楣子做法，垂头可做圆头雕刻、亦可做方头贴雕刻瑰脸。两侧悬山挂博风板（图9-149、图9-150）。

### 1. 垂花门面宽、进深、步架、举架、檐出

① 根据需要确定面宽开间尺寸，一般不小于七尺五寸不大于一丈二尺。

② 担梁式垂花门前后悬挑步架为四至五个垂头柱径（包含所有垂花门悬挑步架）。

③ 一殿一卷垂花门进深三个步架一个月步加一悬挑步架，双卷勾连搭式垂花门进深三个步架二个月步加一悬挑步架，除了悬挑步架和月步以外其余步架均分。月步二檩径不变。

④ 单卷棚廊罩式垂花门与两面正廊罩式垂花门，悬挑步架四至五个垂头柱径，月步两檩径，其余步架均分。

⑤ 檐步五举拿头亦可五五举拿头。

⑥ 上檐出为麻叶头梁底至台明高的3/10。

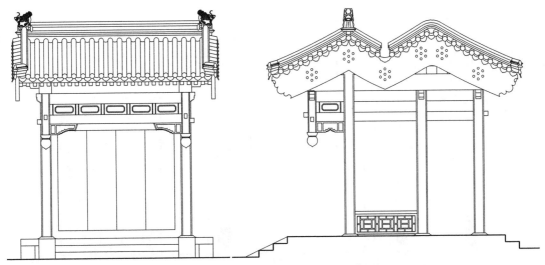

图 9-143 一殿一卷式垂花门立面、侧面

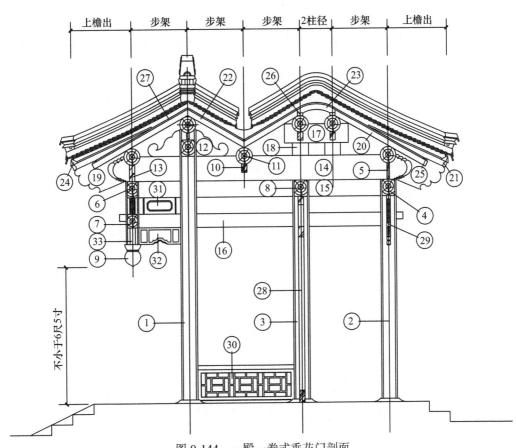

图 9-144 一殿一卷式垂花门剖面

1.前檐柱 2.后檐柱 3.辅柱 4.额枋 5.檐垫板 6.垂柱檐枋 7.照面枋 8.提装枋 9.风摆柳垂头 10.随檩枋 11.檩 12.角背 13.荷叶墩 14.麻叶大梁 15.随梁枋 16.穿插枋 17.月梁 18.瓜柱 19.博风板 20.老檐椽 21.飞椽 22.花架椽 23.罗锅椽 24.大连檐 25.小连檐 26.基条枋 27.望板 28.大门 29.吊挂楣子 30.坐凳楣子 31.花板 32.骑马雀替 33.雀替 34.燕尾枋 35.博风梅花钉

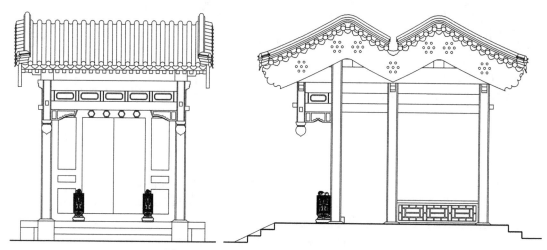

图 9-145 双卷勾连搭式垂花门立面、侧面

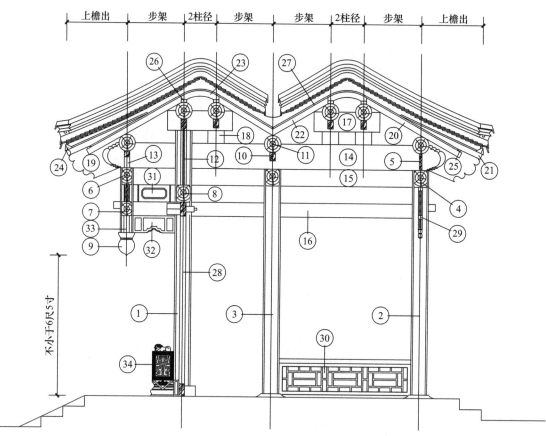

图 9-146 双卷勾连搭式垂花门剖面

1.前檐柱　2.后檐柱　3.辅柱　4.额枋　5.檐垫板　6.垂柱檐枋　7.照面枋　8.提装枋　9.风摆柳垂头　10.随檩枋　11.檩　12.走马板　13.荷叶墩　14.麻叶大梁　15.随梁枋　16.穿插枋　17.月梁　18.瓜柱　19.博风板　20.老檐椽　21.飞椽　22.花架椽　23.罗锅椽　24.大连檐　25.小连檐　26.基条枋　27.望板　28.大门　29.吊挂楣子　30.坐凳楣子　31.花板　32.骑马雀替　33.雀替　34.门鼓石　35.博风梅花钉

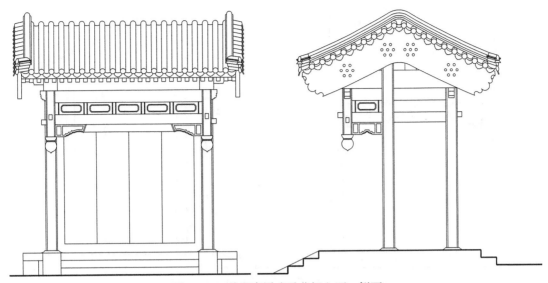

图 9-147 单卷廊罩式垂花门立面、侧面

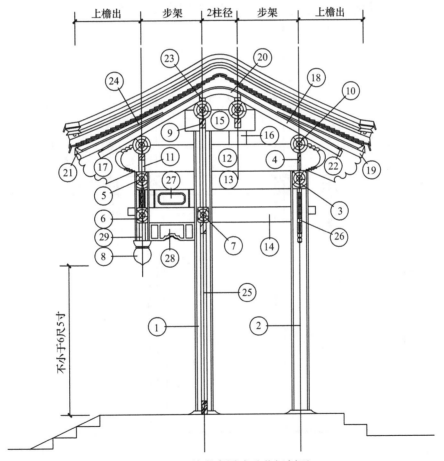

图 9-148 单卷廊罩式垂花门剖面

1. 前檐柱 2. 后檐柱 3. 额枋 4. 檐垫板 5. 垂柱檐枋 6. 照面枋 7. 提装枋 8. 风摆柳垂头柱 9. 随檩枋 10. 檩
11. 荷叶墩 12. 麻叶大梁 13. 随梁放 14. 穿插枋 15. 月梁 16. 瓜柱 17. 博风版 18. 老檐椽 19. 飞椽 20. 罗锅椽
21. 大连檐 22. 小连檐 23. 基条枋 24. 望板 25. 大门 26. 吊挂楣子 27. 花板 28. 骑马雀替 29. 雀替 30. 燕尾枋
31. 博风梅花钉

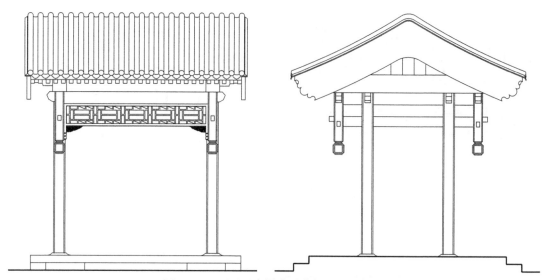

图 9-149　两面正廊罩式垂花门立面、侧面

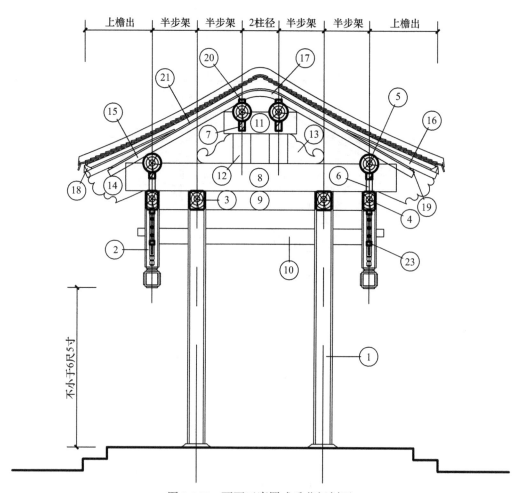

图 9-150　两面正廊罩式垂花门剖面

1. 檐柱　2. 方垂头柱　3. 额枋　4. 垂柱檐枋　5. 檩　6. 荷叶墩　7. 随檩枋　8. 麻叶大梁　9. 随梁枋　10. 穿插枋　11. 月梁
12. 瓜柱　13. 角背　14. 博风板　15. 老檐椽　16. 飞椽　17. 罗锅椽　18. 大连檐　19. 小连檐　20. 基条枋　21. 望板
22. 燕尾枋　23. 吊挂楣子

### 2. 垂花门柱高、柱径

① 垂头底距台明不应小于六尺五寸。

② 檐柱高为六尺五寸（2080mm）加垂柱全高。

③ 通脊的檐柱全高为六尺五寸（2080mm）加垂柱全高加一平水加半檩径加五五举得全高。

④ 檐柱径不小于柱高的 1/13。

⑤ 通脊的檐柱径为柱高的 1/13，不小于柱高的 1/15，且应与其他檐柱（后檐）截面尺寸相同，柱径调整时截面随大舍小。

⑥ 垂柱径应根据檐柱径的大小控制在五寸、六寸范围以内。

### 3. 垂花门梁、枋、板、檩

① 麻叶头梁宽为通脊檐柱或后檐柱径的 11/10。梁高为 1.5～1.8 柱径且不小于跨度 1/10。

② 月梁位于麻叶头梁之上，梁宽为麻叶头梁宽的 9/10 且不小于 1 檩径。梁高为 1.2～1.5 檩径。

③ 檐枋、随梁枋高 1 檐柱径，厚 2/3 柱径。照面枋、穿插枋高 8/10 檐柱径，厚为高的 4/5。随檩枋、燕尾枋高 1.5 椽径，厚 1 椽径。檐垫枋高 8/10 檐柱径至 1 柱径，厚 1 椽径。荷叶墩高 2 椽径，厚 1～1.2 椽径。

④ 瓜柱宽 1 柱径，厚 8/10 柱径；梁垫宽 1 柱径，厚随需要。

⑤ 檩径同柱径。

⑥ 博风板宽 2.5 檩径，厚 1 椽径。

⑦ 垫板高 1 檩径，厚 8/10 椽径。

### 4. 垂花门椽、望、连檐及其他构件

① 角背长一步架，高 1/3 举架，厚 0.8 椽径。

② 老檐圆椽径或老檐方椽径，为 1/3 柱径。飞椽一头三尾，径 1/3 檐柱径见方。罗锅椽 1 椽径见方，高 2.5 椽径做罗锅。

③ 大连檐宽、高均为 1 椽径。小连檐 0.8 椽径，高 1/3 椽径且不小于 0.7 寸。

④ 博风钉直径 1/5 檩径，高同直径。

⑤ 望板厚 0.5 寸。

### 5. 垂花门大木权衡尺寸权衡表

垂花门大木尺寸权衡表如下，以供参考（表 9-23）。

表 9-23　垂花门木构件权衡表（单位：檐柱径）

| 构件名称 | 宽 | 厚 | 径 | 高 | 长 | 备注 |
|---|---|---|---|---|---|---|
| 通脊柱 | | | 0.07～0.08 自身高 | 按需要 | | |
| 檐柱 | | | 0.07～0.08 自身高 | 按需要 | | |
| 垂柱 | | | 7 寸 | 按需要 | | |

续表

| 构件名称 | 宽 | 厚 | 径 | 高 | 长 | 备注 |
|---|---|---|---|---|---|---|
| 瓜柱 | 1.2 | 1 | | 按需要 | | |
| 麻叶头梁 | 1.1 | | | 1.5 | 进深加两端麻叶头各1.5 | |
| 三架梁、月梁 | 0.9麻叶头梁宽或1柱径 | | | 1.3～1.5 | 三架2步加两端各1.5梁头 | |
| 月梁 | 0.9麻叶头梁宽或1柱径 | | | 1.3～1.5 | 月梁1步加两端各1.5梁头 | |
| 檐枋 | 0.7 | | | 1 | 面宽加两端箍头榫 | |
| 穿插枋 | 0.7 | | | 1 | 长加出头榫 | |
| 照面枋 | 不小于4.5寸 | | | 1垂柱径或5～6寸 | 面宽加两端出头榫 | |
| 随檩枋 | 0.35 | | | 0.5 | 同面宽 | |
| 檐垫板 | | 0.5椽径 | | 1 | 同间宽 | |
| 檐、金、脊檩 | | | 1 | | 同间宽两端增加出梢 | |
| 角背 | | 1椽径 | | 0.4举架 | 1步架 | |
| 博风板 | 2.5 | 1椽径 | | | | |
| 燕尾枋 | | 1椽径 | | 1.5椽径 | 出梢长 | |
| 老檐椽 | | | 1/3柱径 | | （老檐出＋步架）×斜率 | |
| 脑椽 | | | 1/3檐柱径 | | 步架×斜率 | |
| 罗锅椽 | | | 1/3檐柱径 | | 月步 | |
| 飞椽 | 1/3柱径 | 1/3檐柱径 | | | 飞檐出×4 | |
| 大连檐 | 1椽径 | 1椽径 | | | 同间宽 | 两端增加出梢 |
| 小连檐 | 0.8椽径 | 0.7寸 | | | 同间宽 | |
| 望板 | | 0.5寸 | | | | |

## （五）廊子

廊子的基本构造多为四檩卷棚，进深对应两根柱子之上支顶四架梁，之上安装瓜柱或梁垫承托月梁双檩与随檩枋，檐部一檩三件。面宽额枋之下安装吊挂楣子和坐凳楣子（亦可安装美人靠坐凳），廊子用材截面较小，檐柱采用梅花柱形式，柱径一般为5寸（160mm），廊子开间一般控制在七尺五寸以下，在园林中廊子串联较长，可采用直角丁字衔接，亦可采用直角十字形状衔接。拐弯转角常用角度有90°直角，有120°或135°特殊角度，为了防止游廊游走、移闪，每隔三四间，柱子下脚要做套顶长榫深埋在基础之内。游廊拐弯转角处使用异形梅花柱子，转角采用斜梁做法，屋面转角处阳角使用压金刀把角梁，阴角使用凹角梁，转角的凹角梁两侧钉蜈蚣椽子，阳角起翘安装翼角翘飞。

在园林景观山坡地中，地形坡度较大，爬山廊一般会采用叠落式做法，廊子以间为单位像台阶踏步一样分层水平叠落，大木架相互水平错落产生一定的水平高差，低跨博风紧贴上层檐柱，檐部额枋一端做榫插在上层檐柱身上，檐檩穿透博风板做榫与上层檐柱相交，檐垫板与博风相交，月梁插在上层檐柱之间，上层檐柱子里侧下层月梁下皮至下层檐枋上皮位置安装小槛框做迎风板。为了防止山坡地因风阻导致爬山廊游走、倾斜、歪闪，爬山廊的柱脚以下都应做套顶长榫深埋在基础之内。爬山廊柱顶石可与阶条连做，亦可与斜面台明连做，要防止斜台明下滑带动廊子倾斜。叠落廊子檐部可安装吊挂楣子，下面可砌筑坎墙防护，亦可安装寻杖栏杆，还可以封闭安装景窗。采取哪种方式还应根据景观需要酌情而定。

在坡度较小的地形中，爬山廊子可随着地形坡度做成与地面坡度平行的斜坡廊子，斜坡廊子的最大坡度角高度不宜超过坡长的1/6，地面做踏步或礓磜，斜坡廊子檐柱、四架梁、月梁、瓜柱立面竖向构件都是水平垂直，横向层面都是平行于斜坡地面。柱头、柱脚、四架梁、月梁、瓜柱头柱底面也都是随着地面坡度倾斜，所以进深方向的梁架、椽子飞头等构件截面与面宽方向的构件节点，都会出随着地面平行出现角度。为了防止斜坡廊子大木构架或构件随着坡度下滑倾斜，斜坡廊的柱脚以下都必须做套顶长榫深埋在基础之内。为防止柱顶与斜台明下滑带动廊子倾斜，斜坡廊的台明与斜面柱顶石亦可连做。斜坡廊子檐部可安装吊挂楣子，下面可砌筑坎墙防护或砖砌坐凳，这样有也助于防止爬山廊下倾。亦可安装寻杖栏杆，还可以封闭安装景窗。采取哪种方式还应根据景观需要酌情而定。一般斜坡廊子根据坡地修整分段爬坡，就像楼梯休息平台一样，二至三间斜坡廊子就要加设一段水平廊子，斜坡廊子与水平廊子相互搭配结合，防止斜坡廊子整体下倾。这种斜坡廊子的设置方式也是传统爬山廊做法的一种安全保障（图9-151～图9-154）。

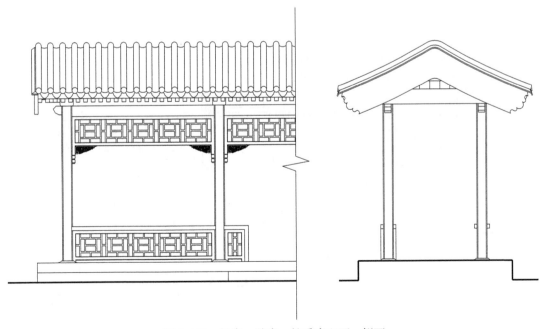

图 9-151　长廊、游廊、抄手廊立面、侧面

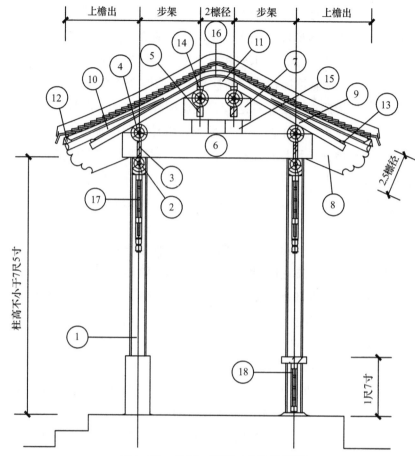

图 9-152　长廊、游廊、抄手廊剖面

1. 檐柱　2. 额枋　3. 垫板　4. 檩　5. 随檩枋　6. 四架梁　7. 月梁　8. 博风板　9. 老檐椽　10. 飞椽　11. 罗锅椽　12. 大连檐　13. 小连檐　14. 基条枋　15. 瓜柱　16. 望板　17. 吊挂楣子　18. 坐凳楣子

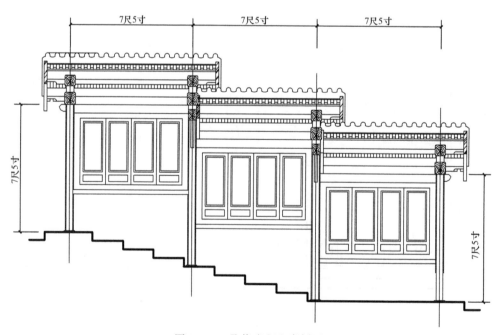

图 9-153　叠落式爬山廊剖面

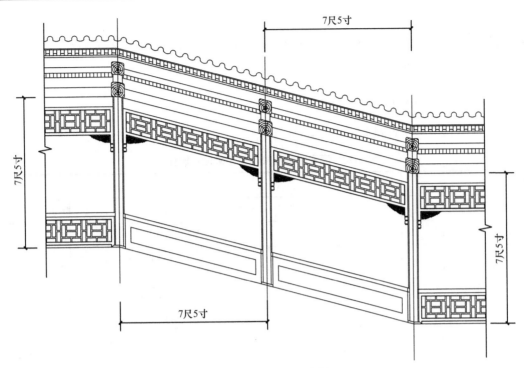

图 9-154　斜坡式爬山廊剖面

**1. 廊子面宽、进深、步架、举架、檐出**

① 廊子面宽一般不大于 7 尺 5 寸（2400mm）。

② 进深一般不小于 4 尺，不大于 5 尺。

③ 二步架加一个月步。檐步五举也可采用五五举。

④ 上檐出为柱高的十分之三。

**2. 廊子柱高、柱径**

① 柱高通常设定为 7 尺 5 寸，且不得低于 7 尺 5 寸（2400mm）。

② 柱径为柱高的 1/15。

**3. 廊子梁、枋、板、檩**

① 四架梁宽为柱径的 12/10。梁高为 1.5 柱径且不小于跨度 1/10。

② 月梁宽为四架梁宽的 9/10 且不小于 1 柱径。梁高为 1.2 倍柱径。

③ 檐枋高 1 柱径，厚 2.5 椽径。

④ 瓜柱宽 1.2 柱径、厚 1 柱径，梁垫宽 1 柱径、厚随需要。

⑤ 檩径同柱径。

⑥ 博风板宽 2.5 檩径，厚 1 椽径。

⑦ 垫板高 1 檩径，厚 8/10 椽径。

**4. 廊子椽、望、连檐及其他构件**

① 老檐圆椽为 1/3 柱径见方。飞椽径同老椽一头三尾。罗锅椽 1 椽径见方，高 2.5 椽

径做罗锅。

②大连檐宽、高均为1椽径。小连檐宽0.8椽径，高1/3椽径且不小于0.7寸。

③望板、闸档板厚0.5寸（15mm）。瓦口厚8分（25mm）。

**5. 廊子大木权权衡尺寸**

廊子大木权衡尺寸表如下（表9-24）。

**表9-24 廊子木构件权衡表（单位：檐柱径）**

| 构件名称 | 宽 | 厚 | 径 | 高 | 长 | 备注 |
|---|---|---|---|---|---|---|
| 檐柱 | | | 0.07自身高 | 7.5尺（2.4米） | | |
| 瓜柱 | 1.2 | 1 | | 按需要 | | |
| 四架梁 | 1.1 | | | 1.5 | 进深加两端各1.5梁头 | |
| 月梁 | 0.9四架梁宽或1柱径 | | | 1.3～1.5 | 月梁1步加两端各1.5梁头 | |
| 檐枋、 | 0.7 | | | 1 | 同面宽 | |
| 随檩枋 | 0.35 | | | 0.5 | 同面宽 | |
| 檐垫板 | | 0.5椽径 | | 1 | 同间宽 | |
| 檐檩、脊檩 | | | 1 | | 同间宽 | 梢间两端增加出梢 |
| 博风板 | 2.5 | 1椽径 | | | | |
| 燕尾枋 | | 1椽径 | | 1.5椽径 | 出梢长 | |
| 老檐椽 | | | 1/3柱径 | | （0.2檐柱高＋步架）×斜率 | |
| 罗锅椽 | | | 1/3柱径 | | 月步 | |
| 飞椽 | 1/3柱径 | 1/3檐柱径 | | | 飞檐出×4 | |
| 大连檐 | 1椽径 | 1椽径 | | | 同间宽 | 两端增加山梢 |
| 小连檐 | 0.8椽径 | 0.7寸 | | | 同间宽 | |
| 望板 | | 0.5寸 | | | | |

# 十、木牌楼（木牌坊）

牌楼也叫牌坊，是由古代村寨衡门、乌头门等，经过使用功能上的变化，逐渐演化出了祭祀用的棂星门，棂星（灵星）即天田星，汉代祭天要先祭灵星，宋天圣六年（1028年）筑台祭祀天地设置棂星门，后移至孔庙，用祭天的礼仪来表达对孔子的尊重。明、清时期棂星门不仅用于坛庙，还被广泛建于庙宇、陵墓、祠堂、衙署、园林和街旁道路之间，另外还具有褒扬功德节烈等含义。由此棂星门也随着其被广泛地使用，而逐渐演变成了牌楼。

由于牌楼的功能用途不同，所以在建造牌楼时又有阴属性和阳属性的区别，一般作为祭奠或褒扬功德节烈用的牌楼大多数会采用石牌楼，传统上认为石牌楼属阴。木牌楼多采用在地标性的位置或园林之中，传统认为木牌楼是阳性牌楼。在园林中寺庙前还采用一种砖牌楼和琉璃牌楼，这种牌楼也是较为常见的，通常认为属于中性牌楼。

木牌楼（牌坊）自身可分成三种形式：第一种是常用于园林中区域之间标志性的牌楼，也常用于庙堂山门的前面，作为进入庙区的标志。这种牌楼檐角起翘，有两柱单楼、两柱三楼、两柱带垂头五楼、四柱七楼等很多形式变化；第二种是过街牌楼，常建于街口的前边视为街道的标志。这种牌楼博风山做法较多，有时也会用博风山与檐角起翘混搭在一起的做法，过街牌楼一般都使用通天柱子，有两柱、四柱或两边带垂头等式样变化；第三种是牌楼建于铺面的前面，甚至与铺面房前檐结合在一起，这种牌楼变化很大，有带楼与不带楼两种形式，习惯上会把不带楼的称之为幌子牌坊（图 9-155～图 9-163）。

牌楼斗栱上一般都会采用如意斗栱的做法，两柱一楼牌楼多采用七踩斗栱。两柱三楼及四柱三楼牌楼，采用主楼九踩、边楼七踩斗栱，亦可主楼与边楼全部采用七踩斗栱。两柱两侧带垂柱的五楼牌楼，可采用边楼五踩、次楼五踩、中楼七踩斗栱，亦可采用边楼五踩、次楼七踩、中楼九踩斗栱。四柱七楼牌楼，采用边楼五踩、夹楼五踩、次楼七踩、主楼九踩斗栱。铺面幌子牌楼上的斗栱变化较大，有时会有品字斗栱、麻叶斗栱甚至还有无斗栱的菱角木做法。

凡是木柱子的木作牌楼都必须使用戗柱，戗柱对称支戗在牌楼大额枋以下，戗角一般为一二斜至一四斜之间。可根据牌楼实际的高矮体量，上面夹角酌情在 30°左右。不使用戗柱的木柱牌楼遇到风吹时很容易倾覆。我们所看到的很多没有戗柱的牌楼，都是近代重修时把牌楼下架柱子额枋、龙门枋等木结构改为了混凝土框架结构，才取消了戗柱。

图 9-155 七、九踩二柱三楼牌楼

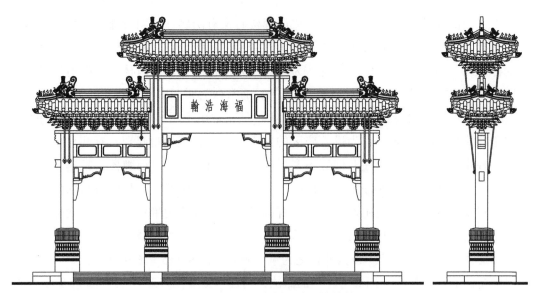

图 9-156  七、九踩四柱三楼牌楼

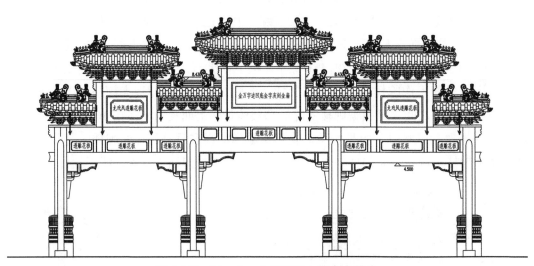

图 9-157  五、七、九踩四柱七楼大木牌楼

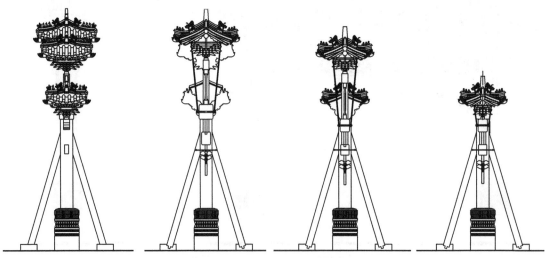

图 9-158  五、七、九踩四柱七楼大木牌楼侧立面、剖面

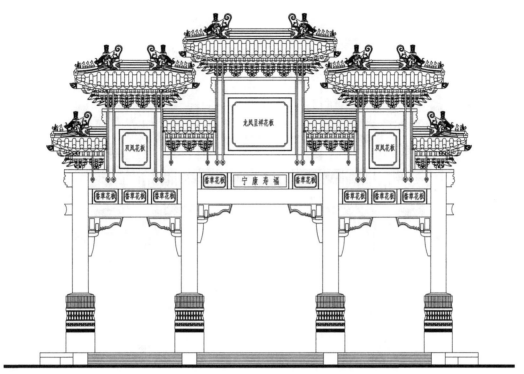

图 9-159　五、七踩四柱七楼小牌楼

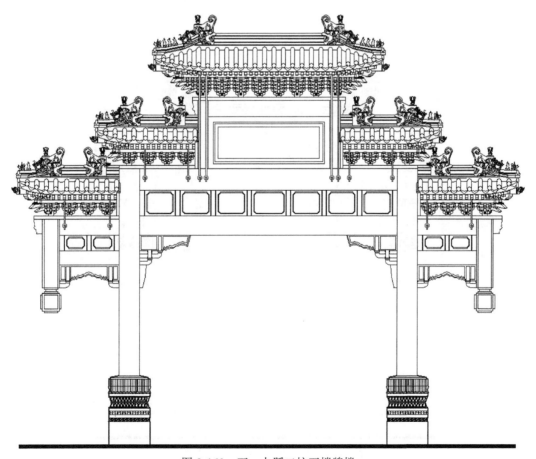

图 9-160　五、九踩二柱五楼牌楼

图 9-161　五、七、九踩二柱五楼过街牌楼

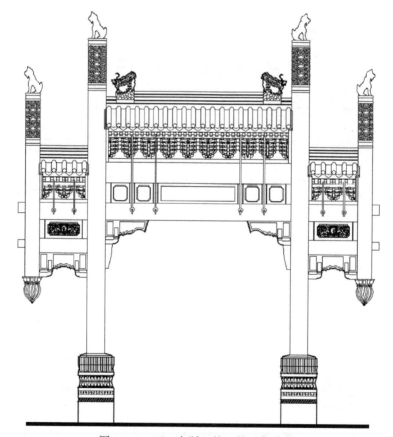

图 9-162　五、九踩二柱三楼过街牌楼

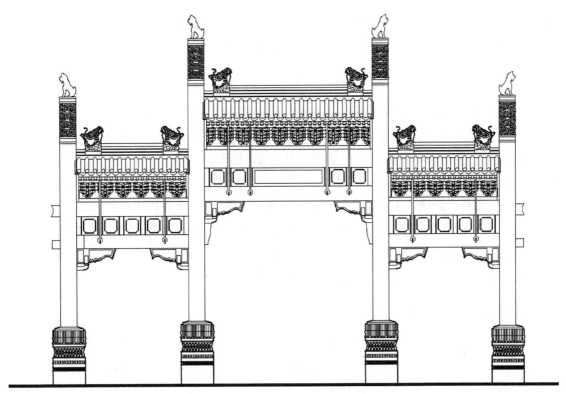

图 9-163　七、九踩四柱三楼过街牌楼

　　木牌楼的构造除了斗栱之外，结构构造要求严谨。首先牌楼的木柱子的埋头，要求由地平算起埋深为地上柱高的一半，之下为瓦作的基础磉墩灰土夯实与柏木地桩。磉墩之上摆放柱顶和套顶，柱根插入套顶石坐在柱顶石之上，夹杆石的埋头是地上露明夹杆石的8/10，通过夹杆石把柱子牢固地固定在基础之内。其上牌楼大木架高栱柱下部采用长榫，穿透龙门枋和大额枋插在下面的小额枋之上，长榫通过与龙门枋、大额枋、小额枋的串接增强了高栱柱抵抗弯矩的能力。高栱柱头之上与下架柱头之上采用灯笼榫连做，斗栱安装在高栱柱上，使斗栱与高栱柱结合成一个构造整体，其中也包括平身科斗栱灯笼榫，这样便增强了上下架构造的延续关系，使牌楼的上下架结构贯穿为一个整体。牌楼的特点是一个一字形的建筑，为了减轻风阻荷载对牌楼的影响，斗栱之间不使用垫栱板，牌楼上的花板采用透雕两面对称做法。为了防止风荷载对牌楼的影响除了下架有戗柱以外，上架还加设了对称的霸王杠挺钩，辅助灯笼榫确保主次边楼等顶部安全。木牌楼由于受到木材材质与长短尺寸、截面粗细大小的局限限制，很少有体量较大、跨度较大的建筑作品，一般牌楼较大时，下架都会采用混凝土框架结构。混凝土框架还可以使牌楼出现很多种变化，如悬挑垂柱式的牌楼等。

　　清代牌楼口份多为1.5寸做法，明代牌楼口份有的使用1.5寸斗口做法，也有的使用2寸斗口做法。在刘敦桢先生的《牌楼算例》中，把四柱七楼牌楼明间面阔定位17尺，把四柱七楼牌楼次间面阔定位15尺。其实四柱七楼牌楼明间面阔与次间的面阔尺寸设定是根据牌楼大小而发生变化的。不管是二柱三楼或四柱三楼还是四柱七楼，面宽的变化主要在于斗栱攒档的多少，在于主楼、次楼、夹楼、边楼的斗栱攒档分配上，木结构框架的牌楼除了斗栱的分配，还应考虑面阔梁枋（龙门枋、大额枋）的跨度截面尺寸，考虑我们所能采集到的木材径级的尺寸。而混凝土框架结构则不受此限制。

### 1. 面阔

① 两柱一楼面阔 7～9 个斗栱攒档（根据牌楼体量酌情而定）。

② 两柱三楼通面阔，主楼 7～9 个斗栱攒档，两侧边楼 5～7 个斗栱攒档。

③ 两柱带垂柱五楼通面阔（包括通天柱过街牌楼），主楼 5～7 个斗栱攒档，边楼以 2～4 个斗栱攒档，跨楼 2～4 个斗栱攒档。

④ 四柱三楼通面阔，主楼 9 个斗栱攒档，两侧边楼 5～7 个斗栱攒档。

⑤ 四柱七楼通面阔，主楼 7～9 个斗栱攒档，夹楼 4～6 个斗栱攒档，次楼 3～5 个斗栱攒档，边楼 2～3 个斗栱攒档。

铺面幌子牌楼及牌坊面宽应随身后主体建筑确定。

### 2. 檐出、举架、冲翘

① 采用五踩如意斗栱时檐出 7.5 斗口，檐角出冲 4.5 斗口（冲三翘四撇半椽）。五五举拿头。

② 采用七踩如意斗栱时檐出 9 斗口，檐角出冲 4.5 斗口（冲三翘四撇半椽）。五五举拿头。

③ 采用九踩如意斗栱时檐出 12 斗口，檐角出冲 4.5 斗口（冲三翘四撇半椽）。五五举拿头。

### 3. 柱高、柱径

① 二柱一楼牌楼、两柱三楼牌楼柱高 120～135 斗口，上加灯笼榫长，下加 50 斗口管脚埋头得柱高。柱径 10 斗口。柱高根据现场实际情况调整，有消防要求时开间无障碍高度不小于 4500mm。

② 四柱三楼牌楼龙门柱高 135 斗口，上加灯笼榫长，下加 50 斗口管脚埋头得柱高。柱径 10 斗口。柱高根据现场实际情况调整，有消防要求时明间无障碍高度不小于 4500mm。

③ 四柱三楼牌楼边柱高 100 斗口，上加灯笼榫长，下加 50 斗口管脚埋头得柱高。柱径 10 斗口。柱高随着龙门柱的高度变化调整。

④ 四柱七楼牌楼龙门柱、边柱高 120～130 斗口，上加灯笼榫长，下加 50 斗口管脚埋头得柱高。柱径 10～11 斗口。有消防要求时明间无障碍高度应高于 5000mm。

⑤ 过街牌楼明间无障碍高度 5000mm，柱高在此基础上向上增加 100 斗口，上加云罐榫长，下加 50 斗口管脚埋头得柱高。柱径 10～11 斗口。

过街牌楼次间边柱高随着明间柱高变化调整。柱径 10 斗口。

⑥ 铺面幌子牌楼及牌坊，柱高下架净空应随身后主体建筑确定，再加上架做法（通天柱上加出头加云罐榫长），加管脚埋头得净高。柱径 6～7 斗口。

⑦ 梅花高栱柱高从龙门枋或大额枋上皮至柱头 60 斗口，上加灯笼榫长，下加通间柱榫得柱高。柱径 6～7 斗口见方。

⑧ 跨楼垂柱高约 100 斗口上加云罐榫长得垂柱高。柱径 6～7 斗口。

⑨ 牌楼戗柱下面夹角控制在 60° 左右且不大于 70° 夹角，柱径不小于 5～6 斗口。

**4. 梁、枋、板、桁**

① 龙门枋位于龙门柱头之上,承托主楼高棋柱及以上构造,梁宽 10 斗口、高 12 斗口。开间大跨度,可依跨度比调整截面高度。

② 大额枋位于龙门枋两侧,承托次楼高棋柱及以上构造,梁宽 9 斗口、高 11 斗口。开间大跨度,可依跨度比调整截面高度。

③ 小额枋位于龙门枋与大额枋之下,承托花板、间柱等构造,梁宽 7 斗口、高 9 斗口。开间大跨度,可依跨度比调整截面高度。

④ 平板枋(坐斗枋)宽 4 斗口,高 2 斗口。

⑤ 正心桁、扶脊木直径 4.5 斗口。

⑥ 挑檐桁直径 3 斗口。

⑦ 老角梁、仔角梁、由戗宽 3 斗口,高 4.5 斗口。

⑧ 主楼大匾厚 2 斗口。

⑨ 次楼大花板厚 1.5 斗口。

⑩ 小花板厚 0.8 斗口。

⑪ 夹山博风板(坠山花板)厚 1.5 斗口。

**5. 椽、望、连檐及其他构件**

① 灯笼榫 3 斗口见方。

② 枕头木高 3.5 斗口,厚 1.5 斗口。

③ 老檐圆椽径 1.5 斗口。

④ 飞椽一头三尾,径 1.5 斗口见方。

⑤ 大连檐宽 1.5 斗口,高 1.5 斗口。

⑥ 小连檐宽 1.4 斗口,高 0.5 斗口。

⑦ 望板厚 0.5 寸。

**6. 木牌楼大木权衡尺寸权衡表**

木牌楼大木权衡尺寸权衡表如下,以供参考(表 9-25)。

表 9-25  木牌楼构件权衡表(单位:斗口)

| 构件名称 | 长 | 宽 | 高 | 厚 | 径 | 备注 |
|---|---|---|---|---|---|---|
| 柱 | | | | | 10~11 | |
| 戗柱 | | | | | 5~6 | |
| 幌子牌楼柱 | | | | | 6~7 | |
| 高棋柱 | | 6~7 | | 6~7 | | 见方的梅花柱 |
| 跨楼垂柱 | | | | | 6~7 | |
| 龙门枋 | | | 12 | 11~12 | | |
| 大额枋 | | | 11 | 9 | | 高不小于跨 1/11 |

续表

| 构件名称 | 长 | 宽 | 高 | 厚 | 径 | 备注 |
|---|---|---|---|---|---|---|
| 小额枋 | | | 9 | 7 | | |
| 平板枋 | | 4 | 2 | | | |
| 正心桁 | | | | | 4.5 | |
| 扶脊木 | | 4.5 | 4.5 | | | |
| 挑檐桁 | | | | | 3 | |
| 刀把角梁 | | | 4.5 | 3 | | |
| 夹山博风 | | | | 1.5 | | 也叫坠山博风 |
| 灯笼榫 | | 3 | | 3 | | |
| 龙门雀替 | 1/4 面阔 | | 21 | 3 | | 高包括上下双栱 |
| 雀替云瓶 | 18 | 3 | | 3 | | |
| 五福云翘 | 21 | | 4.5 | 3 | | |
| 灵芝麻叶翘 | 21 | | 4.5 | 3 | | |
| 中心大圐 | | | | 2 | | |
| 镂空大花板 | | | | 1.5 | | |
| 枋间小花板 | | | | 1 | | |
| 槛框 | | 3.5 | | 3.5 | | |
| 小间柱 | | 3 | | 3 | | |
| 椽子、飞椽 | | 1.5 | | 1.5 | | |
| 大连檐 | | | 1.5 | 1.5 | | |
| 小连檐 | | | | 0.5 | | |
| 枕头木 | | | 3.5 | 1.5 | | |
| 望板 | | | | 0.35 | | |

# 第十章　古建筑木材

## 一、古建筑常用木材的种类

我国古建筑多以木结构为主，木材的使用量占建筑材料总量的50%～60%，木材材质的选择直接影响着建筑结构安全质量标准和使用年限。在古代建筑中常用的木材树种有针叶类和硬杂阔叶类，另外还有一些较为高档的树种。通常我们会把抗压、抗拉、抗剪、弹性模量较强、耐腐蚀、耐糟朽的木材用于结构受力的构件，相对较为柔软、不易变形的木材用于门窗与装饰装修上。在北方的古建筑中结构用材大部分以东北、华北、西北的落叶松、鱼鳞松、柏木、铁杉、黄杉、樟子松、西伯利亚落叶松等松木为主，其中也有榆木、柞木、槐木、青蜡、水曲柳等硬杂类树种，还有柳桉和一些较高档的樟木、楠木等南方树种。这些树种在材质上都是抗压、抗拉、抗剪、弹性模量较强的。针叶类松、柏、杉木等树种多松脂、不易糟朽，一些硬杂木具有特殊的芳香树脂，也是不易糟朽的树种。通常我们在考虑结构构件材质时，会以落叶松的抗压、抗拉、抗剪、弹性模量最低数值作为基本数值参考，大于该数值且不易糟朽的木材才能作为结构用材。同样，对于装修装饰用材，我们会考虑那些不易变形、不易糟朽、比较柔软的木材，或采用纹理美观、质地考究的高档硬木材质。装修装饰木材抗压、抗拉、抗剪、弹性模量的数值相对于结构用材是可以低一些的。常用的木材种类有红松、红皮云杉、马尾松、雪松、白松、杉木、椴木等，纹理美观的软、硬杂木有黄波罗、水曲柳、榆木、秋木、臭椿等，还有材质高档的楠木、樟木、红木、紫檀、花梨等。

近年来由于我国资源禀赋所限，以及实施的天然林资源保护工程，所以古建修缮和仿古建筑所需的大径级木材稀缺，无法满足需要，只能采用一些进口木材。对于进口木材的品类、材质性能要通过权威木材检验部门进行检测，检测的各类数据与耐腐性不得低于我国本地结构用材和装修用材的各项数值。

## 二、木材的物理性能与强度变化

木材是自然生长的天然材料，把树木截成段、锯解开就可以看到木材的构造，有树皮、有增长的年轮，树木截面的内外可分成头標、二標、髓芯等部位，木材是由许多管状细胞组织构成的纤维状有机物体。由于树木生长的自然条件不同，或朝阳背阴的环境不同，同种木材的质地也会有所不同，木材的阴面年轮木筋比较密实、弹性与抗拉较强，阳面年轮木筋比较稀疏、抗拉较弱。所谓的木材强度就是木材的单位面积受力时的承载能力，也就是木材单位面积的受压、受拉、受弯、受剪的强度，不同树种不同材质不同的强度。由于木材是天然有机材料，在自然环境中受到干燥、潮湿和风吹、日晒等诸多因素影响，时常会有呲裂、轮裂发生，也会出现虫蛀糟朽、降解现象。这些不利因素都会对木材的材质产生破坏性影响，导致木材物理性能降低缺失。因此在选用木材材质过程中，还应考虑到这些因素并采取一些必要的预防措施，使木材不发生或减小发生材质质量下降的不利因素。

我们知道针叶类树种中落叶松、鱼鳞松、柏木、铁杉、黄杉、樟子松、西伯利亚落叶松等木材的纤维质干湿收缩变化强度较高，自然干燥较慢而且容易开裂，特别是落叶松（黄花松）在干燥过程中还容易产生轮裂，但是它的耐腐性极强。而红松、红皮云杉、马尾松、雪松、白松、杉木等耐腐性很强，但其他的力学性能较低，很容易受虫蛀（白蚁蛀蚀）。所以我们在选择使用木材时，首先要考虑材质物理性能，同时也要考虑到它的各种缺失和不利因素。并采取必要的干预手段，做好干燥处理和防腐处理。干燥处理时要根据构件的使用性质采取不同的处理方法。

结构构件要求自然干燥，自然干燥的木材不会对材质物理特性造成影响，为了使木材体内水分挥发，避免产生呲裂、轮裂，传统做法会把木材锯解的两端进行密封打箍处理保留树皮，使木材置于干燥通风之处，在树身上分段破皮开窗，这种干燥方式时间较长木材不易开裂。传统做法还有去除树皮后打箍使用防裂环，这样可缩短干燥时间也能起到一定的防裂作用，但是木材的表面还会出现部分微裂。为了使木材快速干燥，我们通常会把木材粗加工成规格毛料板方材，然后进行烘干处理，这种处理方法会使木材天然物理特性强度降低，导致弹性模量下降，不利于结构构件的使用。还有一种较好的蒸压快速干燥处理方法是值得推广的，通过蒸压处理木材，既可达到干燥要求，又能保持木材物理强度不发生较大的变化。

木材由于生长环境、土质、土壤、地区气候等诸多因素，木材在生长过程中会有很多变化，产生很多缺陷，这些缺陷都会对木材的强度造成影响，降低木材质量，为了减少降低木材缺陷对材质强度的影响，我们就应合理使用木材，了解木材所存在的缺陷，常见的木材缺陷有以下几种。

## （一）木节子

树木在分叉或生长枝条过程中会形成木节，枯枝死后会留下死节，树身上的节子使木材直顺通畅的纹理产生一个旋节点，尤其是枯枝死节还会给木材留下孔洞，造成木材构件拉力分布不均降低了受拉强度，同样在木构件受压时降低了木材的弹性模量。根据以往的木材力学试验我们知道，当木节宽度为木料宽度的1/4时，受拉强度只有标准试件35%，当木节宽度为木料宽度的1/3时，受拉强度只有标准试件29%。如果标准试件顺纹受拉极限强度为每平方厘米1000kg时，这种木节构件受拉极限强度只有每平方厘米270kg。由此可见木节对木材强度质量影响是很大的，我们在选配使用木材构件时应特别注意。根据传统木作配料要求，主要结构构件上不应存在死节，结构构件上的活节集中分布间距不应小于200mm，大小不应超过构件截面高或直径的六分之一，且活节所处木构件位置不应在受弯和受拉区位。

选择木材配料时应检测木节，凡是构件截面高、厚1/2位置的横竖木节都属于中间位置，对木材受力会产生一定影响，不应使用在结构受弯、受拉、受剪构件。凡是构件截面高、厚 1/2 以下位置的横竖木节都会对木材受力会产生重大破坏性影响，禁止结构构件使用。在检测木节时应按木材截面垂直尺寸计算，木节尺寸在 10mm 以下且小于材面 1/10 时可以不计。

## （二）斜纹

木材纹理纤维不直顺而是不正常斜纹乱丝，我们把这种材质纹理称之为木旋或扭转纹。在圆木加工锯解不当时也会使木材出现斜纹，不管是天然斜纹还是人为造成的斜纹都会降低木材强度，我们这里所指的斜纹是木材顺身纹理，不是截面年轮木纹。通过实验木材顺纹受拉的极限强度每平方厘米 1000kg，受弯极限强度每平方厘米 750kg，斜纹受拉、受弯强度会减少一半。一般木料中顺身斜纹的长度小于总长度 3/5 时对木材构件受拉、受弯强度影响很大，不应使用在受力的结构构件上。

## （三）裂纹

在树木砍伐后受到外力和温湿变化影响，木材纤维之间会出现剥离和撕裂现象。一般我们把沿着年轮剥离开裂称之为轮裂，发生轮裂一般都是因为树木湿度较大，砍伐后木材端头风干过快，端头水分与树身内的水分挥发不同步，木材管状纤维与木筋收缩不同步，导致管状纤维与木筋离股开裂。同样如此树身剥皮后也会出现层次剥离的轮裂现象。轮裂对木材破坏性最大，往往造成木料彻底报废。为了预防木材发生轮裂，我们在木材较湿的情况下需要采取一些人工干预方式，使木材干燥过程中内外水分同步挥发湿度接近，避免内湿外干造成木筋与纤维层发生强烈分化。

木材撕裂是指沿着木材顺身方向的裂纹，这种裂纹大部分都是因为木材在干燥收缩过程中木材管状纤维薄厚分布不均，收缩力不均衡造成的。通常是木材截面尺寸越大则裂缝越大。有些贯通裂纹对木材强度的影响是很大的。尤其是对受弯构件的影响最大，为了减少木材贯通裂纹的发生，在木材干燥过程中通常也要采取一些打箍封堵端头等人工干预采预措施。

## （四）含水率

木材的含水率对材质强度的影响也是很大的，新砍伐的木材水分在纤维细胞壁和纤维细胞腔，细胞腔内的水分叫作"自由水"，与细胞壁结合在一起的水分叫作"吸收水"，潮湿的木材首先蒸发的是自由水，自由水蒸发后吸收水尚含在细胞壁中，这时木材的含水率叫作木材纤维饱和点，不同树种的木材饱和点也是不同的。木材的含水率用实验数据来表示：实验木块原重量 240 克，烘干后木块重量 200 克，木块去掉水分 40 克。木材含水率为 40 克除以 200 克乘以 100％ 等于含水率 20％。木材纤维细胞腔中自由水分蒸发很快，对木材体积和强度没有任何影响，而木材细胞壁中吸收水蒸发时就会使木材体积收缩，甚至造成木材翘曲干裂影响强度。通过实验我们能看到含水率对木材受压和受弯的强度变化影响很大，当含水率由 15％ 增加到 30％ 时，木材顺纹受压强度会逐渐下降，木材的弹性模量也会随着含水率的增加而减小。这就说明木材的强度变化是受到木材含水率直接影响的一个重要因素。同样除了含水率影响以外，温度变化与木材受力时间长短也是影响木材强度的一个主要因素，通过实验当温度由 25℃增加到 50℃时，木材受压强度降低 20% 至 40%，受拉、受弯、受剪强度降低 12% 至 20%，长期受力的木材比短期受力的木材强度低很多。同样以一种固定形状长期受力的木材，其木材纤维状态已形成僵化固定状态，这就是我们在古建筑大木修缮过程中，强调的构造中旧有柁木檩件继续使用时要原位归安不得换位和翻身使用的原因所在，旧有木材构件使用时不得改变原有受力状态，否则就会发生断裂。

# 三、木材的防腐防虫的处理

在古代建筑修缮过程中，我们经常遇到木材构件糟朽和虫蛀损坏等情况，如古建筑的柱子根部或墙内柱子长期潮湿受到霉菌侵蚀造成糟朽，梁架、檩、枋因长期受到屋面渗漏影响局部糟朽，木望板长期受到室内外温湿度、冷凝水变化导致木件材质降解碳化糟朽等，还有因白蚁、钻木虫等虫害造成木材损毁等。这些都是导致古建筑毁坏的主要因素。为了解决和预防古建筑的腐朽虫害问题，古代工匠们也有很多预防措施和做法。如古建筑墙体砌筑时把木柱与墙体接触部位叉上瓦花，瓦花空当内填灌白灰，起到防潮、祛湿、杀虫的作用，墙体柱根位置预留透风保持柱根通风干燥，又如古建地基中使用的木桩浸泡桐油、涂刷臭油（沥青原油）等，这些都是古代建筑施工防腐、防虫的有效处理方法。

如今我们知道木材经常处在潮湿、密不透风的环境中，就会受到微生物和真菌的侵蚀产生腐朽，常见的木腐菌有酶菌、变色菌、腐朽菌等。常见危害木材的虫害有白蚁缲、甲虫孔等，木材的腐朽和虫蛀是造成木构件损坏的主要原因，所以我们在选择使用木材材料时，首先要采取有效的防腐、防虫技术措施，预防渗漏潮湿，控制好木材干湿度水分的变化，不给木腐菌生长繁殖的条件。其次考虑做好木材的防腐、防虫处理。如今我们采取的防腐、防虫办法都是使用化学防腐药剂进行处理，化学防腐药剂一般要求其化学性质持久稳定、毒性渗透力很强、不易挥发，要对菌类、昆虫、海洋钻孔类动物毒杀效果很强。要对人畜低毒无害、安全性高。很多化学防腐药剂酸、碱性是很强的，也应预防受到腐蚀性的侵害。常用的木材防腐施工措施有涂刷、浸泡、填埋、真空蒸压等诸多方法。要选择针对性强的防腐、防虫药剂，施工操作方法应简便、易操作，实用而有效。

# 附录一  怎样区分明代、清代建筑木作 "做法" 中的不同做份

　　在我们讲述明、清建筑时，很多人把明、清建筑混为一谈，很多从事古建筑设计与施工的人员受到社会行业环境的影响，也没有人认真去追究明、清建筑究竟有什么不同之处。下面就把明、清建筑木作 "做法" 中的做份不同之处做一个陈述，为从业人员更好地掌握明、清时期古建做法特征，为今后文物古建筑保护与修缮工作提供一些有价值的依据。

　　明、清建筑木作 "做法" 中很多做份尺度都是不一样的。明代早期的建筑柱头都是要做卷杀的，这种做法沿袭了宋辽时期的做法，但是与宋辽卷杀做法的做份尺度不同，明代柱头卷杀的起始高度为 6 个斗口或一个檐柱径，卷杀向里收分 0.6 斗口，再向里 0.6 斗口做圆角，或向里收分 1/10 柱径再向里 1/10 柱径做圆角，明中晚期柱头圆角逐渐不再采用卷杀做法（附图 1-7）。到了清代早期，大式柱头外檐按照里 0.6 斗口、外一斗口做抹角，清后期柱头不抹角，保持直楞硬角（附图 1-7）。明代梁枋截面一般宽与高的比例 2:3，不同于清代梁枋宽与高 4:5 的比例。明代梁枋圆角裹楞看面较大，裹楞同样要采用卷杀做法，卷杀断面尺寸按照高 1.2 斗口分四份、底边长 0.5 斗口分四份做卷杀圆角。而清代梁枋圆角裹楞则按照梁枋断面高与宽各自的 1/10 做圆角（附图 1-7）。明代早期柱头与额枋连接榫卯多用螳螂头榫卯，桁檩对头连接同样多用螳螂头榫卯。明代中晚期时，柱头与额枋连接榫卯出现了带有袖肩的燕尾榫卯，清早期柱头与额枋连接燕尾榫卯带有袖肩，清中期以后很多燕尾榫卯不再使用袖肩（附图 1-7）。明代官式建筑檐口老檐椽、连檐为里口木做法，望板包括压飞椽尾子都是使用顺望板，桁檩除了上下金盘线横向两侧还要加抛。清中晚期以后，桁檩除了上下使用金盘线横向不再加抛。明代大式建筑斗栱低于五踩时椽子直径采用 1.5 斗口，当斗栱达到五踩之上时椽子直径 1.7 斗口（椽径要增粗 0.2 斗口）。明代早期昂翘斗栱中，昂头耷拉斜的起点垂直于上面十八斗两腮要做华头子（掏耳朵眼），昂头垂直方正，升与斗 0.4 斗底斜面打凹做颤。清代昂翘斗栱中，昂头耷拉斜以下面十八斗底向前 0.4 斗口为起点，清中晚期昂头两侧拔梢 0.1 斗口，这种做法在皇家园林建筑中比较常见（附图 1-7）。明代与清代早期挑尖梁峰头长度 4.5 斗口是回峰做法，清中期以后挑尖梁峰头长度 5.5 斗口是向外出峰做法（附图 1-7）。在传统的官式建筑中，明、清庑殿两山屋面做法有着很大的区别，明代庑殿山面不做推山，山面撺檩做法与前后坡度一致。而清式庑殿山面步架举架要做推山（见本书中 "清式庑殿推山之法"）。歇山建筑收山尺寸也不一样的，清代建筑一般规定以山面檐柱中向内收一个檐柱径为博风板的外皮，山花板、踏脚木、草架柱子向里收。明代歇山建筑收山变化较大，一般收山不小于 1.5 倍檐柱径，不大于半个檐步架，早期明代歇山建筑中除了皇家宫殿必需使用山花板外，寺庙建筑中很多歇山建筑不使用山花板，只封堵象眼板，博风板上挂搭木悬鱼。明、清建筑中步架、举架的分配制度

也是不一样的，清代官式建筑讲究步架、举架跨高比为五举拿头、九五举收，最多再增加一平水，也就是檐步以五举起步，到脊步最多在九五举的尺度上再增高一个檐垫板的高度。而明代步架是以前后撩檐1/3先定脊的总高度，再按照分配出的步架，由上向下每步按照1/10、1/20、1/40递减摔櫊找坡。所以明、清建筑屋面坡度是不一样的。同样，明代步架除了廊步及两山外檐顺梁对柱中，金柱内每步架分配也是从下向上以1/10、1/20、1/30递减，金柱里面最下层的下金步架应小于下层檐步架或廊步架，也就是说从廊步、檐步向上至脊步架，一步比一步小。而清代步架大式22斗口、小式四柱径或均分。以上这些明、清建筑木作中做份的不同之处，都是我们在今后鉴别明、清建筑做法的重要依据，也是我们在修缮明、清文物建筑施工过程中要特别加以重视的做法重点。

附图 1-1　明代两山顺趴梁与挑尖梁头做法

附图 1-2　明代平板枋对接双螳螂头榫

附图 1-3　明代桁檩头对接螳螂头榫做法

附图 1-4　明代椽子绞掌与顺望板做法

附图 1-5　明代里口木与大连檐做法

附图 1-6　明代翼角铺设顺望板做法

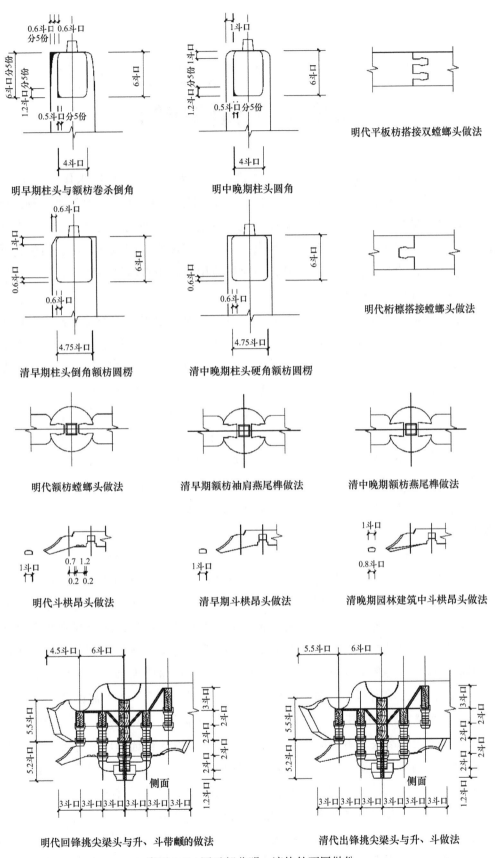

明代平板枋搭接双螳螂头做法

明早期柱头与额枋卷杀倒角

明中晚期柱头圆角

明代桁檩搭接螳螂头做法

清早期柱头倒角额枋圆楞

清中晚期柱头硬角额枋圆楞

明代额枋螳螂头做法

清早期额枋袖肩燕尾榫做法

清中晚期额枋燕尾榫做法

明代斗栱昂头做法

清早期斗栱昂头做法

清晚期园林建筑中斗栱昂头做法

明代回锋挑尖梁头与升、斗带颤的做法

清代出锋挑尖梁头与升、斗做法

附图 1-7　图示部分明、清构件不同做份

# 附录二　古建木作、瓦作、石作构造常规做法应知

古代建筑行业中我们都知道有八大作的说法，其实建筑行主要以木作、瓦作、石作、油画作这四作为主，还有砸（杂）作（灰土工）、扎踩作（架子工）两个辅助工种。有了这四大作和两个辅助作，古建筑传统施工作业就基本定局了。油画作也是主作，只有在官式建筑油漆彩画施工时才会彰显出其主要特点。另外，裱糊作（糊顶棚、红、白事扎纸活）、抓作（泥塑）等在建筑中都是辅助工种，当建筑使用功能中有特别需要时，才会在后期进入工程，发挥其特有的工种特征。

古建施工都是以木作为头，以大木架做法与构件的尺寸作为整个建筑各个部位比例衡量的标准，瓦作、石作的做法与尺寸的定制也受到大木作制约。例如：瓦作、石作摆地放线，外边线尺寸要以木作上出尺寸作为下出衡量标准（上出三下出二），以檐柱外皮向外0.8～1檐柱径定山墙外皮尺寸，砌筑陡板基础、码放磉墩都要以木作仗杆为标准，按照木作升线尺寸外放升线，墙下碱按照檐柱高度1/3定高，窗槛墙按照檐柱高度3/10定高（槛墙高限不超过3尺），台明高度为下出的8/10或与下出尺寸相同。柱顶石平面宽窄见方为2倍柱径、厚1倍柱径，鼓径高度1/5柱径，台明阶条厚1/2～2/3檐柱径（厚度一般不小于4寸，根据踏跺尺寸酌情选定尺），台明宽1.5倍檐柱径左右且不小于8寸。常规踏跺宽一尺（320mm）左右，较大的踏跺一般宽不会不超过1.2尺，较小踏跺一般不小于8寸。踏跺厚度一般控制在5寸左右且不小于4寸。

木作建筑等级标准和建筑体量决定着瓦屋面瓦作标准与瓦件颜色型号，一般"大式"殿堂和较大的建筑屋面使用琉璃瓦多为四样～五样瓦，较小一点的"大式"建筑多采用五样～六样瓦，亭子、牌楼多为七样瓦，宫墙帽多为八样～九样瓦。只有皇家等级才可以使用黄色琉璃瓦，皇家寺庙、神殿中使用琉璃瓦多为黄琉璃绿剪边，王府级别通常只能使用绿色琉璃。蓝色琉璃只能用于祭祀天地神庙。"小式"、"小式大做"等建筑使用灰布瓦，根据建筑形制、体量选择屋面形制做法、瓦号尺寸，一般体量中大型、等级较高的建筑采用1号～特号瓦，或选用削割瓦；中小型建筑、亭子等选用1号～2号瓦；高大宫墙、小门楼、廊子、大影壁等较小的建筑一般选用3号瓦；普通院墙、小影壁等一般使用10号瓦。

木作建筑等级标准决定着墙面做法等级标准，决定着砖料选择尺度标准，决定着石材选择和石料加工的式样标准。一般"大式"建筑中较大的宫墙、宫殿建筑上身红墙，其下碱多为大城样干摆或二城样干摆，陡板墙多采用大城样干摆或石材陡板。等级较高的建筑上身小停泥丝缝，下碱二城样或大停泥干摆，陡板墙多采用二城样干摆或大停泥干摆。一般中小型体量标准较高的建筑上身小停泥丝缝，下碱采用大停泥干摆或大停泥丝缝，陡板二城样干摆或大停泥干摆。一般民居墙体上身还有小停泥干摆五出五进或丝缝五出五进尚

白糙砌填芯抹靠骨灰墙面，下碱对应上身采用小停泥干摆或小停泥丝缝，陡板大停泥干摆或大停泥淌白。

　　在古建施工中，一个好的木作掌作师傅应该是整个建筑的总掌作，不光要全面掌握自身木作的各种做法，还应掌握以上这些相应瓦作、石作的基本常识，以便在木作施工中为其他工种预留出做份，指导并配合其他各作工种确定做法标准，确定瓦作、石作活茬工序搭接尺度，更好地为其他各作下一步施工创造条件，确保整个建筑在做法标准上和谐统一。

# 附录三 传统"八大作"中相对于"木作"的说法

在古代建筑行业中人们把工种划分成为八作，也就是行内人们说的石、木、瓦、砸（杂）、扎、油画、裱糊、抓这八个工种，俗称八大作。在八作中木匠行亦属于主要的大作，人们把木匠行也叫作中线行。旧时木匠行当中有盖房的大木作，有做门窗和家具的小木作（也叫装修作），有做硬木家具的小器作、木刻雕花匠，有制作轿子与马车的大车匠和马鞍子把式，有棺材匠、箍桶匠、投犁铧把式，这些木匠行当中由于制作物件不同的变化，进而演化出了不同的木作行业。在传统行业中人们把木作行业叫作木匠作坊，规模较大的叫做木厂子（明清时期的叫法），后改称营造厂（民国以后的叫法）。

木作行业（木匠行）有着悠久的历史，我们可追溯到春秋战国时期。春秋战国时由于铁器逐渐普遍使用，铁制的木匠工具广泛用于生产。这些工具主要有：斤（斧类）、锯、锥、凿、钻、铢（锤子类）、锛等；此外还有"规矩"（所谓"规"就是画圆形的工具，"矩"就是画方形或直角用的曲尺。《荀子·不苟》中说："五寸之矩，尽天下之方也。"），"绳"（即弹直线用的墨绳），"悬"（即测量垂直线用的线坠），"水"（测量水平线用的工具）。

在《周礼·考工记》中有这样的记载："凡攻木之工七……攻木之工：轮、舆、弓、庐、匠、车、梓。"这里的"轮"即车轮及车的各部位构件，制作轮的木工与管车轮之官也被称为轮人；"舆"即车厢和车轿，舆人泛指造车工人；"弓"是造弓的工人；"庐"是指造兵器矛、戈、戟柄的工人；"匠"是指主管营建宫室、城郭、沟洫的工人；"车（ju）"是指造车及农具的木工；"梓"是指造钟磬等乐器的架子和造饮器、箭靶的木工。

这时还有一种叫"檃栝"或"榜檠"的矫正木料曲直的工具，就是把木料经过蒸煮放在檃栝中，经一定时间把曲木压直或把直木压曲，以适合制作的需要，并防止以后变形。《荀子·性恶》中说："故檃栝之生，为枸木也。绳墨之起，为不直也……枸木必将待檃栝烝矫，然后直者。""枸"同"钩"，"枸木"即曲木。《荀子·大略》中说："乘舆之轮，太山之木也，示诸檃栝，三月五月，为帱采，敝而不反其常。"

木匠在做活中每一步骤都要使用专用工具，要遵循一定的操作程序。《墨子·法仪》中说："天下从事者，不可以无法仪……虽至百工从事者，亦皆有法。百工为方以矩，为圆以规，直以绳，正以悬，无巧工不巧工，皆以此五者为法。巧者能中之，不巧者虽不能中，放依以从事，犹逾已，故百工从事，皆有法度。"《荀子·儒效》中也说："设规矩，陈绳墨，便备用，君子不如工人。"

春秋战国时期木匠的工艺已经达到了很高的水平，鲁国著名的公输班就是杰出的代表。《墨子·鲁问篇》载："公输子自鲁南游楚，焉始为舟战之器，作为钩拒之备。退者钩之，进者拒之，量其钩拒之长，而制为之兵……公输子削竹木以为鹊，成而飞之，三日不下，公输子自以为至巧。子墨子谓公输子曰：'子之为鹊也，不如匠之为车辖，须臾斲三寸之木，而任五十石之重。故所为功，利于人谓之巧，不利于人谓之拙。'"

这里所说的公输班，是鲁国人，所以也叫鲁班，是战国初期著名的木匠，手艺高超，他"削竹木以为鹊，成而飞之，三日不下"，是说鲁班制作的木鸟，能乘风力飞上高空，三天不降落。他不仅木匠活技巧惊人，在征战频繁的年代，曾造"云梯"、"钩强"等攻城、舟战的器械，还能建筑"宫室台榭"。相传他创造了"机关备具"的"木马车"；发明曲尺、墨斗等很多种木制工具；还发明了磨子、碾子等，他的机巧勤劳对后世影响很大。几千年来鲁班一直被木匠、石匠、泥瓦匠等奉为共同的祖师，被后世尊为木匠的鼻祖。

说到木匠的祖师，还要提到另外一个人，那就是明朝第十五位皇帝明熹宗朱由校（1605～1627年）。朱由校有木匠天分，亦沉迷于刀锯斧凿油漆的工作，史载"又好油漆，凡手用器具，皆自为之。性又急躁，有所为，朝起夕即期成。成而喜，不久而弃；弃而又成，不厌倦也。且不爱成器，不惜改毁，唯快一时之意。""朝夕营造"，"每营造得意，即膳饮可忘，寒暑罔觉"。刘若愚《酌中志》载"又极好作水戏，用大木桶大铜缸之类，凿孔创机，启闭灌输，或涌泻如喷珠，或澌流如瀑布，或使伏机于下，借水力冲拥园木球如核桃大者，于水涌之，大小盘旋宛转，随高随下，久而不堕，视为嬉笑，皆出人意表。"他曾亲自在庭院中造了一座小宫殿（模型），形式仿乾清宫，高不过三四尺，却曲折微妙，巧夺天工。

朱由校不仅经常沉迷于刀锯斧凿油漆的木匠活之中，而且技巧娴熟，一般的能工巧匠也只能望尘莫及。据说，凡是他所看过的木器用具、亭台楼榭，都能够做出来。凡刀锯斧凿、丹青揉漆之类的木匠活，他都要亲自操作，乐此不疲，甚至废寝忘食。他亲手造的漆器、床、梳匣等，均装饰五彩，精巧绝伦，令人称奇。据《先拨志始》中记载：朱由校"斧斤之属，皆躬自操之。虽巧匠，不能过焉"。

朱由校16岁即位登基，天启七年因意外落水成病，后又因服用"仙药"而死，终年23岁。由于朱由校是木匠皇帝，崇祯继位以后民间相传朱由校是鲁班爷托生，那时木匠祖师牌位神龛中便有了木匠皇帝朱由校的坐像。旧时木匠作坊中掌作收徒、传作或遇有大事时都要给祖师爷的神龛上香磕头。这种行里的旧习俗一直延续到民国，新中国成立以后便自动废除了。

前面所讲的在木匠行中的作、匠、把式等，既可分为小的单独专业作坊，亦可整合到一起共同成为一个大的综合木业作坊或厂子。过去在木匠行中很多木作匠人的手艺技能都是一专多能，既会大木作盖房，同时也会小木作装修，还会做寿材，也会箍桶甚至也能打大车、投犁铧。小器作师傅不光会做硬木家具，也会木雕刻花。所以木作行业中又会因工艺制成品的变化分出单一不同的行档，在这里我们讲的八大作中的木作实际上是指盖房的大木作，其中也包含了制作门窗、内外檐装修的小木作。而小器作和其他的木业作行把式等属于木匠行业中的特殊作坊行当，不在传统八大作的木作解释范围之内。

# 附录四  明清建筑中小木作与小器作的关联

在古代建筑木作中，既有制作柁木、檩件的大木作，又有制作外檐门窗装饰内檐装户的小木作，按照《营造法式》的分类，建筑中的木结构屋架称为大木作；而大门、门窗、格扇与室内碧纱橱、花罩、屏风、楼梯、扶手栏杆以及天花藻井、龛橱等都称之为小木作。清工部《工程做法则例》称小木作为装修作，并把用于檐部面向室外的称之为外檐装修，用在室内的称之为内檐装修。由于室内装饰与装修的档次和材质的区别，以及随着室内配套家具材质的变化，制造中小木作（装修作）又分出小器作这个行业。小木作与小器作的区分，实则是以制作器具材质变化来区分界定，使用普通软杂、硬杂木材制作的门窗、器具等类型的物件都会划分在小木作范围以内，而使用高档硬木如花梨、紫檀、酸枝等红木材质的装修、家具物件以及木雕类饰件等都归属于小器作行。小器作除了使用花梨紫檀等红木类材质，也会用一些楠木、龙眼木、樟木、楷木（音 jiē mù）、红柞木（音 zuò mù）、黄杨木等。甚至小木作与小器作有时也会出现串行做活的现象，一般多为小器作串行做小木作。

宋代前期古建筑门窗形式比较简单，辽金时期变化也不太大，窗格棂条基本是以直线条为主。明代建筑门窗装户装修有了很大的发展变化，门窗装修中窗格棂条形式越来越多，装饰型的花棂直线曲线运用变化多样，艺术效果突出，风格典雅，到了清代艺术造诣进一步提高、形式更为繁复，官式建筑门窗内外装户装修、高档豪华，既庄重又高雅，民居地方特点多种多样，突显出浓厚生活情趣，既朴实又生动。

随着明、清官式建筑中内外檐装修的发展变化，室内装饰与家具造型材质运用也是十分考究，内檐装修与家具上雕刻花活图案日趋繁细。到了清中期便有了小器作的叫法。小器作行业中由于物件的大小使用功能不一样又有"大器"与"小件"之分，一般硬木（红木类）装修及硬木（红木类）家具屏风类都被称之为"大器"，硬木四幅屏挂饰与雕刻摆件则被称为"小件"（或称之为巧器）。《旧都文物略》中有这样的记述："往时贵盛之家，陈设物品，几无不有架格盒座托框之装潢，其雕刻精巧，悦目怡情。清时，曾有高姓匠人，刻寸余长之小狮，小狮足下，又踏两极小之狮，狮之眼球，能在眼窝内流转活动，身上毛纹，皆系银丝嵌成，栩栩欲活……虽极小，能分阴阳凹凸，神意生动。兼能绘古代图案，不用器械，信手挥来，无不中矩。亦难得也。"这里说的就是小件中的摆饰物件。如今人们把一些玉器和一些小工艺品、手把件玉雕，也说成是小器作中的小件，这是不对的。旧时小器作的界定只是硬木（红木）器件与柴木器件的区分，玉雕与其他材质的艺术品不在小器作范畴之内。

明清建筑很讲究的室内装修装饰往往都会伴有雕刻装饰，尤其是官式府邸、会馆、厅堂花罩栏杆装饰雕刻更是考究，龙飞凤舞、松竹梅韵、福禄寿海、四季花卉、百鸟朝凤，文样繁复、穿枝过梗、活泼生动、百花争艳。室内的装修装饰选择使用硬木（红木类）材质和柴木（松木、椴木及软杂类）材质也是显现装修档次高低的重要标准。通常府邸、会馆、商贾大户有钱讲究，装修采用花梨、紫檀、酸枝红木、楠木等装饰装修，室内配置花梨、紫檀等相应高档家具。而书香小户、文人墨客、小康之家则使用柴木装修装饰，同样追求风韵典雅，采用柴木装修适当搭配硬木家具的方式，这样既彰显了装修典雅的风格又遮掩其困窘之状。因此在明清建筑内外装修装饰中，小木作与小器作既可自成一体又可合而混搭。

# 附录五　古建行内记事与传说

多年来我们在行内和老一辈师傅们一起工作，向他们学习请教，经常听到老师傅们聊天盘道讲一些行内典故趣事。这些故事不少都很感人、意义深刻，有些故事讲述的是行内记事和传说，这些传说和记事也是古建行内文化的传承。在这里我们也把所知道的一些传说故事与记事讲一讲，由于有些传说与记事我们知道的不全面，也只能成为憾事了，同时也希望这些传说与记事随着古建技艺的传承能够得到保留。

## 记事一　梁思成先生拜师

1986 年北海小西天修缮，园林局抽调修建处和公园工程队中技术好的木工，组建了一个模型小组制作小西天模型，郑晓阳是组长，负责指导模型制作的技术顾问是张忠和老师傅。为了做好模型，北海公园出面又聘请了专长斗栱和善于模型制作的戴季秋老师傅作为技术指导。两位老师傅本是师兄弟，都是兴隆古建木作大师马进考和杜伯堂的徒弟。在两位老师傅的指导下，郑晓阳和其他同志共同圆满完成了北海小西天模型的制作任务。在这期间两位老师傅聊天闲暇之余讲了"梁思成先生拜师"这一故事：20 世纪 30 年代，梁先生在营造学社中组织带领青年学生，以故宫建筑为标本进行测绘调研，与宋《营造法式》、清工部《工程做法则例》进行对照和相互印证。在测绘中发现不少建筑实物与《营造法式》和清工部《工程做法则例》做法比例出入很大，并且听说行内木作掌作师傅们都有自己掌握的一套匠人做法，于是就虚心向这些掌作师傅们请教。那时手艺行内有个说法，叫作"学来的本事吃饭的碗"，养家糊口依仗的是手艺，师徒如父子，学艺不卖艺，徒弟学会师傅的技艺要给师傅养老送终，自己所会的技艺是不会轻易教给别人的。梁先生不了解这些，所以在请教询问中总是遇到所答非所问，甚至根本就不告诉你。这时有人开玩笑地跟梁先生说："给你讲要想听真的就得花钱买，一个大洋说一条。"虽然只是个玩笑，梁先生却很是认真，真就拿出钱来认真地请教询问。如此一来开玩笑的人很是不好意思地告诉梁先生："我说的只是个玩笑，如果当真拿您的钱，给您讲了行里木作的做法规矩，便成了学艺卖艺的人，今后在行内便会被人看不起，无法混饭了。您如此真诚认真、不耻下问，不如按照行内规矩找个托保人引荐拜师，顺理成章地讨教。"于是梁先生经人引荐，拜当时德祥木厂子掌作师傅杨文启为师。拜师后大家公认这样有名的大建筑家为了学问不耻下问，能够放低身价拜师、虚心求教，实在是很感动人的。从此行内所有的人对梁思成先生非常尊重，辈分小的更是把梁先生尊为长辈。这个故事讲了老一辈大建筑家梁思成先生对待事业与做学问的认真态度，讲了梁先生虚怀若谷、朴实无华的人品风格。梁思成先生这种为了使我们的民族传统建筑文化传承久远，而甘拜匠人为师、不耻下问的大家风范，为我们后人竖立了学习的榜样。

### 记事二　旧时北京的兴隆木厂子

根据行内旧时的传说，明朝永乐皇帝朱棣在紫禁城时，河北掌作工匠马天禄随着各地的工匠应招来到北京，创建了兴隆木厂子为皇家修建皇城。当时皇上要求管工大臣在城墙四角盖四座角楼，角楼要有九梁十八柱、七十二条脊。管工大臣便找来所有的木厂子掌作工匠，向他们宣读了皇帝的旨意，限期一季（三个月）盖成这四座角楼，而这些掌作工匠们谁也不知道这四座角楼该盖成什么样子，这可难坏了大家，就在大家发愁的时候，街面上来了一位挑着很多蝈蝈笼子的老人，老人走街串巷地叫卖蝈蝈。听到蝈蝈的欢叫声，心中很是郁闷的马天禄，就买了一只蝈蝈来解闷，老人的蝈蝈担子头上挂着一个扎得很特别的蝈蝈笼子，老人顺手把这个蝈蝈笼子摘下也卖给了马天禄。马天禄拿回去仔细一看，蝈蝈笼子扎得十分精巧，造型重重叠叠犹如一个小楼阁，再仔细一看，蝈蝈笼子恰好是九梁十八柱七十二条脊，这时马天禄再出去已经找不到卖蝈蝈的老人了，马天禄根据蝈蝈笼子的启发按期完成了皇城四个角楼的工程。旧时行内传说这是鲁班爷显圣，要兴隆木厂子出头，当时木厂子中出名的掌作工匠只有"蒯祥、阮安、梁九、马天禄"四人。紫禁城建好后，明成祖朱棣很高兴，给了这四个人赏赐，并封官纳他们进工部任职。蒯祥、阮安、梁九三人都当上了"造匠长班"，官俸能抵得上二品。唯有马天禄不想做官，要继续干自己的老本行承办木厂子，他要为皇家继续兴建宫殿、园林、宗庙、陵寝。

兴隆木厂子始建于明代永乐初年，距今已有 600 余年的历史。到了清代北京已有十二家木厂子，兴隆当时是十二家木厂子的首柜，得到了行业内大家的认可。旧时古建营造业中兴隆木厂子是行业会头老大，只有兴隆木厂子才持有皇家内务府发放的腰牌，出入皇家宫苑修建宫舍殿堂，凡是皇家官府的工程，主管工程的工部和内务府都会找到兴隆木厂子，再由兴隆木厂募工往其他木厂子发包。明清两朝几乎所有金碧辉煌的皇家园林宫阙，诸如紫禁城、颐和园、天坛、北海、承德避暑山庄等都留有兴隆木厂子的痕迹。至今行内老人中还有兴隆造三海的说法（北海、颐和园、圆明园旧时被行内称为三海）。

### 记事三　神龛中祖师爷是皇帝

我年轻当学徒时听师傅讲，旧时木匠手艺行当学徒，都要有保人引荐拜师。师傅接纳新徒弟之前，要向学徒讲明规矩：徒弟学徒三年零一节管饭无薪水，师徒如父子，徒弟任由师傅打骂还要孝敬伺候师傅，出徒后要在师傅的柜上最少再干三年，师傅只给一半工钱，艺成自立门户成为师傅后，也要为自己的师傅养老送终。拜师时，要当着保人和相关师叔伯长辈与师兄弟的面郑重其事地给师傅磕三个响头，给师傅上茶，然后由师傅引导给祖师爷上香磕头，其后与师叔伯长辈、师兄弟见礼。我还听我师傅说：掌作的师傅老了会把自己的掌作位置传给儿子或最信任的徒弟。传作要有一定的摆桌请客仪式，要把行内其他掌作、掌柜的请来当众宣布，请各位掌作、掌柜的抬举关照，接作的儿子或徒弟要给老掌作磕头，老掌作当着众人的面把一个拴着红绳的墨斗子和画签传给少掌作，然后少掌作给祖师爷上香。我师傅曾经问我："你知道神龛里的祖师爷是谁吗？"我说是鲁班，师父说不是，神龛里供的是明熹宗朱由校，鲁班是木匠祖师爷没错，木匠成为皇帝的只有朱由校，所以从明朝天启年以后木匠摆神龛所供的祖师爷就多了个明熹宗皇帝的像。

## 传说一　八大作的由来

过去老师傅们在工地聊天时经常互相开玩笑攀大辈，我问师傅这里说的是怎么回事，师傅以讲故事的方式，告诉我传说中八大作的来历和各作之间的关系。相传祖师爷鲁班有一儿一女，并请了一位先生教儿女丹青文墨，还有三个徒弟。大徒弟学的是石作，二徒弟学的是木作，三徒弟学的是瓦作。有活时鲁班爷的外甥为大家预备灰土泥浆杂物等（杂作也叫土作），鲁班经常带着大家一起干活，木作二徒弟掌线，石作大徒弟按照木作给的尺寸预备石料，瓦作徒弟按照木作的尺寸预备砖料，师娘和大师嫂为大家做饭、缝补衣服、纳底子做鞋。鲁班的女儿有时也帮着师嫂干活，空闲时好摆弄一些胭脂水粉等女儿家的嗜好。鲁班爷的儿子经常帮表哥一起和泥，空闲时好捏塑泥人。最小的师侄好玩，喜欢爬树登高。这一年赶上一个大活场，石作、木作、瓦作全有了，活干到一定程度时需要搭设架子，经过大家商量，搭设架子的活就交给了爱爬树登高的师侄（扎作）。房子建成后需要把外观装饰得更漂亮一些，好胭脂水粉的小师妹站出来要求把这个活茬交给自己，由先生配合作画，自己描画着色彩油饰（即"油漆彩画作"，后来行里管各作的手艺人叫师傅，只对画工叫先生）。这时屋里还缺个顶棚没人会干，大师嫂发了话，说我可以用烧火的秫秸（高粱秆）绑成架，打浆糊用纸糊一个顶棚（裱糊作）。这样所有活都有人干了，大家很是高兴。最后却发现庙堂里还缺个神像没人塑造，鲁班爷的儿子也就是好捏泥人的最小的师弟主动承担了这项活计（抓作）。这个传说的故事使我们了解到了过去手艺行八大作之间相互依存的关系。

## 传说二　角云花梁头和云头墨斗子的传说

我师傅健在时，经常讲一些小故事。话说五代十国的大梁国太祖朱温为自己修建皇城宫殿和花园，叫手下大臣贴出皇榜把当时最有名的工匠征召进来。有一位很有名的木匠师傅和他的徒弟们正好在被征召的匠人中，管事的官府衙役便按照这些匠人的行当分派了差事活计，木匠师傅被指派带领他的徒弟们撂地放线、制作屋架。于是木匠师傅便分派徒弟们分工放线、打截木料，开始施工，打截好的木料按照殿堂、楼阁、亭榭、游廊等建筑分类，分别制作屋架柱、梁、枋、檩等大木。可是在制作过程中发现亭榭不做斗栱，角上的柱子下料时截短了，这可怎么办呢，把皇家木料锯短了、亭榭建矮了可是要杀头的。木匠师傅无计可施，心中着急上火也不敢吱声，心里害怕渐渐地犯起了迷糊，就打了个盹儿，梦见了祖师爷鲁班，便向祖师爷哀求救赎。祖师爷二话没说，脱了鞋便照着木匠师傅的头上狠狠地打了一下。木匠师傅突然惊醒，回想梦中之事，意会到这是祖师爷在救赎自己，要自己把祖师爷的云头鞋放在角柱头上。于是照着祖师爷鞋的样子做成了假梁头垫在了角柱头上，使角柱头上多了一个漂亮的角云梁头。从此没有斗栱的建筑角柱之上就有了角云花梁头的做法。古时候的鞋都是云头式样，为了记住祖师爷的救命之恩，记住犯错误会要命的教训，从这时起，木匠掌作的师傅们放线使用的墨斗子，外形便都成了祖师爷云头鞋的式样。

## 传说三 龙有九子与吞脊吻兽镇邪辟火的故事

我们经常会看到很多古建筑屋脊之上，有两个像龙头一样的吻兽压在屋脊两端，每个吻兽之上插有一个像宝剑把一样的东西。其实这也有一个传说：相传古时候龙生九子，老大"囚牛"，能通万物之言，辨音律、喜欢音乐，因此被人们供奉在了乐器的顶部，蹲立于琴头，也就是我们现在所见的乐器兽头和旧时的老胡琴头上。老二"睚眦"（音 ya zi），双角紧贴背部，相貌似豺，好腥杀，怒目而视，喜欢争斗，常被雕饰在刀柄、剑鞘之上，或装饰在仪仗之上起威慑之用。老三"嘲风"，也叫望兽，喜欢登高张望、涉险攀爬，被天宫谕旨安排在宫殿翘角飞檐垂脊、岔脊之上，有监督瞭望之意，用作建筑屋顶截兽、望兽，有威慑妖魔、清除灾祸的神奇力量。老四"浦牢"，身体盘绕龙形，帅气，嗓门声大如洪钟，能传百里，被人们供奉为声鼓图腾。浦牢天生怕鲸，鲸闹则吼，故人们把浦牢铸造为钟钮，敲钟木杵则做成鲸鱼形状，用鲸鱼木杵敲击，钟声悠远洪亮、响彻云霄。老五"狻猊"（音 suān ní），长相酷似狮子，非常威武，表里不一，性情温和而喜欢安静，迷恋香火，为佛教、道教中的吉祥座兽，常被用作须弥座下面或神龛香炉底座的脚部装饰。老六"蚣蝮"，也叫"赑屃"（音 bi xi），长得像龟，喜欢水、能负重，它能吞吐三江四海之水，所以又叫戏水兽。传说赑屃脾气很犟，不服气、不服输，常驮着三山五岳在江河湖海中瞎折腾，大禹治水时用石碑镇压收服了他，因此民间就有了王八驮石碑的形象。在古建筑中"蚣蝮"头部也常被用在须弥座、石桥仰歇或水池岸边，作为泄水口之用。老七"狴犴"（音 bi han），也叫"宪章"，形似猛虎，孔武有力，明是非、正直执言，爱管闲事、喜欢诉讼，古时常用于监牢的门楣洞口、过门石之上，也用于衙门肃静牌和回避旗牌之上。老八"负屃"（音 fù xì），标准龙形，喜欢文章、书法、诗词、歌赋，是个龙秀才，常用于石碑福顶之上和石碑两侧雕刻的图腾，也用于文房四宝之砚台的装饰纹样。老九"螭吻"（音 chi wen），也叫"鸱尾"，他的形象似龙似鱼，大嘴巴，喜吞咽，水性好、爱玩水，《太平御览》中有《唐会要》曰：汉柏梁殿灾后，越巫言海中有鱼虬，尾似鸱，激浪即降雨。遂作其象於屋，以厌火祥。"所谓"鱼虬"就是螭吻。相传螭吻在龙子中最小，纨绔胡闹，常到人间发水成灾，致使民不聊生。玉帝降旨让八仙之吕洞宾降龙救民于水火，吕洞宾奉旨降龙，御天遁宝剑镇压妖龙于屋脊之上。从此屋脊两端便有了吞脊吻兽镇邪避火的说法。这个故事中龙的九子大部分都会在古建筑八作中或旧时事物物件上出现。

## 传说四 仙人跑兽的故事

当人们漫步在皇家园林中，参观皇家宫廷建筑时，常常会看到建筑的飞檐翘角之上，有一个小人骑着一只鸟兽，其后有着一连串的小兽，很多人会问这些小兽和前边的小人代表的是什么，从古建构件上讲前边的叫作仙人、后面的叫作小跑，小跑有十件，一龙、二凤、三狮子、四天马、五海马、六狻猊、七鱼、八獬、九牛、十猴。其实这也是过去行内相传的一个故事。传说南北朝时的北齐高氏皇帝不理朝堂、荒淫无道，北齐皇后是一只雉鸡妖精，其淫乱不堪、祸乱宫闱，北齐后主高纬更是宫闱乱伦、欺母霸嫂、祸害民间妇女，搞得社稷大乱、民不聊生、人神共愤，上苍玉皇大帝择神祇相助北周、替天行道、出兵阀之，北齐国破。北齐后主高纬与雉鸡妖后一起仓促南逃，欲奔陈朝远避，一路被群兽追逐撕咬，从此总是噩梦缠身、鬼魅纠缠不断，后潜身逃至天涯海角、悬崖之畔，无处藏身受到太阳毒火燎烤，最后逃至南邓村，被北周军俘获，齐王高纬被俘，状如疯魔，被周武帝捉拿后凌迟处死。从此以后，宫殿、庙宇、楼阁、亭台屋宇的飞檐翘角之上便有了仙人、跑兽的饰件，用以醒世皇家后人，要以社稷为重，要勤政爱民、为官自律，不可昏庸无道、肆意妄为，以免遭报应。

# 后　记

中国传统建筑的营造工匠通过世世代代的传承，用自己的聪明才智创造了辉煌灿烂的中国建筑文化。千百年延续下来的匠作技艺和其他历史文化一样，也是中国历史的重要组成部分。古老的匠作工艺技术在千百年营建中以工匠师徒之间"口传心授"得以传承和延续。然而匠作技艺传承的许多内容文字记载却是很少。根据行内记载，清朝中晚期在北京城能为皇家、官府营建工程的木厂子（相当于现在的中、小型建筑企业）就有十几家，由于各个木厂子中工匠师徒传承的不同，在营造做法上也存在一些差异。还有就是在营建过程中工匠受周边环境的影响，就地取材、因地制宜的做法也很常见，多年来我们在传统建筑维修活动中，常见到很多因材料变化而变通做法的例证。过去在匠人行当里开明的师傅愿意自己的徒弟能够成才，鼓励徒弟要"学众家之所长"；而且在行里还流传着"井淘三遍吃甜水，人从三师技艺高"的说法，这一说法使我们看到传统匠作工艺技术传承延续的奥秘。我们师兄弟从师所学的技艺也是众家技艺之一，现从弘扬传承传统木作技艺的目的出发，把我们从师所学与多年的实践操作加以总结、编著成书，与行内同仁进行交流，期望能为文物古建筑保护事业做出一点贡献。

在文物古建筑维护与修缮过程中，只有使用传统工艺技术、保持原汁原味的做法，才能保护好古建筑的历史原貌，才能留住文物建筑真正的史证信息。近年来国家对文物建筑和传统建筑的保护力度在逐年加大，对文物建筑保护修缮工程的施工过程越来越重视，对传统营造技艺这一非物质文化遗产的传承也是非常重视。但是，目前从事文物保护设计及古建筑施工人员的技术素质状况却不容乐观，问题之一就是对于古建筑传统匠作技术价值不够重视，对于各个历史时期的工艺做法了解不深，致使很多古建筑保护维修后与原状不符或与原始做法不符，导致古建筑修缮后失去了原有的文物价值；问题之二是城市中很多年轻人由于种种原因不愿意从事此项工作，造成匠作技术的断档。虽然官式古建筑营造技艺与一些地方传统建筑技艺被列入国家级非物质文化遗产名录，但是作为匠作技艺的传承人却后继乏人。《中国明清建筑木作营造诠释》成书的目的之一就是想把我们多年的古建设计、施工经验提供给从事文物古建筑的年轻人学习参考，寄希望有更多的人热爱古建筑保护这一职业，将我们古老的传统匠作工艺技术永远传承下去。

在此我们特别感谢故宫博物院单霁翔院长对我们的支持，百忙之中为我们写序，鼓励我们要扎扎实实地做好古代建筑营造技艺这一非物质文化遗产的传承工作，要多向年轻人传授古建技艺，为弘扬中国传统建筑文化贡献一份力量。

同时我们还要感谢科学出版社闫向东副总经理的鼓励及支持，感谢吴书雷副编审为该书不辞辛苦的审阅，提出修改意见，并亲自动手帮助修正。

在这里我们要重点感谢北京城建亚泰建设集团有限公司为支持编写《中国明清建筑木作营造诠释》一书提供出版赞助。

由于我们编写能力有限，书中有的传统做法难免有疏漏，甚至还有其他说法与做法未能编写全面，在此请业内专家、同行不吝指正。

李永革　郑晓阳

2018 年 3 月